材料加工層

―― 完全表面への道 ――

江田 弘 著

養賢堂

推薦の辞

　江田 弘教授の加工学に対する貢献はその広い研究分野と多数の研究報告等によって学会や業界に広く知られております．今回それらの集大成として「材料加工層―完全表面への道―」と題する著作が刊行されますことは慶賀にたえません．この著書に関する推薦の辞を2007年元旦に書きあげましたのも，氏の長年にわたる研究成果の結実である「機械加工による加工層の無い完全平面の創製」という問題に対し解決策を確立し，とくに半導体ウエーハ及び素子の製造に対し A－CMG という新しい道を開かれ，実用化の進展を見る年であることを確信し推薦の辞と致します．

　氏の著書は精密加工の基礎として先ず加工層の問題をとりあげ，精緻を極めたその研究は残留応力・硬さ・組織・温度等について各種測定法を駆使した実験結果とともに，有限要素法やシミュレーション，とくに分子動力学シミュレーション等の新規の手法を採用し，先人のなし得なかった広い成果をあげることに成功されました．加工層の無い加工を行なうには，まず加工層についての徹底的研究が必要であることを示されております．

　さらに，超高速加工，セラミックスの加工の結果及び原子面創成加工層の分子動力学シミュレーション等の手法を用い，原子精度の面加工の理論と実験により，超精密加工法の基本を確立されました．その加工法の核心は加工機械の精度の向上であり，延性モード研削と弾性モード加工とを1台の工作機械に搭載することであり，見事な成功を示しております．具体的には固定砥粒砥石の採用により工作物の微小な凸部を取り去る方法，砥粒と添加剤及び結合剤の工夫により，化学作用を利用して加工中に加工層を除く方法を実現し，これは乾式でも可能である等の成果を得られ，これらの特徴を有する新規の工作法を実現されました．この故をもって氏が A－CMG 技術と命名されたこの技術を2007年の超精密加工技術及び超精密加工学の新分野として推薦するとともに，

その発展を期待するものであります．

　しかし，前途は必ずしも平坦ではないことが予想されます．世に広く用いられ，高い評価を得るためには経済的にもすぐれた成果をあげなければなりません．著者及び業界の御支援を期待するものであります．

2007年元旦

東京大学 名誉教授

松永正久

まえがき

学生時代に，水力学，流体力学，ロケット工学に関する講義を受け，物体の周りに粘性による流体摩擦を起こし，境界層（grenzschicht, boundary layer）が生まれ，下図に示すように，層流（laminar flow），遷移流れ（transition flow），乱流（turbulence flow）の流れを持つことを聞き，深い感銘を受けた．

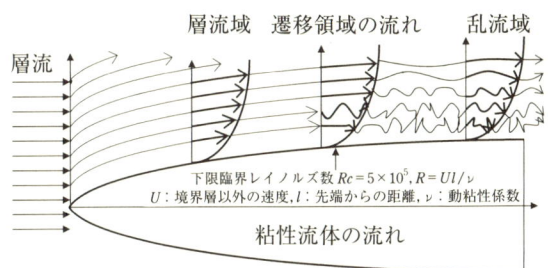

(a) 流体の境界層

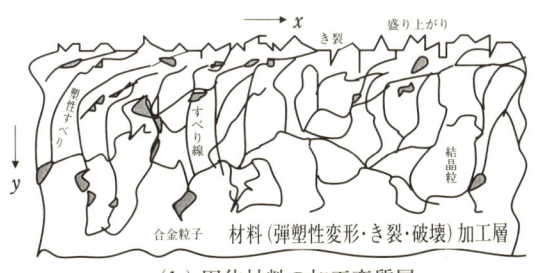

(b) 固体材料の加工変質層

図　流体境界層と材料加工層の概念図

それも，流体（連続体）の任意の点 (x, y, z) における速度と圧力 p による，Navier- Storkes の運動方程式

$$\frac{\partial u}{\partial t}+u\frac{\partial u}{\partial x}+v\frac{\partial u}{\partial y}+w\frac{\partial u}{\partial z}=X-\frac{1}{\rho}\frac{\partial p}{\partial x}+\frac{\mu}{\rho}\left(\frac{\partial^2 u}{\partial x^2}+\frac{\partial^2 u}{\partial y^2}+\frac{\partial^2 u}{\partial z^2}\right)$$

$$\frac{\partial v}{\partial t}+u\frac{\partial v}{\partial x}+v\frac{\partial v}{\partial y}+w\frac{\partial v}{\partial z}=Y-\frac{1}{\rho}\frac{\partial p}{\partial y}+\frac{\mu}{\rho}\left(\frac{\partial^2 v}{\partial x^2}+\frac{\partial^2 v}{\partial y^2}+\frac{\partial^2 v}{\partial z^2}\right)$$

$$\frac{\partial w}{\partial t}+u\frac{\partial w}{\partial x}+v\frac{\partial w}{\partial y}+w\frac{\partial w}{\partial z}=Z-\frac{1}{\rho}\frac{\partial p}{\partial z}+\frac{\mu}{\rho}\left(\frac{\partial^2 w}{\partial x^2}+\frac{\partial^2 w}{\partial y^2}+\frac{\partial^2 w}{\partial z^2}\right)$$

によって導くことができる.実に美しい方程式の発明があることに,さらに感動した.ここで,u, v, w は x, y, z 軸方向の速度,X, Y, Z は x, y, z 軸方向の単位比質量当たりの分力,μ は粘性係数,ρ は比質量(密度)を表す.

境界層(速度境界層)という概念は20世紀の初め(1905年発表)にルートビッヒ・プラントル〔Ludwig Prandtl(1875～1953年)の境界層理論,Hydro und Aeromechanik, Bd. Ⅱ〕,および Kármán, Taylor らによる貢献が大きい.この考えは,平板表面の温度分布,つまり Lorenz(1881年)の発明した温度境界層とともに空気力学の大きな業績である.

物体周りの流れは,粘性の影響を受け,速度勾配は非常に大きく,摩擦応力が大きく作用する.この速度勾配がなくなるまでの距離が,境界層と呼ばれ,一般的には $0.99U$(U:境界層外の流速)の速度までの厚さとされる.

例えば,平板上任意の点 $x=x$ における値を境界層厚さ δ,表面摩擦応力 τ,動粘性係数 ν,密度 ρ とすると,層流の厚さとせん断流れが求められる.

$$\delta = 5.48\sqrt{\frac{\nu x}{U}}, \quad \tau = 0.365\rho U^2 \sqrt{\frac{\nu}{Ux}}$$

さて前置きが長くなったが,著者はこのような事実は,工具を用いた除去加工にも同じように速度と温度の境界層が現れるだろうと勝手に想像したのが,この加工変質層の研究に強い関心を持った動機である.この式は材料力学のせん断ひずみとなる.2次元 (x, y) 流れのひずみ γ を時間偏微分で表せば,

$$\tau = \mu\frac{\partial \gamma}{\partial t} = \mu\left(\frac{\partial \gamma_1}{\partial t}+\frac{\partial \gamma_2}{\partial t}\right) = \mu\left(\frac{\partial u}{\partial y}+\frac{\partial v}{\partial x}\right)$$

で示される.

このような考えを金属加工に導入した例として,ドイツのアーヘン工大の W. König(Industrie Anzeiger 誌,1968年頃)がカルシウム脱酸鋼 CK45 に $\mu =$ 51 poise を用い,せん断応力を求めている例がある.前頁の図に,流体境界層と材料加工層の概念図を示した.

このような背景から,加工変質層をライフワークとして,機械工学と材料工

表　加工変質層研究の流れ

Amorphous説 1921年	G.Beilby, 1921年 (Aggregarion and Flow of Solid. '21. McMillan)
X線応力測定・ひずみ 1930年代	G.Sachs('27), R.Glocker, E.Osswald
加工層，電子回折 1940年代	W.H.Baldwin, D.G.Richard, J.Krammer, 石井, J.C.Jaeger, H.Raether, L.E.Samuel, 高橋(昇), 奥島, 小川, J.Wulf
加工層残留応力実測 1950年代	H.R.Letner, A.L.Christenson, D.V.Wilson, J.Frisch, D.M.Evans, H.Schwartzbart, E.S.Rowland, M.G.Moore, P.A.Jacquet, J.Goddard, E.K.Heriksen, L.Reimer, H.Bühler, 松永, 平, 篠田, H.Wilman, D.P.Koistenen, R.G.Treuting・W.T.Reed, L.V.Colwell, Glickman
切削・研削加工層の評価 1960年代　半導体材料の計測評価	L.P.Tarazov, W.E.Littman, B.M.Botros, D.M.Turley, O.Lane, R.D.Halverstadt, R.L.Lenning, M.Ya.Fuks, 西本, 米谷, 井田, 津和, 川田, 中島 (摩耗層), 高沢 (研削温度分布解析), 藤原・英, D.P.Koistinen, J.Kaczmarek, 吉川 (微小塑性), 谷口 (ナノテクノロジー), P.M.Winter, M.C.Shaw (硬脆材料)
残留応力の理論解析と実験 1970年代	切削加工層の残留応力理論解析：垣野('69～), 研削加工層の残留応力理論解析：江田('71), 白層解明：江田, H.Dölle, V.Hauk, E.Schreiber, R.S.Hahn, B.Bhushan, 村上, W.König, B.K.Jones, 田頭, 有馬, M.Field, W.P.Koster & J.F.Kahles (サーフェイス・インティグリティ, SAE), L.E.Larson
加工変質層研究の研究調査と評価まとめ 1980年代	H.K.Tönshoff (CIRP会議), 米谷 (残留応力の測定と対策), 若林, 田中, 研削焼け, き裂メカニズム解明と検出方法 (江田, '77～'84)
加工変質層の組織変化の理論解析と実験 1990年代	大村・江田 (理論と実験証明, 第2種残留応力 (Fe_3C, M_6C等)), Si—CMP (Applied Mat.), T.Burakowski・T.Wierzchon (金属表面工学'99)
Si原子表面創成 (加工層なしの加工) 2000年代	森 (EEM検証), 難波 (フロートポリシング, CaF_2) (≈'95～'02), 江田・周 (Si自然酸化膜なし, 残留応力ほぼ0, Si原子格子のままの表面達成＝φ300Siウェハの超加工機械による固定砥石CMG加工('02)), 宮本・久保 (CMPの量子分子動力学検証)

学融合の境界領域から究明をしようと心ひそかに決めた．

　加工変質層の科学的研究は，上の表に示すようにG. Beilbyに始まると考えられている．氏の提唱する加工面のamorphous（非晶質）説は20世紀の初めに完成され，その有名な著書「Aggregation and Flow of Solid, 1921, McMillan」に集大成されている．

　加工層研究は，1895年11月，W. C. Röntgen（Würzburg大学教授）が陰極線と全く性質の異なる放射線の発見，つまり，このX線が大きな役割を果たして

いる．X線は，M. Laue, M. Friedrich, P. Knipping（1912年）らによって波動回折が明らかとなり，次に W.H. Bragg と W.L. Bragg（1913年）は $nd=2\lambda\sin\theta$（n：回折次数で正の整数，d：格子面間隔，θ：入射または回折X線と回折格子のなす角，λ：X線の波長），すなわち結晶格子面のみで入射X線が回折するというブラッグの回折条件式を導いた．

さらに，G. Sachs, J. Weerts は，1930年にX線による応力の測定の可能性を明らかにし，G. Glocker, E. Osswald（1935年）はついに応力の測定を実証した．その後，X線応力測定は表に示したように，ドイツを中心に，米国，日本が活発に研究を進めた．特に日本においては，松永らが加工変質層の研究会をつくり，主に半導体材料領域の研究を行った．また，X線応力は仁田，高村，小島，平らが行った．金属材料の加工層は，1970年代まで多くの研究者によって進められ，米谷によってほぼまとめられたが，唯一残った問題が加工層の残留応力と組織変化の理論的解析，ならびに夢としての加工層なしの技術大成であった．1967年に，O.C. Zienkiwicz により有限要素法 FEM が開発され，弾塑性力学によるシミュレーションが可能となった．

その結果，切削についての残留応力を垣野（1969年）が，また研削については筆者（1971年）が理論的解析に成功している．その後，大村は溶接における加工層組織の理論解を研削加工層に適用し，筆者の実験結果を検証し，時系列的に組織変化をシミュレーションし，よい一致を示している．さらに，加工層の酸化膜，白層，き裂発生メカニズムや検出方法なども明らかにされ，加工層問題に対する実験や理論的検証は，ほぼまとめられたといえよう．

そして，この道に入った当初から夢に描いていた加工層なしの加工技術が，還暦を越えた年に，幸運にも，加工表面から材料内部の原子格子構造のままに，しかも残留応力がほぼ0，組織変化のない，つまり加工層がない除去加工技術を1台の機械によって，φ300 Si ウェハにおいて達成することができた．これは，神様の著書に書いてある真理の贈りかも知れない．不思議なことである．ただ，ただ，敬服するのみである．多くの人達から眼に見える形で，あるいは見えない無形の形で，教え，育て，導かれてたどりついた結果である．ひざまずき，心から御礼申し上げる．

以上，加工層について歴史的背景を述べてきた．著者自身浅学非才の身であ

りながら，このような大層なテーマをまとめた理由は，誰かがいずれはまとめるだろう，しかし学問の道に進んだ一人として，できる限りのことを何らかの形で示して，偉大な先達やお世話頂いた恩人にお礼をしたいと思ったのが，そもそもの動機である．また，筆者の夢であった加工層なしの加工技術は，文部科学省地域連携推進研究，経済産業省 NEDO の地域コンソーシアム，およびトヨタ自動車，東京ダイヤモンド工具製作所との共同研究に支援された成果であることを記し，謝意を表す．それにしても，このような大仕事は筆者一人では到底不可能である．幸いにも，日立製作所出身の松村重兵衛客員教授の協力があって可能であったことを記し，深謝申し上げる．同じく，当該研究室の教職員・卒業生の方々に，また養賢堂の快い出版にも併せてお礼を申し上げる．

2007年2月

江田　弘

目　次

序　章 ································· 1

第1章　加工層

1.1 加工層の構成 ································· 6
1.2 加工層の物理的・化学的特性 ················· 7
　1.2.1 変形層 ································· 7
　1.2.2 ベイルビイ層 ··························· 8
　1.2.3 化学反応層 ····························· 8
　1.2.4 物理吸着層 ····························· 9
　1.2.5 化学吸着層 ····························· 10

第2章　加工層の測定評価

2.1 残留応力 ····································· 12
　2.1.1 多結晶 ································· 12
　2.1.2 単結晶 ································· 16
2.2 硬　さ ······································· 30
　2.2.1 概　要 ································· 30
　2.2.2 ナノ押込み硬さ測定装置 ················· 31
　2.2.3 マイクロ・ナノ押込み硬さ測定 ··········· 34
　2.2.4 層状材料の硬さ ························· 36
2.3 組　織 ······································· 38
　参考文献 ······································· 45

第3章　研削加工層の温度

3.1 熱伝導方程式 ································· 47
3.2 数値計算 ····································· 50
　3.2.1 差分法による熱伝導方程式の定式化 ······· 50
　3.2.2 熱の配分割合 ··························· 57
　3.2.3 熱伝導解析のフローチャート ············· 57
3.3 温度分布 ····································· 58
　3.3.1 表面創成理論 ··························· 59
　3.3.2 微小時間に断面を削り得る砥粒切れ刃最深通過点の存在範囲 ········· 66
　3.3.3 熱源強度分布の推定 ····················· 67
　3.3.4 表面創成および熱源強度分布計算のフローチャート ············· 68

3.3.5　シミュレーション結果‥‥‥‥‥‥‥‥‥‥‥‥‥‥‥‥‥　68
　参考文献‥‥‥‥‥‥‥‥‥‥‥‥‥‥‥‥‥‥‥‥‥‥‥‥‥‥‥‥　71

第4章　研削加工層の残留応力

4.1　有限要素法による数値計算‥‥‥‥‥‥‥‥‥‥‥‥‥‥‥‥‥‥　72
　　4.1.1　弾塑性問題の基礎方程式‥‥‥‥‥‥‥‥‥‥‥‥‥‥‥‥　72
　　4.1.2　有限要素法の基礎理論‥‥‥‥‥‥‥‥‥‥‥‥‥‥‥‥‥　74
4.2　研削抵抗による残留応力の計算‥‥‥‥‥‥‥‥‥‥‥‥‥‥‥‥　78
　　4.2.1　計算プログラム‥‥‥‥‥‥‥‥‥‥‥‥‥‥‥‥‥‥‥‥　78
　　4.2.2　数値解析結果と考察‥‥‥‥‥‥‥‥‥‥‥‥‥‥‥‥‥‥　80
4.3　研削抵抗と研削温度が同時作用したときの残留応力‥‥‥‥‥‥‥　86
　　4.3.1　解析理論‥‥‥‥‥‥‥‥‥‥‥‥‥‥‥‥‥‥‥‥‥‥‥　86
　　4.3.2　計算結果‥‥‥‥‥‥‥‥‥‥‥‥‥‥‥‥‥‥‥‥‥‥‥　90
　　4.3.3　実験結果と計算結果の比較‥‥‥‥‥‥‥‥‥‥‥‥‥‥‥　95
　参考文献‥‥‥‥‥‥‥‥‥‥‥‥‥‥‥‥‥‥‥‥‥‥‥‥‥‥‥‥　96

第5章　切削加工層の残留応力

5.1　切削過程への有限要素法適用の基礎‥‥‥‥‥‥‥‥‥‥‥‥‥‥　97
5.2　有限要素法適用の仮定‥‥‥‥‥‥‥‥‥‥‥‥‥‥‥‥‥‥‥‥　101
5.3　熱応力および残留応力の計算式‥‥‥‥‥‥‥‥‥‥‥‥‥‥‥‥　102
5.4　解析結果ならびに考察‥‥‥‥‥‥‥‥‥‥‥‥‥‥‥‥‥‥‥‥　104
　　5.4.1　機械的効果によって生じる残留応力‥‥‥‥‥‥‥‥‥‥‥　104
　　5.4.2　熱応力によって生じる残留応力‥‥‥‥‥‥‥‥‥‥‥‥‥　107
　　5.4.3　熱応力と荷重が同時に作用した場合に生じる残留応力‥‥‥　110
　参考文献‥‥‥‥‥‥‥‥‥‥‥‥‥‥‥‥‥‥‥‥‥‥‥‥‥‥‥‥　112

第6章　鋼の研削加工層の組織変化

6.1　組織変化過程の解析‥‥‥‥‥‥‥‥‥‥‥‥‥‥‥‥‥‥‥‥‥　113
　　6.1.1　熱伝導解析‥‥‥‥‥‥‥‥‥‥‥‥‥‥‥‥‥‥‥‥‥‥　113
　　6.1.2　炭素拡散および組織変化の解析‥‥‥‥‥‥‥‥‥‥‥‥‥　116
　　6.1.3　コンピュータシミュレーションシステム‥‥‥‥‥‥‥‥‥　119
6.2　亜共析鋼の加工層組織の計算結果‥‥‥‥‥‥‥‥‥‥‥‥‥‥‥　120
　　6.2.1　温度分布‥‥‥‥‥‥‥‥‥‥‥‥‥‥‥‥‥‥‥‥‥‥‥　120
　　6.2.2　組織変化のシミュレーション‥‥‥‥‥‥‥‥‥‥‥‥‥‥　121
6.3　過共析鋼の加工層組織‥‥‥‥‥‥‥‥‥‥‥‥‥‥‥‥‥‥‥‥　123
　　6.3.1　熱伝導解析‥‥‥‥‥‥‥‥‥‥‥‥‥‥‥‥‥‥‥‥‥‥　123
　　6.3.2　炭素拡散および組織変化の解析‥‥‥‥‥‥‥‥‥‥‥‥‥　124

6.3.3　コンピュータシミュレーションシステム　……………………… 127
6.3.4　シミュレーション　……………………………………………… 128
参考文献　………………………………………………………………… 131

第7章　研削白層

7.1　加工層の白層　………………………………………………………… 132
7.2　白層の生成条件　……………………………………………………… 132
7.3　研削熱量と研削温度の効果　………………………………………… 134
7.4　白層の組織と成分　…………………………………………………… 137
　7.4.1　白層の組織　……………………………………………………… 137
　7.4.2　白層の組成分析　………………………………………………… 140
参考文献　………………………………………………………………… 143

第8章　研削き裂

8.1　研削き裂について　…………………………………………………… 144
8.2　マルテンサイトの研削き裂起源　…………………………………… 144
　8.2.1　原子オーダから見た研削き裂起源　…………………………… 144
　8.2.2　0.2～1.8％C鋼マルテンサイト結晶の研削き裂起源　……… 146
　8.2.3　マルテンサイト晶およびα'-γ相界面の衝突き裂　…………… 149
　8.2.4　マルテンサイト晶の衝突き裂の密度　………………………… 151
8.3　マルテンサイト晶の衝突き裂と研削き裂　………………………… 153
8.4　研削き裂の生成機構　………………………………………………… 155
　8.4.1　0.2～1.8％C鋼の研削き裂生成現象の整理　………………… 155
　8.4.2　研削条件と研削き裂　…………………………………………… 157
　8.4.3　研削き裂の生成要因　…………………………………………… 160
参考文献　………………………………………………………………… 167

第9章　αFe-Fe_3C合金の研削加工層

9.1　はじめに　……………………………………………………………… 169
9.2　Fe_3C相残留応力測定装置の試作　………………………………… 170
9.3　Fe_3C層による加工層の残留応力　………………………………… 173
9.4　Fe_3C相の形状，大きさおよびαFe相の結晶粒径による残留応力　… 176
　9.4.1　Fe_3C量による加工層の硬さおよび組織と被削性因子　……… 178
　9.4.2　Fe_3C量による研削切りくずと加工層の残留応力　…………… 181
　9.4.3　研削回数との関係　……………………………………………… 182
9.5　αFe-Fe_3C 2相合金の残留応力分布　……………………………… 185
参考文献　………………………………………………………………… 193

目　次

第10章　超高速加工層

- 10.1　はじめに ································· 194
- 10.2　超高速切削による加工層生成の基本理念 ········· 196
- 10.3　超高速切削装置の製作 ······················· 198
- 10.4　超高速切削加工層 ·························· 203
  - 10.4.1　加工層の残留応力 ···················· 203
  - 10.4.2　加工層の硬さ ······················· 204
  - 10.4.3　加工層組織の塑性流動 ················ 205
  - 10.4.4　ロケット方式による超高速切削 ········· 206
- 10.5　超塑性波伝播領域と加工層 ··················· 209
- 10.6　生産ラインにおける超高加工層の評価 ·········· 210
- 10.7　塑性伝播速度以上の加工層のシミュレーション ··· 214
- 参考文献 ·· 217

第11章　原子面創成加工層の分子動力学シミュレーション

- 11.1　ナノトライボロジーを例とした分子動力学の説明 ··· 219
- 11.2　ポテンシャルと分子動力学法 ················· 221
  - 11.2.1　原子間ポテンシャル ·················· 221
  - 11.2.2　分子動力学法 ······················· 226
- 11.3　シミュレーション方法 ······················ 228
  - 11.3.1　シミュレーションモデルの概要 ········· 228
  - 11.3.2　原子間ポテンシャルと原子間力 ········· 230
  - 11.3.3　試料の原子配列と移動 ················ 232
  - 11.3.4　試料原子の温度制御 ·················· 233
  - 11.3.5　試料原子のひずみエネルギー評価 ······· 234
  - 11.3.6　計算アルゴリズムと装置環境 ··········· 235
- 11.4　単結晶ダイヤモンド砥粒による銅単結晶の研削シミュレーション ······································· 235
  - 11.4.1　はじめに ·························· 235
  - 11.4.2　シミュレーションの結果 ·············· 236
- 参考文献 ·· 242

第12章　加工層なし加工機械設計開発の基本原理

- 12.1　材料除去メカニズム ························ 244
  - 12.1.1　セラミックスと金属 ·················· 244
  - 12.1.2　脆性材料と研削 ····················· 246
  - 12.1.3　セラミックスの延性モード発現のその場観察 ··· 250

12.1.4　脆性モード引っかき······················252
　　12.1.5　延性モードのその場観察··················252
　　12.1.6　セラミックスの延性モード研削加工············255
　　12.1.7　セラミックスの延性研削加工機械·············257
　12.2　Si 材料特性と研削加工·······················263
　　12.2.1　Si 材料特性··························263
　　12.2.2　$R_a \leq 1\,\mathrm{nm}$ 領域における研削加工···············263
　12.3　ハイブリッド送り機構による研削・ポリシング統合加工構想······270
　　参考文献·································272

第13章　単結晶 Si の加工層なし加工

　13.1　はじめに·······························275
　13.2　加工層なしの基本原理······················278
　13.3　超精密工作機械·························280
　　13.3.1　中核技術〔Ⅰ〕—ハイブリッド加工機構············280
　　13.3.2　中核技術〔Ⅱ〕—超精密位置決め・アライメント機構·····282
　　13.3.3　中核技術〔Ⅲ〕—加工液循環・ろ過装置···········284
　　13.3.4　超加工機械による加工表面の評価結果············287
　13.4　A-CMG による加工層なし加工·················287
　　13.4.1　A-CMG 砥石の開発······················288
　　13.4.2　A-CMG の加工層·······················290
　　13.4.3　単結晶 Si ウェハの加工層なしの検証············293
　13.5　CMP と A-CMG 加工層の評価·················298
　　13.5.1　供試 Si ウェハの仕様および加工条件············298
　　13.5.2　表面加工品位の評価·····················299
　　13.5.3　亜表面の加工品質の評価··················301
　　13.5.4　弾性モード加工による Si ウェハの加工層なし加工機構···302
　　13.5.5　Si 加工層なしの加工原理··················305
　13.6　大口径 Si ウェハの加工層なしの一貫融合加工システム······309
　　参考文献·································316

索　引·····································319

本著全体に参考となった文献·························327

あとがき····································333

序　章

　科学技術の進歩とともに，製品はその形状が高次複雑になると同時に，構成部品に対する要求機能が極めて高くなりつつある．そして，各部品に対する高い互換精度と構成使用時安定した性能を有する厳しい特性が要求されている．つまり，単なる寸法精度や表面粗さだけでなく，部品の機能的な面とのつながりから，工作物の性質にまで立ち入った微視的な内容を包含した工作精度が求められる．これらは，電子計算機，電子応用部品，光学部品，数値制御，宇宙・航空機部品，原子力，生体医用機器など広範囲の部門に及ぶ機器[1]に使用されている．このような背景から，国外では CIRP（国際生産加工研究会議）を中心として，生産加工技術・表面計測部門において，また国内では精密工学会のもとに多くの表面加工委員会が設置されている．さらに，加工表面の物性特性をより微視的に把握し，かつ工作物の加工表面性状を体系的に究明するため，機械工学と金属工学の境界領域に及ぶ工作物機能精度を取り上げている[2,3]．これらの研究の大部分は加工変質層を軸に展開されている．

　材料の加工変質層に関する研究歴史は，20世紀初め，G. Beilby[4]によって始まると考えられている．彼の提唱した加工面の Amorphous 説に端を発し，その後 Beilby 層の研究が続いた．特に，彼の主張する金属物性を主にする金属結晶構造からの究明は H. Raether[5]，L.E. Samuel[6]，H. Wilman[7]，井田[8]，高橋[9]，松永[10]によって行われた．また，これに比べて，より巨視的に機械的な面からの検討は，例えば機械加工については，L.P. Tarsov[11]，H. Bühler[12]，W.E. Littman[13]，E.K. Heriksen[14]，浅枝・西本[15]，石井[16]，高沢[17]，H.K. Tönshoff[18,19]らによって行われ，そして切削については垣野[20]，研削については筆者によって残留応力[21〜23]，および大村[24〜27]の組織変化の理論解析が完成された．

　加工層は人工的につくられるものであるから，層構造生成の支配因子がわかれば生成する残留応力，組織変化，硬さ，磁気変化[28]，腐食速度，摩擦，摩耗，潤滑，熱伝導率，電気伝導，化学反応，反射率，音波伝播速度，半導体特性，拡散係数，時効ひずみ，遅れ変形などの生成機能は制御可能となろう．しかし，

原子移動や原子格子ひずみ,表面酸化(2～5 nm の自然酸化膜は除く)などのない完全表面をつくるのは難しい技術ではある.

加工層の構造は大気中において,次のようになる.

(1) 汚染層(contamination layer)または物理吸着層(physisorbed layer):< 0.3～3 nm,加工中に汚染された物理的表面,外来異物の埋込み,油,加工残片など

(2) 化学的吸着分子層(化学吸着層:chemisorbed layer):< 0.5nm[*],反応層,酸化物,炭化水素など(* 大気中では自然酸化層< 10 nm)

(3) ベイルビイ層(Beilby layer):0～10 nm,非晶質

(4) 極微細結晶(ultra fine crystal layer):< 10～30 nm

(5) 繊維組織層(fiber structure layer):圧縮力による場合>5 μm,せん断力による場合< 50 nm

(6) 塑性変形層(plastic deformation layer):< 100 μm

(7) 弾性変形層(elastic layer):< 300 μm

(8) き裂破壊層(crack fracture layer):< $C_m/R_a = 3～21$ (R_a:平均粗さ,C_m:き裂深さ).仮に Si (111) 単結晶のき裂生成が表面エネルギー γ の消費に使われたとすると,き裂破壊応力($\sigma_f ≒ \sqrt{E\gamma/d}$)は,ヤング率 $E = 188$ GPa (111),(111) 面間隔 $d ≒ 3.13 \times 10^{-8}$ cm,表面エネルギー $\gamma = 1.9 \times 10^3$ erg/cm^2 として,$\sigma_f ≒ 3.06 \times 10^{11}$ dyne/cm$^2 ≒ E/5$ となる.このき裂先端に存在するき裂進行の弾性応力は $\sigma_e = \sigma_f C_m^{-(1.8～2.0)}$ と表されるから,$\sigma_e = \varepsilon E$ において $\varepsilon = 5 \times 10^{-6}$ で格子ひずみなしの領域になるとすると,弾性応力($\sigma_e = 0.87$ MPa)は,き裂先端から $C_m = 180$ μm で 0 になる.

(9) 基地組織(base material)

以上をまとめると,図1に示すように表すことができる.

材料の加工変質層は,鋳・鍛造から塑性加工および除去加工などの大部分の加工の範囲に認められるが,本書で扱う機械加工,中でも切削・研削加工は除去加工の中心的役割を担うもので,今日でもなお仕上げ加工の主流[18]である.この方法によって生じる加工変質層は極めて重要である.また,切削は研削加工の前加工仕上げとなる例が多く[19],この過程を通って研削加工される場合には,前加工の切削加工変質層が研削機構の直接的な影響因子になることが考え

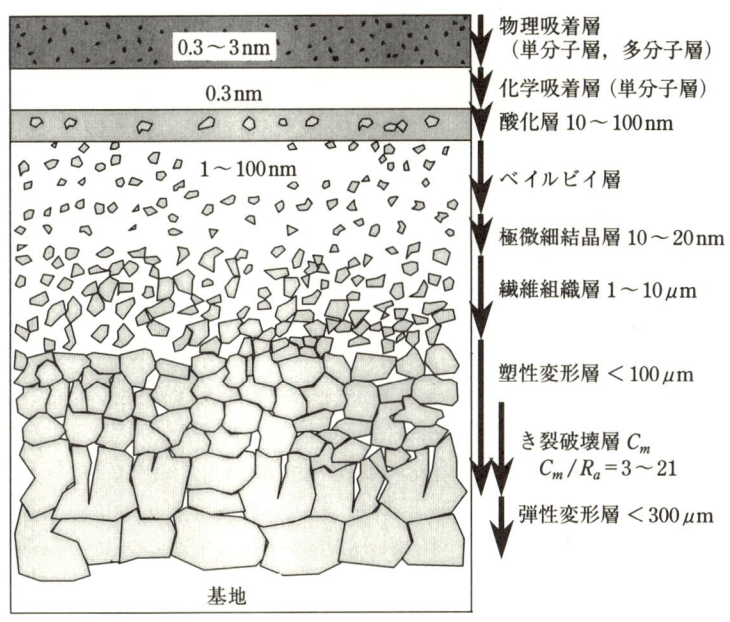

図1　加工層の構造

られる．また，部品として供給された段階において，加工変質層はその構成機械の寿命，精度，性能に対して時間的に機械特性値を支配しながら影響を及ぼす．

　機械加工変質層の巨視的・微視的内容には，その生成機構に差があるために，加工中のエネルギーの立場から考察するとより理解しやすい．ここでは，機械的エネルギーと熱エネルギー，および化学エネルギーを入力とした説明をとることにする．また，本書では機械加工の手段として，主に切削と研削加工を使用しているが，基本はこのときにエネルギーとして入力される機械力と熱のエネルギーをエネルギー要素としたときの評価とみなして説明できる．

　加工層は，機械力と熱エネルギー，および原子格子や分子結合を弱体化，あるいはイオン化や酸化還元反応を介する化学エネルギーの入力によって生成するから，この機構を人工的に適用すれば，弾・塑性変形のない表面が得られる．本書はこの考えに従って，完成した，ほぼ基地構造に完全に近い，表面加工創成技術にいたる範囲を扱っている．

参考文献

1) 小林　昭：東芝レビュー, **26**, 6 (1971) p. 695.
2) 津和秀夫：昭和46年精機学会秋季大会, シンポジウム資料仕上表面特性の概説 (1971) p. 29.
3) 松永正久：日本機械学会誌, **75**, 636 (1972) p. 15.
4) G. Beilby : Aggregation and Flow of Solids, McMillan (1921).
5) W. Kranert and H. Raether : Ann. Phys., **43** (1943) p. 520.
6) L.E. Samuel : Damaged Surface Layers in "The Surface Chemistry of Metals and Semiconductors", edited by H.C. Gatos. P 82, John Wily & Sons. (1960).
7) V.D. Scott and H. Wilman : Proc. Soc. **A. 247** (1958) p. 353.
8) 井田一郎：結晶材料の加工変質層に関するシンポジウム, Researches on Damaged Layers of Semiconductor Crystals in Japan, 理化学研究所主催 (1970) p. 1.
9) 高橋　昇：潤滑, **13**, 11 (1968) p. 620 ; 昭和58年度精機学会春季大会学術論文集, p. 257.
10) 松永正久：精密機械, **35**, 11 (1969) p. 687 ； 日本機械学会誌, **75**, 636 (1972) p. 15.
11) L.P. Tarsov and W.E. Littman : ASTME Paper MR-68-517 (1968).
12) H. Bühler : Werkstatt u Betrieb, **100**, 3 (1967) p. 211.
13) W.E. Littman : Proc. of the CIRP International Conference on Manufacturing Technology, Sep. 25-28, ASTME (1967) p. 211.
14) E.K. Heriksen : Trans. ASME, Jan. (1951) p. 69.
15) 浅枝敏夫・西本　廉：精密機械, **20**, 10 (1954) p. 381 ; **30**, 1 (1964) p. 121.
16) 石井勇五郎：日本機械学会論文集, **16**, 53 (1954) p. 15.
17) 高沢孝哉：精密機械, **30**, 11 (1964) p. 851.
18) H.K. Tönshoff and E. Brinksmeier : Annals of CIRP., **29**, 2 (1980) p. 519.
19) E. Brinksmeier, J.T. Cammett, W. König, P. Leskovar, J. Peters and H.K. Tönshoff : Annals of CIRP. Residual stresses, **31**, 2 (1982) p. 491.
20) 垣野義昭：切削加工面の生成機構に関する研究, 京都大学学位論文 (1971).
21) 江田　弘：鋼の切削・研削加工変質層とその軽減に関する研究, 大阪大学学位論文 (1973)；金属便覧 5版, 丸善 (1990) p. 1185.
22) 江田　弘：日本金属学会誌, **35**, 9 (1971) p. 896.
23) 江田　弘・貴志浩三・大久保昌典：精密機械, **45**, 11 (1979) p. 1347；**47**, 3 (1981) p. 314；金属便覧 6版, 丸善 (2000) p. 1127.
24) 江田　弘・貴志浩三：日本機械学会論文集 (第3部), **48**, 372 (1977) p. 3112.

25) 江田　弘・貴志浩三・橋本　聡：日本機械学会論文集（C編），**46**, 408 (1980) p. 970.
26) H. Eda and E. Ohmura : Annals of the CIRP, **42**, 1 (1993) p. 570 ; 精密工学会誌, **59**, 8 (1993) p. 586 ; 江田　弘研究論文集，第1巻 (2004).
27) 大村悦二・山内　忍・江田　弘：砥粒加工学会誌，**39**, 2 (1995) p. 86.
28) S. Chandrasekar and B. Bhushan : Trans. ASME, Journal of Tribology, **110**, Janu. (1988) p. 87.

第1章 加 工 層

1.1 加工層の構成 *

固体の表面，もっと正確にいえば固体-気体界面または固体-液体界面は，固体の性質，表面創成の方法，および表面と雰囲気との相互作用に依存して複雑な構造と特性を持っている．固体表面の特性は，実際の接触面積，摩擦・摩耗・潤滑（トライボロジー）に関係し，表面の他との相互作用に決定的な影響を与える．表面特性は，これらのトライボロジーに加えて，電気・熱的特性，塗装性，外観など，他の応用面でも重要である．

固体表面は，その創成方法のいかんにかかわらず，所定の幾何学的形状からの偏差や不規則性（表面粗さなど）を包含している．表面には形状偏差から分子間距離の不揃いにいたる様々なレベルの不規則性が存在しており，いかに精密であろうとも，材料の表面を分子的に平滑に加工できる機械は限られており，極めて難しい．ある種の結晶のへき開面で得られるような最も滑らかな表面でさえ，分子間距離を越える不規則性がある．技術的な応用には表面のマクロ的とマイクロ的の両方の性状が重要である．

表面の不規則性に加えて，表面それ自身が図1.1に示すようにその材料特有の物理・化学的特性を持つ幾つかの層で構成されている．金属や合金を加工すれば，その結果として加工硬・軟化層，すなわち変形層が生まれる．変形層はセラミックスやポリマーの場合にも存在するが，その最上層には

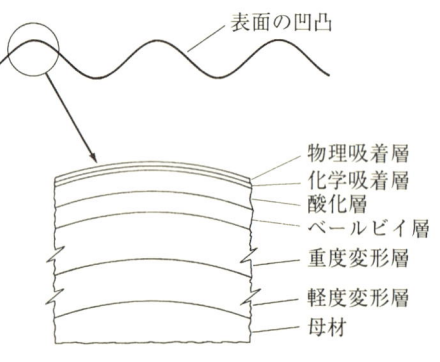

図1.1 典型的な固体表面の層（縦方向拡大）

---

* この項目は，オハイオ州立大学のBharat Bhushan教授から掲載許可〔(2005.6.15) Tribology and Mechanics of Magnetic Strage Devices, pp.63-64, pp.145-149〕を得ている．

ベイルビイ層と呼ばれる微細結晶もしくはアモルファスの組織がある．変形層の特性は化学的に見て母材特性と全く異なるので，特に重要である．また，表面の機械的特性は変形層の量と程度に影響される．

さらに，多くの表面は化学的に活性である．貴金属の例外を除いて，すべての金属は空気中では酸化膜を形成し，他の雰囲気中では他種の膜（例えば，窒化膜，塩化膜など）を形成する．化学的腐食に加えて，雰囲気中の酸素，水蒸気，および炭化水素の物理的吸着や化学的吸着による吸着層が存在する．時には雰囲気中からの油脂の膜が存在することもあるが，これらの膜は金属表面にも非金属表面にも存在する．

表面膜の存在は摩擦と摩耗に影響し，吸着膜は，たとえそれが1分子層程度の厚さであろうとも表面作用に大きな影響がある．これらの膜は運転当初に摩耗し，その後，影響しない場合もあるが，油脂や石けんの膜の場合には影響が顕著であり，表面作用の問題を1桁あるいはそれ以上軽減する．

外部的特性とみなされる表面の化学活性と分子吸着性に加えて，考慮すべき重要なものは表面の張力と自由エネルギーであり，これらは表面の吸着性に影響する．

1.2 加工層の物理的・化学的特性

1.2.1 変形層

金属，合金およびセラミックスの加工層の金属学的特性は，その加工面が創成された加工方法に応じて母材特性とは相当異なっている．例えば，研削，ラッピング，切削およびポリシングにおいて，加工層は温度勾配のある，または温度勾配のない塑性変形を受けて高いひずみ状態にあるが，この残留応力はある程度の寸法的影響を与えながら開放される．ひずみ層は，変形層または加工硬・軟化層と呼ばれ，表面領域における材料自身の複合部分になっている．変形層は摩擦過程においても生成される．生成される変形層の量と変形の程度は，① 成形過程で加えられた仕事あるいはエネルギーの大きさ，および ② 材料の性質の二つの要因に支配され，ある種の材料は他のものよりはるかに多くの変形と加工硬・軟化を受けやすい．変形層は表面に近いほど大きなひずみを受け，軽度および重度のひずみ層の厚さは，それぞれ $1\sim10\,\mu m$ および $10\sim$

100μmの範囲にある.

一般に,変形層の中では再結晶粒の中により小さな結晶粒が認められる.それに加え,摩擦により結晶粒自身が表面に沿うように整列している.変形層の材料特性は焼なましされた母材の特性とは全く異なり,したがって,その機械的挙動は加工層における変形の量と程度に影響される.また一般に,変形層には,弾性(格子)ひずみ,塑性変形,およびき裂破壊などが存在する.

1.2.2 ベイルビイ層

金属や合金のいわゆるベイルビイ層(Beilbyが研磨物質の表面は非晶質で覆われていることを発見した)は,機械加工中に冷たい表面で急冷されて連続的に硬化した分子層の溶融と表面流動によって形成される.この層は,アモルファスまたは微細結晶の組織を持っているが,例えば超仕上げされたボールベアリング用ボールにさえも存在する.ラッピングや湿式ポリシングのような注意深い仕上げにより,この層の厚さを減らすことができるが,一般には1~100 nmの厚さがある.

1.2.3 化学反応層

大抵の非金属材料は,基本的に表面と内部で同一の化学組成を持つ.例えば,酸化アルミニウムでは,酸素はその組織の構成要素であり,酸素の層というものはない.ポリマーも同様に酸素層を持たない.これに対し,すべての金属と合金は金や白金のような一部の貴金属を例外として,図1.2に示すように空気中では酸素と反応して酸化物の膜を形成し,他の雰囲気中では,例えば窒化物,硫化物,塩化物の膜を形成する.酸化膜の厚さは,その金属と雰囲気との反応性,反応温度,反応時間などによって異な

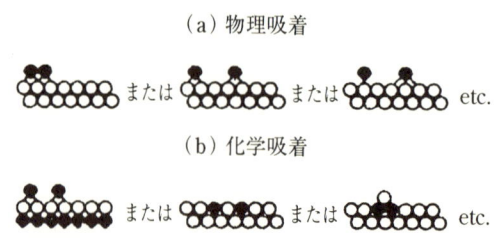

図1.2 物理吸着,化学吸着,化学反応の模式

るが，典型的な厚さは10〜100 nm の範囲にある．

　酸化膜は機械加工や摩擦の過程でも生成されるが，これらの過程で発生する熱が酸化を助長し，酸化物の型を決める．摩擦過程では温度が上昇し，雰囲気との化学反応が加速される．一対の金属摩擦がある場合，2種の酸化膜間の化学反応も起こる．潤滑剤や接着剤は表面保護に重要な固体反応層形成の原因となる．

　酸化層には，一種またはそれ以上の基本酸化物が存在する．例えば，鉄では酸化鉄（Fe_2O_3）の場合や，Fe_2O_3 と Fe_3O_4 の混合物で最内層に FeO がある場合などがある．合金の場合には，表面酸化膜は酸化物の混合体となる．例えば，ステンレス鋼では酸化膜は酸化鉄と酸化クロムの混合物である．

　アルミニウムやチタンのような金属では，酸化物は表面に非常に緻密で薄い膜を形成し，それ以上の酸化の進行を防止する．しかし，他の金属，例えば鉄の場合には Fe_2O_3 は湿り空気中では継続的に形成される．

1.2.4 物理吸着層

　金属に反応的雰囲気中で形成される化学反応酸化層のほかに，雰囲気からの吸着層が金属および非金属の両者に形成される．最も一般的な吸着層の構成成分は，雰囲気中から凝結し，物理的に表面に吸収された水蒸気，酸素，炭化水素である．この層には，単分子層（約0.3 nm 厚）または多分子層の両者の場合がある．磁気メディアのような多くのポリマーは表面下に水蒸気を吸着し，母材特性が多少変わる．

　いま，溶液として他の物質を含む液体を考えてみよう．溶質と溶媒の分子間の引力がその液体の表面特性を決める．溶質-溶媒間の引力が溶媒-溶媒間の引力より小さい場合，表面を溶媒分子で広げるよりは溶質分子で広げる方が所要エネルギーが少ない．したがって，表面の溶媒分子を溶質分子に置き換えることにより，システム全体のエネルギーは少なくなる．平衡状態では表面に溶質が過剰に集中し，これが表面での溶質吸着となる．溶液の表面張力 γ は，このメカニズムにより減少する．

　低い溶質濃度 C における表面での過剰濃度 Γ の値は，下記のギブスの吸着方程式から導かれる．

$$\varGamma = -\frac{C}{RT}\frac{\partial \gamma}{\partial C} \tag{1.1}$$

ここで，R は完全ガス定数，γ は表面張力である．

式 (1.1) は完全溶液に対して成立するが，C を気相における吸着物質の分圧に置き換えれば，気相-液相または気相-固相の吸着に対しても使用できる．

物理吸着では，吸着質と吸着表面の分子間に電子の交換は起こらない．吸着現象は不活性ガスの液化時に作用する力のような比較的弱いファン・デル・ワールスの力による．物理吸着物質を固体表面から引きはがすのはごく小さいエネルギー（1～2 kcal/mole）で済み，高真空（10^{-10} Torr）の表面には物理吸着物質はない．

物理吸着の例を図 1.2 に示したが，表面への吸着分子は酸素の場合のような 2 原子分子として示されている．この場合，どちらの酸素原子も汚染表面にくっつくことができる．

時には雰囲気からの吸着層の一部が油脂膜で置き換わることがあるが，この油脂膜は，大抵の工場雰囲気中にある油滴，表面準備中の潤滑剤，またはそれを取り扱った人の指の脂など種々の原因に由来する．油脂膜の厚さは 3 nm にも薄くなり得る．

1.2.5 化学吸着層

化学吸着では，物理吸着とは対照的に吸着質と表面の間に実際の電子共有や電子交換がある．表面が強く吸着質と結合しているので，吸着質を除去するには化学反応時のものにも並ぶ多大なエネルギー（10～100 kcal/mole）が必要になる．このエネルギーの大きさは，吸着質とともに吸着表面の性質に依存する．

化学吸着においては，吸着質は表面に化学的に結合しているものの，それぞれ固有の性質は保持しており，適当な処理によって当初の吸着質を回収することができる．また，化学吸着層は単分子層に限定される．これが化学吸着と化学反応の区別で，化学吸着は一つの層で終了する．引き続いて別の層が形成されるのは物理吸着か化学反応によるものである．

物理吸着と化学吸着の違いを示す二，三の量的な規範が利用できる．まず，

最初のものは吸収熱量である．化学結合は物理結合より強いので，化学吸着熱は物理吸着熱より大きい．典型的な物理吸着熱は 1～2 kcal/mole であるが，化学吸着熱は 10～100 kcal/mole の範囲にある．

　次の規範は吸着が起こる温度域である．物理吸着と違って，化学吸着は吸着質の沸騰点よりはるかに高い温度域でも起こり得る．物理吸着は，一般にある温度と圧力 p で吸着が起こる場合，その飽和圧力を p_0 として p/p_0 が 0.01 に達しないと起こらない．ただし，この規範は絶対的なものではなく，ある種の活性吸着剤，特に多孔質のものは $p/p_0 = 10^{-8}$ でもガスや蒸気を吸着する．

　もう一つの規範は活性化エネルギーである．化学吸着の場合は，ある程度の活性化エネルギーを必要とするが，これ以下では化学吸着が起こらない温度の下限値が存在するためであろう．物理吸着では活性化エネルギーを必要としないので，どんな温度においても吸着質が固体表面に近づき得る割合で吸着が進行する．また，化学吸着は表面の純度に依存するが，物理吸着はすべての表面に起こる．

　2種の吸着を区別するさらにもう一つの規範は吸着層の厚さである．化学吸着層が常に単分子層であるに対し，物理吸着層は単分子層または多分子層のいずれかである．物理吸着，化学吸着および化学反応を比較した模式図を図 1.2 に示した．

第2章 加工層の測定評価

　加工層は，残留応力，組織観察と分析および硬さ測定による評価が最も一般的な方法である．最近のようにナノメートル（$1\,\text{nm}=1\times10^{-9}\,\text{m}$）や原子・分子オーダを対象にするときには，より細密分析が可能な粒子線や，微小領域運動可能な機器を用いることになる．

2.1 残留応力

2.1.1 多結晶

　多結晶の場合のX線回折法による応力測定の基本原理について述べる．X線を用いるほかに，超音波（周波数$f>20\,\text{kHz}$），シンクロトロン放射光および中性子線などを用いる測定評価法もあるが，歴史が長く，定着しているX線の方法を述べる．

　巨視的弾性論からひずみeは，長さL，伸び量$\varDelta L$として下式で表される．

$$e=\frac{\varDelta L}{L} \tag{2.1}$$

　ひずみが，一方向に作用する応力σによって生ずると，弾性率をEとして

$$e=\frac{\sigma}{E} \tag{2.2}$$

となる．もし，引張応力σ_zがz方向に作用しているならば，金属はz方向に伸ばされるだろう．

$$e_z=\frac{\sigma_z}{E} \tag{2.3}$$

そして，それに対してx, y方向に沿っても等しく伸ばされ，ポアソン比νを使って記述すると式(2.4)となる．

$$-e_x=-e_y=\nu e_z=\frac{\nu\sigma_z}{E} \tag{2.4}$$

　重ね合わせの原理から引張ひずみe_x, e_y, e_zは次式で表される．また，せん断ひずみ$\gamma_{xy}, \gamma_{yz}, \gamma_{zx}$はせん断応力を$\tau$，横弾性係数を$G$として次式で表される．

2.1 残留応力

$$e_x = \frac{1}{E}[\sigma_x - \nu(\sigma_y + \sigma_z)], \quad e_y = \frac{1}{E}[\sigma_y - \nu(\sigma_z + \sigma_x)],$$

$$e_z = \frac{1}{E}[\sigma_z - \nu(\sigma_x + \sigma_y)],$$

$$\gamma_{xy} = \frac{\tau_{xy}}{G} = \frac{2(1+\nu)}{E}\tau_{xy}, \quad \gamma_{yz} = \frac{\tau_{yz}}{G} = \frac{2(1+\nu)}{E}\tau_{yz},$$

$$\gamma_{zx} = \frac{\tau_{zx}}{G} = \frac{2(1+\nu)}{E}\tau_{zx} \tag{2.5}$$

となる．上式を主応力，主ひずみで表示すると，式 (2.6) となる．

$$e_1 = \frac{1}{E}[\sigma_1 - \nu(\sigma_2 + \sigma_3)], \quad e_2 = \frac{1}{E}[\sigma_2 - \nu(\sigma_3 + \sigma_1)],$$

$$e_3 = \frac{1}{E}[\sigma_3 - \nu(\sigma_1 + \sigma_2)] \tag{2.6}$$

仮に，X線測定のように表面について応力-ひずみ関係を見ると，$\sigma_1 + \sigma_2$ が表面に作用し，垂直方向の σ_3 は自由表面で0となる．

$$e_3 = \frac{1}{E}[0 - \nu(\sigma_1 + \sigma_2)], \quad e_3 = -(\sigma_1 + \sigma_2)\frac{\nu}{E} \tag{2.7}$$

e_3 を求めるには，表面に対して平行な面の隣接間隔の変化を求める必要がある．ひずみを受けていないときの回折面間隔を du，ひずみを受けたときのそれを ds とすると

$$e_3 = \frac{\Delta L}{L} = \frac{ds - du}{du}, \quad \sigma_1 + \sigma_2 = -\frac{E}{\nu}\left(\frac{ds - du}{du}\right) \tag{2.8}$$

式 (2.8) は主応力の合計であり，二つの応力を受けた面間隔と応力を受けない面間隔の測定値に依存する．

次に，X線が表面に垂直方向から入力されたときの面間隔を $d_\perp$，表面と ψ だけ傾斜下方向から入射したときの面間隔を d_ψ とする．

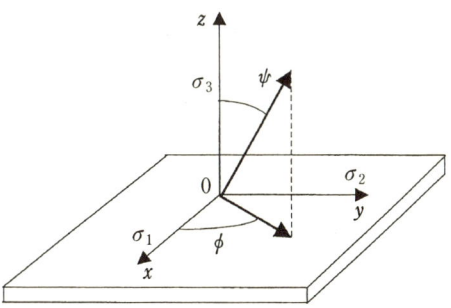

図 2.1 主応力方向の選定

主応力，主ひずみを図 2.1 より求めるが，方向余弦 $\alpha_1, \alpha_2, \alpha_3$ は

$$\alpha_1 = \sin\psi\cos\phi, \quad \alpha_2 = \sin\psi\sin\phi, \quad \alpha_3 = \cos\psi = (1-\sin^2\psi)^{1/2} \quad (2.9)$$

となる．S. Timoshenko の第8章の文献17）より，方向余弦 $\alpha_1, \alpha_2, \alpha_3$ と主ひずみ e_1, e_2, e_3 を用いて垂直方向のひずみ e_n は

$$e_n = \alpha_1^2 e_1 + \alpha_2^2 e_2 + \alpha_3^2 e_3 \quad (2.10)$$

となり，応力は式 (2.11) で求められる．

$$\sigma_n = \alpha_1^2 \sigma_1 + \alpha_2^2 \sigma_2 + \alpha_3^2 \sigma_3 \quad (2.11)$$

次に，ψ 方向の応力は式 (2.9)，(2.11) より

$$\sigma_\psi = \sigma_1(\sin\psi\cos\phi)^2 + \sigma_2(\sin\psi\sin\phi)^2 + \sigma_3\cos^2\psi \quad (2.12)$$

となり，$\psi = 90°$ のとき，σ_ϕ は式 (2.13) で表される．

$$\sigma_\phi = \sigma_1\cos^2\phi + \sigma_2\sin^2\phi \quad (2.13)$$

式 (2.9) を式 (2.10) に代入すると，ψ 方向のひずみ e_ψ が求められる．

$$e_\psi = e_1(\sin\psi\cos\phi)^2 + e_2(\sin\psi\sin\phi)^2 + e_3\cos^2\psi \quad (2.14)$$

自由表面での垂直応力 σ_n は，$\sigma_3 = 0$ であるから $\sigma_n = 0$ となり，式 (2.4) で表されている応力の項のひずみの値を入れると，式 (2.14) は以下のように書き換えられる．

$$e_\psi = \frac{1}{E}[(\sigma_1 - \nu\sigma_2)\sin^2\psi\cos^2\phi + (\sigma_2 - \nu\sigma_1)\sin^2\psi\sin^2\phi + e_3\cos^2\psi \quad (2.15)$$

これを簡単にすると

$$e_\psi - e_3 = \frac{1+\nu}{E}(\sigma_1\cos^2\phi + \sigma_2\sin^2\phi)\sin^2\psi \quad (2.16)$$

となる．式 (2.16) に式 (2.13) を代入すると式 (2.17) を得る．

$$\sigma_\phi = (e_\psi - e_3)\frac{E}{1+\nu}\frac{1}{\sin^2\psi} \quad (2.17)$$

e_ψ は，ψ 方向に直角になる面で応力を受けた $\mathrm{d}s$ と応力を受けていない $\mathrm{d}u$ の原子面の格子間隔の微分に相当する．

$$e_\psi = \frac{\mathrm{d}\psi - \mathrm{d}u}{\mathrm{d}u} \quad (2.18)$$

同様にして，e_3 は z 方向と直角な方向にある応力を受けたものと，応力を受けない原子面の隣接格子間隔の微分に相当する．つまり，

2.1 残留応力

$$e_3 = \frac{\mathrm{d}z - \mathrm{d}u}{\mathrm{d}u} \tag{2.19}$$

となり，そのとき

$$e_\psi - e_3 = \frac{\mathrm{d}\psi - \mathrm{d}u}{\mathrm{d}u} - \frac{\mathrm{d}z - \mathrm{d}u}{\mathrm{d}u} = \frac{\mathrm{d}\psi - \mathrm{d}z}{\mathrm{d}u} \tag{2.20}$$

となる．大部分の場合，応力を受けない条件での隣接格子面間隔は決定できないから，おおよそ近似的には次のように書ける．

$$e_\psi - e_3 = \frac{\mathrm{d}\psi - \mathrm{d}z}{\mathrm{d}z} \tag{2.21}$$

式(2.17)に式(2.21)を代入して，隣接格子面間隔の変化から応力を得るには，便宜上の式は，式(2.22)のように表せる．

$$\sigma_\phi = \frac{\mathrm{d}\psi - \mathrm{d}z}{\mathrm{d}z} \frac{E}{1+\nu} \frac{1}{\sin^2\psi} \tag{2.22}$$

$\mathrm{d}z$ の代わりに，ある教科書では $d_\perp$ の記号を使っている例もある．$\mathrm{d}z$ の決定（または $d_\perp$）は試料表面にほぼ平行な面である．そして，試料はフィルムに対して最初のX線ビームと直角に，また直接X線分光計にほぼ直角にかかるように配置される．

応力決定の大半は，X線技術とX線回折装置を使って求められる．回折されたビームの位置は 2θ の角度で測定される．2θ より大きな角度になるときは便利な式(2.22)によって応力

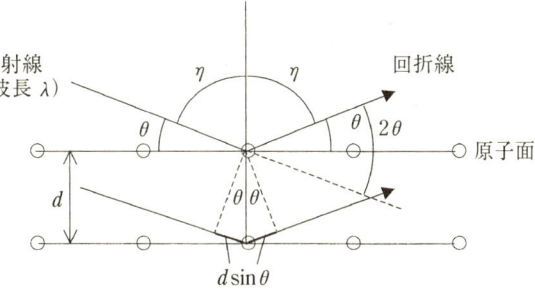

図2.2 Braggの条件（$2d\sin\theta = n\lambda$）

が求められる．Braggの式は，図2.2に示すように $n\lambda = 2d\sin\theta$ と表示されている（n がX線波長 λ の整数倍のとき回折条件を満たす）から，これの微分をとると

$$\frac{\Delta d}{d} = -\cot\theta \cdot \Delta\theta \tag{2.23}$$

$$\frac{\Delta d}{d} = -\cot\theta \cdot \frac{\Delta 2\theta}{2} \tag{2.24}$$

となる．式 (2.22) と式 (2.24) を組み合わせると

$$\sigma_\phi = (2\theta_z - 2\theta_\psi)\frac{\cot\theta}{2}\frac{E}{1+\nu}\frac{1}{\sin^2\psi} \tag{2.25}_1$$

あるいは

$$\sigma_\phi = (2\theta_\perp - 2\theta_\psi)\frac{\cot\theta}{2}\frac{E}{1+\nu}\frac{1}{\sin^2\psi}\left(\frac{\pi}{180}\right) \tag{2.25}_2$$

を得る．ただし，式 (2.25) の下式の θ はラジアンから度に変えた単位とする．
例えば，

$$\frac{E}{1+\nu}\left(\frac{\cot\theta}{2}\right)\left(\frac{\pi}{180}\right) \cdot 1/\sin^2\psi \; (\mathrm{MPa/deg}) = K$$

$$\Delta 2\theta = (2\theta_\perp - 2\theta_\psi) = M \; (\mathrm{deg})$$

とすると

$$\sigma_\phi = KM$$

となる．

さらに，式 (2.25) を変形して

$$\sigma_\phi = K_1 \cot\theta (2\theta_\perp - 2\theta_\psi) \tag{2.26}$$

$$\sigma_\phi = K(2\theta_\perp - 2\theta_\psi) = K \cdot \Delta 2\theta \tag{2.27}$$

を得る．ただし，K は式 (2.25) の定数で，$2\theta - \sin^2\psi$ 線図の傾きを表す．

一般に，X線を0°，15°，30°，45°の方向から入射し，2θ のピーク値を順にプロットして4点の勾配を最小自乗法で求め，$2\theta - \sin^2\psi$ 線図を作成して残留応力 σ_ψ を求める．

2.1.2 単結晶

（1）単結晶の残留応力

単結晶の残留応力は，英ら[1),2)] の表現を引用して記述できるので，これに加えて説明する．また理解を深めるために，後章のSi完全表面のダイヤモンド研削の場合に適用した具体的な計算例を示す．

一般に，転位などの結晶欠陥が存在すると，その周囲の結晶がひずみ，弾性場を生じる．そこで，3次元空間に固定された (x_1, x_2, x_3) 右手直交座標系を

2.1 残留応力

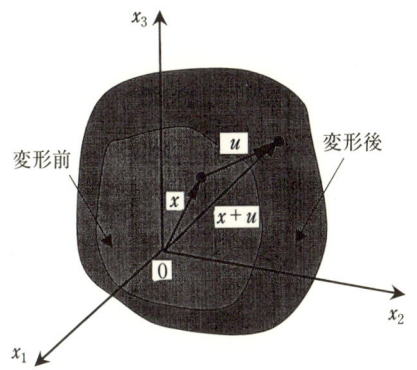

図2.3 物体の変形（u は位置ベクトル x の点における変位ベクトル）[4]

考える．いま，図2.3のように連続体固体で記述できる物体にある変形を与えたところ，変形前に位置ベクトル x にあった固体内の点が変形後に $x+u$ の点に移動したとする．このとき，ベクトル $u=(u_1, u_2, u_3)$ を変形（displacement）と呼ぶ．もし，u が物体内のどの部分でも同一ならば，この物体は単に平行移動したにすぎないので，変形を議論するためには u の場所による変化を考えなければならない．そこで，u の各成分を座標で偏微分したものを変形勾配（distortion）と定義する．

$$\text{変形勾配}: \frac{\partial u_i}{\partial x_j} \quad (i, j = 1, 2, 3) \tag{2.28}$$

変形勾配の対称成分をひずみ（strain）ε_{ij}，反対称成分を回転（rotation）ω_{ij} と定義する．

$$\varepsilon_{ij} + \omega_{ij} \equiv \frac{\partial u_i}{\partial x_j}, \quad \varepsilon_{ij} \equiv \frac{1}{2}\left(\frac{\partial u_i}{\partial x_j} + \frac{\partial u_j}{\partial x_i}\right), \quad \omega_{ij} \equiv \frac{1}{2}\left(\frac{\partial u_i}{\partial x_j} - \frac{\partial u_j}{\partial x_i}\right) \tag{2.29}$$

次に，ひずみと応力の計算式の誘導を行う．単結晶の応力とひずみとの関係は次のように記述される．

図2.4のような座標系を設定する．試験片座標系 P_i (P_1, P_2, P_3) と実験室座標系 L_i (L_1, L_2, L_3) との変換マトリクスは次式で表される．

$$\sigma'_{ij} = \omega_{ik}\omega_{jl}\sigma_{kl} \tag{2.30}$$

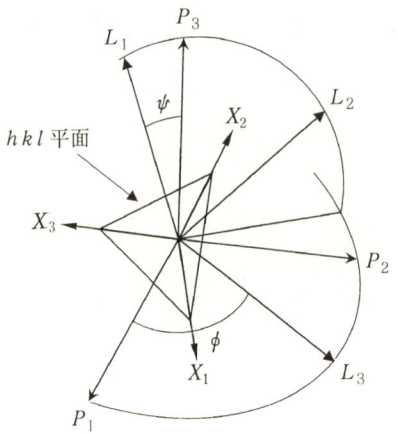

図 2.4 座標システム

ここで,

$$\omega = \begin{pmatrix} \cos\phi & \sin\phi & 0 \\ -\cos\psi\sin\phi & \cos\psi\cos\phi & \sin\psi \\ \sin\psi\sin\phi & -\sin\psi\cos\phi & \cos\psi \end{pmatrix} \quad (2.31)$$

実験室座標系 L_3 方向の垂直ひずみ ε'_{33} は,結晶座標系 X_i のひずみテンソル ε^*_{ij} により,次式のように表現される.

$$\varepsilon'_{33} = \gamma_{3i}\gamma_{3j}\varepsilon^*_{ij} = \gamma_{31}^2 \varepsilon^*_{11} + \gamma_{32}^2 \varepsilon^*_{22} + \gamma_{33}^2 \varepsilon^*_{33}$$
$$+ 2(\gamma_{32}\gamma_{33}\varepsilon^*_{23} + \gamma_{33}\gamma_{31}\varepsilon^*_{31} + \gamma_{31}\gamma_{32}\varepsilon^*_{12}) \quad (2.32)$$

ここで,γ_{3k} は L_3,すなわち ε'_{33} 方向の結晶座標系 X_i に対する方向余弦であり,回折面が (hkl) で表されると,次式で与えられる.

$$\gamma_{31} = \frac{h}{\sqrt{h^2+k^2+l^2}}, \quad \gamma_{32} = \frac{k}{\sqrt{h^2+k^2+l^2}}, \quad \gamma_{33} = \frac{l}{\sqrt{h^2+k^2+l^2}}$$
$$(2.33)$$

結晶座標系におけるひずみテンソル ε^*_{ij} の関係は

$$\varepsilon^*_{11} = (S_{11}-S_{12})\sigma^*_{11} + S_{12}(\sigma^*_{11}+\sigma^*_{22}+\sigma^*_{33}),$$
$$\varepsilon^*_{22} = (S_{11}-S_{12})\sigma^*_{22} + S_{12}(\sigma^*_{11}+\sigma^*_{22}+\sigma^*_{33}),$$
$$\varepsilon^*_{33} = (S_{11}-S_{12})\sigma^*_{33} + S_{12}(\sigma^*_{11}+\sigma^*_{22}+\sigma^*_{33}),$$
$$2\varepsilon^*_{23} = S_{44}\sigma^*_{23}, \quad 2\varepsilon^*_{31} = S_{44}\sigma^*_{31}, \quad 2\varepsilon^*_{12} = S_{44}\sigma^*_{12} \quad (2.34)$$

次に,結晶座標系における σ^*_{ij} と試験片座標系における σ_{mn} との関係式は

2.1 残留応力

$$\sigma^*_{ij} = \pi_{mi}\pi_{nj}\sigma_{mn} \tag{2.35}$$

試料座標系の P_1 が引張方位 $[w_1, w_2, w_3]$, p_3 が試験片表面の法線方向 $[n_1, n_2, n_3]$ で表されると,変換マトリックス π_{ij} は以下のように表される.

$$\pi_{ij} = \begin{pmatrix} \pi_{11} & \pi_{12} & \pi_{13} \\ \pi_{21} & \pi_{22} & \pi_{23} \\ \pi_{31} & \pi_{32} & \pi_{33} \end{pmatrix},$$

$$\pi_{11} = \frac{w_1}{\sqrt{w_1^2 + w_2^2 + w_3^2}}, \quad \pi_{12} = \frac{w_2}{\sqrt{w_1^2 + w_2^2 + w_3^2}},$$

$$\pi_{13} = \frac{w_3}{\sqrt{w_1^2 + w_2^2 + w_3^2}}, \quad \pi_{31} = \frac{n_1}{\sqrt{n_1^2 + n_2^2 + n_3^2}},$$

$$\pi_{32} = \frac{n_2}{\sqrt{n_1^2 + n_2^2 + n_3^2}}, \quad \pi_{33} = \frac{n_3}{\sqrt{n_1^2 + n_2^2 + n_3^2}},$$

$$\pi_{21} = \pi_{13}\pi_{32} - \pi_{12}\pi_{33}, \quad \pi_{22} = \pi_{11}\pi_{33} - \pi_{13}\pi_{31},$$

$$\pi_{23} = \pi_{12}\pi_{31} - \pi_{11}\pi_{32} \tag{2.36}$$

式 (2.32)〜式 (2.36) より,本田,有間らの式と一致する.

$$\varepsilon'_{33} = S_0 \sum_i \sum_j \sigma_{ij} \left(\sum_k \gamma_{3k}^2 \pi_{ik}\pi_{jk} \right) + S_{12}(\sigma_{11} + \sigma_{22} + \sigma_{33})$$
$$+ \frac{1}{2}S_{44} \sum_i \sum_j \sigma_{ij} \left(\sum_k \gamma_{3k}\pi_{ik} \right) \left(\sum_k \gamma_{3k}\pi_{jk} \right) \tag{2.37}$$

ここで,

$$S_0 = S_{11} - S_{12} - \frac{1}{2}S_{44}$$

さらに,次の変換が可能である.

$$\frac{1}{2}S_{44}\sum_i \sum_j \sigma_{ij}\left(\sum_k \gamma_{3k}\pi_{ik}\right)\left(\sum_k \gamma_{3k}\pi_{jk}\right) = \frac{1}{2}S_{44}\sum_i\sum_j \sigma_{ij}\omega_{3i}\omega_{3j} \tag{2.38}$$

したがって,

$$\varepsilon'_{33} = S_0 \sum_i \sum_j \sigma_{ij}\left(\sum_k \gamma_{3k}^2 \pi_{ik}\pi_{jk}\right) + S_{12}(\sigma_{11} + \sigma_{22} + \sigma_{33}) + \frac{1}{2}S_{44}\sigma_{33}$$
$$+ \frac{1}{2}S_{44}(\sigma_{11}\sin^2\phi - \sigma_{12}\sin 2\phi + \sigma_{22}\cos^2\phi - \sigma_{33})\sin^2\psi$$
$$+ \frac{1}{2}S_{44}(\sigma_{31}\sin\phi - \sigma_{23}\cos\phi)\sin 2\psi \tag{2.39}$$

さらに,平面応力状態を仮定すると

$$\sigma_{33} = \sigma_{23} = \sigma_{31} = 0 \tag{2.40}$$

式 (2.39) は，次式のように表される．

$$\begin{aligned}
\varepsilon'_{33} &= S_0 \sum_i \sum_j \sigma_{11} \left(\sum_k \gamma_{3k}^2 \pi_{ik} \pi_{jk} \right) + S_{12}(\sigma_{11} + \sigma_{22}) \\
&\quad + \frac{1}{2} S_{44} (\sigma_{11} \sin^2 \phi - \sigma_{12} \sin 2\phi + \sigma_{22} \cos^2 \phi) \sin^2 \psi \\
&= S_0 [(\gamma_{31}^2 \pi_{11}^2 + \gamma_{32}^2 \pi_{12}^2 + \gamma_{33}^2 \pi_{13}^2) \sigma_{11} \\
&\quad + 2 (\gamma_{31}^2 \pi_{11} \pi_{21} + \gamma_{32}^2 \pi_{12} \pi_{22} + \gamma_{33}^2 \pi_{13} \pi_{23}) \sigma_{12} \\
&\quad + (\gamma_{31}^2 \pi_{21}^2 + \gamma_{32}^2 \pi_{22}^2 + \gamma_{33}^2 \pi_{23}^2) \sigma_{22}] + S_{12}(\sigma_{11} + \sigma_{22}) \\
&\quad + \frac{1}{2} S_{44} (\sigma_{11} \sin^2 \phi - \sigma_{12} \sin 2\phi + \sigma_{22} \cos^2 \phi) \sin^2 \psi \tag{2.41}
\end{aligned}$$

単結晶の応力測定のためには，少なくとも三つの独立した ϕ と ψ の組合せで表される回折面の格子面間隔のひずみを測定することが必要になる．これにより，式 (2.39) により導かれる連立方程式を解くことによって応力成分 σ_{11}, σ_{12}, σ_{22} が得られる．

回折を生じる ϕ および ψ は，次式により求められる．

$$\tan \phi = -\frac{q_1}{q_2}, \quad \sin^2 \psi = q_1^2 + q_2^2 \tag{2.42}$$

$$q_1 = P_1 L_3, \quad q_2 = P_2 L_3 \tag{2.43}$$

$$P_1 = [\pi_{11} \pi_{12} \pi_{13}], \quad P_2 = [\pi_{21} \pi_{22} \pi_{23}], \quad L_3 = [\gamma_{31} \gamma_{32} \gamma_{33}] \tag{2.44}$$

格子面間隔のひずみ ε'_{33} は，回折角 2θ を測定することによって次式により計算される．

$$\varepsilon'_{33} = -\frac{(\theta - \theta_0)}{\tan \theta_0} \tag{2.45}$$

ここで，2θ については，無応力状態での回折角を用いれば，測定時の応力は絶対値を示すことになる．また，何らかの初期状態について回折角を測定しておき，その値を 2θ とすれば，測定された応力は初期状態に対する相対応力となる[2]．

（2）Si ウェハ加工層の弾性ひずみと応力の算出実例

測定に用いた回折面の位置関係を図2.5 に示す．応力測定には高角度において強度がなるべく強い回折面を選択することが基本である．また，この場合，

(100)にX線を照射して測定を行うため，装置の関係上測定できない回折面もある．これらを考慮した結果，図に示した三つの面を回折面に選択した．

次に，回折面と使用する特性X線の組合せを述べる．ウェハ試験片の設置位置は，式(2.42)をもとにX線入射角 ψ, ϕ から算出された角度に配置にする．そして，試験片を揺動しながら回折線を測定する．X線発生および回折線の検出には理学電機(株)「RINT2100H PSPC/MDG」を用いている．また，位置敏感型比例係数管(PSPC)を用い，チャンネル分割数は2 048 chとした．表2.1に本実験に用いたX線測定条件を示し，また表2.2に本実験で用いた回折面，回折角，X線入射角の組合せを示す．

回折X線をPSPCにより検出する場合，格子定数，面指数などから計算した角度からX線を入射させたとしても回折線を十分に検出できない可能性がある．その原因として，格子ひずみが未知であることはもちろん，試験片の方位のずれ，単結晶の原子配列の乱れ，文献値から引用した格子定数と実際の格子定数相違などが考えられる．したがって，完全な回折角を得るためには，計算から求めた試験片の設置角度を中心にして，揺動を行う必要がある．

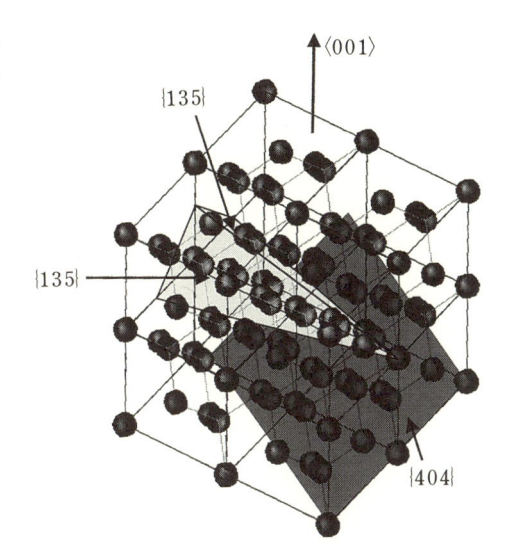

図2.5　回折面座標

表2.1　X線測定条件

特性X線	Co-Kα_1
χ 軸揺動範囲，deg	±5 (連続)
ψ 軸揺動範囲，deg	±0.2 (0.01°ステップ)
管電流，kV	40
管電圧，mA	20
コリメータのピンホール，mm	0.1

表2.2　(001)，[110]表面試験片

回折面	135	1$\bar{3}$5	404
回折角，deg	153.99	153.99	137.41
ϕ 軸角，deg	116.57	-26.57	45.0
ψ 軸角，deg	32.31	32.31	45.0

第2章 加工層の測定評価

その揺動方法は，図2.6に示すように入射X線に対して，互いに直交する位置にχ軸揺動とψ軸揺動があり，この2軸が揺動することによって，半球上すべての方向の観察が可能となる．X線応力測定装置の揺動部分の外観を図2.7に示す．また，図2.6と図2.7の軸は対応して表記している．揺動方法は，χ軸回転方向に連続±5°，ψ軸方向に0.01°

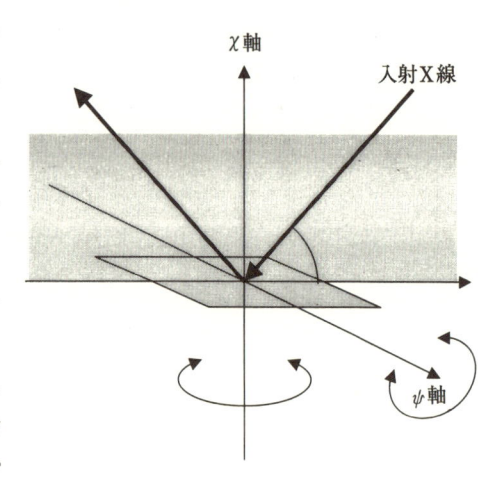

図2.6 回折面座標

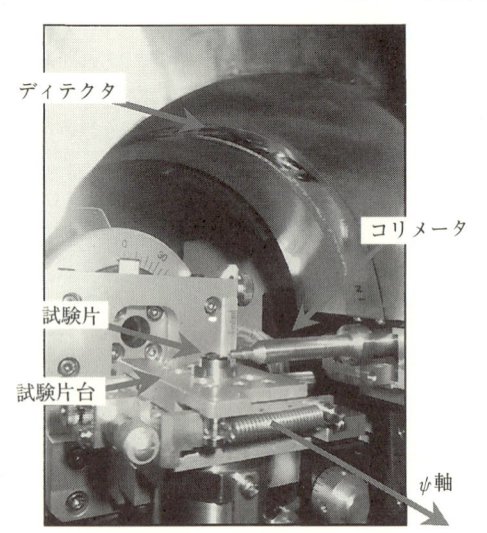

図2.7 揺動軸の外観

刻みで±0.2°のジグザグ揺動とした．

この揺動方法は，回折条件を満たすようにψ軸を揺動し，その回折スポットがPSPC上を通過させるために回転揺動していることになる．この揺動方法は，X線を照射した状態で，2軸揺動を行うことにより，最も強度が強い（最も強く回折している）軸位置を判定するために行っている．そこで，この位置を

2.1 残留応力

表 2.3 ε'_{33} について三つの連立方程式の数値計算例

回折面	\multicolumn{4}{c}{$(1\bar{3}5)$}
2θ	\multicolumn{4}{c}{153.99°}
ϕ	\multicolumn{4}{c}{$-26.57°$}
ψ	\multicolumn{4}{c}{32.31°}

		σ_{11}	σ_{12}	σ_{22}
	5.00476×10^{-7}	5.00476×10^{-7}		
	8.00764×10^{-7}		8.00761×10^{-7}	
	5.00476×10^{-6}			5.00476×10^{-6}
	-2.09374×10^{-6}	-2.09374×10^{-6}		
	-2.09374×10^{-7}			-2.09374×10^{-7}
	3.58937×10^{-7}	3.58937×10^{-7}		
	1.43575×10^{-6}		1.43575×10^{-6}	
	1.43575×10^{-6}			1.43575×10^{-6}
		-1.23432×10^{-6}	2.23651×10^{-6}	-1.5751×10^{-7}

回折面	\multicolumn{4}{c}{(135)}
2θ	\multicolumn{4}{c}{153.99°}
ϕ	\multicolumn{4}{c}{116.57°}
ψ	\multicolumn{4}{c}{32.31°}

		σ_{11}	σ_{12}	σ_{22}
	5.00476×10^{-7}	5.00476×10^{-7}		
	8.00761×10^{-7}		8.00761×10^{-7}	
	5.00476×10^{-6}			5.00476×10^{-6}
	-2.09374×10^{-6}	-2.09374×10^{-6}		
	-2.09374×10^{-7}			-2.09374×10^{-7}
	1.43575×10^{-6}	1.43575×10^{-6}		
	1.43575×10^{-6}		1.43575×10^{-6}	
	3.58937×10^{-7}			3.8937×10^{-7}
		-1.23432×10^{-7}	2.23651×10^{-6}	-1.5751×10^{-6}

回折面	\multicolumn{4}{c}{(404)}
2θ	\multicolumn{4}{c}{137.41°}
ϕ	\multicolumn{4}{c}{45.0°}
ψ	\multicolumn{4}{c}{45.0°}

		σ_{11}	σ_{12}	σ_{22}
	8.75832×10^{-7}	8.75832×10^{-7}		
	-1.75166×10^{-6}		-1.75166×10^{-6}	
	8.75832×10^{-7}			8.75832×10^{-7}
	-2.09374×10^{-6}	-2.09374×10^{-6}		-2.09374×10^{-6}
	1.57035×10^{-6}			
	-3.1407×10^{-6}	1.57035×10^{-6}	-3.1407×10^{-6}	
	1.57035×10^{-6}			1.57035×10^{-6}
		3.52448×10^{-7}	-4.8923×10^{-6}	3.52488×10^{-7}

表 2.4 具体的数値例

回折面	$(1\bar{3}5)$	(135)	(404)
$2\theta_0$ (測定値)	114.0330	114.0220	106.5520
2θ (測定値)	114.0910	114.0880	106.6480
θ_0	57.0165	57.0110	53.2760
θ	57.0455	57.0440	53.3240
$\theta-\theta_0$ (rad)	5.0615×10^{-4}	5.7596×10^{-4}	8.3776×10^{-4}
$\tan\theta_0$	1.5408	1.5405	1.3404
ε'_{33}	-3.2849×10^{-4}	-3.7387×10^{-4}	-6.2499×10^{-4}

基準の位置とした．このような手順により正確な回折線を得ることができる[2]．

計算式 (2.41) を解くと，回折面 $(1\bar{3}5)$, (135), (404) の ε'_{33} は，それぞれの1次方程式にて次式のようになる（表 2.3）．

$$S_{11}=7.691\times10^{-6},\ S_{12}=-2.094\times10^{-6},\ S_{44}=1.2563\times10^{-5},$$
$$S_0=3.5033\times10^{-6}$$
$$\varepsilon'_{33}=-1.23432\times10^{-6}\times\sigma_{11}+2.23651\times10^{-6}\times\sigma_{12}$$
$$-1.5751\times10^{-7}\times\sigma_{22},\quad(1\bar{3}5),$$
$$\varepsilon'_{33}=-1.5751\times10^{-7}\times\sigma_{11}+2.23651\times10^{-6}\times\sigma_{12}$$
$$-1.23432\times10^{-6}\times\sigma_{22},\quad(135),$$
$$\varepsilon'_{33}=3.52448\times10^{-7}\times\sigma_{11}-4.89237\times10^{-6}\times\sigma_{12}$$
$$+3.52448\times10^{-7}\times\sigma_{22},\quad(404) \tag{2.46}$$

ここで，実際に具体的な数値を代入して応力値を求めてみる．数値例は，表 2.4 に示したとおりである．表 2.3 の数値を式 (2.46) の各式に代入すると，次のような連立方程式が得られる．

$$-3.2849\times10^{-4}=-1.23432\times10^{-6}\times\sigma_{11}+2.23651\times10^{-6}\times\sigma_{12}$$
$$-1.5751\times10^{-7}\times\sigma_{22},\quad(1\bar{3}5),$$
$$-3.7387\times10^{-4}=-1.5751\times10^{-7}\times\sigma_{11}+2.23651\times10^{-6}\times\sigma_{12}$$
$$-1.23432\times10^{-6}\times\sigma_{22},\quad(135),$$
$$-6.2499\times10^{-4}=3.52448\times10^{-7}\times\sigma_{11}-4.89237\times10^{-6}\times\sigma_{12}$$
$$+3.52448\times10^{-7}\times\sigma_{22},\quad(404) \tag{2.47}$$

となり，式 (2.47) から $\sigma_{11}, \sigma_{12}, \sigma_{22}$ を求めると

2.1 残留応力　　　　　　　（ 25 ）

$\sigma_{11} = 574.379$（MPa），　$\sigma_{12} = 213.541$（MPa），　$\sigma_{22} = 616.522$（MPa）

となる．また，この方程式の解 $\sigma_{11}, \sigma_{12}, \sigma_{22}$ を式 (2.47) に代入し，もとの ε_{11} と同値になることを確認する．

（3）測定値の計算結果

図 2.8，図 2.9，図 2.10 に，(a) 研削鏡面，(b) 焼け面，(c) CMG3 の三つの加工条件の異なるシリコンウェハの測定結果を示す．図には縦軸を表面からの深さ，横軸に残留応力を示してある．測定は，研削方向を基準にすべて同じ方向から測定を行った．深さ方向の測定はエッチング法を用いて表面を少しずつ除去し，その除去した後の面を測定した．測定は，同じウェハを用いて，測定，エッチング，測定というように行った．エッチングする箇所はウェハ表面の一部，中央部分となるように，表面の中央部分を除いた箇所と裏面にテープを貼り，エッチングされない部分をつくってからエッチングを行った．2度

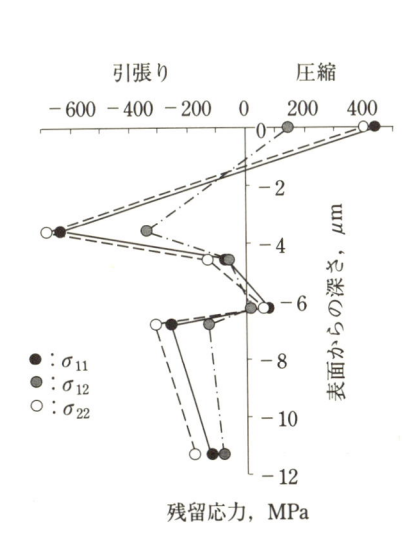

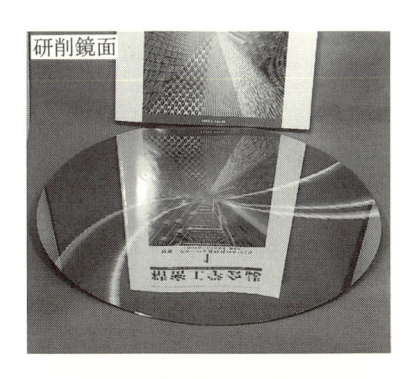

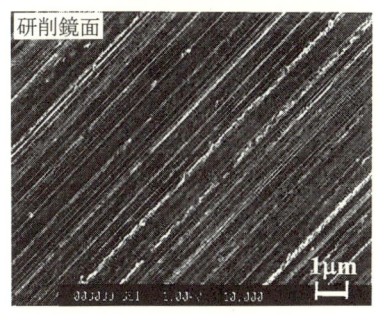

図 2.8　研削鏡面〔ϕ 300 mm Si ウェハ平面度 0.2 μm，粗さ $R_a = 0.808$ nm，$R_y = 5.814$（ダイヤモンド研削平面）〕

第2章 加工層の測定評価

- ● : σ_{11}
- ● : σ_{12}
- ○ : σ_{22}

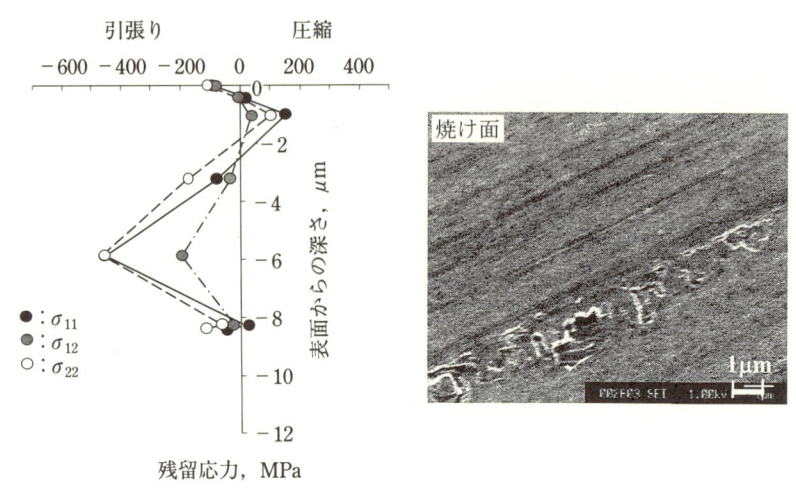

図 2.9 焼け面〔粗さ $R_y = 5.814$（ダイヤモンド研削平面）〕

- ● : σ_{11}
- ● : σ_{12}
- ○ : σ_{22}

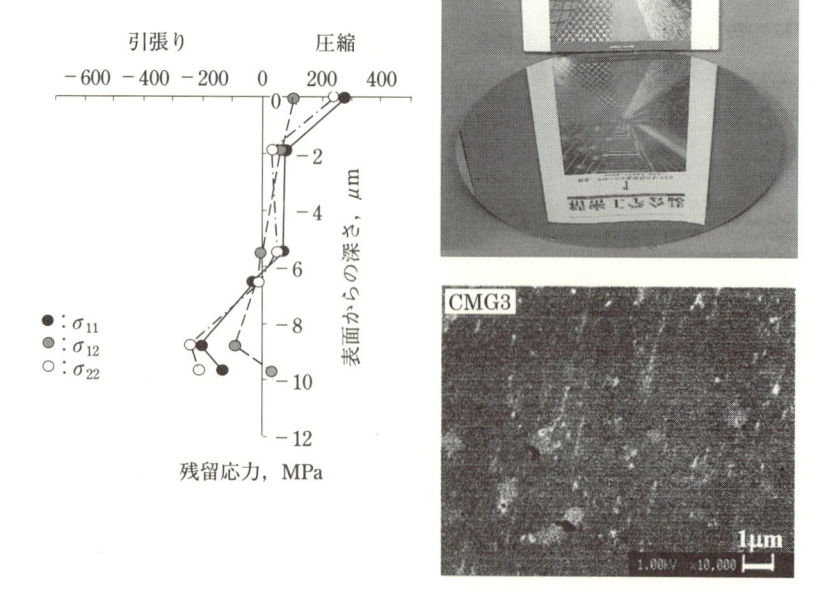

図 2.10 CMG3〔ϕ 300 mm Si ウェハ平面度 $0.8\,\mu\mathrm{m}/\phi$, 粗さ $R_a = 0.791$ nm, $R_y = 5.418$（CMG 研削平面）〕

2.1 残留応力

目，3度目のエッチングのときも同じように中央部分以外をテープで覆ってエッチングを行った．エッチング液には水酸化ナトリウムを用いている．フッ酸は使用に十分な注意が必要であるが，水酸化ナトリウムはフッ酸ほど神経質になる必要はないので，ここでは NaOH を用いた．単結晶シリコンと NaOH との反応式は $Si + H_2O + 2NaOH \rightarrow Na_2SiO_3 + 2H\uparrow$ となる．これらの図は，プラスが圧縮でマイナスが引張りを示している．

3図中，(a) 研削鏡面の変動幅が最も大きく，(c) CMG が最も小さい．σ_{12} はどの深さの面でも値が最も小さい．(a) 研削鏡面と (c) CMG3 は表面付近では圧縮側から引張り側へ全体的に移動している傾向にあるが，(b) 焼け面は表面付近で引張り側から圧縮側へ移動している．このことから，焼けた研削面は他の二つとは表面の状態が異なっていると予想される．また，(a) と (b) は左右に振れた折れ線となっているのに対して，(c) は変動幅が小さく値も小さい．このことから，(c) は (a), (b) とは異なる応力状態，結晶状態であると予想される．図 2.11 に研削方向と応力の向きを示す．

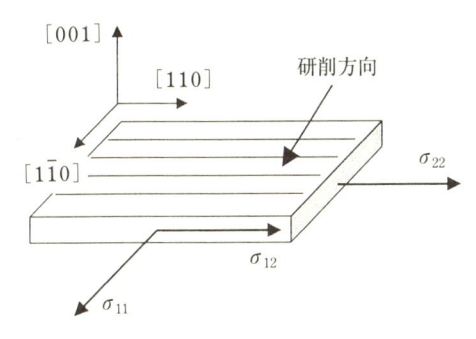

図 2.11 応力と方向

一般に，金属材料の単結晶は研削表面に引張応力で，内部にいくにつれて圧縮応力となる．しかし，Si 単結晶の研削表面は圧縮で，内部は引張りとなる例が多い．この例は，Al_2O_3, SiC, Si_3N_4, ZrO などのセラミックスの研削残留応力分布と同様の変化となる．この理由は，塑性変形と相変態による塑性変形は，その加工層が下部の基地組織を広げるように生じるので，加工層からこれに反抗するように力が作用する．そのために，圧縮の残留応力が生じる．金属のように熱塑性エネルギーが大きいと引張応力となるが，脆性材料は熱塑性領域が極めて小さいためと，砥粒ダイヤモンドの熱伝導率が高いため，熱拡散しやすいうえに降伏応力が高いのでより小さい熱塑性エネルギーとなるため，引張りの熱応力は小さくなる．このような理由で，研削焼け面 (b) には，砥粒バニッシュによる熱塑性変形に基づく摩擦抵抗によって，引張りの残留応力が発

(28)　　　　　　第2章　加工層の測定評価

生したといえる.

　一方，CMG 砥石（c）は CeO_2 主成分の砥石であるため，Si，あるいは自然酸化膜 SiO_2 との原子および分子間力ポテンシャルに基づく化学反応が，原子・分子オーダで，かつピコ秒オーダにおいて活発に行われるため，力学的・熱的な残留応力は極めて小さくなる．後章で述べるが，残留応力つまり原子格子のひずみがない原子格子が完全に配列した完全表面が一定の条件で得られることにつながった結果となっている．

付　録

　単結晶 Si の格子面間隔のひずみ ε'_{33} は，前述のとおり，回折角 2θ を測定することにより $\varepsilon'_{33}=-(\theta-\theta_0)/\tan\theta_0$ によって算出される．しかし，この方法はソフトウェアと装置の工夫に手間が掛かり，少々繁雑である．

　ところで，ドイツのベルガー社は「X 線 Bond 法」として，特に Si のような低角回折の応力測定について，高強度 X 線回折が可能，かつ測定も簡便なシステムを開発し，市販しているので，その測定例を簡単に述べる．

　付図1は，Si ウェハ（CMP の例），Si (400) 面の回折ピークを求めるときの X 線入射，回折のようすを示している．仮に，Si ウェハを入射 X 線（左側）に対して，45°右上がり傾斜に Si 表面を設置する．その位置で，Si 表面を $2\theta_0$（約160°）を中心に 2θ 回転し，X 線回折強度曲線を得る．

　次に，Si ウェハを付図1のように90°左回りに回転し，回転した90°面の表面 (400) に X 線を入射すると，付図1の下側に X 線は回折し，同様に 2θ に対して X 線強度曲線が得られる．この2ポイントの測定結果から 2θ の半価幅を求め，正確な格子面間隔 d の測定値が得られる．

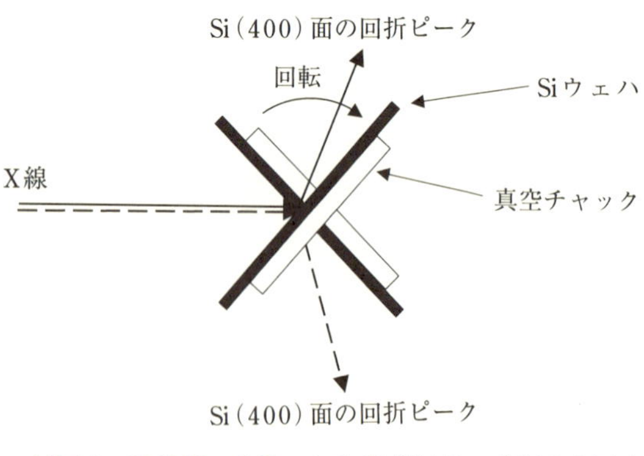

　さらに，Si (400) の応力測定に必要な弾性定数 S も同時に測定しておく．この場合の Si の弾性定数 $S_{11}=162.2\,\mathrm{GPa}$，$S_{12}=64.4\,\mathrm{GPa}$ が得られ，そのときの格子ひずみ（付図2）$\varepsilon'_{33}=-4.41917\times10^{-6}$ となる．また，Si (400) 面内残

付図1　X 線 Bond 法による Si 単結晶の残留応力測定

2.1 残留応力

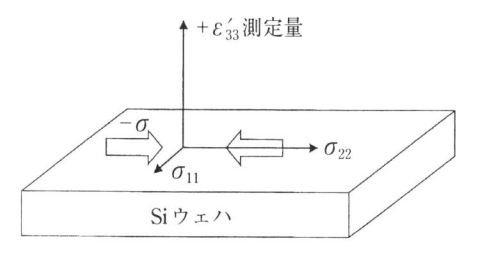

付図2 格子ひずみ ε_{33}

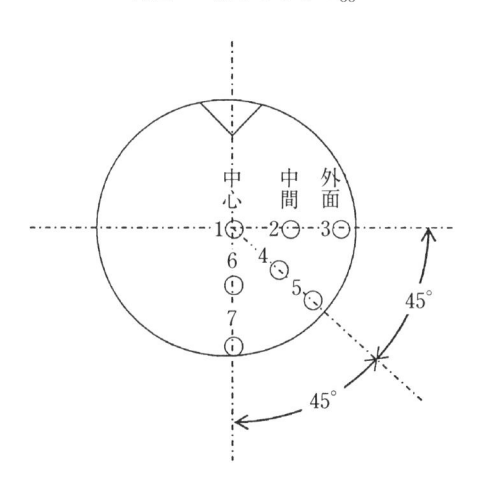

付図3 CMP仕上げ Si(400) の残留応力測定装置

留応力 $\sigma(S_{11}, S_{12}, \varepsilon'_{33})$ は次式から,

$$\sigma(S_{11}, S_{12}, \varepsilon'_{33}) = -(S_{11}/2S_{12})(S_{11}+S_{12}-2S_{12}^2/S_{11})\varepsilon'_{33} \times 1000$$

$$\sigma(S_{11}, S_{12}, \varepsilon'_{33}) = 1.03 \text{ MPa}$$

を得る.

 以下,同様にして,Si格子定数(測定値)d_m と標準値の格子定数 d_s を用いて,**付図3** の残留応力を順に求めると,$\varepsilon'_{33}(1) = 7.80721 \times 10^{-5}$,残留応力 $\sigma_{11}(1) = -18.2$ MPa,以下同順に $\sigma_{11}(2) = -0.129$ MPa,$\sigma_{11}(3) = 1.03$ MPa,$\sigma_{11}(4) = 1.03$ MPa,$\sigma_{11}(5) = 1.89$ MPa,$\sigma_{11}(6) = 2.19$ MPa,$\sigma_{11}(7) = -1.33$ MPa のように求められる.ただし,この値は一般的なX線測定法と同じように,X線侵入深さ約 $5\,\mu$m の平均的な値である.また,CMGの σ_{11} もCMPと同じく,ほぼ0に近い値を示す.

2.2 硬　　さ*

2.2.1 概　要

加工層の硬さの変化はせいぜい数 10 nm までのマイクロ領域の評価で，約 0.01％ あたりまでのひずみが最小限界である．それより小領域の評価（弾性ひずみは $10^{-5} \sim 10^{-6}$ 以下）は，超高圧電子顕微鏡による観察，原子格子ひずみがわかる薄膜の電子線回折や X 線回折によって求める．

硬さとは，塑性変形に対する抵抗のことである．通常，硬さ測定は引っかき硬さ，押込み硬さ，および跳返り硬さ，あるいは動的硬さの三つの範疇に分けられる．引っかき硬さは最も古い硬さ測定法で，ある物体が他の物体を引っかく，または他の物体に引っかかれる能力に依存している．この方法は，半定量的方法として滑石からダイヤモンドまでの 10 種の鉱物を選定したモースによって最初に定められた（**表 2.5**）．モース尺度は，鉱物学者や宝石業者に広く使われている．

表 2.5　モースの硬さ尺度

材料（鉱物）	モース硬さ
滑石	1
石膏	2
方解石	3
蛍石	4
燐灰石	5
オルソクラーゼ	6
水晶	7
トパーズ	8
鋼玉	9
ダイヤモンド	10

材料の硬さを決めるために最も広く使われている方法は（準）静的押込み法である．この方法は，測るべき材料の表面に永久（塑性）圧痕をつくるもので，圧子下の平均圧力（GPa または kgf/mm^2）に等しい硬さ数は，掛けられた垂直荷重を表面積（ブリネル硬さ数，ロックウェル硬さ数，およびビッカース硬さ数），または荷重下の圧子と測定材料の接触投影面積（ヌープ硬さ数，およびベルコビッチ硬さ数）で割って求められる．在来の押込み硬さ試験では，接触面積は試験片が除荷された後，圧痕の大きさを顕微鏡で測定して決められたが，少なくとも金属に対しては，除荷時の圧痕の寸法変化は小さいので，圧痕の弾性縮みによる多少の誤差があるにしても，在来の硬さ試験は本質的に荷重下の試験である．ごく最近の深さ測定押込み硬さ試験法では，接触面積は荷重/除

＊この項目は，オハイオ州立大学の Bharat Bhushan 教授から掲載許可〔（2005.6.15）Tribology and Mechanics of Magnetic Strage Devices, pp. 864-882〕を得ている．

荷サイクルの間に圧痕の深さを測定して決められる．測定された圧痕の深さは，計算の前に圧痕の周りの試料の下がり（または猫背）の補正をしなければならない．

もう一つの硬さ測定法は，材料表面の動的な変形または圧痕を使うものである．この方法では，圧子が金属の表面に落とされ，硬さは衝撃エネルギーと残った圧痕の大きさで表される．ショアの跳返り硬さ計では硬さは圧子の跳返り高さで表される．

2.2.2 ナノ押込み硬さ測定装置

静的押込み硬さ測定の拡大荷重領域を図2.12に模式的に示すが，低マイクロおよび超マイクロ域の硬さの荷重範囲は，極端に薄い膜にのみ適用可能であることに注目する必要がある．

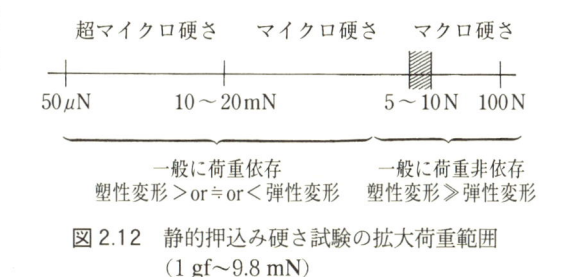

図2.12 静的押込み硬さ試験の拡大荷重範囲
（1 gf～9.8 mN）

薄膜の固有硬さは基材の影響を除去してはじめて意味を持つので，一般に圧痕の深さが膜厚の10～20％を越えてはいけないとされているが，大抵の市販のマイクロ圧痕試験器の最低荷重（約10 mN ≒ 1 gf）ではおよそ1 μm 内外の厚さの膜の10～20％を越えて10分の数 μm の深さの圧痕をつくる．

圧痕の深さをサブミクロンに留めるには50 μN～1 mN（5～100 mgf）程度のオーダの荷重が望ましい．この場合，圧痕の大きさはしばしば光学顕微鏡の解像限界（1 000 倍より大拡大域）に達して，除荷の後で顕微鏡により圧痕を測定することが不可能になる．したがって，走査型電子顕微鏡（SEM．10～50万倍）の中に押込み測定装置を置くか，その場での圧痕深さ測定を行うかのいずれかである．それに加えて，後者には押込み過程自体を観察できる長所がある．ポリマー磁気材のような粘弾性では圧痕は時間的に変化し，圧痕のその場測定が特に重要である．さらに，この方法は材料のクリープや応力緩和データも提供してくれる．

サブミクロン厚さの極薄膜のナノ硬さ測定装置が数種開発されているが，そのほとんどは薄膜のヤング率も測定できる．以下に，最も一般的に使われてい

る極薄膜（サブミクロン）用ナノ押込み硬さ測定装置と種々の圧子について述べる．

(1) 顕微鏡の中で使われるナノ押込み硬さ測定装置

SEM中で使われるナノ押込み硬さ測定器は，オーストリアのグラーツ市のアントン・パール社で製造されているが，この装置はSEMの角度計に設置されている．図2.13に示すように，圧子は2葉板ばね梁の上に設けられていて，荷重が所定の値になるように，電磁システムによって試験片に向かって動く．この荷重は，梁上のひずみゲージで測定される．装置を傾けることにより，押込み中の刃先の観測が可能になる．押込みサイクルはプログラム可能で，ひずみゲージ信号によって制御される．ひずみゲージの信号を検出するまで，コイル電流を増加させることで，圧子が表面に対して垂直に動く．ある値のゲージ信号を検出するまでさらにコイル電流を増加させることにより，50 μN～20 mNにわたる所定の押込み力を得る．所定の荷重で一定の時間の後試験片は除荷され，圧痕の対角線の長さがSEMで測られる．

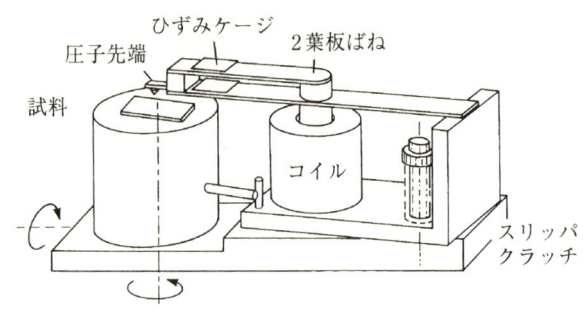

図2.13 SEM中で使用するマイクロ押込み硬さ測定装置の模式図

パルカーとザルツマンは，光学顕微鏡を使うマイクロ押込み装置を開発した．この装置の荷重範囲は0.5 mN～2 Nで，より厚い膜に使われる．

(2) ナノ測定器社のナノ押込み硬さ測定装置

ペシカらはナノ押込み装置を開発し，それは米国のテネシー州オークリッジのナノ測定器社から市販されている．この装置は，押込み過程中の荷重と変位を連続的に測定する．圧子の位置はキャパシタンス変位計で検出され，荷重柱の最上部に取り付けられたコイルと磁石により圧子を試験片に向かって駆動する．柱に加えられる力は，コイル電流により制御される．荷重柱は弾性ばねで支持され，その動きは柱に取り付けたキャパシタの中央板の周りの空気流れに

よって減衰される．キャパシタンス変位計は0.2～0.3 nmの変位を検出でき，荷重の分解能は0.5 μNである．

この装置では，最小20 nmの押込み深さ（約15 nmの塑性変形）が測定できる．典型的な試験速度は3～6 nm/sであり，荷重と押込み深さは増荷重時および減荷重時の両方で測られる．支持ばねによる力や計器の特性は補正される．

(3) コーネル大学のナノ押込み硬さ測定装置

ハヌラらは，ナノ押込み測定装置を開発した．この装置では，加重と除荷のサイクルにおいて圧子の押込み深さと荷重を時間の関数として測定する．この装置には二つの荷重系列があって，同一の試料に対して大変位（50 mmまで）と小変位（12 μmまで）を正確，かつ独立に与えることができる．大変位は，可動クロスヘッドにより小変位はピエゾ素子でつくられ，0.5 mNの小荷重まで適用できる．

(4) IBM社/アリゾナ大学のナノ押込み硬さ測定装置

ブーシャンらは，図2.14に示す押込み深さと荷重をその場で，それぞれ0.2 nmおよび30 μNの分解能で独立に制御，計測できるナノ押込み硬さ測定装置を製作した．試料と圧子の位置は，特別に設計された偏光干渉計で測られ，約0.5 mNの最低荷重が適用できる．この装置では，試料はダンピング付き平行ばね案内の可動ステージに動的に付けられた鏡の上部に取り付けられている．ばね案内は滑らかで低摩擦の上下運動を可能にしており，ばね案内の内部に置

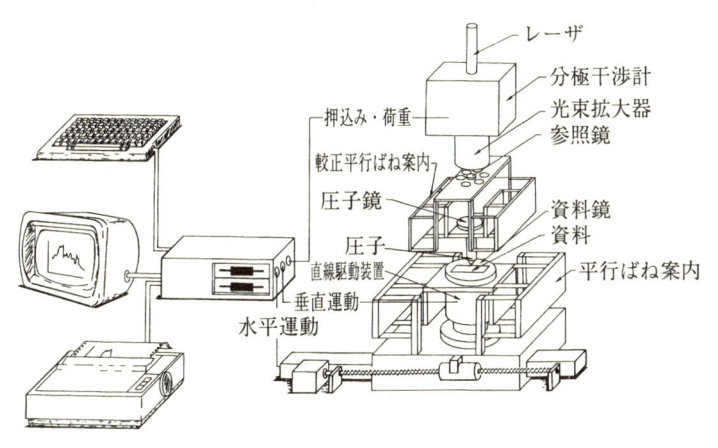

図2.14　米国IBM社のナノ押込み硬さ測定装置摸式図

かれた直線駆動装置が可動ステージの上下運動を駆動する．圧子は，もう一つのダンピング付き平行ばね案内の底部にねじ止めされて試料の真上に吊り下げられており，もう一つの鏡が動的にこのステージの上部に取り付けてある．圧子のばね案内は独立に較正され，圧子荷重を正しく示すように直線性がチェックされている．両方のばね案内には振動防止用のダンピングが付いており，ばね案内を直線性がよい中立，無荷重位置の近傍に保つためのつり合いばねもある．

試料と圧子鏡の，すなわち試料と圧子の垂直位置は，独立に偏光干渉計で観測されている．ヘリウム・ネオンレーザからの光が偏光干渉計に入り，そこで回折格子により七つの光束に分けられる．六つは直径12 mmの円周上に等距離に配置され，参照光となる他の一つは円の中心にある．干渉計を出た光束は，その直径を大きくするため光束エキスパンダに入る．外部光束のうちの三つが圧子鏡に入り，他の三つが圧子鏡とステージの孔を通って試料鏡に入る．光束直径が大きいので，光束が中心部の不明瞭部分，すなわち試料と圧子を直撃することを避けることができる．両方の鏡から反射した光束は再び干渉計に戻り，試料鏡と圧子鏡の位置は中央の参照光束の反射光との位相比較によって連続的に観測される．コンピュータが二つの鏡の位置を差し引いて押込み深さを計算し，圧子鏡の位置と圧子ばね案内のばね定数を掛け合わせて押込み荷重を算出する．

試験を開始するとき，試料はその動きが干渉計に認識されるまで，すなわち試料と圧子が接触するまで，駆動装置によってゆっくりと持ち上げられる．その後，制御ループが引き継いで，一つは荷重一定で押込み深さを時間関数として測定するもの，あるいは押込み深さを一定に保ちながら荷重を時間の関数として測定するもののいずれか選択された試験を行う．

2.2.3 マイクロ・ナノ押込み硬さ測定

図2.15は，押込み過程の模式的な表現である．図において，接触深さを圧子が荷重下で試料と接触している深さと定義する．押込み中に測られた全深さh_{total}は，接触深さ$h_{contact}$に加えて圧痕の周りの材料の凹みを含んでいる．この凹みは弾性変形に基づくものであり，真の押込み深さ，すなわち真の硬さを得るためには差し引かなければならない．接触深さの代わりに除荷後の残存深

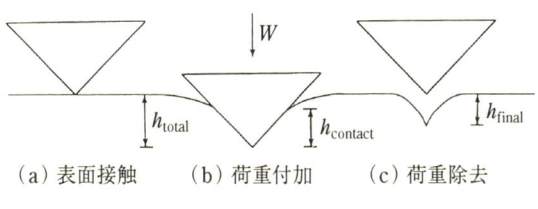

(a) 表面接触　　　(b) 荷重付加　　　(c) 荷重除去

図2.15　押込み過程の模式的表現

さを用いる場合には，弾性回復による深さの減少により硬さの過大評価が生まれる．

接触深さは，試験で測られた荷重・変位カーブから次のようにして求められる．図2.16に示す金属ディスク薄膜の典型的な荷重・押込み深さカーブにおいて，除荷過程の最初の段階の曲線に接する直線を引き，これを0荷重まで延長する．x軸との交点が塑性深さh_pと呼ばれるが，これはほぼ接触深さに等しく，一般に硬さ計測に使われる．この方法は，除荷過程の最初は圧子接触面積は変わらないと仮定している．一定の接触面積は直線的な除荷過程を意味する

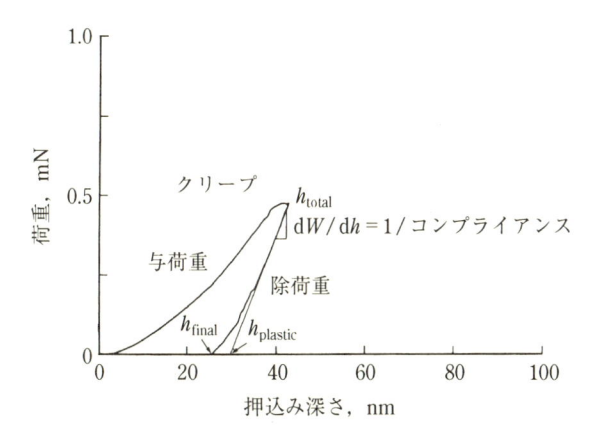

図2.16　ナノ押込み測定装置による典型的な荷重変形曲線（押込み深さ40 nm）
金属薄膜基材：Al‐Mg（10〜20 μm），Ni‐P（50〜75 nm），Co‐Pt‐Ni（20〜30 nm），C（1〜4 nm）
パーフルオロポリエステル潤滑剤．塑性押込み深さは除荷曲線の接線を外挿して得られる

が，これは金属では除荷過程の大半の範囲で見られるものである．ヤング率に対する硬さの割合が高い材料では，除荷カーブがもっと曲がる．弾性変形が回復するときに起こる圧痕の形の変化により圧子との接触面積が減少する．

　最大押込み深さで得られるバルク材や厚膜の硬さに加えて荷重曲線のデータから深さの関数としての硬さが得られるが，これは，1回の押込みで深さに対応したデータが得られることを意味する．このためには，弾性変形量を深さの関数として評価することが必要になるが，圧子との接触面積が少なくなればコンプライアンス（剛性の逆数，軟らかさの指標）が増加するので，弾性変形の除去は深さが小さいほど重要になる．任意の深さにおける弾性コンプライアンス dh/dW は最大深さでのコンプライアンスより次式で計算される．

$$\frac{dh}{dW} = \left\{ \left(\frac{dh}{dW} \right)_{max} - b \right\} \frac{(h_p)_{max}}{h_p} + b \tag{2.48}$$

ここで，b はコンプライアンスと「1/深さ」をプロットしたカーブの Y 切片であるが，この Y 切片は試料による付加コンプライアンスを総合した荷重コラムのコンプライアンスである．以前のデータから Y 切片が決定されていない場合には，0と仮定してもそれほど大きな誤差はない．h_p は次式で求められる．

$$h_p = h - \left(\frac{dh}{dW} \right) W \tag{2.49}$$

ここで，h と W はそれぞれ荷重カーブに沿った測定深さと荷重である．

　一般に，圧子による塑性変形の領域は，その半径を c とすれば，Hill と Griffith's の理論によって，

$$\left(\frac{c}{a} \right)^3 = \frac{2}{a(1-\nu)} \left(1 + 3\ln\frac{c}{a} \right) \frac{H}{E}$$

から求められる．c の外側は弾性域となる．ただし，a は押込み圧痕半径，ν はポアソン比，H は硬さ，E はヤング率とする．Si，Ge，GaAs，Al_2O_3，SiC などの脆性材料についてもよく当てはまる．

2.2.4　層状材料の硬さ

　バタチャルヤとニックスは，基材の上の薄膜に円錐形圧子を押し付け，有限要素法を使って弾性変形と塑性変形を計算した．圧子下の平均圧力を押込み深さの関数として定めることにより，薄膜と基材それぞれの弾性特性と塑性特性

が，その複合物の硬さに与える影響が研究された．彼らは基材が膜より硬いか軟らかいかによって分けた経験式をつくった．硬い基材上の軟らかい膜に対しては，基材が膜の硬さに与える影響は次式で示される．

$$\frac{H}{H_s} = 1 + \left(\frac{H_f}{H_s} - 1\right) \exp\left\{-\frac{(Y_f/Y_s)}{(E_s/E_f)}\left(\frac{h_p}{t_f}\right)^2\right\} \quad (2.50)$$

ここで，E_f と E_s はそれぞれ膜と基材のヤング率，Y_f と Y_s は降伏強さ，H_f と H_s は硬さである．また，H は複合材の硬さ，h_p は塑性押込み深さ，t_f は膜厚である．同様に軟らかい基材の上の硬い膜の硬さは次式で表される．

$$\frac{H}{H_s} = 1 + \left(\frac{H_f}{H_s} - 1\right) \exp\left\{-\frac{(H_f/H_s)}{(Y_f/Y_s)(E_s/E_f)^{1/2}}\left(\frac{h_p}{t_f}\right)\right\} \quad (2.51)$$

複合材の硬さにはポアソン比の関与が弱いことがわかったので，この因子は解析に加えていない．図2.17において，複合材の硬さは膜と基材が違った降伏強さを持つ場合には，h_p/t_f の関数となっている．深さが膜厚の0.3より浅い場合には硬さが基材に無関係であることに注目したい．その後は，基材の存在により硬さがゆっくり上下する．

図2.18は，膜と基材のヤング率が異なる場合を示している．この場合の硬さの変化は異なった降伏強さを持つ場合と極めて類似しているが，硬さの変化はもっと緩やかである．

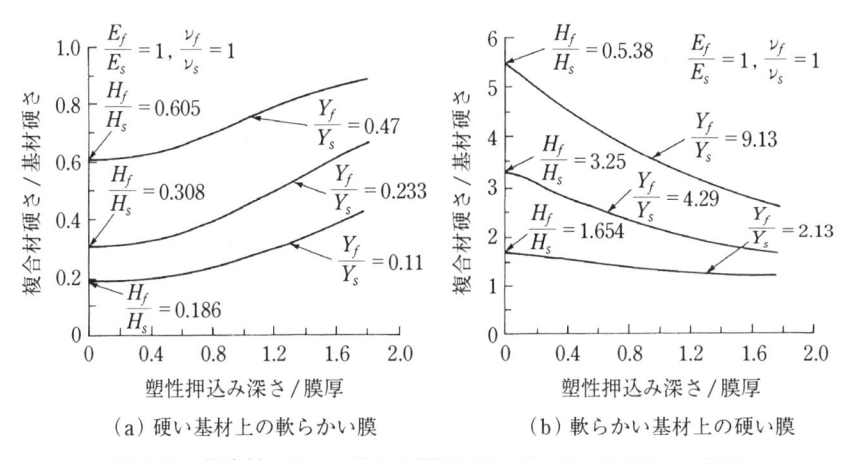

(a) 硬い基材上の軟らかい膜　　(b) 軟らかい基材上の硬い膜

図2.17　複合材の硬さに対する基材と膜の相対的な降伏強さの影響

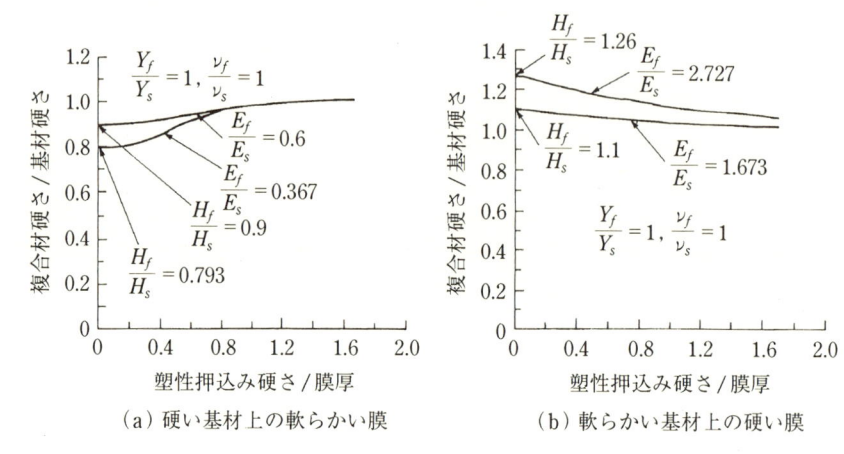

図2.18 複合材の硬さに対する基材と膜の相対的なヤング率の影響

2.3 組　　織

　機械加工は，機械力学エネルギーによって加工表面に弾塑性変形，き裂破壊および加工熱を発生し，その出力の結果として基地と物理化学的性質の異なる「変質組織」を形成する．これが加工変質層の組織変化で，表面から深さ方向に不均質組織が分布する．つまり，漸次深さとともに変わり，ある深さで基地と同一組織になる[3]．

　組織の変化は，機械力学エネルギーQ_{mech}，熱力学エネルギーQ_{thermo}および化学反応エネルギーQ_{chemi}の総合によって与えられ，Q_{mech}，Q_{thermo}，Q_{chemi}の分配割合によって多種多様な組織と分布領域を形成する．

　一般に，機械加工によって発生する表面の欠陥は，図2.19のように表すことができる[4]．これらの外形を持つ表面は物理化学加工全般にわたって発生する典型的な傷で，この欠陥を包含した形状で，大部分の表面粗さR_a=50 μm〜1 nmが得られている．そして，この下層に前述の多種多様な組織や欠陥などが形成されている．その様子をこれまでの研究成果からまとめて表すと，序章の図1に示したように描くことができる．

　そこで，この加工エネルギーによってどのような組織や欠陥などが発生しているかまとめると，次のように整理できる．

2.3 組　織

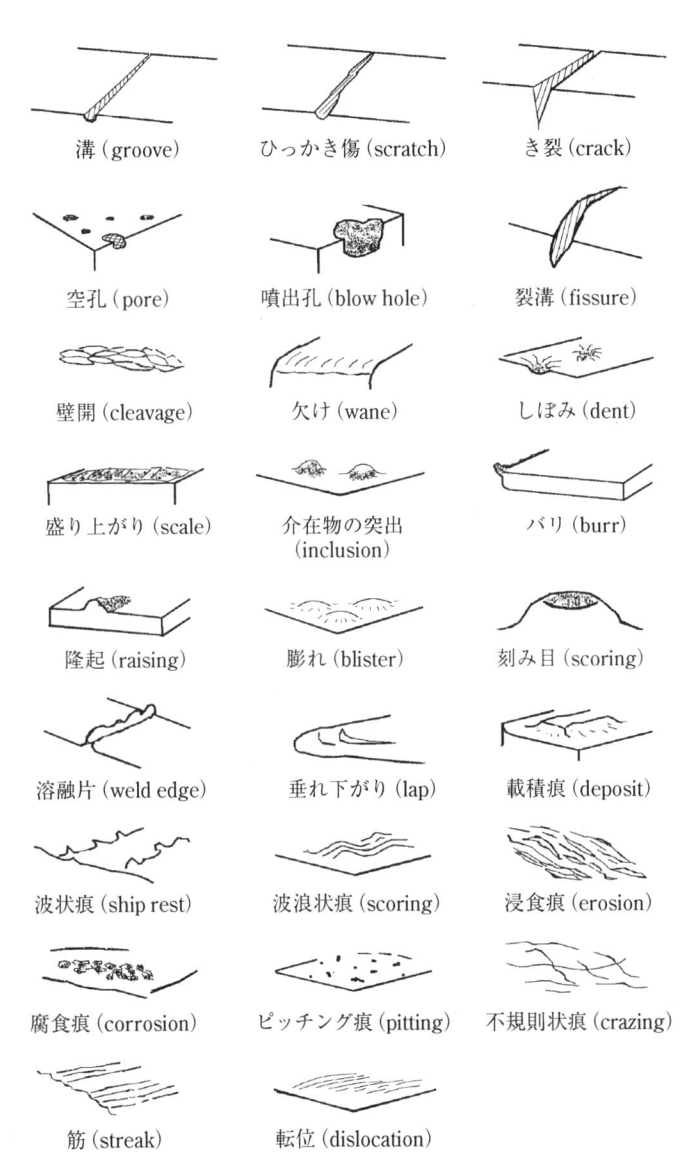

溝 (groove)　　　ひっかき傷 (scratch)　　　き裂 (crack)

空孔 (pore)　　　噴出孔 (blow hole)　　　裂溝 (fissure)

壁開 (cleavage)　　欠け (wane)　　　しぼみ (dent)

盛り上がり (scale)　介在物の突出 (inclusion)　バリ (burr)

隆起 (raising)　　膨れ (blister)　　刻み目 (scoring)

溶融片 (weld edge)　垂れ下がり (lap)　載積痕 (deposit)

波状痕 (ship rest)　波浪状痕 (scoring)　浸食痕 (erosion)

腐食痕 (corrosion)　ピッチング痕 (pitting)　不規則状痕 (crazing)

筋 (streak)　　　転位 (dislocation)

図 2.19　機械加工によって発生する表面欠陥[4]

【機械力学エネルギー】
 (1) 加工硬・軟化組織
 (2) 結晶粒の微細化，粗大化
 (3) 点欠陥：原子空孔，格子間原子，不純物原子（侵入型と置換型原子）
    線欠陥：転位，点欠陥の線状配列
    面欠陥：結晶粒界，双晶境界，積層欠陥，逆位相境界，界面，表面
    体積欠陥：析出物，第2相，割れ，ボイドなどの増減
 (4) 加工誘起変態
 (5) 弾・塑性変形
 (6) 残留応力
 (7) 凝着
 (8) き裂

【熱力学エネルギー】
 (1) 加工硬・軟化組織
 (2) 結晶回復，再結晶
 (3) 相変態
 (4) 析出
 (5) 固溶拡散
 (6) 弾・塑性変形
 (7) き裂破壊
 (8) 溶融，蒸発，昇華
 (9) 残留応力
 (10) 点・線・面・体積欠陥などの増減
 (11) 焼け
 (12) 酸化，還元
 (13) 凝着

【化学反応エネルギー】
 (1) 化学反応，結合
 (2) 点・線・面・体積欠陥などの増減
 (3) 異物質の混入

(4) 非晶質
 (5) 付着

　組織の変化は，磁気，電気，電子，光学などに関連し，例えば層内の磁化，磁束密度，磁化力，電気伝導度，腐食速度，弾性率，ポアソン比，表面エネルギー，半導体特性など，組織や欠陥などに応じた物性値をとることになる．

　これらの組織や欠陥などを分析する同定評価は，TEM と X 線回折によるものが多かったが，SEM が開発されてから光学（OM），EPMA，SIMS，XPS，AES，ラマンマイクロプローブ，STM，AFM，レーザマイクロプローブ発光分析法，SPM（走査プローブ型顕微鏡：Scanning Probe Microscopy）が目的組織に対して適切に使われるようになっている[5]．

　次に，組織の分析と情報処理について述べる．

　加工層組織の局所分析法は種々のエネルギーを持った電子，イオン，中性子，光子などのビームを組織に衝突させ，その情報を担って2次的に放出される電子，イオン，光子のエネルギーを信号として取り出して，分析されることが多い[6]〜[8]．

〔Ⅰ〕電子を用いる方法

　固体表面に電子を衝突させると，以下の素粒子が放出される．

　① 2次電子，② オージェ電子，③ 反射電子，④ 連続 X 線，⑤ 特性 X 線

　これらの信号が得られ，情報処理することによって下記の物質のキャラクタリゼーションが考察できる．

 (1) 化学組成：AES, AEM, EPMA, EFM
 (2) 原子配列：LEED（低速電子回折：Low Energy Electron Diffraction），RHEED, AFM, STM
 (3) 3次元の層構造：AES
 (4) 表面欠陥など幾何学的表面構造：SEM
 (5) 原子の運動状態：LEED, TEM
 (6) 磁気力の状態：MFM
 (7) 温度変化：SThM

〔Ⅱ〕イオンを用いる方法

　固体表面にイオンを衝突させると，中性粒子，イオンなどが放出される．

① 可視,紫外,X線の光子,② イオンの中和電子,③ 中性粒子,④ 散乱イオン,⑤ 2次イオンなどが放出され,下記の物質情報が得られる.
 (1) 化学組成:ISS, SIMS, PIXE, RBS
 (2) 3次元の層構造:SIMS, SCANIIR
 (3) 原子状態:PIXE
 (4) 細胞観察,計測:SICM
〔Ⅲ〕光子を用いる方法

 光子プローブとして,赤外線,紫外線,X線などの電磁波,レーザが利用され,装置として次のようなものがある.
 ① フーリエ変換赤外分光法,② レーザマイクロプローブ質量分析法,③ レーザマイクロプローブ発光分光分析法,④ ラマンマイクロプローブ,⑤ X線光電子分光法,⑥ 微小焦点X線回折法などを用いて次のような分析ができる.
 (1) 化学組成:XPS (X-ray Photoelectron Spectroscopy), FT-IR, ラマンマイクロプローブ, LAMMA, LMA, XRD (X線回折分析:X-ray Diffraction)
 (2) 3次元の層構造:XPS (X線光電子分光), LFM, NSOM
 (3) 電子状態:UPS (紫外光電子分光:Ultraviolet Photoelectron Spectroscopy)

 表2.6に,1mm以下の面積を有する分析に適当な装置を示す.さらに,電磁気を用いる方法,超音波を用いる方法でのマクロ的な検出方法などを補足する.以上の評価の一例として,本書の完全表面分析と観測に重要な計測評価装置となる超高圧TEMによる原子配列と原子格子面変位の分析に有効な結果を与えた写真と図を図2.20に示す.原子格子の変位がない加工表面とな

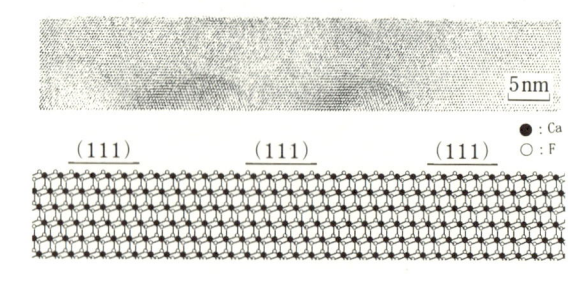

図2.20 完全表面(float-polish法で処理したCaF₂極表面結晶構造)の超高圧(400 kV)TEM像(Y. Namba's 04 CIRP 53.1)

2.3 組　織

表2.6 装置の分析項目

	装置名	分析項目
電子を利用	分析電子顕微鏡（AEM : Analytical Electron Microscope）	元素同定，Li〜回折像による物質同定（分析深さ20〜500 nm）
	オージェ電子分光法（AES : Auger Electron Spectroscopy）	表面元素同定，Li〜（〜1 nm）
	出現電圧スペクトル法（APS : Appearance-Potential Spectroscopy）	元素同定（殻準位），Li〜（1 nm）
	電子エネルギー損失分光法（EELS : Electron Energy-Loss Spectroscopy）	元素同定，Li〜（〜1 nm）
	電子プローブマイクロアナリシス（EPMA : Electron Probe Microanalysis）	表面トポグラフィ，元素分析，B〜（〜1 μm）
	高速反射電子回折法（RHEED : Reflection High Energy Electron Diffraction）	表面原子・吸着原子の対称性原子間隔（数10〜数100 Å）
	走査型オージェ電子顕微鏡（SAM : Scanning Auger Microscopy）	表面元素分布，3次元元素分布（イオン銃付属）（〜1 nm）
	走査電子顕微鏡（SEM : SSD, Scanning Electron Microscope）	表面トポグラフィ，元素分布，B〜（〜10 nm）
	原子間力顕微鏡（AFM : Atomic Force Microscope）	原子層観察，分布同定（〜0.01 nm）
	磁力顕微鏡（MFM : Magnetic Force Microscope）	磁気特性分布（〜数10 nm）
	静電力顕微鏡（EFM : Electrostatic Force Microscope）	静電荷計測（微細 Si ドープ回路など），（〜数10 nm）
	走査型熱電子顕微鏡（SThM : Scanning Thermal Microscope）	過熱点域の起電力に温度計測（〜数10 μm）
	走査型トンネル顕微鏡（STM : Scanning Tunnel Microscope）	原子，格子原子計測，分析（〜0.01 nm）
	透過電子顕微鏡（TEM : Transmission Electron Microscope）	原子，格子原子の評価，観察（〜0.01 nm）

っている．

〔Ⅳ〕電磁気を用いる方法

（A）磁気を利用する方法

① 磁粉探傷法，② 漏洩磁束探傷法がある．

① は，磁性体の欠陥の有無を磁粉模様から目視判別により検定する．

② は，① の磁粉模様を目視検定する代わりに，欠陥からの漏洩磁束を感磁素子（ホール素子）やコイルで電気信号として検出する方法で，き裂や傷を自動

表 2.6 装置の分析項目（続き）

	装置名	分析項目
イオンを利用	グロー放電（発光）分析法（GDS：Glow Discharge Spectroscopy）	表面元素分布，元素分析（～1 nm）
	イオン散乱分光法（ISS：Ion Scattering Spectroscopy）	表面・吸着元素同定（～0.1 nm）
	粒子線励起X線分光法（PIXE：Particle Induced X-ray Emission）	元素分析，B～（10～10^3 nm）
	イオン励起発光分析法（SCANIIR：Surface Composition by Analysis of Neutral and Ion Impact Radiation）	元素分析（～μm）
	2次イオン質量分析法（SIMS：Secondary Ion Mass Spectroscopy）	元素同定，表面元素分布，トポグラフィー，H～U（0.1～10 nm）
	ラザフォード後方散乱分光法（RBS：Rutherford Backscattering Spectroscopy）	元素同定，定量，深さ分布（10～10^3 nm）
	走査型イオンコンダクタンス顕微鏡（SICM：Scanning Ion Conductance Microscope）	生体細胞活動観察評価，電極を持つマイクロピペットプローブ（～数10 nm）
光子を利用	フーリエ変換赤外分光法（FT-IR：Fourier Transform Infrared Spectroscopy）	分子同定（～2 nm）
	レーザマイクロプローブ質量分析法（LAMMA：Laser Microprobe Mass Analysis）	元素分析（～100 μm）
	レーザ力顕微鏡（LFM：Laser Force Microscope）	分子，微細回路計測（～数 nm）
	近接場走査型光学顕微鏡（NSON：Near field Scanning Optical Microscope）	デバイスの表面と断面計測（～0.1 μm）
	レーザマイクロ分析法（LMA：Laser Microanalysis）	元素分析（～100 μm）
	ラマンマイクロプローブ（Raman Microprobe）	分子同定，分子分布（～100 μm）

検出できるほかに，金属表面の非金属膜厚さの測定，材種の判定および距離測定などもできる[9]．

(B) 電磁誘導を利用する方法

渦電流探傷法は，試験コイル（または励振コイル）に高周波電流を流しておき，試験品の探傷しようとする部分に渦電流を発生させ，欠陥の存在によって渦電流の分布状態が変化するのを検知する方法で，渦電流の変化は試験コイルのインピーダンス Z の変化として現れる．試験コイルには貫通型，プローブ型，内挿型があり，試片形状に応じて使用される．き裂は表面下20～30 μm 程

度から検出でき，試験周波数は数100 Hz～数 MHz が多い．この方法は多用されており，連続自動探傷としては1 000℃の高温線材を100 m/s で高速検出できる．

〔V〕超音波を用いる方法

超音波は，人間の可聴音20 Hz～20 kHz の範囲以上の周波数域の音波を機械的に区別して測定される．

測定方法には以下の3例が多い[10]．

① 音速（位相）測定

超音波音速と相関のある流量，濃度，温度，圧力，動弾性率，圧縮強度，残留応力，レベル面および距離などを換算計測する．

② 減衰測定

超音波減衰率と相関のあるエマルジョン濃度，懸濁液（SS）濃度，内部摩擦および物体の有無の検知などを換算検出する．

③ AE 測定（弾性波）

アコースティック・エミッションの位置標定およびキャビテーション音場の信号処理など被測定対象からの弾性波を検出，分析する．

超音波振動子には，水晶，チタン酸バリウム，ジルコンチタン酸鉛，チタン酸鉛，メタニオブ酸鉛，硫酸リチウムなどがある．

これらの分析装置を使用した評価結果は，機械の研究［材料加工層，**58**，1 (2006) p. 17］に掲載したので，ここでは省略する[11]．

参 考 文 献

1) 英　崇夫・藤原晴夫：「X線格子ひずみに及ぼす2次元切削加工層集合組織の影響」，材料，**33**, 367 (1984) p. 372.
2) 鈴木祐士・秋田貢一・三澤啓志：「シリコン単結晶のX線応用測定」，材料，**49**, 5 (2000) pp. 534 – 540.
3) 江田　弘：(社)日本機械工業連合会，(財)先端加工機械技術振興協会　新素材加工における品質設計システムの調査研究，サーフェスインテグリティの定量化 (1990-3) p. 26；機械と工具 (1984-4) p. 51.
　　高橋裕和・江田　弘・清水　淳：「材料加工層―分析と評価法」，機械の研究，**58**, 1 (2006) p. 17.

4) D.J. Whitehouse : Handbook of Sarface Metrology., IOP publishing Ltd. (1994) p. 201.
5) 染野　檀・安盛岩雄：表面分析, 局所分析, 講談社 (1974, 1984).
6) 佐藤公隆：分光研究, **29**, 3 (1980).
7) 黒崎和夫：ぶんせき (1978) p. 461.
8) D. Briggs : Surface Interface Anal., **5**, 113 (1983).
9) 中岡栄一 ほか4名：日本金属学会報, **22**, 6 (1983).
10) フジ・テクノシステム 編：センサ実用便覧 (1978).
11) 鈴木裕士・菖蒲敬久：「中性子および放射光による残留応力測定とその相補利用」, ふぇらむ, 日本鉄鋼協会, **11**, 11 (2006) p. 701.

(47)

第3章　研削加工層の温度

　研削加工領域には機械的な負荷および大量の熱が発生する．これらにより，工作物内部には内部素地と物理的・化学的に性質の異なる加工変質層が生成する．一般に，研削加工変質層は残留応力や金属学的な欠陥の発生を引き起こし，機械的性質の低下，製品の形状変化，精度や品質の劣化を招く[1]．研削加工は，その加工特性から，主に製品の最終工程や仕上げに用いられるが，近年ますます製品の品質・精度の向上が望まれており，研削加工変質層を定量的に評価し，制御することが極めて重要である．

　研削加工変質層の成因は

(1) 研削抵抗に伴う機械的作用
(2) 研削温度に伴う熱的作用
(3) 化学的作用

に大別される．

　本章では，炭素鋼全般を対象として熱的作用に起因する加工変質層の生成過程の解析法について述べる．まず，研削時に発生する熱による相変態現象に注目して差分法を用いた数値計算法について述べ，続いて A_1 変態，溶融凝固変態，マルテンサイト変態，セメンタイトの分解といった組織変化過程とオーステナイト均一化過程における炭素拡散を連成問題として系統的に理論解析する．解析結果は，画像表示で視覚化している．

3.1　熱伝導方程式

　図3.1のような微小体積 $\mathrm{d}x\,\mathrm{d}y\,\mathrm{d}z$ を考える[2]．図の x 軸方向について，微小時間 $\mathrm{d}t$ 間に微小体積内に流入する熱量 Q_x は，フーリェの法則

$$Q_x = -K\frac{\mathrm{d}T}{\mathrm{d}x} \tag{3.1}$$

（$\mathrm{d}T/\mathrm{d}x$ [K/m] は温度勾配，K [W/(m・K)] は熱伝導率）を用いて

$$Q_x = -\left(K\frac{\mathrm{d}T}{\mathrm{d}x}\right)\mathrm{d}y\,\mathrm{d}z\,\mathrm{d}t$$

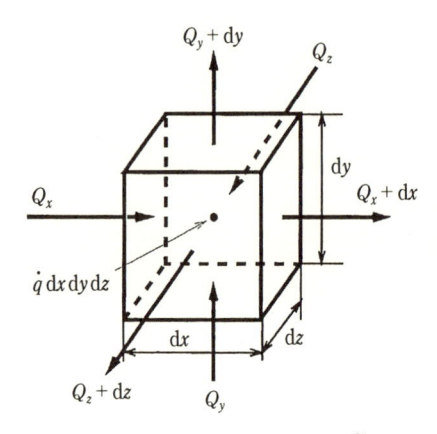

図3.1 ガウス式の導出モデル[2)]

である．微小体積から流出する熱量は，テーラー展開して

$$Q_{x+\mathrm{d}x} = Q_x + \frac{\partial}{\partial x}(Q)\,\mathrm{d}x + \cdots \tag{3.2}$$

で表される．上式の第2項までを考えれば，x方向の微小体積内部に残る熱量は

$$\mathrm{d}Q_x - \mathrm{d}Q_{x+\mathrm{d}x} = \frac{\partial}{\partial x}\left(K\frac{\mathrm{d}T}{\mathrm{d}x}\right)\mathrm{d}x\,\mathrm{d}y\,\mathrm{d}z\,\mathrm{d}t \tag{3.3}$$

と表せる．
y方向，z方向についても，同様に

$$\mathrm{d}Q_y - \mathrm{d}Q_{y+\mathrm{d}y} = \frac{\partial}{\partial y}\left(K\frac{\mathrm{d}T}{\mathrm{d}y}\right)\mathrm{d}y\,\mathrm{d}z\,\mathrm{d}x\,\mathrm{d}t \tag{3.4}$$

$$\mathrm{d}Q_z - \mathrm{d}Q_{z+\mathrm{d}z} = \frac{\partial}{\partial z}\left(K\frac{\mathrm{d}T}{\mathrm{d}z}\right)\mathrm{d}y\,\mathrm{d}z\,\mathrm{d}x\,\mathrm{d}t \tag{3.5}$$

となる．さらに，物体内部で単位時間，単位体積当たり$\dot{q}$の内部発熱があるとすると，微小体積要素内での発熱量は

$$\dot{q}\,\mathrm{d}y\,\mathrm{d}z\,\mathrm{d}x\,\mathrm{d}t \tag{3.6}$$

となる．
次に，物体自身がx方向にu，y方向にv，z方向にwの速度で移動しているとする．x軸方向について考えれば，流入してくる熱量$q_{x\mathrm{in}}$は

$$q_{x\,\text{in}} = \rho c T \cdot u\,dt\,dy\,dz$$

となる.ここで,ρ [kg/m^3] は密度,c [J/(kg・K)] は比熱である.

微小体積からの物体移動による x 軸方向の熱の流出量 $q_{x\,\text{out}}$ は

$$q_{x\,\text{out}} = \left\{\rho c T + \frac{\partial(\rho c t)}{\partial x}dx\right\} \cdot u\,dt\,dy\,dz$$

したがって,物体移動による x 軸方向の熱量の変化は

$$q_{x\,\text{in}} - q_{x\,\text{out}} = -u\rho c \frac{\partial T}{\partial x}dx\,dy\,dz \tag{3.7}$$

である.

y 軸方向,z 軸方向についても同様にすれば

$$q_{y\,\text{in}} - q_{y\,\text{out}} = -v\rho c \frac{\partial T}{\partial y}dy\,dz\,dx \tag{3.8}$$

$$q_{z\,\text{in}} - q_{z\,\text{out}} = -w\rho c \frac{\partial T}{\partial z}dz\,dx\,dy \tag{3.9}$$

となる.

いまで求めた式 (3.1)〜(3.9) を加え合わせたものが微小体積の内部エネルギーの増加量に等しい.内部エネルギーの増分は

$$c\rho\,dT\,dx\,dy\,dz \tag{3.10}$$

であるから,熱伝導方程式は

$$\frac{\partial(\rho c T)}{\partial t} = \frac{\partial}{\partial x}\left(K\frac{\partial T}{\partial x}\right) + \frac{\partial}{\partial y}\left(K\frac{\partial T}{\partial y}\right) + \frac{\partial}{\partial z}\left(K\frac{\partial T}{\partial z}\right)$$
$$- \left(u\frac{\partial(\rho c T)}{\partial x} + v\frac{\partial(\rho c T)}{\partial y} + w\frac{\partial(\rho c T)}{\partial y}\right) + \dot{q} \tag{3.11}$$

となる.

さらに,ρc が時間的に変化しない場合

$$\frac{\partial(\rho c T)}{\partial t} = \frac{\partial}{\partial x}\left(K\frac{\partial T}{\partial x}\right) + \frac{\partial}{\partial y}\left(K\frac{\partial T}{\partial y}\right) + \frac{\partial}{\partial z}\left(K\frac{\partial T}{\partial z}\right)$$
$$- \rho c\left(u\frac{\partial T}{\partial x} + v\frac{\partial T}{\partial y} + w\frac{\partial T}{\partial y}\right) + \dot{q} \tag{3.12}$$

となる.

3.2 数値計算

3.2.1 差分法による熱伝導方程式の定式化

研削加工において，熱が発生する場所は，微視的には砥粒が工作物を除去している部分と単にこすりつけている部分である．砥粒と工作物の接触部での温度は加工領域全体の平均温度より非常に高い．しかも，接触領域が高速移動するので，工作物からみると面熱源が移動する状態であると考えられる．よって，工作物表面を接触弧に相当する面積の面熱源が移動するときの熱伝導を考える[3]．

図3.2は，研削過程の2次元モデルである．工作物としては半無限体を考える．座標系を熱源に固定し，工作物の移動方向に x 軸，深さ方向に z 軸をとる．x 軸方向に工作物が一定速度 v_w で移動する場合，研削開始直後と研削終了直前を除けば，工作物の温度は準定常状態となる．したがって，工作物内の熱伝導方程式は次式のようになる．

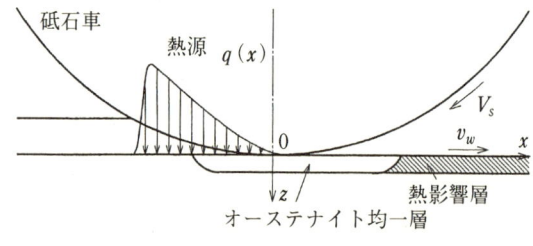

図3.2 表面研削過程の模式図

$$\nabla \cdot (K \nabla T) - v_w \frac{\partial (\rho c T)}{\partial x} = 0 \tag{3.13}$$

ただし，T は温度，K は熱伝導率，c は物体の比熱，ρ は密度である．また，表面における境界条件式は次のようになる．

$$q - \alpha (T - T_\infty) = -K \frac{\partial T}{\partial z} \tag{3.14}$$

ただし，q は熱量，α は熱伝達率，T_∞ は十分遠い外界の温度である．

ここで，図3.3に示すような差分モデルを考える．x 方向には規則格子を，また z 方向には対数格子をとる．z 方向の格子は

$$b_{z,j} = N \left\{ 1 - \frac{\log(n-j)}{\log n} \right\} \tag{3.15}$$

3.2 数値計算

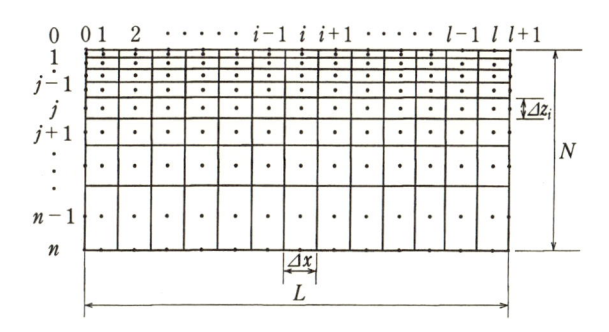

図3.3 熱流速計算用格子

で与え，その格子点を

$$z_j = \frac{b_{z,j-1} + b_{z,j}}{2} \tag{3.16}$$

で与える．N は z 軸方向の計算領域幅である．

また，図3.3での (i, j) 格子点を P，その周囲の4点を図3.4に示すように E, W, N, S として，式(3.13)を点 P を囲むコントロールボリューム内で積分すれば

$$\int_s \left\{ \nabla \cdot (K \nabla T) - v \frac{\partial (\rho c T)}{\partial x} \right\} dS = 0 \tag{3.17}$$

となる．第1項に Gauss の定理[4]を，また第2項に Green の定理[4]を適用し，式(3.17)をコントロールボリュームでの境界における線積分で表せば

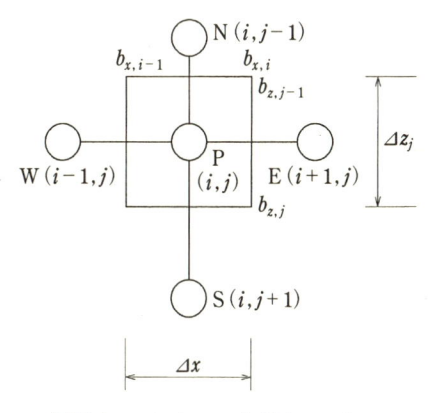

図3.4 コントロールボリューム

$$\int_c \{K\nabla T \cdot \boldsymbol{n} - \rho c T v_w \cdot \boldsymbol{n}\} \mathrm{d}s = 0 \tag{3.18}$$

となる．ここで，$\boldsymbol{n}$ は境界面の外向きの単位法線ベクトルである．熱流束 $\boldsymbol{q} \cdot \boldsymbol{n} = -K\nabla T \cdot \boldsymbol{n}$ と $\rho c T$ が境界上で一定であるとすれば，式 (3.18) は次式のようになる．

$$\int_{b_{z,j-1}}^{b_{z,j}} \left\{\left(K_x \frac{\partial T}{\partial x}\right)_E - (\rho c T)_E v_w\right\} \mathrm{d}z$$
$$- \int_{b_{z,j-1}}^{b_{z,j}} \left\{\left(K_x \frac{\partial T}{\partial x}\right)_W - (\rho c T)_W v_w\right\} \mathrm{d}z + \int_{b_{x,i-1}}^{b_{x,i}} \left\{\left(K_z \frac{\partial T}{\partial z}\right)_S\right\} \mathrm{d}x$$
$$- \int_{b_{x,i-1}}^{b_{x,i}} \left\{\left(K_z \frac{\partial T}{\partial z}\right)_N\right\} \mathrm{d}x = 0 \tag{3.19}$$

式 (3.19) を整理すれば

$$(b_{z,j} - b_{z,j-1})\left\{\left(K_x \frac{\partial T}{\partial x}\right)_E - (\rho c T)_E v_w\right\}$$
$$- (b_{z,j} - b_{z,j-1})\left\{\left(K_x \frac{\partial T}{\partial x}\right)_W - (\rho c T)_W v_w\right\}$$
$$+ (b_{x,i} - b_{x,i-1})\left\{\left(K_z \frac{\partial T}{\partial z}\right)_S - \left(K_z \frac{\partial T}{\partial x}\right)_N\right\} = 0$$

さらに，$\Delta x_i = b_{x,i} - b_{x,i-1}$, $\Delta z_j = b_{z,j} - b_{z,j-1}$ と置き換えれば

$$\Delta z_j \left\{\left(K_x \frac{\partial T}{\partial x}\right)_E - (\rho c T)_E v_w\right\} - \Delta z_j \left\{\left(K_x \frac{\partial T}{\partial x}\right)_W - (\rho c T)_W v_w\right\}$$
$$+ \Delta x_i \left\{\left(K_z \frac{\partial T}{\partial z}\right)_S - \left(K_z \frac{\partial T}{\partial z}\right)_N\right\} = 0 \tag{3.20}$$

となる．ここで，図 3.5 における 2 点間の平均熱伝導率について考える[5]．コントロールボリューム内では熱物性値が一様で，点 i での温度 T_i における値をとるものとして添字 i を付ける．境界上の点 b_i における熱流束 $q_{i,i+1}$ は，積層板の 1 次元定常熱解析によって

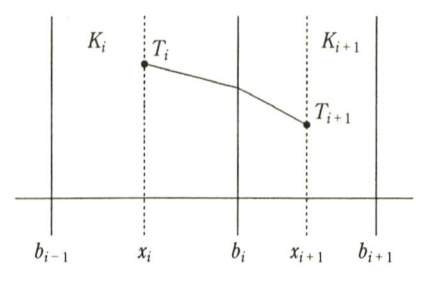

図 3.5 平均熱伝導率導出モデル

$$q_{i,i+1} = \cfrac{1}{\cfrac{b_i - x_i}{K_i} + \cfrac{x_{i+1} - b_i}{K_{i+1}}}(T_i - T_{i+1})$$

$$= \cfrac{K_i K_{i+1}}{K_{i+1}\cfrac{b_i - x_i}{x_{i+1} - x_i} + K_i\cfrac{x_{i+1} - b_i}{x_{i+1} - x_i}}\cfrac{T_i - T_{i+1}}{x_{i+1} - x_i} \tag{3.21}$$

$x_{i+1} = (b_{i+1} - b_i)/2$, $x_i = (b_i + b_{i-1})/2$ を用いて式 (3.21) を書き換えれば，次のようになる．

$$q_{i,i+1} = \cfrac{K_i K_{i+1}}{K_{i+1}\cfrac{b_i - b_{i-1}}{b_{i+1} - b_{i-1}} + K_i\cfrac{b_{i+1} - b_i}{b_{i+1} - b_{i-1}}}\cfrac{T_i - T_{i+1}}{x_{i+1} - x_i} \tag{3.22}$$

この式は，2点 (i, j), $(i+1, j)$ 間の定常平均熱伝導を考えるとき，その間の平均熱伝導率 $K_{i,j}^{i+1}$ が

$$K_{i,j}^{i+1} = \cfrac{K_i K_{i+1}}{K_{i+1}\cfrac{b_i - b_{i-1}}{b_{i+1} - b_{i-1}} + K_i K_{i+1}\cfrac{b_{i+1} - b_i}{b_{i+1} - b_{i-1}}} \tag{3.23}$$

で与えられることを示している．

式 (3.23) の平均熱伝導率を用い，コントロールボリューム界面における $\rho c t$ は左右または上下の2点の平均値で与えられるとして式 (3.20) を整理すれば，格子点 (i,j) の温度を $T_{i,j}$ と表すと

$$\cfrac{1}{\Delta x_i}\left\{\left(K_{i,j}^{i+1}\cfrac{T_{i+1,i} - T_{i,j}}{x_{i+1} - x_i}\right) - v_w\cfrac{(\rho c T)_{i+1,j} + (\rho c T)_{i,j}}{2}\right\}$$
$$- \cfrac{1}{\Delta x_i}\left\{\left(K_{i,j}^{i-1}\cfrac{T_{i,j} - T_{i-1,j}}{x_i - x_{i-1}}\right) - v_w\cfrac{(\rho c T)_{i,j} + (\rho c T)_{i-1,j}}{2}\right\}$$
$$+ \cfrac{1}{\Delta z_i}\left\{\left(K_{i,j}^{j+1}\cfrac{T_{i,j+1} - T_{i,j}}{z_{j+1} - z_j}\right) - \left(K_{i,j}^{j-1}\cfrac{T_{i,j} - T_{i,j-1}}{z_j - z_{j-1}}\right)\right\} = 0 \tag{3.24}$$

式 (3.23) を $T_{i,j}$ について整理すれば

$$\left\{\cfrac{1}{\Delta x_i}\left(\cfrac{K_{i,j}^{i+1}}{x_{i+1} - x_i} + \cfrac{K_{i,j}^{i-1}}{x_i - x_{i-1}}\right) + \cfrac{1}{\Delta z_i}\left(\cfrac{K_{i,j}^{j+1}}{z_{j+1} - z_j} + \cfrac{K_{i,j}^{j-1}}{z_j - z_{j-1}}\right)\right\}T_{i,j}$$

$$= \frac{1}{\Delta x_i} \left\{ \left(\frac{K_{i,j}^{i+1}}{x_{i+1}-x_i} + v_w \frac{(\rho c)_{i+1,j}}{2} \right) T_{i+1,j} \right.$$

$$\left. + \left(\frac{K_{i,j}^{i-1}}{x_i-x_{i-1}} + v_w \frac{(\rho c)_{i-1,j}}{2} \right) T_{i-1,j} \right\}$$

$$- \frac{1}{\Delta z_j} \left(\frac{K_{i,j}^{j+1}}{z_{j+1}-z_j} T_{i,j+1} + \frac{K_{i,j}^{j-1}}{z_j-z_{j-1}} T_{i,j-1} \right) \tag{3.25}$$

したがって，次式に示す差分方程式を得る．

$$T_{i,j} = \frac{1}{F_{i,j}} \{ (F_{i,j}^{i+1} - G_{i,j}^{i+1}) T_{i+1,j} + (F_{i,j}^{i-1} + G_{i,j}^{i-1}) T_{i-1,j}$$

$$+ F_{i,j}^{j+1} T_{i,j+1} + F_{i,j}^{j-1} T_{i,j-1} \} \tag{3.26}$$

ここで，

$$F_{i,j}^{i\pm1} = \pm \frac{K_{i,j}^{i\pm1}}{\Delta x_i (x_{i\pm1}-x_i)}, \quad G_{i,j}^{i\pm1} = \mp \frac{(\rho c)_{i\pm1,j} v_w}{2\Delta x_i},$$

$$F_{i,j}^{j\pm1} = \pm \frac{K_{i,j}^{j\pm1}}{\Delta z_j (z_{j\pm1}-z_j)}, \quad F_{i,j} = F_{i,j}^{i+1} + F_{i,j}^{i-1} + F_{i,j}^{j+1} + F_{i,j}^{j-1} \tag{3.27}$$

である[6]．

境界では次のように考える．研削加工によって格子点 (x_i, z_0) に発生する熱量を q_i とし，研削液などの強制熱伝達による流出熱量を $\alpha(T_{i,0}-T_\infty)$（ここで，α は熱伝達率，$T_{i,0}$ は工作物の表面温度，T_∞ は十分遠い外界の温度である）とすれば，工作物表面では $q_i - \alpha_i(T_{i,0}-T_\infty)$ なる熱量が流入することになる．また，十分離れた内部境界では温度分布は指数関数的に減少するとして，図3.6に示すような指数法則に従うような条件を与える．図より境界での温度を求めると，次のようになる．

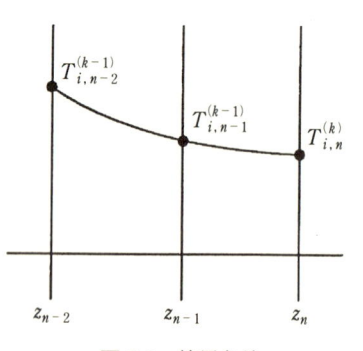

図3.6 境界条件

$$T_{i,n}^{(k)} = T_{i,n-1}^{(k-1)} \exp\left\{ \frac{z_{n-1}-z_n}{z_{n-2}-z_{n-1}} \log\left(\frac{T_{i,n-1}^{(k-1)}}{T_{i,n-2}^{(k-1)}} \right) \right\} \tag{3.28}$$

ここで

$$T_i = \begin{bmatrix} T_{i,0} \\ T_{i,1} \\ \cdot \\ \cdot \\ \cdot \\ T_{i,n-2} \\ T_{i,n-1} \end{bmatrix} \tag{3.29}$$

と置けば，式 (3.26) より

$$A_i T_{i-1} + B_i T_i + C_i T_{i+1} = d_i \tag{3.30}$$

が成り立つ．A_i, B_i, C_i は，それぞれ n 次の正方行列で

$$A_i = \begin{bmatrix} 0 & & & & 0 \\ & F_{i,j}^{i-1} + G_{i,j}^{i-1} & & & \\ & & \cdot & & \\ & & & \cdot & \\ 0 & & & & F_{i,n-2}^{i-1} + G_{i,n-2}^{i-1} \\ & & & & F_{i,n-1}^{i-1} + G_{i,n-1}^{i-1} \end{bmatrix} \tag{3.31}$$

$B_i =$
$$\begin{bmatrix} -F_{i,0}^{i+1}-F_{i,0}^{i-1}-F_{i,0}^{j+1}-F_{i,0}^{j-1} & F_{i,0}^{j+1} & & & & \\ F_{i,1}^{j-1} & -F_{i,1}^{i+1}-F_{i,1}^{i-1}-F_{i,1}^{j+1}-F_{i,1}^{j-1} & F_{i,1}^{j+1} & & & 0 \\ & \cdot & \cdot & \cdot & \cdot & \\ 0 & & \cdot & \cdot & \cdot & \\ & & F_{i,n-2}^{j-1} & -F_{i,n-2}^{i+1}-F_{i,n-2}^{i-1}-F_{i,n-2}^{j+1}-F_{i,n-2}^{j-1} & F_{i,n-2}^{j+1} \\ & & & F_{i,n-1}^{j-1} & -F_{i,n-1}^{i+1}-F_{i,n-1}^{i-1}-F_{i,n-1}^{j+1}-F_{i,n-1}^{j-1} \end{bmatrix}$$

$$\tag{3.32}$$

$$C_i = \begin{bmatrix} 0 & & & & & \\ & F_{i,1}^{i+1}+G_{i,1}^{i+1} & & & \mathbf{0} & \\ & & \ddots & & & \\ & \mathbf{0} & & \ddots & & \\ & & & & F_{i,n-2}^{i+1}G_{i,n-2}^{i+1} & \\ & & & & & F_{i,n-1}^{i+1}+G_{i,n-1}^{i+1} \end{bmatrix} \quad (3.33)$$

である.d_i は n 次の列ベクトルで

$$d_i = \begin{bmatrix} q_i + \alpha_i T_\infty \\ 0 \\ \cdot \\ \cdot \\ \cdot \\ 0 \\ -F_{i,n}^{j+1} T_{i,n} \end{bmatrix} \quad (i = 2 \sim m-1) \quad (3.34)$$

$$d_1 = \begin{bmatrix} q_1 + \alpha_1 T_\infty \\ -(F_{1,1}^{i-1}+G_{1,1}^{i-1}) T_{0,1} \\ \cdot \\ \cdot \\ \cdot \\ -(F_{1,n-2}^{i-1}+G_{1,n-2}^{i-1}) T_{0,n-2} \\ -(F_{1,1}^{i-1}+G_{1,1}^{i-1}) T_{0,n-1} - F_{1,n-1} T_{1,n} \end{bmatrix} \quad (3.35)$$

$$d_m = \begin{bmatrix} q_m + \alpha_m T_\infty \\ -(F_{m,1}^{i+1}+G_{m,1}^{i+1}) T_{m+1,1} \\ \cdot \\ \cdot \\ \cdot \\ -(F_{m,n-2}^{i-1}+G_{m,n-2}^{i-1}) T_{m+1,n-2} \\ -(F_{m,1}^{i-1}+G_{m,1}^{i-1}) T_{m+1,n-1} - F_{m,n-1} T_{m,n} \end{bmatrix} \quad (3.36)$$

である.したがって,式 (3.30) からなる連立方程式は

のように行列表示できる．ただし，

$$F_{i,0}^{i\pm1} = \pm G_{i,0}^{i\pm1} = -\frac{\alpha_i}{2}, \quad F_{i,0}^{j+1} = -\frac{K_{i,1}}{(z_1-z_0)}, \quad F_{1,0}^{j-1} = 0 \tag{3.38}$$

である．

3.2.2 熱の配分割合

研削により発生した熱は，工作物，砥石，切りくずへある割合で配分される．配分割合は，様々な研究〔例えば，文献7)〜9)〕によってその値が得られている．ここでは，多くの研究結果を整理して得られている次式[3)]を用いて配分割合を決定する．

$$R_w = \sqrt{v_w}\frac{\sqrt{K\rho c}}{A}, \quad R_g = \sqrt{V_g}\frac{\sqrt{K_g\rho_g c_g}}{A},$$

$$R_c = 0.376nv_w d\rho c\frac{\sqrt{l}}{A}, \quad n=1 \text{ または } n>1^{3)},$$

$$A = \sqrt{v_w}\sqrt{K\rho c} + \sqrt{V_g}\sqrt{K_g\rho_g c_g} + 0.376nv_w d\rho c\sqrt{l} \tag{3.39}$$

この式において，R は熱の配分割合，v_w は工作物速度，V_g は砥石の周速度であり，K, ρ, c はそれぞれ熱伝導率，密度，比熱である．添字 w, g, c は，それぞれ工作物，砥石，切りくずを表している．また，l は砥石と工作物の接触弧の長さを$2l$としたときの値である．したがって，これらの式に材料の物性値および砥石の物性値を代入すれば，工作物への配分割合が求められる．

3.2.3 熱伝導解析のフローチャート

図3.7に，熱伝導解析の計算の流れ図を示す．シミュレーションは，図のフローチャートに従い計算を行う．

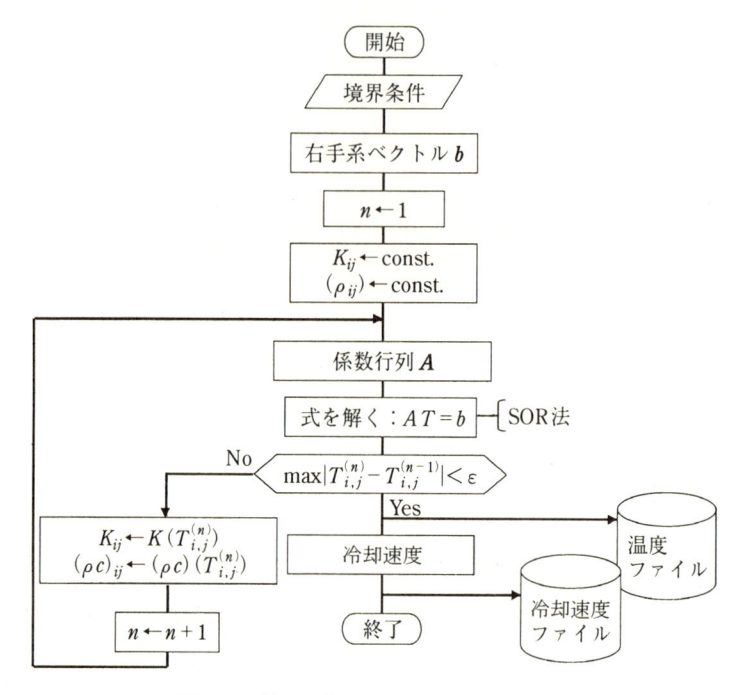

図 3.7 熱源計算のためのフローチャート

3.3 温度分布

　研削中の砥粒と工作物が干渉する領域には大量の熱が発生する．この熱により，工作物表面には内部組織と性質，組成の異なる加工変質層が生成される．一般に，加工変質層には残留応力や組織学的な変化が含まれ，結果として加工変質層が生成することにより，機械的性質の低下や製品精度および品質の劣化を招く[1),10)]．したがって，加工変質層を定量的に解析し，制御することは重要な課題である．
　これまでに，研削加工変質層については多くの研究者により様々な研究[11)～13)]が行われてきている．これらの研究では，工作物の温度分布を求める際の熱源分布としては，研削条件によらず主に三角形分布関数が用いられている．これは，トロコイド曲線を基礎とした単純な幾何学的近似のみを根拠としたものであり，物理的根拠に乏しく，またその妥当性を十分確認しないまま用

いられているものである.しかし,工作物内の温度分布は熱源分布により大きく変化し,それに伴い内部組織,残留応力にも大きく影響を及ぼす.したがって,加工領域の熱源分布を研削条件に応じて求めることは研削加工変質層を解析するうえで重要である.

そこで,本節では研削条件をある程度反映できる比較的簡便な熱源分布形状推定法を検討し,実際には測定困難な熱源分布解析を行うための一つの方法を提案する.熱源分布は研削領域幅内の各位置での時々刻々の研削量に対応し,熱量は単位時間の研削量に比例すると仮定して,表面創成理論に基づいてその形状を解析する.砥粒切れ刃密度と研削条件から微小時間内に研削領域内にある研削方向に垂直な断面が各砥粒により削られる体積を算出し,それらの値から全体の熱源分布を求める.また研削条件のうち,どのパラメータが熱源分布形状に最も大きな影響を及ぼすかを考察するため,解析は砥石速度,工作物速度,切込みなどの研削パラメータを変化させて行う.

3.3.1 表面創成理論

(1) 平面研削における表面創成理論[14]

砥粒によって創成される工作物の3次元表面は,砥粒切れ刃分布を考慮して,研削方向に垂直な断面形状を幾何学的に求め,それらを研削方向に順に並べることで構成できる.図3.8は,平面研削過程の模式図である.ここで,Rは砥石半径,V_sは砥石速度(砥石周速度),v_wは送り速度である.x, y, z軸をそれぞれ砥石から見た工作物の移動方向,砥石軸に平行な方向,および深さ方向に

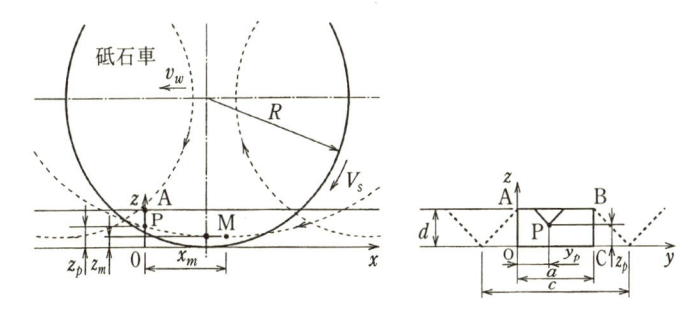

図3.8 表面研削過程の模式図(切れ刃の工作物断面との干渉および切れ刃の最深通過点)

とり，原点を図3.8の点Oに固定している．断面OABCはO-yz平面にある．

　砥粒切れ刃は頂角2γの円錐で，工作物は砥粒切れ刃の形状どおりに削られ，盛り上がりはないものとする．工作物から見た砥粒切れ刃は，破線で示すようにトロコイド曲線を描きながら運動している．ここで，砥粒切れ刃先端軌跡において，座標が最小となる点Mを最深通過点と定義する．点Pは，砥粒切れ刃先端が工作物中の断面OABCを含む平面を通過する点である．

　PとMをそれぞれ点P($0, y_p, z_p$)の集合および最深通過点M(x_m, y_m, z_m)の集合とすれば，写像$f: M \to P$は全射であり

$$\begin{bmatrix} 0 \\ y_p \\ z_p \end{bmatrix} = f\left(\begin{bmatrix} x_m \\ y_m \\ z_m \end{bmatrix} \right) \tag{3.40}$$

すなわち，

$$x_m - v_w t - (R - z_m)\sin\frac{V_s t}{R - z_m} = 0, \quad y_p = y_m,$$
$$z_p = R - (R - z_m)\cos\frac{V_s t}{R - z_m} \tag{3.41}$$

が成り立つ．ここで，tは砥粒切れ刃が最深通過点から断面OABCを含む平面に至るまでの時間，または平面を通過してから最深通過点に至るまでの時間である．

　断面OABCを通過する砥粒切れ刃の集合（集合Pの部分集合）をQとすれば，砥粒切れ刃が断面OABCを通過する条件は，集合Mの部分集合Nから集合Qへの写像が全単射となる条件と等しく，集合Nは以下のようにして求めることができる．

　集合Nにおけるz_mの変域は

$$0 \leq z_m < d \tag{3.42}$$

となる．ここで，dは切込み深さである．$V_s t/(R-z_m)$が1より十分小さいことを考慮して，式(3.41)の第1式および第3式からtを消去すれば

$$z_p = z_m + \frac{(V_s x_m)^2}{2(R - z_m)(v_w + V_s)^2} \tag{3.43}$$

集合Qでは$0 \leq z_p < d$であるから，集合Nにおけるx_mの変域は

$$|x_m| < \frac{v_w + V_s}{V_s} \sqrt{2(R-z_m)(d-z_m)} \tag{3.44}$$

となる。砥粒切れ刃が断面 OABC と干渉する条件は

$$(d-z_p)\tan\gamma < y_p < a + (d-z_p)\tan\gamma \quad (0 \leq z_p < d) \tag{3.45}$$

のように表される。ここで，a は工作物の幅である。したがって，集合 N における y_m の変域は，式 (3.43) を式 (3.45) に代入することにより

$$\left[z_m - d - \frac{(V_s x_m)^2}{2(R-z_m)(v_w+V_s)^2}\right]\tan\gamma < y_m$$
$$< a + \left[d - z_m - \frac{(V_s x_m)^2}{2(R-z_m)(v_w+V_s)^2}\right]\tan\gamma \tag{3.46}$$

となる。

砥石速度が送り速度に比べてはるかに大きいときは，砥粒切れ刃の描くトロコイド曲線は円に近くなり，同一の砥粒切れ刃が同じ断面を何度も通過する。この現象を考慮するため，最深通過点は以下のように与える。

砥石が 1 回転する間に工作物が移動する距離 l は，

$$l = 2\pi R \frac{v_w}{V_s} \tag{3.47}$$

である。砥粒は砥石の表面近傍に密度 C で一様に分布していると仮定すれば，最深通過点は工作物の表面から深さ d までの領域に一様に分布する。断面 OABC を研削できる砥粒切れ刃の最深通過点の存在する領域の最大幅を c とすれば

$$c = a + 2d\tan\gamma \tag{3.48}$$

である。このとき，長さ $2R$，幅 c，厚さ d の体積中に存在する最深通過点の集合を M' とすれば，集合 M' の要素数，すなわち砥石の 1 回転当たりの最深通過点の個数 n は

$$n = 2\pi c d R C \tag{3.49}$$

で与えられる。長さ l，幅 c，厚さ d の体積中の最深通過点の集合を M_0 とすれば，写像 $g: M'' \to M_0$ は全単射であって，(x_{0m}, y_{0m}, z_{0m}) と (x'_m, y'_m, z'_m) をそれぞれ集合 M_0, M' の要素の座標とすれば

第3章 研削加工層の温度

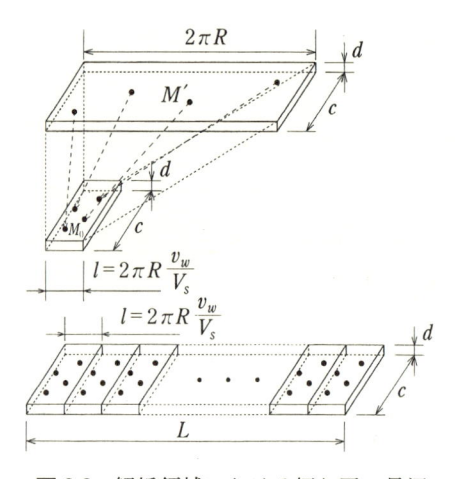

図3.9 解析領域における切れ刃の最深通過点

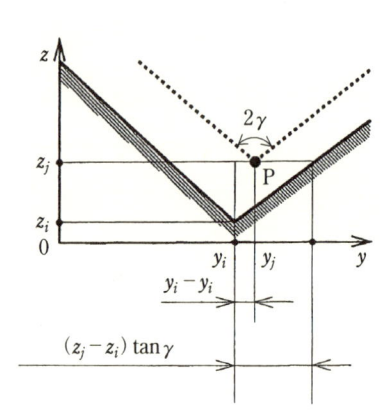

図3.10 切れ刃の列

$$\begin{bmatrix} x_{0m} \\ y_{0m} \\ z_{0m} \end{bmatrix} = g\left(\begin{bmatrix} x'_m \\ y'_m \\ z'_m \end{bmatrix}\right) = \begin{bmatrix} lx'_m/2\pi R \\ y'_m \\ z'_m \end{bmatrix} \tag{3.50}$$

が成り立つ.計算すべき領域全体の最深通過点,すなわち集合Mの要素は集合M_0を研削方向に一列に並べることで得られる(図3.9).集合Nは式(3.42),(3.44),(3.46)より決定でき,集合Qは式(3.41)の第2式および式(3.43)より得ることができる.

集合Qにおいて,図3.10に示すようにz_pの小さい順に,またz_pの値が等しいときはy_pの大きい順に要素に番号をつければ,i番目の砥粒切れ刃痕がj番目の砥粒切れ刃痕を含む条件は

$$(z_j - z_i)\tan\gamma \geq |y_j - y_i| \quad (i < j) \tag{3.51}$$

となる.この条件を満たす要素を集合Qから順次消去していけば,断面0ABCの谷底に対応する砥粒切れ刃先端の全通過点の座標を求めることができる.

図3.11に示すように,y_pが大きい方から順にそれらの点に番号をつければ,山頂の座標点$U(0, y_t, z_t)$は,隣接する谷底の点$S(0, y_{b+1}, z_{b+1})$とT$(0, y_b, z_b)$を用いて次のように表すことができる.

3.3 温度分布

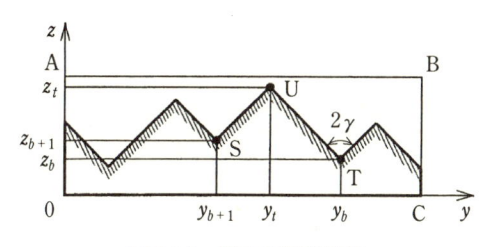

図3.11 断面の研削形状

$$y_t = \frac{1}{2}[(z_b - z_{b+1})\tan\gamma + y_b + y_{b+1}],$$
$$z_t = \frac{1}{2}\left[\frac{y_b - y_{b+1}}{\tan\gamma} z_b + z_{b+1}\right] \tag{3.52}$$

山頂の点と谷底の点を順次線分で結べば,断面の研削形状が得られる.

(2) 円筒研削における表面創成理論

図3.12のような円筒研削を考える.ここで,R_1を砥石半径,R_2を工作物半径,V_sを砥石周速度,v_wを工作物周速度,dを切込み深さ(工作物において実際に研削される部分の深さ)とする.工作物表面に垂直な任意の断面 OABC を考える.x, y, z 軸を,それぞれ断面 OABC に垂直な方向,砥石軸に平行な方向,および深さ方向にとり,原点を図3.12の点 O に固定している.断面 OABC は O-yz 平面にある.

図3.13に,砥粒切れ刃位置の相対的な位置関係を示す.断面 OABC を研削する砥粒切れ刃先端の z 座標が最小となる位置,

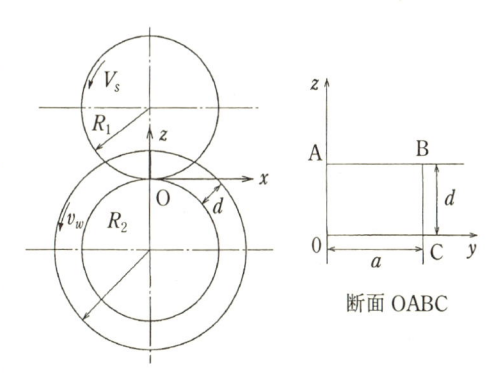

図3.12 円筒研削の模式

すなわち砥石と工作物との中心線上の点 M を最深通過点と定義する.点 P は,砥粒切れ刃先端が工作物中の断面 OABC を含む平面を通過する点である.

最深通過点 M の座標を (x_m, y_m, z_m),先端通過点 P の座標を $(0, y_p, z_p)$ とする.また,t を砥粒切れ刃が最深通過点から断面 OABC を含む平面に至る

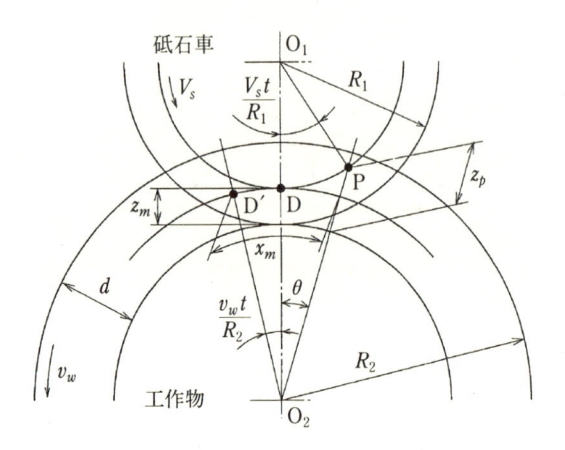

図3.13 工作物に対する切れ刃の相対位置

までの時間(または平面を通過してから最深通過点に至るまでの時間)とする.

図3.14に示すような三角形 $O_1 O_2 P$ について考える.この三角形 $O_1 O_2 P$ に余弦定理を用いると

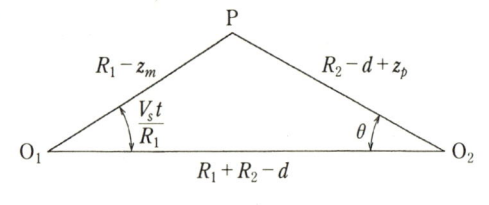

図3.14 三角形 $O_1 O_2 P$

$$O_1 P^2 = O_1 O_2^2 + O_1 P^2 - 2 \cdot O_1 O_2 \cdot O_2 P \cdot \cos\theta \tag{3.53}$$

となる. $V_s t/(R_1-t) \ll 1$, $\theta \ll 1$ より近似を用いれば

$$\cos\theta \equiv 1 - \frac{1}{2}\theta^2 \tag{3.54}$$

上式を式 (3.55) に代入すると

$$O_1 P^2 = O_1 O_2^2 + O_2 P^2 - 2 \cdot O_1 O_2 \cdot O_2 P \cdot \left(1 - \frac{1}{2}\theta^2\right) \tag{3.55}$$

また,式 (3.55) に $O_1 P = R_1 - z_m$, $O_1 O_2 = R_1 + R_2 - d$, $O_2 P = R_2 - d + z_p$ を代入し,整理すれば

$$(z_p + z_m)(z_p - z_m) - 2R_1(z_p - z_m) + \theta^2(R_1 + R_2 - d)(R_2 - d + z_p) = 0 \tag{3.56}$$

となる．式 (3.56) の両辺を $R_1(R_1+R_2)$ で割ると

$$\frac{(z_p+z_m)(z_p-z_m)}{R_1(R_1+R_2)} - \frac{2(z_p-z_m)}{R_1+R_2} + \frac{(R_1+R_2-d)(R_2-d+z_p)}{R_1(R_1+R_2)}\theta^2 = 0 \tag{3.57}$$

ここで，切込み d および z_p, z_m が R_1, R_2 に比べて非常に小さいことを考慮すれば，次の近似式が成り立つ．

$$\frac{z_p+z_m}{R_1} \ll 1, \quad \frac{z_p-z_m}{R_1+R_2} \ll 1, \quad \frac{-d}{R_1} \ll 1, \quad \frac{-d+z_p}{R_1+R_2} \ll 1$$

これより

$$\frac{z_p+z_m}{R_1}\frac{z_p-z_m}{R_1+R_2} \cong 0, \quad \frac{-d}{R_1}\theta \cong 0, \quad \frac{-d+z_p}{R_1+R_2} \cong 0 \tag{3.58}$$

これらの近似式を用いて，式 (3.58) より

$$\theta^2 = \frac{2R_1(z_p-z_m)}{R_2(R_1+R_2)} \tag{3.59}$$

となる．

次に，三角形 O_1O_2P に正弦定理を用いると

$$\frac{R_1-z_m}{\sin\theta} = \frac{R_2-d+z_p}{\sin\dfrac{V_s t}{R_1}} \tag{3.60}$$

ここで，$\theta \ll 1$, $V_s t/R_1 \ll 1$ を用いて式 (3.60) を t について整理すれば

$$t = \frac{R_2\theta\left(1-\dfrac{d-z_p}{R_2}\right)}{V_s\left(1-\dfrac{z_m}{R_1}\right)} \tag{3.61}$$

となる．さらに，$(d-z_p)/R_2 \ll 1$, $z_m/R_1 \ll 1$ を用いれば

$$t = \frac{R_2\theta}{V_s} \tag{3.62}$$

図 3.13 より x_m について求めると

$$x_m = \theta R_2\left(1-\frac{d-z_m}{R_2}\right)\left\{\frac{V_s\left(1-\dfrac{z_m}{R_1}\right)+v_w}{V_s\left(1-\dfrac{z_m}{R_1}\right)}\right\} \tag{3.63}$$

$(d-z_m)/R_2 \ll 1$, $z_m/R_1 \ll 1$ より

第3章 研削加工層の温度

$$x_m^2 = \frac{2R_1R_2(z_p-z_m)}{R_1+R_2}\left(\frac{V_s+v_w}{V_s}\right)^2 \tag{3.64}$$

これより

$$z_p = z_m + \frac{R_1+R_2}{2R_1R_2}\left(\frac{V_s x_m}{V_s+v_w}\right)^2 \tag{3.65}$$

となる.

　x_m の最大値 $x_{\max}$ は $z_p=d$ のときであり，$z_p=d$ を式 (3.65) に代入すると

$$x_{\max} = \frac{V_s+v_w}{V_s}\sqrt{\frac{2R_1R_2(d-z_m)}{R_1+R_2}} \tag{3.66}$$

となる．したがって,

$$|x_m| = \frac{V_s+v_w}{V_s}\sqrt{\frac{2R_1R_2(d-z_m)}{R_1+R_2}} \tag{3.67}$$

　平面研削の表面創成と同様に，断面を構成する先端通過点の集合および山の座標を求め断面形状の計算を行っていく．砥粒切れ刃の与え方，断面を創成する各方法についても平面研削における方法と同様である．

3.3.2 微小時間に断面を削り得る砥粒切れ刃最深通過点の存在範囲

　微小時間における断面0ABCのための最深通過点の存在範囲は，断面と砥石の相対的な位置関係により決定する．図3.15に，断面0ABCが砥石軸の前にある場合の時刻 t, $t+\varDelta t$ 間の最深通過点の存在範囲の一例を示す．微小時間 $\varDelta t$ における最深通過点の存在範囲を濃い網掛けで示す．存在範囲の境界 ① から ⑥ は，次のように決定される．

　境界 ① は式 (3.44) から与えられ，その境界式は次式のようになる．

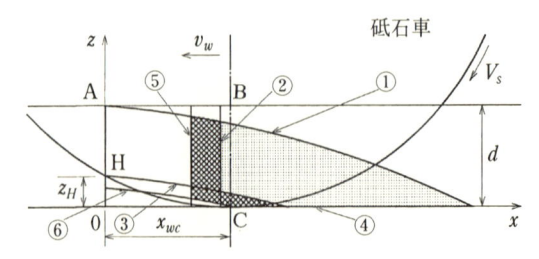

図3.15　微小時間における最深通過点の存在範囲

3.3 温度分布

$$x = \frac{V_s + v_w}{V_s}\sqrt{2(R-z)(d-z)} \tag{3.68}$$

時刻 t での研削砥石の中心位置を x_{wc} とすれば，ある砥粒切れ刃が最深通過点となってから現在に至るまでの時間 τ は，次式で評価できる．

$$\tau = \frac{x_m - x_{wc}}{v_w} \tag{3.69}$$

ある時刻 t 以後に断面 0ABC を切れ刃が通過する条件は，式 (3.69) を式 (3.41) に代入したときに，式 (3.41) の第1式の左側が正となる条件である．したがって，

$$x_m < \frac{v_w}{V_s}(R-z_m)\sin^{-1}\frac{x_{wc}}{R-z_m} + x_{wc} \tag{3.70}$$

となる．境界 ② は式 (3.70) を満たす要素集合の上限である．

図 3.15 中の点 H は時刻 t において断面 0ABC と砥石が干渉する範囲の境界を示し，その z 座標 z_H は

$$z_H = R - \sqrt{R^2 - x_{wc}^2} \tag{3.71}$$

である．0H の部分は時刻 t 後に研削される部分であり，したがって，境界 ③ は境界 ① と同様の方法で決定される．境界式は次式となる．

$$x_m = \frac{V_s + v_w}{V_s}\sqrt{2(R-z)(z_H-z)} \quad (0 \leq z \leq z_H) \tag{3.72}$$

境界 ④ は，z_m の集合の下限を表し

$$z_m = 0 \tag{3.73}$$

である．

境界 ⑤ と ⑥ は，それぞれ時刻 $t + \Delta t$ において境界 ② と ③ に対応する境界である．断面 0ABC が砥石軸の後方にある場合にも，t と $t + \Delta t$ 間に断面 0ABC を研削する砥粒切れ刃の最深通過点の存在範囲を同様にして求めることができる．

3.3.3 熱源強度分布の推定

本書では，熱源分布は研削領域幅内の各位置での時々刻々の研削量に対応し，熱量は単位時間の研削量に比例すると仮定した．微小時間 Δt 間の研削量

第3章 研削加工層の温度

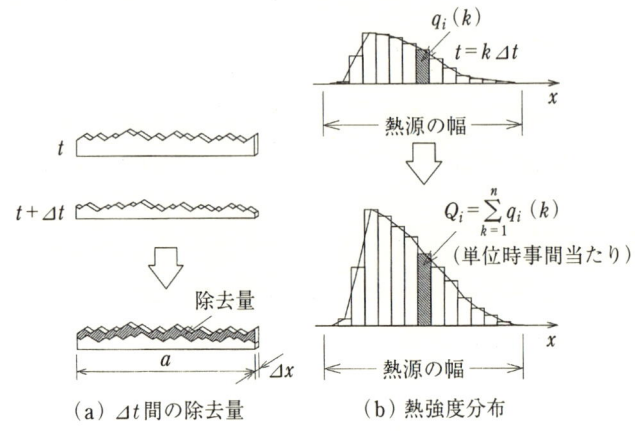

(a) Δt 間の除去量　　(b) 熱強度分布

図3.16　熱入力の強度分布予測

は，図3.16 (a) に示すように，時刻 t との二つの断面形状間の面積差に断面間の厚さを掛け合わせることにより得られる（斜線部分）．このような計算を単位時間内のすべての断面について行う．熱源強度分布は，図 (b) に示すように互いに対応する断面の研削量を重ね合わせることによって得られる．

3.3.4　表面創成および熱源強度分布計算のフローチャート

図3.17に，表面創成過程のフローチャートを示す．計算は図のフローチャートに従い行う．

3.3.5　シミュレーション結果

表3.1に，解析に使用した研削条件を示す．以下，表中の研削条件Aを解析上の標準条件とする．

図3.18 (a) に，切込み深さが熱源分布に及ぼす影響を調べた結果を示す．図の縦軸と横軸には，それぞれ単位時間，単位研削幅当たりの研削量，砥石中心位置を原点とする x 座標を示した．切込み深さを小さくすると，研削量が減少するとともに工作物と砥石との接触幅も小さくなる．熱源のピーク位置は，切込み深さが小さいほど砥石中心方向にシフトする傾向が見られる．

砥石速度が熱源分布に及ぼす影響を調べた結果を図3.18 (b) に示す．熱源のピーク位置は，砥石速度が速いほど研削方向にシフトする傾向が見られ，熱源分布の立ち上がりが急になる．これは，砥石速度が速くなると，各断面の研削に寄与する砥粒切れ刃数が増加し，断面形状が比較的早い段階で創成されて

3.3 温度分布

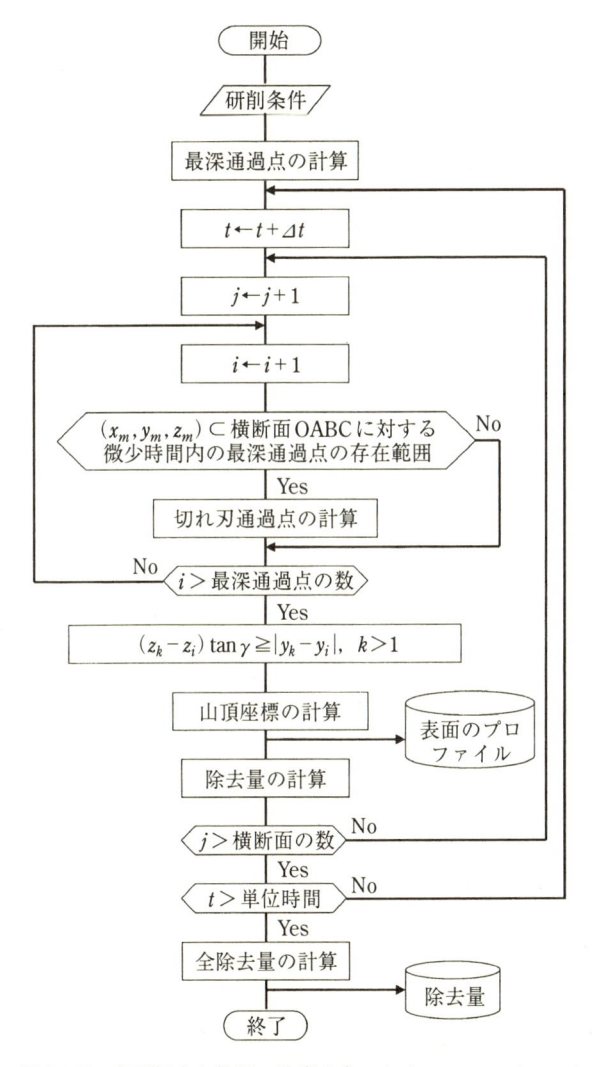

```
       ┌──────┐
       │ 開始 │
       └──┬───┘
      ╱研削条件╱
          │
   ┌──────────────┐
   │最深通過点の計算│◄─────────────┐
   └──────┬───────┘              │
   ┌──────────────┐              │
   │ t ← t + Δt   │              │
   └──────┬───────┘              │
   ┌──────────────┐              │
   │  j ← j + 1   │◄──┐          │
   └──────┬───────┘   │          │
   ┌──────────────┐   │          │
   │  i ← i + 1   │◄─┐│          │
   └──────┬───────┘  ││          │
  ╱(xₘ,yₘ,zₘ)⊂横断面OABCに対する╲ No│          │
  ╲微少時間内の最深通過点の存在範囲╱──┤          │
          │Yes                  │          │
   ┌──────────────┐              │          │
   │切れ刃通過点の計算│──────────┘          │
   └──────┬───────┘                         │
     No  ╱i>最深通過点の数╲                    │
    ┌───╲               ╱                    │
    │    │Yes                                │
    │ ┌──────────────────────────┐            │
    │ │(zₖ-zᵢ)tanγ≧|yₖ-yᵢ|, k>1 │            │
    │ └──────┬───────────────────┘            │
    │ ┌──────────────┐     ╱表面のプロ╲       │
    │ │ 山頂座標の計算│────╲ ファイル ╱       │
    │ └──────┬───────┘                        │
    │ ┌──────────────┐                        │
    │ │ 除去量の計算 │                        │
    │ └──────┬───────┘                        │
    │   ╱j>横断面の数╲ No                     │
    └──╲             ╱─────────               │
          │Yes                                 │
        ╱t>単位時間╲ No                       │
        ╲         ╱──────────────────────────┘
          │Yes
   ┌──────────────┐     ╱       ╲
   │全除去量の計算│────╲ 除去量 ╱
   └──────┬───────┘
       ┌──────┐
       │ 終了 │
       └──────┘
```

図 3.17 表面創成と熱源の強度分布のためのフローチャート

しまうためである．したがって，ある程度高速になると熱源形状は変わらない．単位時間，単位研削幅当たりの研削量には，砥石速度による差異がそれほど見られない．

図 3.18 (c) は，送り速度が熱源分布に及ぼす影響を調べた結果である．工作物と砥石との接触幅は送り速度にかかわらず一定で，単位時間，単位研削幅当

表3.1 研削条件

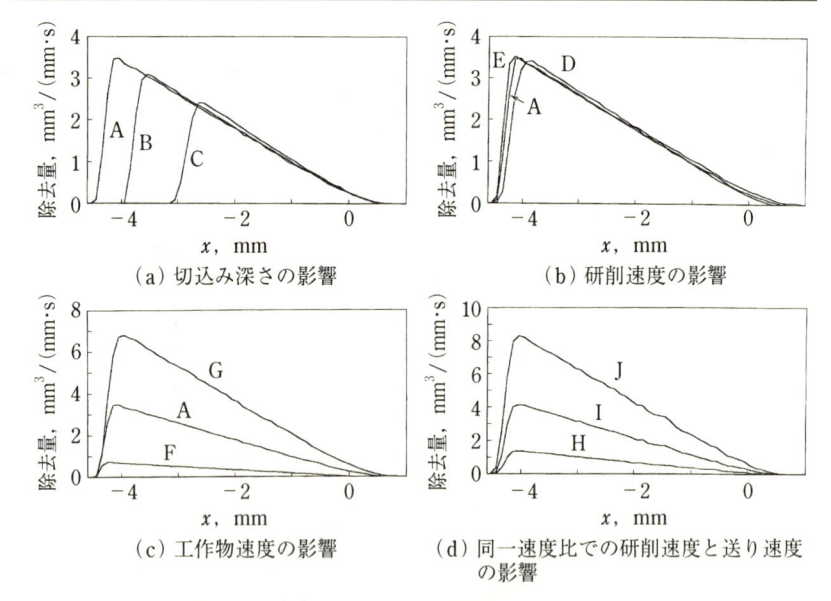

	A	B	C	D	E	F	G	H	I	J
切込み深さ d, μm	100	80	50	100						
研削速度 V_s, m/min	1800			600	3600	1800		600	1800	3600
工作物速度 v_w, m/min	5					1	10	2	6	12
砥石車直径 D, mm	205									
工作物の幅 a, mm	10									
切れ刃密度 C, mm^{-3}	64									
切れ刃角度 2γ, deg	160									

(a) 切込み深さの影響

(b) 研削速度の影響

(c) 工作物速度の影響

(d) 同一速度比での研削速度と送り速度の影響

図3.18 研削パラメータの熱源強度分布への影響

たりの研削量は,送り速度にほぼ比例して増加する.熱源のピーク位置は,送り速度が速いほど砥石中心方向にシフトする傾向が見られる.

速度比 $K_v(=v_w/V_s)$ を1/300で一定として熱源分布を比較したものを図3.18(d)に示す.単位時間,単位研削幅当たりの研削量は砥石速度と送り速度にほぼ比例するが,熱源のピーク位置はほとんど変わらない.

表3.1の条件Aの場合について,図3.19にS45C材の熱源近傍の温度分布を示す.初期温度は293Kとした.研削に伴う作物への流入熱は実験値2.9

kWとした．この研削温度分布は，後述する第6章の6.2節の結果とよい対応を示している．

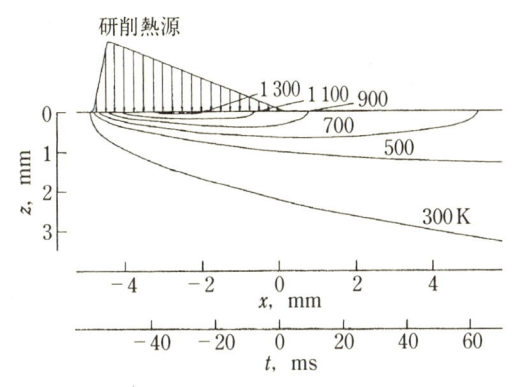

図 3.19 熱源近傍の温度分布

参考文献

1) 田中・津和・井川：精密工作法 上，共立出版 (1995) p. 156.
2) 武山・大谷・相原：大学講義 伝熱工学，丸善 (1983)
3) 精密工学会 編：精密工学シリーズ 研削工学，オーム社 (1987) p. 34.
4) 高木貞治：解析概論 (改定第3版)，岩波書店 (1983) p. 379.
5) 甲藤好郎：伝熱概論，養賢堂 (1964).
6) E. Ohmura ほか2名：Bull., JSME, **26**, 219 (1983 − 9) p. 1670.
7) 鍵和田忠男：「平面研削における研削熱の挙動に関する基礎的研究」，北大博士論文．
8) 高沢孝哉：「研削熱の加工物への流入割合」，精密機械，**30**, 12 (1964) pp. 16-22.
9) 鍵和田忠男・齊藤勝政：「平面研削における発生熱の配分割合」，日本機械学会論文集，**43**, 373 (1977) p. 195.
10) 小野浩二：研削仕上，槇書店 (1962).
11) 白樫高洋・吉野雅彦・帯川利之・堀江 琢：「研削加工層の残留応力に及ぼす流動応力特性の影響」，日本機械学会論文集 (C編)，**60**, 9 (1994) pp. 2946.
12) 河村末久・森山 務・山川純次・奥山繁樹：「研削面における残留応力の生成状態について」，砥粒加工学会誌，**36**, 2 (1992) p. 29.
13) 上田隆司・鳥居明人・山田啓司：「鋼の平面研削における熱流入割合」，精密工学会誌，**60**, 11 (1994) p. 1616.
14) 大村悦二・阿部哲也・江田 弘：「超高速研削加工の表面創成シミュレーション」，精密工学会誌，**59**, 8 (1993) p. 1245.

第4章 研削加工層の残留応力

4.1 有限要素法による数値計算

　有限要素法は，連続体を仮想的に有限個の要素に分割し，連続体はおのおのの要素が節点で連結された集合体であると近似的にみなすことから出発する．応力解析に例をとると，各要素に働く外力と変位によって，その要素のポテンシャルエネルギーが規定でき，全要素についてこれを合成すると連続体合体のポテンシャルエネルギーが求められ，系が静的平衡状態にあるときこれが最小値をとり，ポテンシャルエネルギー最小の原理が成り立つ[1]~[6]．したがって，各要素における外力と変位が与えられていると，この原理を用いて各節点の変位を求めることができる．この変位をもとにして各要素のひずみ，応力が求められる．

　本章では，まず第一に弾塑性体の基礎方程式の説明を行い，次に弾塑性問題に対する有限要素法の定式化を行う（山田，垣野らの方法)[2],[4]．

4.1.1 弾塑性問題の基礎方程式

　図4.1に示すような境界Cで囲まれた弾塑性領域Dが外力（温度分布）により弾塑性変形をしているものとする．時刻 $t=t$ においてつり合い状態にある弾塑性体が，時刻 $t=t+dt$ において外力（温度）の微小増分により，応力増分，変位増分が生じたとする．この際の弾塑性体が満足すべき条件は[1]，

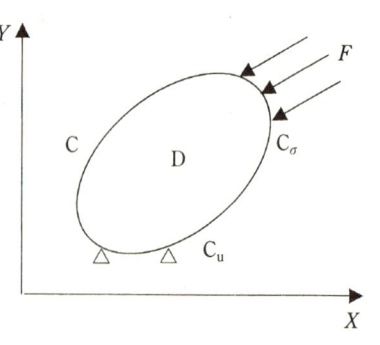

図4.1　弾塑性問題摸式図

平衡条件：

　　dX, dY を時間 dt における x, y 方向の物体力増分とすると，

$$\frac{\partial(d\sigma_x)}{\partial x}+\frac{\partial(d\tau_{x,y})}{\partial y}+dX=0,\quad \frac{\partial(d\sigma_y)}{\partial y}+\frac{\partial(d\tau_{x,y})}{\partial x}+dY=0 \quad (4.1)$$

境界条件：
　境界 C は，境界条件が外力で与えられている境界 C_σ と，変位で与えられている境界 C_u とに分けられる．
　C_σ 上での境界条件は，$d\overline{X}, d\overline{Y}$ を単位面積当たりの表面力増分とすれば

$$d\overline{X} = d\sigma_x l + d\tau_{xy} m, \quad d\overline{Y} = d\sigma_y m + d\tau_{xy} l \tag{4.2}$$

ここで，l, m は物体の表面に対する外向きの方向余弦である．
　C_u 上での境界条件は $d\overline{u}, d\overline{v}$ を指定された変位増分とすれば

$$du = d\overline{u}, \quad dv = d\overline{v} \tag{4.3}$$

変位とひずみとの関係：
　領域 D 内の変位増分（du, dv）とその点のひずみ増分（$d\varepsilon_x, d\varepsilon_y, d\gamma_{xy}$）との関係は，変位増分が微小の際には

$$d\varepsilon_x = \frac{\partial(du)}{\partial x}, \quad d\varepsilon_y = \frac{\partial(dv)}{\partial y}, \quad d\gamma_{xy} = \frac{\partial(dv)}{\partial x} + \frac{\partial(du)}{\partial y} \tag{4.4}$$

ここで，全ひずみは，ひずみ増分を積分することにより

$$\varepsilon_x = \int_0^t d\varepsilon_x, \quad \varepsilon_y = \int_0^t d\varepsilon_y, \quad \gamma_{xy} = \int_0^t d\gamma_{xy} \tag{4.5}$$

で与えられ，弾塑性体においては，ひずみは最終状態のみでなく変形経路に依存する．

応力とひずみとの関係：
　初期ひずみ増分（成分）を $\{d\varepsilon_0\}$ とすれば，応力増分（成分）は $\{d\sigma\} = [D]\{d\varepsilon - d\varepsilon_0\}$ で与えられる．ここで，領域内の弾性域においては

$$\{d\sigma\} = [D^e]\{d\varepsilon - d\varepsilon_0\} \tag{4.6}$$

となる．等方性材料については，$[D^e]$ マトリックスはフックの法則により

$$[D^e] = \frac{E}{1+\nu} \begin{bmatrix} \dfrac{1-\nu}{1-2\nu} & & SYM \\ \dfrac{\nu}{1-2\nu} & \dfrac{1-\nu}{1-2\nu} & \\ 0 & 0 & \dfrac{1}{2} \end{bmatrix} \tag{4.7}$$

　塑性域においては，von Mises の降伏条件

$$f = \frac{1}{\sqrt{2}} [(\sigma_x - \sigma_y)^2 + (\sigma_y - \sigma_z)^2 + (\sigma_z - \sigma_x)^2 + \sigma \tau_{xy}^2]^{1/2} - \overline{\sigma}_Y^2 \qquad (4.8)$$

を用い，移動硬化における塑性ポテンシャルの降伏関数 f が温度依存性を有しないものとすると[2)]

$$\{d\sigma\} = [D^P]\{d\varepsilon - d\varepsilon_0\} \qquad (4.9)$$

$$[D^P] = [D^e] - \frac{4G^2}{S_0} \begin{bmatrix} \sigma_x'^2 & & SYM \\ \sigma_x' \sigma_y' & \sigma_y'^2 & \\ \sigma_x' \tau_{xy} & \sigma_y' \tau_{xy} & \tau_{xy}^2 \end{bmatrix} \qquad (4.10)$$

ここで，

$$S_0 = \frac{4}{9} \overline{\sigma}^2 (H' + 3G) \qquad (4.11)$$

$$G = \frac{E}{2(1+\nu)} \qquad (4.12)$$

$\overline{\sigma}$ は相当応力であり，相当塑性ひずみ $\overline{\varepsilon}$ と加工硬化係数 H'

$$H' = \frac{d\overline{\sigma}}{d\overline{\varepsilon}^P} \qquad (4.13)$$

により関係づけられる．von Mises の法則によると相当応力と，相当ひずみは

$$\overline{\sigma} = \frac{1}{\sqrt{2}} [(\sigma_x - \sigma_y)^2 + (\sigma_y - \sigma_z)^2 + (\sigma_z - \sigma_x)^2 + \sigma \tau_{xy}^2]^{1/2} \qquad (4.14)$$

$$d\overline{\varepsilon} = \sqrt{\frac{2}{3}} \left[d\varepsilon_x^{P2} + d\varepsilon_y^{P2} + \frac{1}{2} d\gamma_{xy}^2 \right]^{1/2} \qquad (4.15)$$

また，σ_x', σ_y', σ_z' は次式で定義される偏差応力である．

$$\sigma_x' = \sigma_x - \sigma_m, \quad \sigma_y' = \sigma_y - \sigma_m, \quad \sigma_z' = \sigma_z - \sigma_m, \quad \sigma_m = \frac{1}{3}(\sigma_x + \sigma_y + \sigma_z) \qquad (4.16)$$

4.1.2 有限要素法の基礎理論

微小時間 dt 間の諸量が線形変化すると，仮定すると弾塑性領域 D における全ポテンシャルエネルギー増分 $d\pi$ は，ひずみエネルギー増分 $d\lambda$ と内外荷重のポテンシャルエネルギー増分 dW からなり，

$$d\pi = d\lambda + dW \qquad (4.17)$$

で表すことができ，ポテンシャルエネルギー最小の原理は

$$\delta\,\mathrm{d}\pi = \delta\,\mathrm{d}\lambda + \delta\,\mathrm{d}W = 0 \tag{4.18}$$

と与えられる.

ひずみエネルギー増分 $\mathrm{d}\lambda$ は，応力増分ベクトルを $\{\mathrm{d}\sigma\}$，ひずみ増分ベクトルを $\{\mathrm{d}\varepsilon\}$，初期ひずみ増分ベクトルを $\{\mathrm{d}\varepsilon_0\}$ とすると

$$\mathrm{d}\lambda = \int_{vol} \frac{1}{2}(\{\mathrm{d}\varepsilon\}^T\{\mathrm{d}\sigma\} - \{\mathrm{d}\varepsilon_0\}^T\{\mathrm{d}\sigma\})\,\mathrm{d}V \tag{4.19}$$

また，内外荷重のポテンシャルエネルギー増分は，表面力増分，物体力増分のなす仕事増分を $\mathrm{d}W_s$, $\mathrm{d}W_b$, 変位増分を $\{\mathrm{d}u\}$ とすると

$$\mathrm{d}W_b = -\int_{vol}\{\mathrm{d}u\}^T\{\mathrm{d}X\}\,\mathrm{d}V \tag{4.20}$$

$$\mathrm{d}W_S = -\int_S \{\mathrm{d}u\}^T\{\mathrm{d}\overline{X}\}\,\mathrm{d}S \tag{4.21}$$

したがって，式 (4.18) は式 (4.19)～(4.21) より

$$\delta\,\mathrm{d}\pi = \int_v \{\mathrm{d}\sigma\}^T\{\delta(\mathrm{d}\varepsilon)\}\,\mathrm{d}V - \int_v \{\mathrm{d}\overline{X}\}^T\{\delta\,\mathrm{d}u\}\,\mathrm{d}V$$
$$- \int_S \{\mathrm{d}\overline{X}\}^T\{\delta(\mathrm{d}u)\}\,\mathrm{d}S = 0 \tag{4.18'}$$

いま，考えている領域 V を有限個の2次元三角形要素に分割し，その代表的な要素 e について考える．その要素 e の節点を i, j, k とすると，要素内の任意点の変位増分 $\{\mathrm{d}u\}$ は，形状関数マトリックス $[N]$ を定義することにより，節点変位増分 $\{\mathrm{d}u\}^e$ の関数として次式で定義される.

$$\{\mathrm{d}u\} = [N]\{\mathrm{d}u\}^e = [N_i, N_j, N_k]\begin{Bmatrix}\mathrm{d}u_i\\\mathrm{d}u_j\\\mathrm{d}u_k\end{Bmatrix} \tag{4.22}$$

ただし，

$$N_i = \frac{1}{2A}(a_i + b_i x + c_i y)\begin{bmatrix}1 & 0\\0 & 1\end{bmatrix} \tag{4.23 a}$$

$$a_i = x_j y_k - x_k y_j \tag{4.23 b}$$

$$b_i = y_j - y_k \tag{4.23 c}$$

$$c_i = x_k - x_j \tag{4.23 d}$$

$$2A = \begin{vmatrix} 1 & x_i & y_i \\ 1 & x_j & y_j \\ 1 & x_k & y_k \end{vmatrix} \tag{4.23 e}$$

ここで,変位とひずみとの関係が式 (4.4) で与えられることを考慮すると,ひずみ増分 {dε} は

$$\{d\varepsilon\} = [A]\{du\} = [A][N]\{du\}^e$$

$$= \frac{1}{2A} \begin{bmatrix} b_i & 0 & b_j & 0 & b_k & 0 \\ 0 & c_i & 0 & c_j & 0 & c_k \\ c_i & b_i & c_j & b_j & c_k & b_k \end{bmatrix} \begin{Bmatrix} du_i \\ dv_i \\ du_j \\ dv_j \\ du_k \\ dv_k \end{Bmatrix} = [B]\{du\}^e \tag{4.24}$$

また,表面力増分,物体力増分とつり合う等価な節点量として,要素の各頂点に等価節点力増分を

$$\{dP\}^{eT} = [dX_i,\ dY_i,\ dX_j,\ dY_j,\ dX_k,\ dY_k] \tag{4.25}$$
$$\{dF\}^{eT} = [dX_i,\ dY_i,\ dX_j,\ dY_j,\ dX_k,\ dY_k] \tag{4.26}$$

で定義する.

以上の結果に基づき,ポテンシャルエネルギー最小の原理を用いて剛性方程式を導く.つまり,任意の仮想変位増分 $\{\delta(du)\}^e$ における各要素の満足すべきポテンシャルエネルギー最小の原理は,式 (4.18′) より

$$\begin{aligned}
\{dF\}^{eT}\{\delta(du)\}^e &= \iint_D \{d\sigma\}^T \{\delta(d\varepsilon)\}\,t\,dx\,dy - \iint_D \{dX\}^T \{\delta(du)\}\,t\,dx\,dy \\
&= \iint_D (\{d\varepsilon\}^T - \{d\varepsilon_0\}^T)[D]\{\delta(d\varepsilon)\}\,t\,dx\,dy \\
&\quad - \iint_D \{dP\}^{eT}\{\delta(du)\}\,t\,dx\,dy \\
&= \iint_D \{du\}^{eT}[B]^T[D][B]\{\delta(du)\}^e\,t\,dx\,dy \\
&\quad - \iint_D \{d\varepsilon_0\}[D][B]\{\delta(du)\}^e\,t\,dx\,dy \\
&\quad - \iint_D \{dP\}^{eT}[N]\{\delta(du)\}^e\,t\,dx\,dy \tag{4.27}
\end{aligned}$$

となる．上式が任意の仮想変位増分 $\{\delta(\mathrm{d}u)\}^e$ について成り立つことから，次の剛性方程式を得る（なお，本書では物体力はないものとして $\{\mathrm{d}F\}_P^e=0$ とした）[3]．

$$\{\mathrm{d}F\}^e=[K]^e\{\mathrm{d}u\}^e-\{\mathrm{d}F\}_0^e-\{\mathrm{d}F\}_P^e \tag{4.28}$$

ここで，

$$[K]^e=\iint_D[B]^T[D][B]t\,\mathrm{d}x\,\mathrm{d}y=[B]^T[D][B]tA \tag{4.29 a}$$

$$[\mathrm{d}F]_0^e=\iint_D[B]^T[D][\mathrm{d}\varepsilon_0]t\,\mathrm{d}x\,\mathrm{d}y=[B]^T[D][\mathrm{d}\varepsilon_0]tA \tag{4.29 b}$$

なお，初期ひずみ $\{\mathrm{d}\varepsilon_0\}$ は平面ひずみの場合

$$\begin{Bmatrix}\mathrm{d}\varepsilon_{x_0}\\ \mathrm{d}\varepsilon_{y_0}\\ \mathrm{d}\gamma_{xy_0}\end{Bmatrix}=(1+\nu)\mathrm{d}\Delta T\begin{Bmatrix}1\\1\\0\end{Bmatrix} \tag{4.30}$$

となる．全領域においては，式 (4.28) は

$$\{\mathrm{d}F\}=[K]\{\mathrm{d}u\}-\{\mathrm{d}F\}_0 \tag{4.31}$$

となる．ただし，

$$\{\mathrm{d}F\}=\sum_n\{\mathrm{d}F\}^e,\ [K]=\sum_n[K]^e,\ \{\mathrm{d}u\}=\sum_n\{\mathrm{d}u\}^e,\ \{\mathrm{d}F\}_0=\sum_n\{\mathrm{d}F\}_0^e \tag{4.32}$$

したがって，系全体の剛性方程式を作成するためには，まず各要素の $[K]^e$ マトリックス，$\{\mathrm{d}F\}_0^e$ ベクトルを計算し，重ね合わせた後に，境界上で外力の与えられている節点にのみ $\{\mathrm{d}F\}$ として荷重増分を与えればよい．

次に，以上で求めた剛性方程式 (4.31) を解き，節点変位増分 $\{\mathrm{d}u\}$ を求め，ひずみ増分 (4.24)，応力増分 (4.6)，(4.9) を計算する．

ここで，各荷重増分終了時の諸値は，添字 $n-1$ を前段階までの値とすると，n 段階では

$$\begin{aligned}&(\{F\}+\{F\}_0)_n=(\{F\}+\{F\}_0)_{n-1}+(\{\mathrm{d}F\}+\{\mathrm{d}F\}_0)_n,\\ &\{x\}_n=\{x\}_{n-1}+\{\mathrm{d}u\}_n,\ \{\varepsilon\}_n=\{\varepsilon\}_{n-1}+\{\mathrm{d}\varepsilon\}_n,\ \{\sigma\}_n=\{\sigma\}_{n-1}+\{\mathrm{d}\sigma\}_n\end{aligned} \tag{4.33}$$

この荷重増分の与え方には，山田の方法と Marcal の方法があるが，本書では塑性域内の精密な応力，ひずみ分布を得る必要があるために，山田の方法[2]，つ

まり各増分段階ごとに要素を1個ずつ降伏させていき，各要素を降伏させるのに必要な荷重増分を定める手法を用いた．

4.2 研削抵抗による残留応力の計算

4.2.1 計算プログラム

工作物の研削干渉領域近傍を図4.2に示すように節点数114，要素数202を持つ三角形要素に分割する[5]．工作物はマグネットで支持されているが，これも，図のように支持されているものとし，研削抵抗として図中に示す荷重 R が順次一方から他方に移動するものとする．

図4.3に，この計算に用いたプログラムの概略を示す．計算は次の順序で行った．

(1) 分割様式，節点座標，境界条件，材料の機械的性質などのデータを読み込む．

(2) 前段階までの増分計算終了時の弾性要素に対しては $[D^e]$ マトリックス，塑性要素に対しては $[D^p]$ マトリックスを用いて，各要素の剛性マトリックス $[K]$，熱荷重ベクトル $\{dF\}_0$ を計算し，全体剛性方程式を作成する．

(3) 試験的な荷重（温度）増分 $\{\varDelta F\}$ に対して，(2)の剛性方程式を解き，この際の応力増分 $\{\varDelta \sigma\}$ を求める．

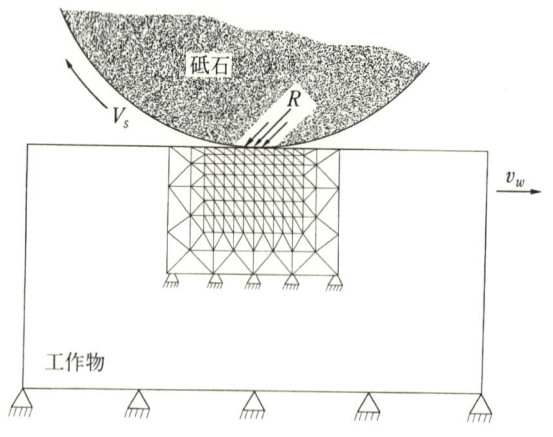

図4.2 砥石と工作物との位置関係

4.2 研削抵抗による残留応力の計算

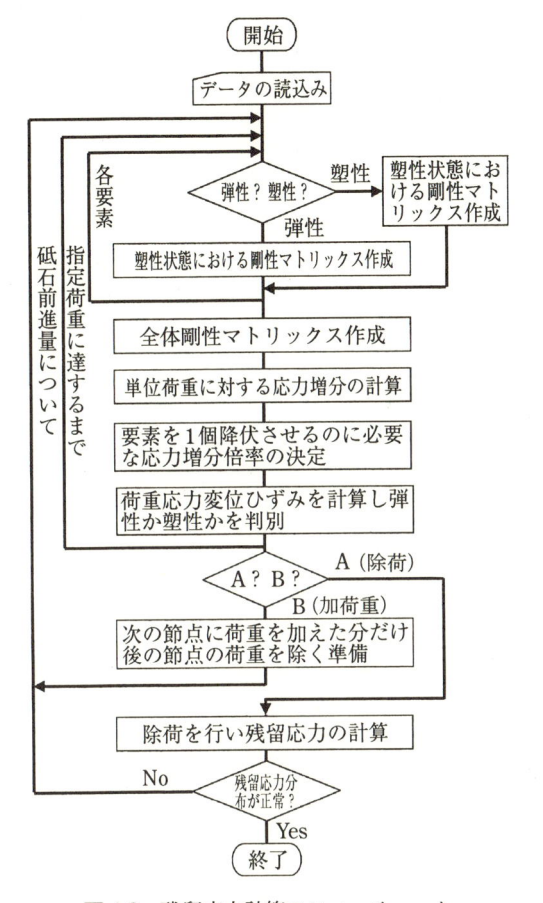

```
                    開始
                     ↓
                データの読込み
                     ↓
    ┌───────────────→↓
    │  各要素  弾性?塑性? ─塑性→ 塑性状態における剛性マトリックス作成
    │              ↓弾性                    │
  指 │         塑性状態における剛性マトリックス作成 │
  定 │              ↓←─────────────────────┘
  荷 砥              ↓
  重 石         全体剛性マトリックス作成
  に 前              ↓
  達 進         単位荷重に対する応力増分の計算
  す 量              ↓
  る に         要素を1個降伏させるのに必要
  ま つ         な応力増分倍率の決定
  で い              ↓
     て         荷重応力変位ひずみを計算し弾
                性か塑性かを判別
                     ↓
                   A?B?  ─A(除荷)─┐
                     ↓B(加荷重)   │
                次の節点に荷重を加えた分だけ │
                後の節点の荷重を除く準備     │
    └─←──────────┘           │
                                  ↓
                            除荷を行い残留応力の計算
                                  ↓
                          No  残留応力分
                  ┌──────── 布が正常?
                               ↓Yes
                              終了
```

図 4.3 残留応力計算のフローチャート

(4) 弾性要素について，(3)で求めた応力増分 $\{\Delta\sigma\}$ の何倍の応力を加えれば降伏するかを計算し，それの最小値 $r_{\min}$ を見つける．

(5) 試験的な荷重（温度）増分，変位増分，ひずみ増分，応力増分に $r_{\min}$ を乗じて所望の各増分値を計算し，前段階までの値にこの各増分値を加えて現時点での値を定める．さらに相当応力 $\bar{\sigma}$ を計算し，各弾性要素について $\bar{\sigma} \gtreqless C\sigma_Y$ を判定する．$\bar{\sigma} \geq C\sigma_Y$ であれば，次の増分計算時には，この要素は塑性要素とする（ここで，C は計算時間を短縮するための定数である．$C \leq 1.0$）．$\bar{\sigma} < C\sigma_Y$ であれば弾性状態にとどまるものとする．塑性要素については $d\lambda = (3/2)(d\bar{\varepsilon}^P$

$/\bar{\sigma}) = (3/2)(d\bar{\sigma}/\bar{\sigma}H')$ を計算し，$d\lambda \geq 0$ ならば引き続き負荷状態であるので，次の増分段階においても塑性要素とする．$d\lambda < 0$ であれば除荷状態であるので，次の増分段階では弾性要素とする．この場合，この要素の増分段階 n の初めにおける相当応力 $\bar{\sigma}_{n-1}$ が新しい降伏応力となる．

(6) (2)～(5) の操作を荷重（温度）が所定の値に達するまで繰り返した後，荷重（熱源）の作用節点を前方にずらす．以上の操作を繰り返した後に，荷重（温度）を取り除き残留応力を計算するが，この際にも再降伏の可能性があるために (2)～(5) の操作を行う．

4.2.2 数値解析結果と考察
(1) 接触弧内の研削抵抗と弾塑性応力分布

残留応力の計算に用いた諸特性値は，降伏応力 $\sigma_Y = 50\,\text{kgf/mm}^2$，縦弾性係数 $E = 21\,000\,\text{kgf/mm}^2$，加工硬化係数 $H' = 210\,\text{kgf/mm}^2$，ポアソン比 $\nu = 0.3$ を有する鋼相当材である．なお，この値は垣野ら[4]の切削加工におけるシミュレーション解析と，この研削加工の例を比較できるように配慮して定めた．まず，計算結果を示す前に，2分力比 μ の変化を知る目的で行った実験結果の一例を示すと，図 4.4 のような変化を示す．

μ の値により，ある研削回数の範囲で大略 $\mu_\text{I} \sim \mu_\text{IV}$ で表示できる．μ_I は初期摩耗過程に対応し，μ_II は定常研削過程 μ_III に至る間の過渡的な研削過程とみなされ，μ_IV は砥粒逃げ面の摩耗が大きいために塑性流動や酸化による焼けが著しく現れる範囲に相当する．

図 4.5 に示す結果は，実際の合成研削抵抗 R に近い値として単位幅 0.25 kgf/mm，分力比 $\mu = F_t/F_n = 1/\sqrt{3}$ が作用した際の計算例で，荷重移動の有無に

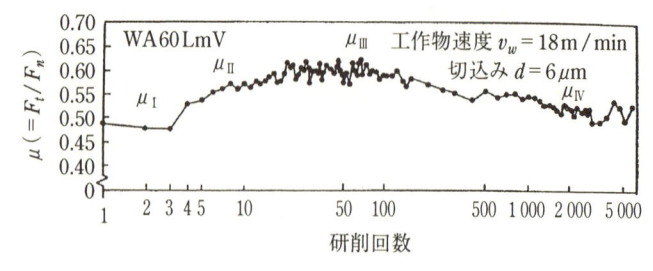

図 4.4　2 分力比 μ の変化

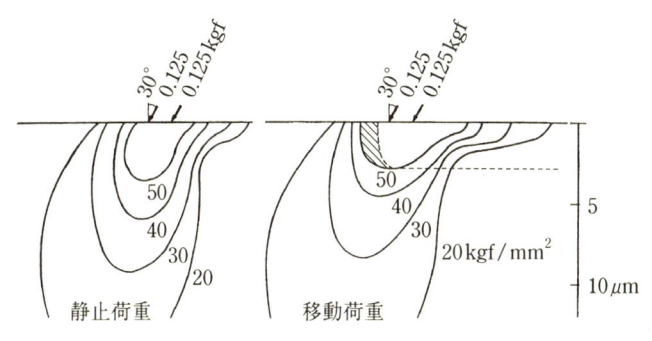

図 4.5 相当応力の等応力線分布

よる相当応力 $\bar{\sigma}$ の等応力線分布を示す(図中のハッチングを施した領域は新塑性域を示す).

荷重が移動するにつれて,弾塑性領域は研削表面に向けて次第に浮上するような振舞いを示すとともに,研削前後方向への拡大を示す.特に,分布形の大きな差異は,荷重通過の後方部に大きな塑性域が形成されることである.つまり,移動速度 v_w が大となるほど相当応力線分布が後方に強く引っ張られる形となる.垣野らの切削の場合と比較すると,研削の場合は分布深さが 1 桁浅い範囲に分布するとともに,応力変化が微小領域において急激な変動を示すなどの差異が見られる.

次に,残留応力分布は合成研削抵抗 R が増大すると,分布領域がますます拡大されるが,分布形自体は,例えば $R = 0.125$ kgf/ mm ($\times 2$) の状態を原形にして膨張させたような形になる.また,残留応力の分布の様子を見るために,応力を正(引張り),負(圧縮)の領域に分け,荷重を連続的に移動させた場合の変化を調べた.図 4.6 は $F_t/F_n = 1/\sqrt{3}$ (実際に近い値),図 4.7 はその逆数を取り $F_t/F_n = \sqrt{3}/1$ (このような値をとることは稀である)として,荷重を I→II→III→IV と移動させた場合の変化を示す.図 4.7 は図 4.6 に比べて R の作用角 θ が大きいので,図 4.6 より F_t が大きい場合に相当する.まず全体的に見ると,残留応力は研削表面において引張りであり,その下部域でいったん圧縮となり,さらにその下層で引張り,次いで圧縮となる.そして,図 4.6 から図 4.7 のような研削状態に近づくにつれて,加工層最表皮の引張応力の拡大と,その下層の圧縮領域の拡大が起こり,その下層の引張り領域は極端に減少して

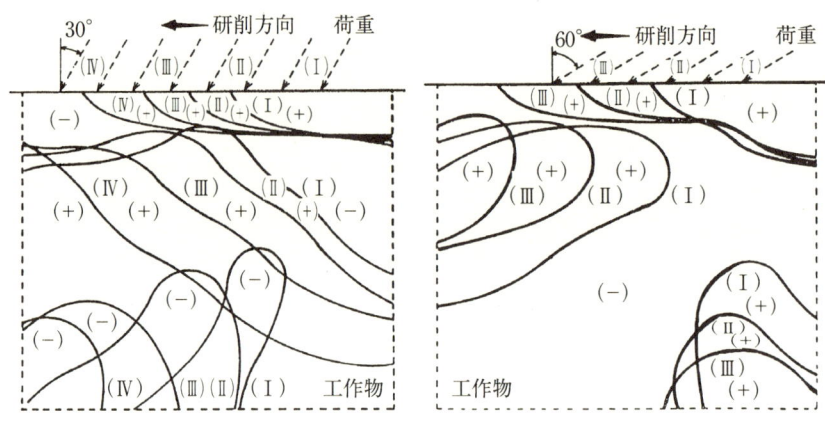

図4.6 研削方向残留応力の正負の境界線（1）

図4.7 研削方向残留労力の正負の境界線（2）

いく．したがって，R が同値でも F_n が大きくなり，F_t が小さくなるような場合には，研削面表皮近傍の引張り領域が減少することとなる．

このようにして加工層の正負領域を生成させるが，荷重が移動し始めると，これら分布形全体を研削方向に移動させながら次々と正負領域の拡大を図っていく．しかし詳細には，Ⅰ→Ⅱ→Ⅲ→Ⅳと荷重が移動するにつれて，個々の正負領域は，各個とも独自に，しかも少しずつ分布領域を個々の領域のほぼ定った方向に部分的に拡大あるいは縮小させながら新正負領域の生成を行う．

シミュレーション結果をまとめると，同一条件を設定しても，砥石の状態変化などにより F_t が増加するようなことになると，研削面表皮の引張応力が拡大され，また内部においては圧縮応力の占める領域が大きくなることがわかる．

（2）接触弧内の研削抵抗と残留応力分布

研削残留応力は，同一研削条件を設定した場合でも，例えば図4.4に示したような砥石面の物理的状態変化などにより，時に降伏応力 σ_Y をはるかに上回るような引張残留応力の増加を示す場合がある．例えば，R を一定とし，$\mu = F_t/F_n = \tan\theta$ の値を変えて，残留応力の分布形と変動を調べる．まず，x（研削）方向，y（深さ）方向，z（x と同一平面で検索方向に直角）方向の残留応力

4.2 研削抵抗による残留応力の計算

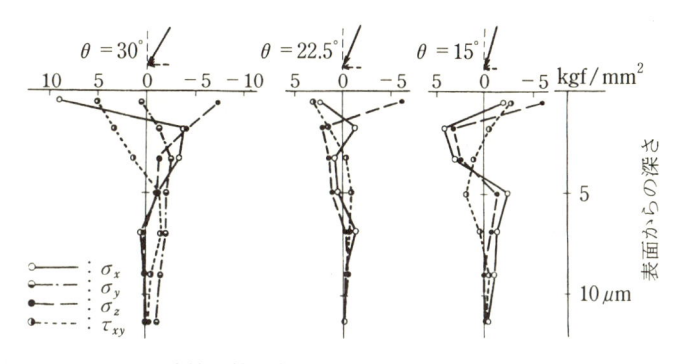

図 4.8 摩擦係数が変化したときの残留応力分布の変化

およびせん断応力 τ_{xy} を4.1節で示した式と手順を用いて計算すると, 図 4.8 に示すような結果が得られる[5]. ただし, σ_z は $\varepsilon_z=\{\sigma_z-\nu(\sigma_x+\sigma_y)\}\cdot 1/E\varepsilon_z=0$ から求めた.

図において, 角 θ が小になるほど F_t は小になるはずであるから, 図4.4に示した研削過程の μ_{I} あるいは μ_{IV} の研削状態に近づいていくような場合の分布形と想定できる. この結果の全体的な傾向は, 角 θ が小になるにつれて, σ_x, σ_y, σ_z および τ_{xy} の残留応力は研削表面では圧縮応力をとり, その下層において, いったん引張応力に転じ, そして再度圧縮応力に変わってから元の応力に戻るパターンをとる. ところが, θ が約22.5°より大角をとるにつれて, σ_x, σ_y, σ_z および τ_{xy} の変化は逆転し, 最上層で引張り, その下層で圧縮, さらにその下層で元の応力に戻る分布形となる. ただし, σ_z は θ の変化にあまり左右されず変動値が非常に小さい. また, 分布形は常に一様な形を示す. また σ_y の場合, $\theta=30°$のプロットをしたが, いずれの θ においても値の大きな変化は認められずに, ほぼ一様な分布形を示したので, 他の θ については省略した.

一連のシミュレーション結果からすると, 従来から研削抵抗による残留応力は圧縮応

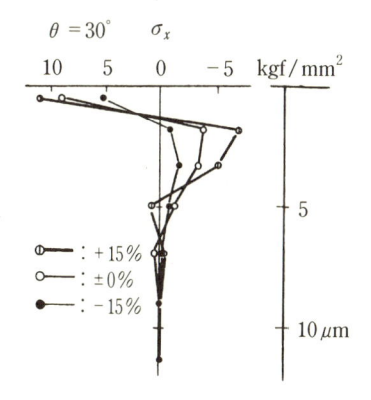

図 4.9 研削抵抗が変化したときの残留応力分布の変化

力をとるという説明がなされているが，このことは合成研削抵抗 R の作用角 θ が鋭角になるほど生成しやすくなるといえる．

以上は，合成研削抵抗値 R が単位幅当たり 0.125 kgf/mm（×2）の結果であったが，次に研削抵抗の大小による分布形の変化を捉える．図4.9 は，単位幅当たり 0.125 kgf/mm に対して±10％の増減を与えて計算し，それを図4.7の $R=0.125$ kgf/mm（×2），$\theta=30°$ の場合を基準にして σ_x の分布を示す．研削抵抗が増加すると，各残留応力の絶対値が増大するとともに，応力の及ぶ範囲も次第に拡張される．しかし，前項でも指摘したように，R 値の増減によっては原形〔$R=0.125$ kgf/mm（×2）のときの分布形〕を縮小または拡大したような振舞いを示すだけで，異形状の分布形をとるようなことは全く認められなかった．

(3) 2相合金の応力分布

αFe-Fe_3C の2相合金は鉄鋼の代表的組織であるが，ここにおいて，Fe_3C 相の相当の大きさの硬質粒子を比体積で約10％含有し，それの弾性係数 E，加工硬化係数 H' がともに10％増加し，$E=23\,100$ kgf/mm^2，$H'=231$ kgf/mm^2 をとる場合のマトリックス（αFe 相）の応力分布を計算する．この材種は JIS SK5 相当であるが，2相による応力分布の差違を顕著にするために，Fe_3C 相の E 値，H' 値を一般値より約5％高くした．第2相粒子の配置は，図4.10 に示すように，研削方向に定距離でかつ平行配列した場合と，統計的手続きにより規則配列させた場合の2通りである．後者は実例により近い分布となる．図

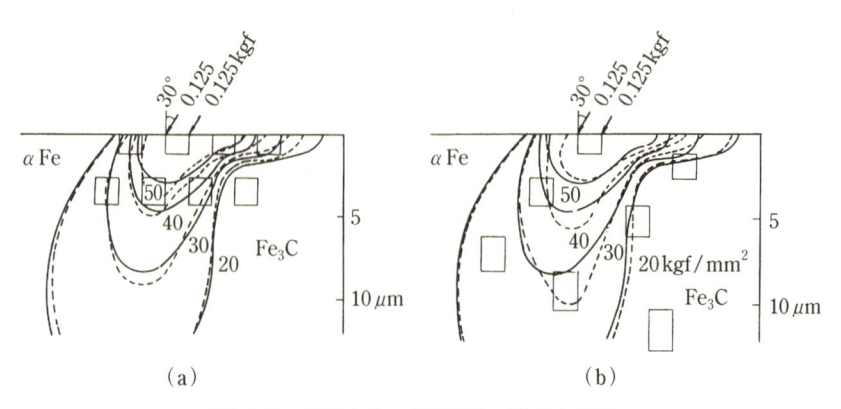

図4.10 2相合金の相当応力の等応力線図

表4.1　加工層の残留応力の増加減少

		平行配列	規則配列
研削前方領域	上層	減少	減少
	中層	減少	変化小（またはやや減少）
	下層	変化小（またはやや減少）	減少
研削点直下領域	上層	増加	変化小
	中層	増加	増加
	下層	増加	増加
研削後方領域	上層	変化小（炭化物通過前は増加，通過後減少）	変化小（炭化物通過前は増加，通過後減少）
	中層	変化小（同上）	変化小（同上）
	下層	変化小（同上）	変化小（同上）

4.10の実線は，図4.5に示した単相金属の移動荷重の例を示し，破線は第2相粒子が混入した場合の各相当応力線図を示す．

第2相粒子混入の有無による応力分布の差違をより明確にするために，図4.10などの一連の結果を含めて**表4.1**に示すように整理する．すなわち，平行配列と規則配列した場合の応力の変化を加工層において，研削前，研削点直下，研削後方向の3領域に分け，さらにそれの深さ方向の上，中および下の3層に大略分類して，単層に対しての応力の増加，減少を示す．

この結果を全体的に見ると，研削前，後方向領域における応力は減少するか，または非常に変化の少ない動きを示す．また第2相粒子近傍では，弾塑性ひずみが集積するような格好を示し，ひずみが通過するまでは母相（αFe相）がかなり加工硬化し，応力レベルを上昇させる．しかし，何らかの機構をとってひずみがいったん通過してしまうと，急激に大きな弛緩を示し，単相金属に比べてその粒子近傍に局部的な応力低下をもたらす領域が現れる．このような結果は，一般的に転位が炭化物を通過するときに現れる，転位の増殖に伴う加工硬化，および通過後に応力が著しく緩和されるという一般的な例と類似した振舞いを示す．また，研削点直下領域に属する作用荷重のベクトル方向の相当応力は，単相金属に比べ著しく大きな上昇を示す．それも内部ほど顕著に現れる．このことは，第2相粒子の混入により，ひずみ伝播方向が作用荷重方向の領域にのみ拘束されるような格好となり，研削前後方向領域への伝播が低下するこ

とを意味するものと思われる．したがって，Fe_3C 相のような第2相粒子の存在は加工層の軽減をもたらすことになると考えられる．

4.3 研削抵抗と研削温度が同時作用したときの残留応力

研削抵抗による残留応力の計算方法に引き続いて，ここでは研削温度による場合を説明する．そこで，最初に理論的研削温度分布を，さらにそれを元にして研削加工層の残留応力を求める．また，4.2節において研削抵抗のみによる残留応力分布を求めたが，ここでは，これと研削温度が同時作用した，いわゆる研削加工の実態に即したときの残留応力分布を求める有限要素法によるシミュレーションについて述べる．

従来，研削加工層の残留応力は，熱的効果と機械的効果による生成とみなされ，適当な分布形を想定して，それと実験結果との対比において分布形の妥当性を云々してきた．しかし，これまでの理論や実験結果を再検討してみると，熱的効果（研削温度）と機械的効果（研削抵抗）が分布形の深さや変化に対して同一レベルでからみ合って，生成に寄与しているとみなしているようである．そこで，ここでは抵抗と温度による分布形と研削液による冷却効果も含めて説明する．

4.3.1 解析理論

まず，研削熱による工作物内部の研削温度分布を求める方法を示し，次に前述した弾塑性応力解析による工作物内部の熱変形，熱弾塑性応力分布の計算方法を述べる．工作物の非定常な温度場を支配する2次元の熱伝導方程式は，

$$k_w\left[\frac{\partial}{\partial x}\left(\frac{\partial \phi}{\partial x}\right)+\frac{\partial}{\partial y}\left(\frac{\partial \phi}{\partial y}\right)\right]+Q=\rho c \frac{\partial \phi}{\partial t} \quad (4.34)$$

となる．ここで，k_w は熱伝導率（等方性），Q は発熱率，ϕ は温度，ρ は密度，c は比熱である．また，式(4.34)に付随する境界条件として

$$S_1 \text{ 上で } \phi=\phi_B \quad (4.35)$$

$$S_2 \text{ 上で } k_w\left(\frac{\partial \phi}{\partial x}l_x+\frac{\partial \phi}{\partial y}l_y\right)+q+h(\phi-\phi_\infty)=0 \quad (4.36)$$

ここで，S_1 と S_2 の和は全境界を表し，l_x, l_y は境界面上における外向き法線の方向余弦，q は熱流束，h は熱伝達率，ϕ_∞ は環境温度である．

4.3 研削抵抗と研削温度が同時作用したときの残留応力

式 (4.34) についてある特定の時間における状態を考えると，時間微分項は空間座標に関して既知の関数として扱うことができ，式 (4.34) と等価で最小化を必要とする汎関数 χ は次式となる[3]．

$$\chi = \int_v \frac{1}{2}\left[k_w\left\{\left(\frac{\partial \phi}{\partial x}\right)^2 + \left(\frac{\partial \phi}{\partial y}\right)^2\right\} - 2\left(Q - \rho c \frac{\partial \phi}{\partial t}\right)\phi\right]dv$$
$$+ \int_{S_1} q\phi t\, dS + \int_{S_2} \frac{h}{2}(\phi - \phi_\infty)^2\, dS \tag{4.37}$$

いま，要素内における温度 ϕ をその節点での値 $\{\phi\}^e$ で定義すると，

$$\phi = [N]\{\phi\}^e = [N_i, N_j, N_k]\{\phi\}^e \tag{4.38}$$

となる．ただし，被削材の板厚を t とするが，以後 $t=1$ とし省略する．

$$N_i = \frac{a_i + b_i x + c_i y}{2A}, \quad a_i = x_j y_k - x_k y_j$$

$$b_i = y_j - y_k, \quad c_i = x_k - x_j$$

$$A = \frac{1}{2}\begin{vmatrix} 1 & x_i & y_i \\ 1 & x_j & y_j \\ 1 & x_k & y_k \end{vmatrix}, \quad i, j, k \text{ は三角要素の節点番号}$$

である．

さらに，形状関数マトリックス $[N]$ は，座標のみの関数であるから，式 (4.39) を得る．

$$\frac{\partial \phi}{\partial t} = [N]\frac{\partial \{\phi\}^e}{\partial t} \tag{4.39}$$

また，場変数の勾配ベクトル

$$[g]^T = \left[\frac{\partial \phi}{\partial x}, \frac{\partial \phi}{\partial y}\right]$$

を節点量 $\{\phi\}^e$ の関数として勾配マトリックス B を用いて表すと，次式となる．

$$\{g\}^e = \begin{Bmatrix} \dfrac{\partial \phi}{\partial x} \\ \dfrac{\partial \phi}{\partial y} \end{Bmatrix} = \begin{bmatrix} b_i & b_j & b_k \\ c_i & c_j & c_k \end{bmatrix}\begin{Bmatrix} \phi_i \\ \phi_j \\ \phi_k \end{Bmatrix} = [B]\{\phi\}^e \tag{4.40}$$

ここで，式 (4.38)，(4.39)，(4.40) を用いると，式 (4.37) から式 (4.41) が導かれる．

$$\sum \frac{\partial \chi^e}{\partial \{\phi\}^e} = \sum \left\{ [H]\{\phi\}^e + \{F\} + [c]\frac{\partial \{\phi\}^e}{\partial t} \right\} = 0 \qquad (4.41)$$

したがって，全領域においては，

$$[H]\{\phi\} + \{F\} + [c]\frac{\partial \{\phi\}}{\partial t} = 0 \qquad (4.42)$$

ここで，

$$[H] = \sum [H]^e = \sum \int_v [B]^T [K] [B] \mathrm{d}v + \int_{s_2} h[N]^T [N] \mathrm{d}S \qquad (4.43\,\mathrm{a})$$

$$[C] = \sum [C]^e = \sum \int_v \rho c [N]^T [N] \mathrm{d}v \qquad (4.43\,\mathrm{b})$$

$$[F] = \sum [F]^e = \sum \int_v Q[N]^T \mathrm{d}v + \int_{s_1} q[N]^T \mathrm{d}S$$

$$\qquad\qquad - \int_{s_2} h \phi_\infty [N]^T \mathrm{d}S \qquad (4.43\,\mathrm{c})$$

次に，式 (4.42) を Galerkin 法により解くために，時間刻みを Δt とし，$t=0$ における初期値 $\{\phi\}_0$ が与えられているものとすると，Δt 時間内の節点温度 $\{\phi\}$ は

$$\{\phi\} = [N_0, N_i] \begin{Bmatrix} \{\phi\}_0 \\ \{\phi\}_1 \end{Bmatrix} = \left[\frac{\Delta t - t}{\Delta t}, \frac{t}{\Delta t} \right] \begin{Bmatrix} \{\phi\}_0 \\ \{\phi\}_1 \end{Bmatrix} \qquad (4.44)$$

となる．$\{\phi\}_0$ は既知であるから，式 (4.42) に $N_1(t)$ を乗じたものの積分をただ一つの重み付き残差方程式とすれば

$$\int_0^{\Delta t} N_1 \left([H]\{\phi\} + [C]\frac{\partial}{\partial t}\{\phi\} + \{F\} \right) \mathrm{d}t = 0 \qquad (4.45)$$

となる．ここで，

$$\frac{\partial \{\phi\}}{\partial t} = \left[\frac{\partial N_0}{\partial t}, \frac{\partial N_1}{\partial t} \right] \begin{Bmatrix} \{\phi\}_0 \\ \{\phi\}_1 \end{Bmatrix} = \frac{1}{\Delta t}[-1, 1] \begin{Bmatrix} \{\phi\}_0 \\ \{\phi\}_1 \end{Bmatrix} \qquad (4.46)$$

より，式 (4.44), (4.46) を式 (4.45) に代入し，積分を行うと

$$\left(\frac{2}{3}[H] + \frac{1}{\Delta t}[C] \right)\{\phi\}_1$$
$$\qquad = -\left(\frac{1}{3}[H] - \frac{1}{\Delta t}[C] \right)\{\phi\}_0 - \frac{2}{(\Delta t)^2}\int_0^{\Delta t}\{F\}t\,\mathrm{d}t \qquad (4.47)$$

となる．式 (4.47) を用いて初期値 $\{\phi\}_0$ および Δt 時間内に流入出する熱量か

4.3 研削抵抗と研削温度が同時作用したときの残留応力

ら Δt 時間後の節点温度 $\{\phi\}_1$ を順を追って求める.

そして,次に現段階における温度分布 $\{\phi\}_1$ による熱弾塑性計算を行い,最終的に残留応力を求める.ただし,Δt ごとの節点温度を求めた後に,そのつど熱弾塑性解析を行うが,次の Δt 時間後の温度分布を求めるときには,熱膨張による節点座標を修正し,温度剛性方程式をつくる.

次に,熱応力による弾塑性解析を行う場合の剛性方程式を荷重増分形 $\{dF\}$ で表示すると,式 (4.48) が得られ,

$$\{dF\} = [K]\{du\} - \{dF\}_{th} \tag{4.48}$$

ここで,

$$\{dF\}_{th} = \int_v [B]^T [D] \{d\varepsilon_0\} dV \tag{4.49}$$

となる.ただし,$\{dF\}_{th} = \sum \{dF\}_{th}^e$

$$\{d\varepsilon_0\} = (1+\mu) d\phi \begin{Bmatrix} 1 \\ 1 \\ 0 \end{Bmatrix}, \quad \{dF\} = \sum \{dF\}^e,$$

$$[K] = \sum [K]^e, \quad \{du\} = \sum \{du\}^e \tag{4.50}$$

他の記号は研削抵抗による算出方法と同様であり,上式の $[D]$ は,弾性であれば $[D_e]$,塑性であれば塑性状態における $[D_p]$ を使用する.式 (4.48) を解き,変位増分 du からひずみ増分 $d\varepsilon$,応力増分 $d\sigma$ を求め,そのつど各要素の降伏条件を調べて要素を1個ずつ降伏させていく山田の手法[5),6)] により計算を行う.なお,降伏の判別は Von Mises の降伏条件式[5)] を用いる.

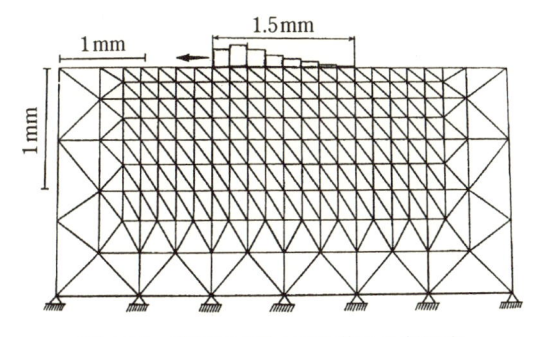

図 4.11 熱源の移動と工作物の分割要素

第4章 研削加工層の残留応力

表 4.2 数値解析における設定条件

項目と記号	単位	設定条件
熱伝導率 k_w	kcal/(m·h·℃)	3.78×10
熱伝達率 h	kcal/(m²·h·℃)	$1.0 \times 10^2, 1.0 \times 10^4$
密度 ρ	kg/m³	7.86×10^{-3}
比熱 c	kcal/(kg·℃)	0.1125
接触弧長さ l	mm	1.5
工作物速度 v_w	m/min	5, 10, 15
熱源強度 q_w	cal/(mm²·s)	5, 10, 15, 20, 30
初期温度 ϕ_0	℃	20
ヤング率 E	kgf/mm²	2.1×10^4
降伏応力 σ_y	kgf/mm²	50
加工硬化係数 H'	kgf/mm²	2.1×10^2
ポアソン比 ν	—	0.3
線膨張係数 α	℃⁻¹	1.05×10^{-5}

研削抵抗,研削温度による残留応力計算は,図 4.11 に示すような分割要素を持つ工作物に対して行った.また計算に用いた諸物性値は,表 4.2 に示すとおりである.

4.3.2 計算結果

(1) 研削加工層の温度分布

計算に用いた諸物性値は,従来の研究結果[7]を参考にした上で,実際に即して設定した.図4.12 (a) は,従来の研削温度分布のパターンを参考にして,熱源強度 q_w が接触弧長さ 1.5 mm 内で $q_w = 10 \, \text{cal}/(\text{mm}^2 \cdot \text{s})$ をとると仮定して

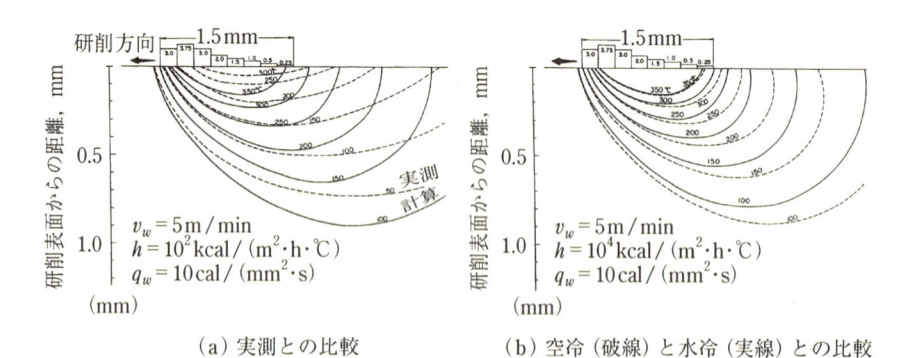

(a) 実測との比較   (b) 空冷(破線)と水冷(実線)との比較

図 4.12 各種条件による研削温度分布 (1)

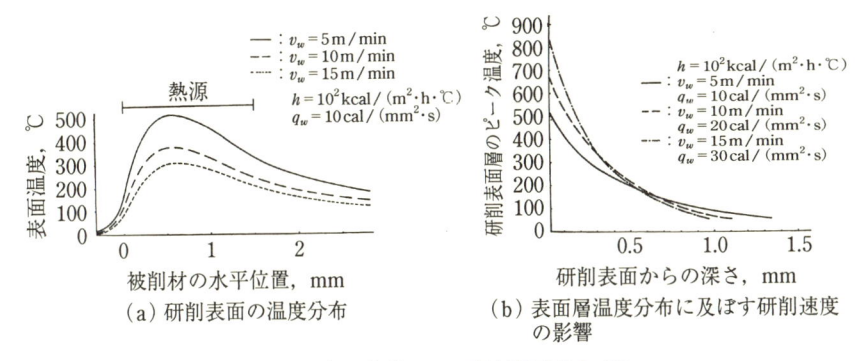

4.3 研削抵抗と研削温度が同時作用したときの残留応力

図 4.13 各種条件による研削温度分布 (2)
(a) 研削表面の温度分布
(b) 表面層温度分布に及ぼす研削速度の影響

いる．いま，仮に図4.13の v_w 変化と対応して熱源変化を見ると，熱源形状は，工作物速度増加，あるいは熱源強度の減少により翼断面状熱源による分布形を次第に帯状熱源によるそれに近づけていくことがわかる．しかし，一般の研削熱源強度は，ほとんどの場合翼断面状をとる場合が多いので，それに対する各種条件による分布形の変化を以下に求めておく．例えば，熱源強度を変え，q_w を0.5倍と1.5倍としたときの温度分布を見ると，この場合，研削温度の上昇率は，熱源強度増加に比例して約0.5倍，1.5倍となってほぼ同形状の分布形をとっていることが理解できる．また，熱伝達率 h を空冷相当の $h = 10^2$ kcal/(m²・h・℃) から水冷相当の 10^4 kcal/(m²・h・℃) に変え，冷却効果の大小による分布形を調べると，図4.12 (b) の分布形は研削表面で大幅な低下を示し，その直下層で最大値をとってから，以下内部に向うにつれて漸次低下するようになる．しかし，熱変形や熱応力に大きな影響を及ぼす接触弧近傍での温度低下はわずかであることがわかる．次に，より実態に近づけることを考え，板厚を十分に薄くして工作物の両側面からも対流冷却があるとした場合の温度分布を求め，それを示すと図4.12 (b) の実線のようになる．明らかに，研削表面から下方に向うにつれて著しい温度低下を生じていることがわかる．

次に，工作物速度および研削熱源強度をさらに大幅に変えた場合，研削表面近傍の温度分布を整理して表すと図4.13に示すようになる．図4.13 (a) は v_w による温度変化を調べているが，変化の特徴は v_w 増加により，温度上昇率の低下と最高温度をとる位置が次第に研削後方にずれていくことが認められる．図 4.13 (b) は v_w の増加と流入熱量 q_w が比例的に増加した場合の温度変化を見

ているが, 研削表層部の温度は v_w が大なるほど最高温度は高くなるが, 内部にいくに従い, 著しい低下がもたらされていることがわかる.

(2) 研削抵抗による研削加工層の応力分布

図4.12 (a) で示した研削温度分布と, 接触弧内で熱源強度と同比率で分布する研削抵抗 R ($F_n/F_t = \tan 30°$) $= 1.0$ kgf/mm^2 が作用しているときの加工層の応力分布を図4.14に示す. この値は実際の3〜4倍である[5]. 研削方向応力 σ_x は, 研削面表皮に近いほど圧縮応力が大で, しかも熱源前方部でかなり大きな値を示す. この傾向は, 研削抵抗 R (機械的効果) が同時作用した場合に特に顕著に現れる. なお, 後方部では逆に抵抗による引張応力の低下が大となる. また, 十分な冷却 (水冷) が行われた場合には, 全体的に圧縮応力の低下が見られるが, 分布形自体には大きな変化は認められない.

法線方向応力 σ_y は, 熱源前方部の加工層では圧縮となるが, 後方部でかつ表面からの深さが大となるほど引張応力を増す. σ_x に比べ σ_y の絶対値はかなり小さいが, 抵抗 R による影響は σ_x の場合に比べてかなり大きく現れる[5]. 特に, 熱源前方部おいて顕著である. また, 研削方向と直角な方向の応力 σ_z は σ_x, σ_y に比べて高い値を示すが, これは平面ひずみとして解析したためであり, 実際にはこれより低い値を示すと思われるが, いずれにしても, 選定したどの条件においても σ_x の分布と同様の傾向を示す[5]. なお, 図4.14 は 図4.12 (a) に示した熱源が存在する際の σ_x の応力分布を示す. 分布形自体は研削温度分布に類似しており, 加工層の広範囲にわたって圧縮応力の存在が認められ

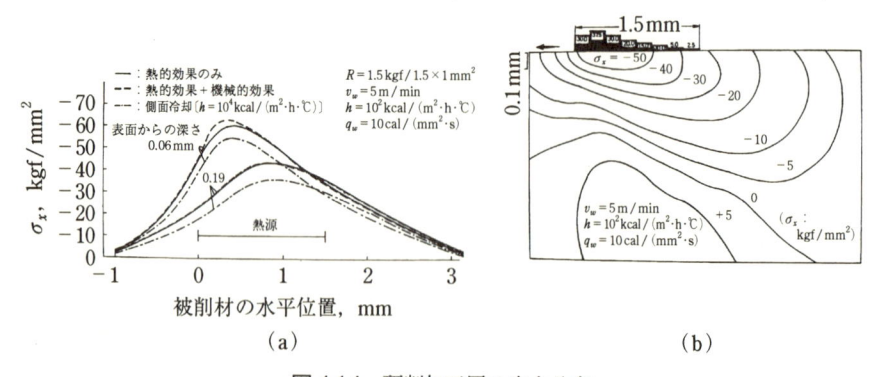

図4.14 研削加工層の応力分布

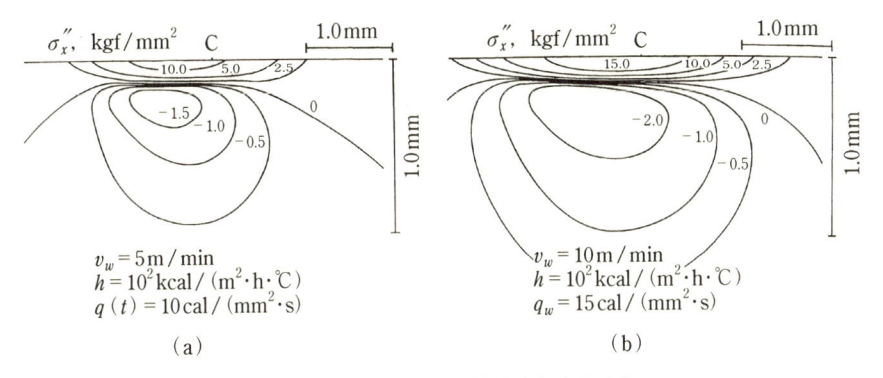

図4.15 (a)
$v_w = 5\,\mathrm{m/min}$
$h = 10^2\,\mathrm{kcal/(m^2\cdot h\cdot ℃)}$
$q(t) = 10\,\mathrm{cal/(mm^2\cdot s)}$

図4.15 (b)
$v_w = 10\,\mathrm{m/min}$
$h = 10^2\,\mathrm{kcal/(m^2\cdot h\cdot ℃)}$
$q_w = 15\,\mathrm{cal/(mm^2\cdot s)}$

図4.15 研削加工層の熱的残留応力分布

る.

（3）研削加工層の熱的残留応力分布

図4.15に，工作物速度 v_w と熱源強度 q_w を変えた 図4.12, 図4.13に示した一連の温度分布の中から選んだ研削温度分布を持つときの残留応力分布を示す．表面部において引張残留応力，内部で圧縮残留応力が生じており，最大値をとる領域は解析領域の中心部Cよりわずか研削前方向にずれて現れる．これは，厚さの薄い工作物を研削した際に，工作物の中心部より研削方向に少しずれた部分で曲率（y方向変位）が大きくなることと一致している．

加工層の温度は，熱源強度に比例した上昇率が見られたのに対して，残留応力はこの倍率よりかなり高い値を示す．これに対して，工作物速度を2倍にすると，これによる残留応力は約1/2とほぼ反比例的に減少する．したがって，仮に残留応力の軽減を図る場合には，熱流入時間の短縮によって得られることになるから，加工技術的には，砥石-工作物の短時間接触研削加工の実現によって達成されることとなる．

（4）研削加工層の残留応力分布

図4.16に，研削表面から深さ方向に求めた残留応力の分布形を示す．研削方向およびそれと直角な方向の残留応力 σ_x'', σ_y'' は，ともに表面で引張り，内部で圧縮となる．なお，v_w が大となると，σ_x'' と σ_y'' の相対値はともに減少する．また，q_w の大きさによる分布形は，q_w の大きさにはあまり強い依存を示さずに，残留応力値を変えるだけで，形状を縮小拡大するだけである．また，冷却

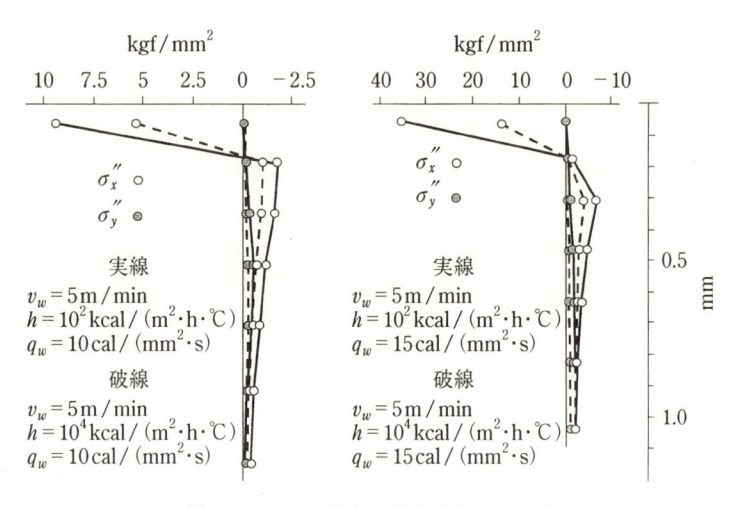

図4.16　x, y 方向の熱的残留応力分布

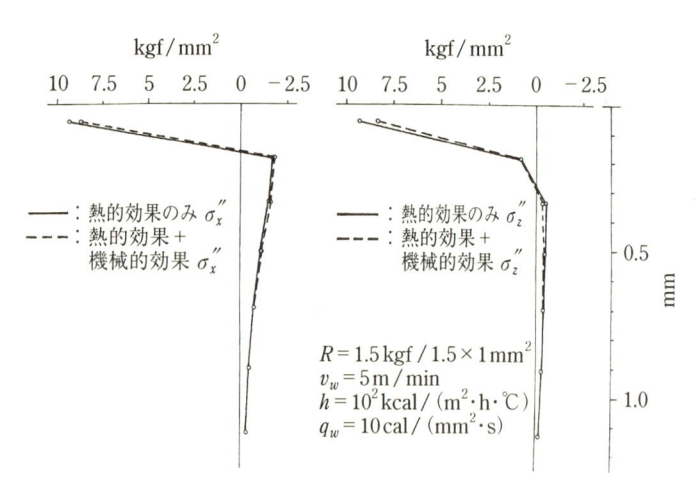

図4.17　研削抵抗と研削温度が同時作用しているときの残留応力分布

効果の大小による残留応力は，熱伝達率 h の大きさに比例して応力の分布深さと絶対値を増減させる．

図4.17に，機械的効果（抵抗）と熱的効果（温度）が同時作用して研削したときの残留応力を示す．垣野[6]が切削において示したものと異なり，研削の場合には機械的効果による生成がいかに小さいかがわかる．一般の研削条件の範

囲で，実測した研削抵抗を接触弧内に適当に分布させたとき，残留応力の分布深さはせいぜい10μm程度であるのに対して，熱的効果による分布深さはその10〜20倍にも達する．また，研削抵抗によって引張残留応力が生じていたので[7]，この場合，熱的効果に加えて機械的効果によって引張応力が相乗的に影響し，さらに引張応力の増加が図られたとみなせる．しかし，(熱源＋荷重) 移動中の熱源後方部での除荷要素による研削方向応力 σ_x が，前方部に荷重の作用領域があるために前方向に引っ張られ，このために圧縮応力の減少がもたらされたと考えた方がより妥当である．したがって，荷重の除去後および冷却後には，引張残留応力が図4.16に示したように減少したとみなせる．いずれにしても，研削抵抗による影響は研削面表層部に限られ，研削温度による応力分布に比べれば，無視できるほど小さいことが認められる．

4.3.3 実験結果と計算結果の比較

仮に，実験と同一条件において計算したとしても，研削機構における複雑な因子のからみ合いから厳密な比較は無理である．そこで，シミュレーション結果の妥当性を定性的に検討するために実測値と比較したのが 図4.18 に示す残留応力分布である．条件は，工作物速度 $v_w = 5 \, \text{m/min}$，切込み $d = 10 \, \mu\text{m}$ のときの法線，接線研削抵抗 F_n, F_t は $F_n = 0.32$，$F_t = 0.16 \, \text{kgf/mm}^2$ から合力 $R = 0.357 \, \text{kgf/mm}^2$，作用角 $\theta = 21°50'$，また実測研削温度は前節の 図4.15 に示した破線の分布をとるときである．

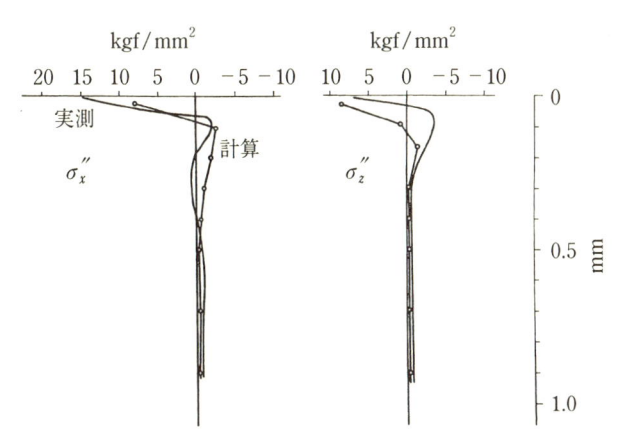

図4.18 実測と計算値の比較

計算結果の残留応力は，研削表面から深さ方向に対してかなり深い位置まで分布しているが，実測値のそれは，より表面に近い領域において同じような分布形をとる．また残留応力の変動は，いずれの場合も同じような変化を引張応力をとる側において示した．このようにして，同じような比較を冷却の有無や切込みおよび工作物速度などの研削条件による検討を若干行ったが，やはり同じような振舞いを示した．したがって，このようなシミュレーション解析も，研削加工層の残留応力や発生の定性的変化をあらかじめ知る上においては有効な方法であることが認められる．

参考文献

1) S.P. Timoshenko, J.N. Goodier : (訳) 弾性論，コロナ社 (1973).
2) 山田嘉昭：マトリックス法の応用，東京大学出版会 (1972)；コンピュータによる構造工学講座 II-2-A, 培風館 (1972)；塑性と加工, **14**, 153 (1973-10) p.758.
3) O.C. Zienkiewicz : (訳) マトリックス有限要素法，培風館 (1975).
   または L.T. Segerlind 訳：応用有限要素解析，丸善 (1978).
4) 垣野義昭：「切削加工面の生成機構に関する研究」，京都大学学位論文 (1971) p.72.
5) 江田　弘・貴志浩三・大久保昌典：「有限要素法による研削加工層の残留応力のシミュレーション解析」，精密機械, **45**, 11 (1979) p.1347.；および精密機械（続報）, **47**, 3 (1981) p.314.
6) 垣野義昭：「被削材温度分布の残留応力に及ぼす影響の理論的解析」，精密機械, **35**, 12 (1969) p.775.
7) 鍵和田忠男・斉藤勝政：「研削における研削熱の配分割合」，日本機械学会論文集, **43**, 37 (1977) p.3500.

第5章 切削加工層の残留応力

本章は,長年の懸案課題であった切削残留応力を世界ではじめて解いた京都大学の垣野義昭教授の業績である.先生のご好意により学位論文から掲載させて頂いた.

5.1 切削過程への有限要素法適用の基礎

有限要素法は,構造を3個の節点からなる三角形要素に分割して切削を行う.その際,個々の要素内は変位 v が節点座標 (x, y) の一次形で与えられると仮定する.すなわち

$$\begin{Bmatrix} v_{1x} \\ v_{1y} \\ v_{2x} \\ v_{2y} \\ v_{3x} \\ v_{3y} \end{Bmatrix} = \begin{bmatrix} 1 & x_1 & y_1 & 0 & 0 & 0 \\ 0 & 0 & 0 & 1 & x_1 & y_1 \\ 1 & x_2 & y_2 & 0 & 0 & 0 \\ 0 & 0 & 0 & 1 & x_2 & y_2 \\ 1 & x_3 & y_3 & 0 & 0 & 0 \\ 0 & 0 & 0 & 1 & x_3 & y_3 \end{bmatrix} \begin{Bmatrix} \alpha_1 \\ \alpha_2 \\ \alpha_3 \\ \alpha_4 \\ \alpha_5 \\ \alpha_6 \end{Bmatrix} \tag{5.1}$$

略して

$$\{v\} = [A]\{\alpha\} \tag{5.1'}$$

ここで,$\{v\}$ は3個の節点の変位を表すコラムマトリックス,$\{\alpha\}$ は変位が一次形であることを規定するコラムマトリックス,$[A]$ は座標を示す 6×6 の正方マトリックスである.

この節点変位 $\{v\}$ と節点に作用する外力

$$\{f\}^T = (f_{1x}, f_{1y}, f_{2x}, f_{2y}, f_{3x}, f_{3y})$$

は,剛性マトリックス $[k]$ により次のように結ばれている.

$$\{f\} = [k]\{v\} \tag{5.2}$$

式 (5.2) において,$[k]$ は次式で与えられるマトリックスである.

$$[k] = \int_{v_0} [A^{-1}]^T [B]^T [D] [B] [A^{-1}] dV_0 \tag{5.3}$$

式 (5.3) において,$[B]$ は要素のひずみ $\{\varepsilon\}$ と節点の変位を結び付けるマトリックスであり,次式で与えられる.

第5章 切削加工層の残留応力

$$\{\varepsilon\} = [B]\{v\} = \begin{bmatrix} 0 & 1 & 0 & 0 & 0 & 0 \\ 0 & 0 & 0 & 0 & 0 & 1 \\ 0 & 0 & 1 & 0 & 1 & 0 \end{bmatrix} \begin{Bmatrix} v_{1x} \\ v_{1y} \\ v_{2x} \\ v_{2y} \\ v_{3x} \\ v_{3y} \end{Bmatrix} \tag{5.4}$$

式 (5.4) に式 (5.1′) を代入すると

$$\{\varepsilon\} = [B][A^{-1}]\{v\} \tag{5.4′}$$

となる. また, 式 (5.3) において, $[D]$ は要素の応力 $\{\sigma\}$ とひずみ $\{\varepsilon\}$ を結び付けるマトリックスである.

$$\{\sigma\} = [D](\{\varepsilon\} - \{\varepsilon_0\}) \tag{5.5}$$

ここで, $\{\varepsilon_0\}$ は初期ひずみである. $[D]$ は要素が平面ひずみのもとで弾性状態にあるときは

$$[D^e] = \frac{E(1-\nu)}{(1+\nu)(1-2\nu)} \begin{bmatrix} 1 & \dfrac{1}{1-\nu} & 0 \\ \dfrac{1}{1-\nu} & 1 & 0 \\ 0 & 0 & \dfrac{1-2\nu}{2(1-\nu)} \end{bmatrix} \tag{5.6}$$

で与えられ, 平面ひずみのもとで塑性状態にあるときは

$$[D^P] = 2G \begin{bmatrix} \dfrac{1-\nu}{1-2\nu} - \dfrac{\sigma_x'^2}{S} & & Sym \\ \dfrac{\nu}{1-2\nu} - \dfrac{\sigma_x'\sigma_y'}{S} & \dfrac{1-\nu}{1-2\nu} - \dfrac{\sigma_y'^2}{S} & \\ -\dfrac{\sigma_x'}{S}\tau_{xy} & -\dfrac{\sigma_y'}{S}\tau_{xy} & \dfrac{1}{2} - \dfrac{\tau_{xy}^2}{S} \end{bmatrix} \tag{5.6′}$$

で与えられる. ここで, E は弾性係数, G はせん断弾性係数, ν はポアソン比, σ_i' は偏差応力

$$S = \frac{2}{3}\bar{\sigma}^2\left(1 + \frac{H'}{3G}\right), \quad H' = \frac{d\bar{\sigma}}{d\bar{\varepsilon}_p}$$

である. 式 (5.2) を構造全体について加算すると

$$\{F\} = [K]\{V\} \tag{5.7}$$

となる. 式 (5.7) を解いて節点変位 $\{V\}$ を求め, これを式 (5.4)′ および式

5.1 切削過程への有限要素法適用の基礎

(5.5) に代入して各要素のひずみ $\{\varepsilon\}$ と応力 $\{\sigma\}$ を求めるのが,有限要素法による変形機構の解析である.

さて,ある要素が弾性状態にあるか,塑性状態にあるかの判定は,相当応力 $\bar{\sigma}$ が降伏応力 σ_Y に達しているかどうかで行う.

$$\bar{\sigma} = \sqrt{\frac{3}{2}\sigma'_{ij}\sigma'_{ij}} \lesseqgtr \sigma_Y \quad \begin{matrix}(弾性)\\(塑性)\end{matrix} \tag{5.8}$$

一般には,先述したように式 (5.7) において節点に作用する外力 $\{F\}$ が既知であり,変位 $\{V\}$ を未知数として求める.しかし,切削のように工具を押し込む場合には,変化のうち,あるもの $\{V_a\}$(工具面上の点の変位)が既知,あるいは工具形状によって規定される一定の関係になり,そこに作用する外力 $\{F_a\}$ は未知となる.いま,簡単のため,すくい角 0° の工具で切削する場合を考え,切削方向に x 軸をとり,それと直角方向(=すくい面方向)に y 軸をとると,式 (5.7) は

$$\begin{Bmatrix}F_{ax}\\F_{ay}\\F_0\end{Bmatrix} = \begin{bmatrix}K_{xx} & K_{xy} & K_{x0}\\K_{yx} & K_{yy} & K_{y0}\\K_{0x} & K_{0y} & K_{00}\end{bmatrix}\begin{Bmatrix}V_{ax}\\V_{ay}\\V_0\end{Bmatrix} \tag{5.9}$$

と書ける.ここで,$\{F_{ax}\}$, $\{F_{ay}\}$ は工具面に作用する方向の外力,$\{V_{ax}\}$, $\{V_{ay}\}$ は工具面上の x, y 方向変位,$\{F_0\}$, $\{V_0\}$ はそれ以外の点に作用する外力とその変位である.

工具面上に摩擦が存在する場合は,工具面上の x 方向の外力 $\{F_{ax}\}$ と y 方向の外力 $\{F_{ay}\}$ との間に

$$\{F_{ay}\} = \mu\{F_{ax}\} \tag{5.10}$$

の関係が成立する.したがって,式 (5.9) は

$$\begin{Bmatrix}F_{ax}\\\mu F_{ax}\\F_0\end{Bmatrix} = \begin{bmatrix}K_{xx} & K_{xy} & K_{x0}\\K_{yx} & K_{yy} & K_{y0}\\K_{0x} & K_{0y} & K_{00}\end{bmatrix}\begin{Bmatrix}V_{ax}\\V_{ay}\\V_0\end{Bmatrix} \tag{5.11}$$

となるが,この式を変形すると

$$\begin{Bmatrix}K_{xx}V_{ax}\\K_{yx}V_{ax}\\F_0 - K_{0x}V_{ax}\end{Bmatrix} = \begin{bmatrix}-1 & K_{xy} & K_{x0}\\-\mu & K_{yy} & K_{y0}\\0 & K_{0y} & K_{00}\end{bmatrix}\begin{Bmatrix}F_{ax}\\V_{ay}\\V_0\end{Bmatrix} \tag{5.12}$$

となる．式 (5.12) において，未知数はすべて右辺に集まるので，一般の連立一次方程式と同一の手法で未知数 $\{F_{ax}\}$, $\{V_{ay}\}$ および $\{V_0\}$ を求めることができ，その結果を式 (5.10) に代入することによって摩擦力 $\{F_{ay}\}$ を求めることができる．式 (5.12) において，$\{V_0\}$ を未知，$\{F_0\}$ を既知としているが，境界上では変位が既知となり，節点反力が未知となる．その取扱いは参考文献[1]による．式 (5.7) においても同様である．

塑性状態に達した要素がある場合の応力解析は，山田の手法[2]と同様の手法によった．すなわち，要素を一つずつ降伏させるだけの工具の前進増分を加えた．ただし，計算時間を短縮させるため，降伏応力の 99.5％以上の応力に達した要素も塑性状態になったものとみなした．切削では変位が大きいので，工具の前進増分ごとに前回の座標に変位を加えて新しい節点の座標とした．すなわち，$\{x\}_{i+1} = \{x\}_i + \{v\}_i$ とした．ここで，

$\{x\}_i$：i 段階目における節点の座標

$\{v\}_i$：i 段階目における節点の変位

$\{x\}_{i+1}$：$(i+1)$ 段階目

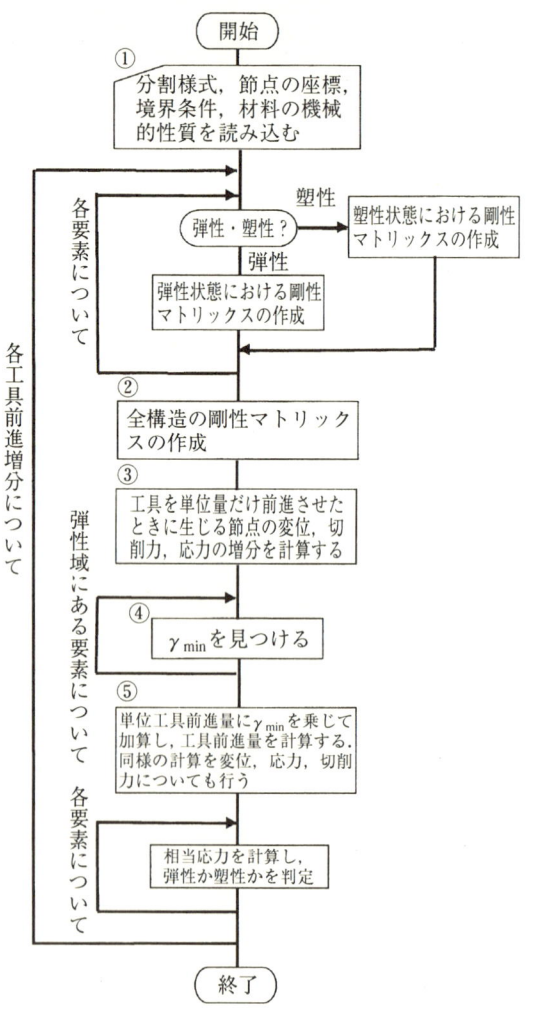

図5.1 計算に用いたプログラムの概要

における節点の座標

である．図5.1に，この計算に用いたプログラムの概略を示す．計算は次の順序で行った．

① 分割様式，節点の座標，境界条件，材料の機械的性質，工具面上の摩擦係数を読み込む．

② 各要素について弾性状態にあるか，弾塑性状態にあるかを考慮して，各要素の剛性マトリックスをつくり，これを積分して全体の剛性マトリックスをつくる．

③ 式 (5.12) によって，微小な単位量だけ工具を前進させたときに生じる節点の変位と工具面の力を計算し，次に各要素に生じる応力増分（以下，これを単位量の工具前進によって生じる応力増分という意味で単位応力増分と呼ぶ．この大きさは，各要素によって異なる）を計算する．

④ まだ降伏していない要素について，単位応力増分の何倍の応力を加えれば降伏するかを計算し，それの最小値 γ_{min} を見つける．

⑤ 単位工具前進量に γ_{min} を乗じ，前回の工具前進量を加えて新しい工具前進とする．これに伴う新しい節点座標および工具面上の節点に作用する外力の計算を同様な加算により行う．さらに，各要素について単位応力増分に γ_{min} を乗じて応力増分を計算し，前回の応力にこの応力増分を加えて応力状態を定める．

⑥ 各要素について相当応力を計算し，降伏応力の99.5％以上に達した要素を弾塑性状態になったとする．

⑦ 再び②へ戻り，②から⑥を繰り返す．

5.2 有限要素法適用の仮定

残留応力の解析は有限要素法によって行ったが，計算に当たり次の仮定を行った．

(1) 被削材内部，すなわち1次塑性変形の進行する部分，および切りくずの部分に生じる応力分布あるいは熱応力は，いずれも仕上げ面の残留応力に直接には大きな影響を与えないと思われるので，それらの部分を除外して，図5.2に示すような平板状の試験片と考える．

(2) 材料は平面ひずみ状態にある.
(3) 材料は降伏点を過ぎた後は，直線的 σ-ε 関係に従って加工硬化する.
(4) 温度による材料の機械的性質や物理的性質の変化はないものとする.
(5) 荷重分布あるいは温度分布は，いずれも一定の分布状態を保ったまま絶対値のみが比例して増加する.

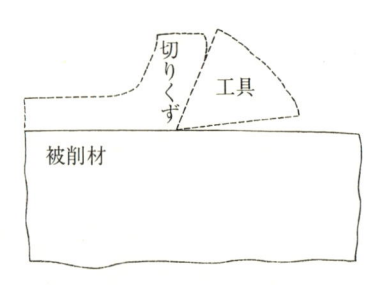

図 5.2 残留応力の解析の際，考慮した領域（実線内）と無視した領域（点線内）

5.3 熱応力および残留応力の計算式

ここでは，有限要素法を用いて熱応力および残留応力を求める基礎的な考え方と手法を示す．材料が平面ひずみ状態にあるとき，熱膨張によって生じるひずみ $\{\varepsilon_0\}$ は

$$\{\varepsilon_0\} = \begin{Bmatrix} \varepsilon_x \\ \varepsilon_y \\ \gamma_{xy} \end{Bmatrix} = (1+\nu) \begin{Bmatrix} \alpha T \\ \alpha T \\ 0 \end{Bmatrix} \tag{5.13}$$

で表される．ここで，α は線膨張係数，T は材料の温度である．
式 (5.13) を式 (5.2) に代入すると

$$\{f_0\} = \int_{V_0} [A^{-1}]^T [B]^T [D] \{\varepsilon_0\} dV_0 \tag{5.14}$$

となる．降伏状態に達した要素がある場合の応力解析は，5.1 節で述べた手法によって行った．このようにして，最終の荷重分布（温度分布）状態に達したときの応力状態 σ_{xp}, σ_{yp}, τ_{xyp} を計算することができる．次に，荷重分布（温度分布）を取り除くと弾性的な除荷が生じるが，この弾性除荷応力 σ_{xe}, σ_{ye}, τ_{xye} は第 1 回目の弾性的な負荷と同様の手法で計算する．ここで，前者から後者を減じたものが次式に示す要素の残留応力 σ_x'', σ_y'', τ_{xy} となる．すなわち，

$$\sigma_x'' = \sigma_{xp} - \sigma_{xe}, \quad \sigma_y'' = \sigma_{yp} - \sigma_{ye}, \quad \tau_{xy}'' = \tau_{xyp} - \tau_{xye} \tag{5.15}$$

式 (5.15) で求められる残留応力は，静止している材料に負荷を加えたとき

5.3 熱応力および残留応力の計算式

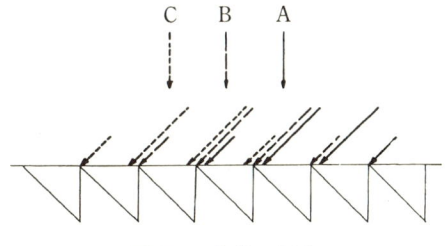

図5.3 負荷の移動

に生じる残留応力である．次に，材料と工具が相対移動を行う場合を考える．ただし，解析の都合上，移動は断続的に行われると仮定している．例えば，荷重分布が移動する場合には，次のような方法で計算した．

(1) まず，荷重分布が図5.3のAの位置に存在する場合を考え，この荷重分布が除荷されたとき，材料内部に生じる残留応力を前述の手法で計算する．

(2) 次に，この荷重分布が1要素の距離だけ断続的に前進してBの位置に存在する場合を考え，この荷重分布による変形を計算して，荷重が除荷されたときに生じる残留応力を同様の方法で計算する．このとき，(1)の結果で残った応力を予応力として考慮する．

(3) さらに，荷重分布がCの位置に移動した場合について(2)を繰り返す．この移動を数回繰り返して，残った残留応力の値がほぼ一定になるまで，A，B，C，……と荷重分布の位置を進めて計算を続ける．残留応力の計算に用いたプログラムの概要を図5.4に示す．

切削実験あるいは理論計算によって被削材内部の応力分布と温度分布を知れば，上述の手法により加工表層部に残る残留応力を近似的に解析することが可能である．ただし，切削加工の際には熱応力のみによって生じる残留応力というものは存在せず，必ず機械的効果によって生じる残留応力と同時に生成されるので，厳密には両方を同時に考慮して解析する必要がある．したがって，5.4.1項では機械的効果のみによって生じる残留応力，5.4.2項では熱応力のみによって生じる残留応力，5.4.3項では機械的効果と熱応力が同時に作用する場合の残留応力について述べる．本書では，残留応力をσ_x''のように"を付けて表すことにする．

第5章　切削加工層の残留応力

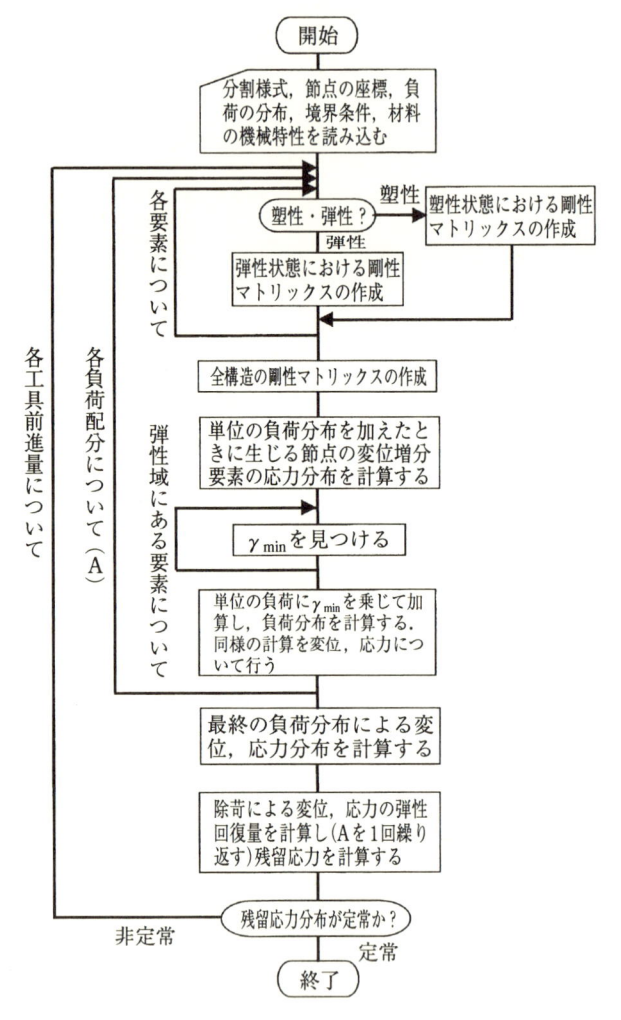

```
                    開始
                     ↓
           ┌─────────────────────┐
           │ 分割様式，節点の座標，負 │
           │ 荷の分布，境界条件，材料 │
           │ の機械特性を読み込む   │
           └─────────────────────┘
                     ↓
         ┌──────────────┐        塑性   ┌─────────────────┐
         │  塑性・弾性？ │──────────────→│ 塑性状態における剛性 │
         └──────────────┘               │ マトリックスの作成    │
                │ 弾性                  └─────────────────┘
                ↓                                │
         ┌─────────────────┐                    │
         │ 弾性状態における剛性│                    │
         │ マトリックスの作成   │←───────────────────┘
         └─────────────────┘
                     ↓
           ┌─────────────────────┐
           │ 全構造の剛性マトリックスの作成 │
           └─────────────────────┘
                     ↓
           ┌─────────────────────┐
           │ 単位の負荷分布を加えたと │
           │ きに生じる節点の変位増分 │
           │ 要素の応力分布を計算する │
           └─────────────────────┘
                     ↓
           ┌─────────────────────┐
           │    γ_min を見つける    │
           └─────────────────────┘
                     ↓
           ┌─────────────────────┐
           │ 単位の負荷にγ_minを乗じて加│
           │ 算し，負荷分布を計算する．│
           │ 同様の計算を変位，応力につ│
           │ いて行う            │
           └─────────────────────┘
                     ↓
           ┌─────────────────────┐
           │ 最終の負荷分布による変 │
           │ 位，応力分布を計算する │
           └─────────────────────┘
                     ↓
           ┌─────────────────────┐
           │ 除荷による変位，応力の弾性│
           │ 回復量を計算し(Aを1回繰り│
           │ 返す)残留応力を計算する │
           └─────────────────────┘
                     ↓
         ┌──────────────────┐
         │ 残留応力分布が定常か？ │
         └──────────────────┘
       非定常 │          │ 定常
              │          ↓
              │        終了
```

図5.4　残留応力計算のフローチャートの概要

5.4　解析結果ならびに考察

5.4.1　機械的効果によって生じる残留応力

切削における切削点近傍の応力分布は極めて複雑であるが，加工層や残留応力を解析する場合には，近似的に刃先付近に作用する刃先力が及ぼす影響のみ

5.4 解析結果ならびに考察

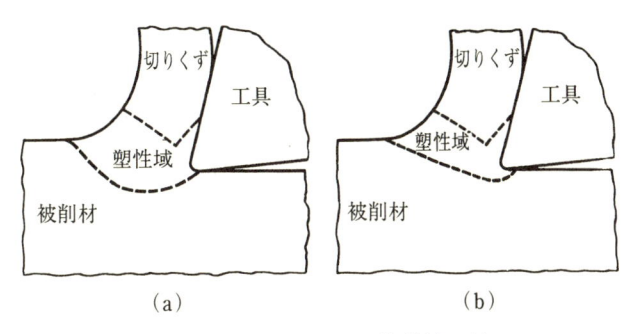

図5.5 切削時に生じる塑性域の型

を考察することにする．すなわち，切削中に見られる塑性域が図5.5(a)のように刃先のはるか前方で最深部を持ち，この付近で切削予定面にある材料に生じる変形が最も大きい場合は，刃先力だけでなく全切削力を考慮すべきであるが，図(b)のように刃先付近で最深部を持ち，切削予定面にある材料の変形のとき，あるいは，たとえ図(a)のような塑性域が生じても，刃先付近での変形が最大であれば，この仮定は許されるであろう．切削の急停止を行って得られた断面写真では，すくい角が非常に小さいときとか，軟金属を切削した場合を除き，図(a)のようなケースは稀であった．

解析に当たっては，図5.6に示すように単位厚さの構造用炭素鋼 S45C〔長さ0.462 mm，高さ0.2 mm〕の2次元領域を想定し，これを1辺が0.033 mmの直角二等辺三角形の要素168個（節点数105）に分割した．この領域の下端は固定されているものとした．一例として，この領域に9 kgfの荷重（これは，別の切削実験により測定した切刃1 mm当たりの荷重である）が，切削方向と45°の角度を持って作用しながら移動した場合に生じる残留応力を解析する．

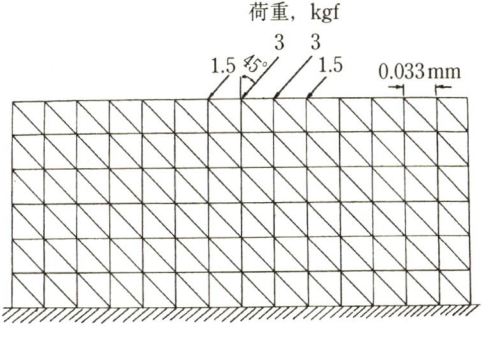

図5.6 機械的効果によって生じる残留応力を解析する際に用いた領域の分割様式（節点105，要素168）

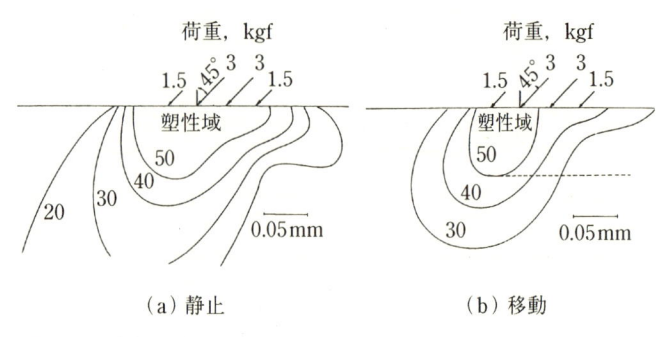

図5.7 半無限平面に 9 kgf/mm の荷重が表面に作用したときの
相当応力 $\bar{\sigma}$（kgf/mm^2）の分布

荷重（刃先力）の分布状態は実験によって正確に測定することができなかったので，図5.6に示すような分布を仮定して解析を行った．

計算に使用した S45C 鋼の機械的性質は，次のとおりである．

弾性係数 $E = 21\,000$ kgf/mm^2，加工硬化係数 $H' = 210$ kgf/mm^2，

降伏応力 $\sigma_Y = 50$ kgf/mm^2，ポアソン比 $\nu = 0.3$

これらの値を用い，図5.4のプログラムに従って計算した結果を次に示す．工具と材料が相対移動しない場合の材料内部の応力分布は図5.7 (a) のようになるのに対し，相対移動する場合は図 (b) のようになる．図 (b) の破線で示した深さまで塑性変形が生じているので，これが加工層深さである．また，荷重が移動する場合は静止している場合に比べて塑性域が狭まるが，これは塑性域の後半で著しい．

このとき生じた加工面の残留応力の表面から深さ方向への分布を図5.8に示す．切削方向の残留応力 σ_x'' は表層部で 5 kgf/mm^2 の引張応力を示すが，内部では小さな圧縮応力を示している．送り方向残留応力 σ_z'' は表層部では 8 kgf/mm^2 の圧縮を示し，深くなるに従

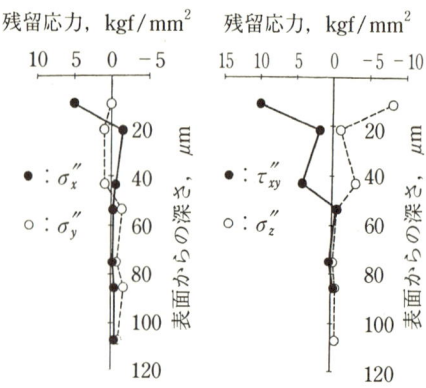

図5.8 加工面に生じた残留応力の分布
（条件：図5.7に同じ）

切削方向残留応力 σ_x'', kgf/mm^2

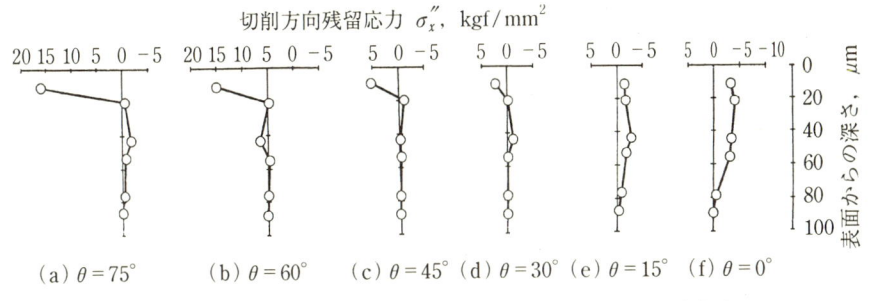

(a) $\theta=75°$ (b) $\theta=60°$ (c) $\theta=45°$ (d) $\theta=30°$ (e) $\theta=15°$ (f) $\theta=0°$

図5.9 荷重の作用角が変化したときの切削方向応力 σ_x'' の変化

い漸減している．垂直方向の残留応力 σ_y'' は非常に小さく，ほぼ0に等しかった．せん断残留応力 τ_{xy}'' は表層部で 10 kgf/mm^2 の正の値を示し，内部に入るに従って減少している．

図5.9は，大きさ9 kgfの荷重が作用した場合に生じる残留応力を作用角 θ が0°から75°まで変化した場合について計算した結果を示したものである．作用角 θ が変化したときの切削方向残留応力 σ_x'' の深さ方向の分布を示している．作用角 θ が大きいときは，σ_x'' は表層部にかなり大きい引張応力が生じており，内部には小さな圧縮応力が生じている．しかし，作用角 θ が小になると表層部の引張残留応力は小さくなり，$\theta=15°$，0°のときは表層部にも圧縮の残留応力が生じている．

また，送り方向の残留応力 σ_z'' は常に圧縮応力であり，$\theta=45°$ 付近で最大になっているが，θ が変化しても σ_z'' の変化は少ない．せん断応力 τ_{xy}'' は正で $\theta=0$ のとき最も小さく，θ が大になるに従って単調に増加している．

5.4.2 熱応力によって生じる残留応力

次に，熱応力が単独で作用した場合に生じる残留応力を検討する．図5.10の温度分布は，S45C鋼を 75 m/min で2次元切削したときに生じる温度分布を計算で求めたものである．使用したS45C鋼の機械的性質は，5.4.1項で用いたものと同じである．図5.10は，そのときの計算結果を示す．

弾性係数 $E=21\,000$ kgf/mm^2，加工硬化係数 $H'=210$ kgf/mm^2，

降伏応力 $\sigma_Y=50$ kgf/mm^2，ポアソン比 $\nu=0.3$，

線膨張係数 $\alpha=0.0000105$ ℃$^{-1}$

第5章 切削加工層の残留応力

計算によれば，刃先直下の要素は刃先温度が297℃に達したとき最初に塑性状態に入ることになり，図5.11 (a)はその時点での熱応力の分布を示したものである．刃先温度が297℃からさらに上昇すると，塑性域は拡がり，刃先温度が最終の温度(530℃)に達したときには図(b)のようになる．

この状態から温度分布を取除き残留応力を求めると，図5.12 (a)のようになる．切削

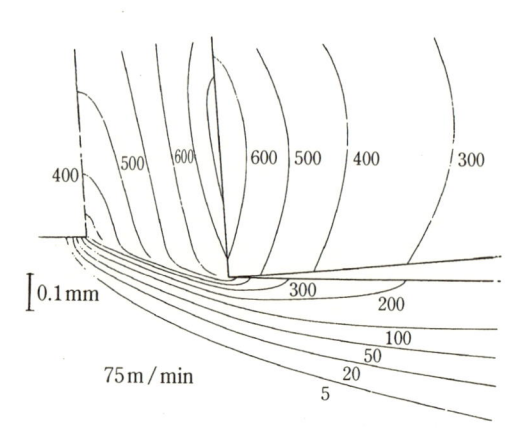

図5.10 熱的効果によって生じる残留応力の解析に用いた温度分布(被削材：S45C鋼，工具：超硬P10，すくい角 −5°，逃げ角 5°，切削速度 75 m/min，切削幅 2 mm，切込み 0.1 mm)

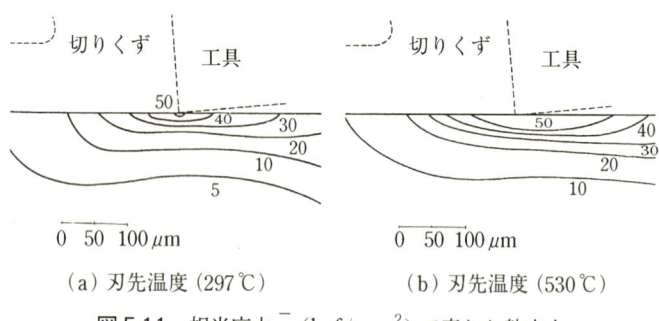

(a) 刃先温度(297℃)　　(b) 刃先温度(530℃)

図5.11 相当応力 $\bar{\sigma}$ (kgf/mm^2)で表した熱応力

方向の残留応力 σ_x'' は表面に大きな引張応力が生じ，内部にわずかな圧縮の残留応力が生じている．温度分布が切削に伴って移動した場合の残留応力を図(b)に示す．移動する場合と移動しない場合の残留応力の分布は大きくは変わっていない．図(b)において，切削方向の残留応力 σ_x'' は表層部に 36 kgf/mm^2 の大きな引張応力が生じ，内部に入るに従って急激に減少して，表面から約60 μm のところに 8 kgf/mm^2 の圧縮応力が生じ，さらに内部へ入ると圧縮応力も減少して0に近づく．垂直方向の残留応力 σ_y''，せん断残留応力 τ_{xy}'' は表層部で

5.4 解析結果ならびに考察

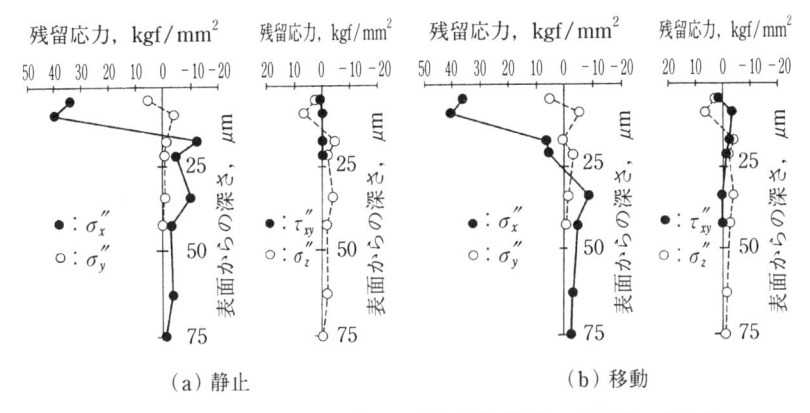

(a) 静止　　　　　　　　　　　　　　(b) 移動

図 5.12　熱応力によって生じた残留応力（条件：図 5.10 に同じ）

ほぼ 0 となっている．直角方向の残留応力 σ''_z は表層部では引張り，内部では圧縮となり，σ''_x の分布とよく似ているが，その絶対値は小さく σ''_x の 1/4 程度である．

図 5.13 は，同様の計算によって切削速度が熱的残留応力に及ぼす影響を調べたものである．この計算の際，使用した

(a) 100 m/min　　　(b) 150 m/min

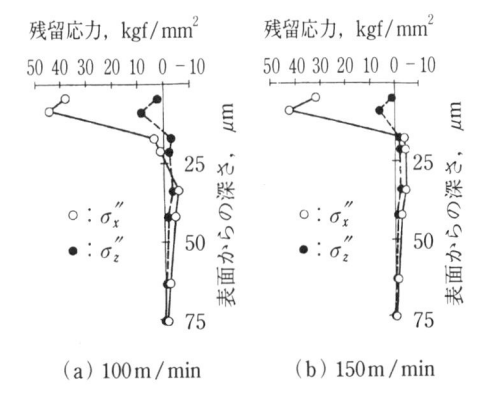

図 5.13　切削速度が熱的残留応力に及ぼす影響

温度分布は図 5.10，図 5.11 で計算したときと同じものであり，分割様式と定数も同一である．表層部の σ''_x は切削速度とともに増大しているが，増加の割合は次第に小さくなっている．150 m/min のときは $\sigma''_x = 32$ kgf/mm^2 と 100 m/min のときより減少しているが，これは要素の大きさを一定として計算したためであり，分割した要素をもっと小さくすれば σ''_x も増加すると思われる．また，引張残留応力が存在する層の深さは，高速になるほど減少している．これは，図 5.14 に示すように，被削材内部の温度が 100 m/min より高速になってもあまり増加せず，かつ低速切削時より高温になるのがますます表層部に限られるためである．

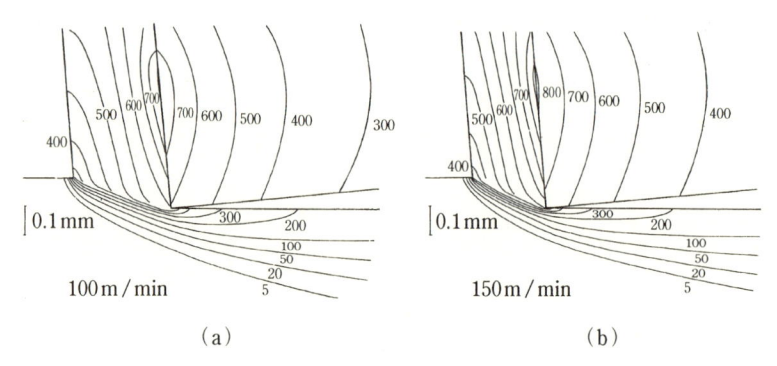

図5.14 計算された切削時の温度分布(被削材:S45C鋼,工具:超硬P10,すくい角-5°,逃げ角5°,切削幅2mm,切込み0.1mm)

以上の解析は逃げ面摩耗が小さい場合についてであるが,例えば0.1mmの逃げ面摩耗が存在した場合に生じる熱的残留応力は図5.15のようになり,逃げ面摩耗の小さいときよりもかなり大きい引張残留応力が生じる.

5.4.3 熱応力と荷重が同時に作用した場合に生じる残留応力

切削によって生じる残留応力は,軽切削の場合は機械的効果によって生じるもののみであるが,重切削の場合は機械的効果と熱的効果が同時に生じるので,両方を同時に考慮する必要がある.二つの効果を同時に考慮する場合には,温度分布と荷重分布がどのような順序および組合せで作用するか,例えば機械的作用を受けた後,熱的作用を受けるかなどを知る必要があるが,ここでは第1次近似として同時に作用し,かつ負荷の分布パターンは変化せず,絶対値のみが同じ割合で増加すると仮定して解析を行った.

まず温度分布に加えて,単独では引張残留応力が生じるような荷重分布が同

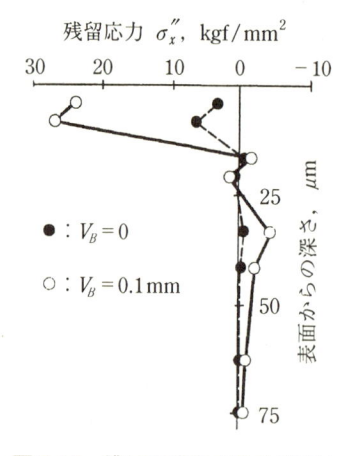

図5.15 逃げ面摩耗が熱的残留応力に及ぼす影響(被削材:S45C鋼,工具:超硬P10,すくい角-5°,逃げ角5°,切削速度100m/min,切込み0.05mm)

5.4 解析結果ならびに考察

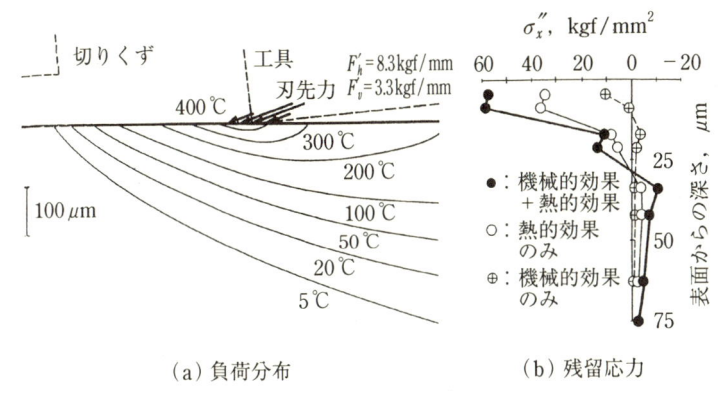

(a) 負荷分布

(b) 残留応力

図 5.16 単独では引張残留応力が生じる荷重分布と温度分布が同時に作用したときの残留応力

時に作用する場合を検討する．一例として 50 m/min で切削したときに測定された刃先力（水平分力 8.3 kgf，垂直分力 3.3 kgf）と，そのとき計算された前述の温度分布を用いる．図 5.16 は，上述の方式に従って計算された切削方向の残留応力 σ_x'' の深さ方向の分布である．参考のために，刃先力と温度分布がそれぞれ単独に作用したときに生じる残留応力も同時に示す．両者が同時に作用した場合は，それぞれが単独に作用した場合の和よりもさらに大きい引張残留応力が表層部に生じている（これは，生じた残留応力によって要素が塑性状態

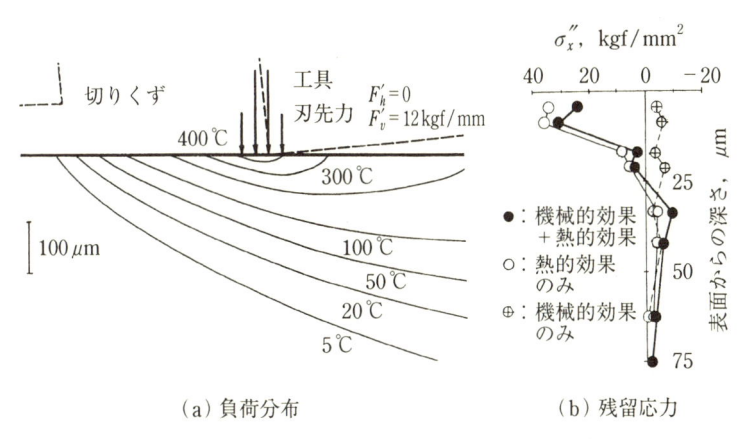

(a) 負荷分布

(b) 残留応力

図 5.17 単独では圧縮残留応力が生じる荷重分布と温度分布が同時に作用したときの残留応力

に入らないとした場合であり，要素が塑性状態に入れば両者の和より小さくなる．この一連の解析においては，残留応力のみによって要素が塑性状態に入ることは考慮していない)．

次に，温度分布に加えて，単独では圧縮残留応力が生じるような荷重分布が同時に作用する場合を検討する．一例として，50 m/min で切削した場合の温度分布と垂直分力 12 kgf が作用した場合について計算したものを図 5.17 に示す．表層部の引張残留応力の大きさはかなり顕著に減少している．この場合，表層部に引張残留応力が生じるか，圧縮応力が生じるかは，加わるそれぞれの負荷の大きさによって異なると思われるが，先に述べたように計算される機械的効果によって生じる残留応力の大きさは，分割した要素の大きさによりかなり影響を受けるので，ここでは厳密な検討はせず定性的な検討に止めた[3]．

参考文献

1) O.C. Zienkewicz and Y.K. Cheung : The Finite Element Method in Structural and Continuum Mechanics, Mc.Grow Hill (1967).
2) 山田嘉昭：生産研究, **19**, 3 (1967) p.75.
3) 垣野義昭：「切削加工面の生成機構に関する研究」, 京都大学博士学位論文 (1971).

第6章 鋼の研削加工層の組織変化

6.1 組織変化過程の解析

　一般に鋼を切削あるいは研削加工すると，熱的作用に起因して加工点付近に固・液両相を含む相変態が生じ，加工変質層が生成する．その結果，残留応力や残留ひずみなどが発生して材料特性の低下や形状の変化を招く．仕上げ加工に用いられる研削加工においては，特に加工変質層を制御することが重要である．それには，まず研削温度に伴う鋼の相変態過程を定量的に評価する必要がある．そこで，ここでは亜共析鋼を対象として，熱的作用に起因する加工変質層生成過程を説明する．

　まず，研削時の温度履歴に伴う相変態に注目し，A_1 変態，溶融・凝固変態，マルテンサイト変態といった一連の組織変化過程と，オーステナイト均一化過程における炭素拡散を連成問題として系統的に理論解析する．次に，組織と炭素濃度分布の解析結果を擬似カラーにより画像表示するコンピュータシミュレーションシステムを解説する．

6.1.1 熱伝導解析

　図6.1は，平面研削過程の2次元モデルである．工作物を半無限体と考え，座標系の原点を熱源に固定して工作物の移動方向に x 軸，深さ方向に z 軸をとる．工作物が x 軸方向に一定速度 v_w で移動する場合，研削開始直後と研削終了直前を除けば，工作物内の温度分布は定常状態となり，熱伝導方程式

$$\mathrm{div}(K\,\mathrm{grad}\,T) - v_w\,\mathrm{grad}(\rho c T) = 0 \tag{6.1}$$

を満足する．ここで，$T, K, \rho c$ はそれぞれ工作物の温度，熱伝導率，および単位体積当たりの熱容量である．

　材料の熱物性値の温度依存性を考慮し，時々刻々の組織変化を解析するうえで対

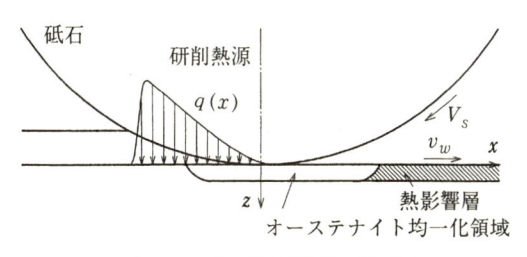

図6.1 平面研削過程の模式図

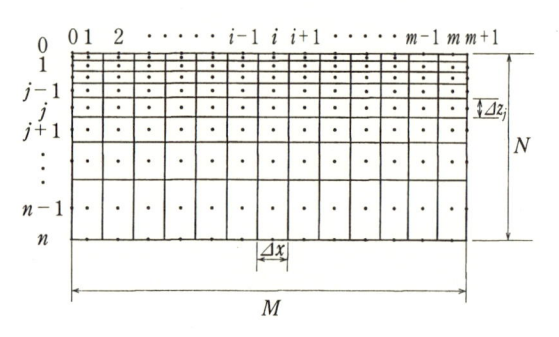

図6.2 熱流計算のための分割格子

象となる領域（図6.1参照）を詳細に知るため，図6.2のような差分モデルを考える．x軸方向には規則格子を，またz軸方向には対数格子[1]をとる．格子点(i,j)の温度を$T_{i,j}$とし，コントロールボリューム法を用いて差分方程式に書き下すと，

$$T_{i,j}=\frac{1}{F_{i,j}}[(F_{i,j}^{i+1}+G_{i,j}^{i+1})T_{i+1,j}+(F_{i,j}^{i-1}+G_{i,j}^{i-1})T_{i-1,j}$$
$$+F_{i,j}^{j+1}T_{i,j+1}+F_{i,j}^{j-1}T_{i,j-1}] \qquad(6.2)$$

となる．ここで，

$$F_{i,j}^{i\pm1}=\pm\frac{K_{i,j}^{i\pm1}}{(\Delta x)^2}, \quad G_{i,j}^{i\pm1}=\mp\frac{(\rho c)_{i\pm1,j}v}{2\Delta x}, \quad F_{i,j}^{j\pm1}=\frac{2K_{i,j}^{j\pm1}}{\Delta z_j(\Delta z_j+\Delta z_{j\pm1})}$$
$$F_{i,j}=F_{i,j}^{i+1}+F_{i,j}^{i-1}+F_{i,j}^{j+1}+F_{i,j}^{j-1}$$

であり，例えば$K_{i,j}^{i\pm1}$は2点(i,j), $(i\pm1,j)$間の平均熱伝導率[1]である．

境界では，次のように考える．研削加工によって格子点(x_i,z_0)に発生する熱量をq_iとし，研削液などの強制熱伝達による流出熱量を$\alpha_i(T_{i,0}-T_\infty)$とすれば（ここで，$\alpha_i$は熱伝達率，$T_\infty$は外界の温度），工作物表面では$q_i-\alpha(T_{i0}-T_\infty)_i$なる熱量が流入することになる．また内部境界では，温度分布は指数関数的に減少するものとし，後述する連立方程式の反復法解法において，例えば次式のように前ステップの内部温度の外挿による温度指定条件とする．

$$T_{i,n}^{(k)}=T_{i,n-1}^{(k-1)}\exp\left(\frac{\Delta z_n+\Delta z_{n-1}}{\Delta z_{n-1}+\Delta z_{n-2}}\log\frac{T_{i,n-1}^{(k-1)}}{T_{i,n-2}^{(k-1)}}\right) \qquad(6.3)$$

6.1 組織変化過程の解析

ここで,

$$T_i = \begin{bmatrix} T_{i,0} \\ T_{i,1} \\ \cdot \\ \cdot \\ \cdot \\ T_{i,n-1} \end{bmatrix} \quad (i=1, 2, \cdots, m) \tag{6.4}$$

と置けば,式 (6.2) より

$$A_i T_{i-1} + B_i T_i + C_i T_{i+1} = d_i \tag{6.5}$$

が成り立つ. $A_i = [a_{kl}]$, $B_i = [b_{kl}]$, $C = [c_{kl}]$ は,それぞれ n 次の正方行列で,

$$a_{kl} = \begin{cases} F_{i,l-1}^{i-1} + G_{i,l-1}^{i-1} & k = l \\ 0 & k \neq l \end{cases}$$

$$b_{kl} = \begin{cases} -F_{i,l-1}^{i+1} - F_{i,l-1}^{i-1} - F_{i,l-1}^{j+1} - F_{i,l-1}^{j-1}, & k = l \\ F_{i,j}^{j-1}, & k = l+1 \\ F_{i,l-2}^{j+1}, & k = l-1 \\ 0, & k \neq l,\ l \pm 1 \end{cases}$$

$$C_{kl} = \begin{cases} F_{i,l-1}^{i+1} + G_{i,l-1}^{i+1}, & k = l \\ 0, & k \neq l \end{cases}$$

$d_i = [d_k]$ は n 次の列ベクトルで,$i = 1$ のとき,

$$d_k = \begin{cases} q_1 + \alpha_1 T_\infty, & k = 1 \\ -(F_{1,k-1}^{i-1} + G_{1,k-1}^{i-1}) T_{0,k-1}, & k = 2, 3, \cdots, n-1 \\ -(F_{1,n-1}^{i-1} + G_{1,n-1}^{i-1}) T_{0,n-1} - F_{1,n-1}^{j+1} T_{1,n}, & k = n \end{cases}$$

$i = 2, 3, \cdots, m-1$ のとき,

$$d_k = \begin{cases} q_1 + \alpha_i T_\infty, & k = 1 \\ 0, & k = 2, 3, \cdots, n-1 \\ -F_{i,n-1}^{j+1} T_{i,n}, & k = n \end{cases}$$

$i = m$ のとき,

$$d_k = \begin{cases} q_m + \alpha_m T_\infty, & k = 1 \\ -(F_{m,k-1}^{i+1} + G_{m,k-1}^{i+1}) T_{m+1,k-1}, & k = 2, 3, \cdots, n-1 \\ -(F_{m,n-1}^{i+1} + G_{m,n-1}^{i+1}) T_{m+1,n-1} - F_{m,n-1}^{j+1} T_{m,n}, & k = n \end{cases}$$

である．したがって，式 (6.5) からなる連立方程式は

$$
\begin{bmatrix}
B_1 & C_1 & & & & & \\
A_2 & B_2 & C_2 & & \mathbf{0} & & \\
& \ddots & \ddots & \ddots & & & \\
& & A_i & B_i & C_i & & \\
& & & \ddots & \ddots & \ddots & \\
& \mathbf{0} & & & A_{m-1} & B_{m-1} & C_{m-1} \\
& & & & & A_m & B_m
\end{bmatrix}
\begin{bmatrix} T_1 \\ T_2 \\ \vdots \\ T_i \\ \vdots \\ T_{m-1} \\ T_m \end{bmatrix}
=
\begin{bmatrix} d_1 \\ d_2 \\ \vdots \\ d_i \\ \vdots \\ d_{m-1} \\ d_m \end{bmatrix}
\tag{6.6}
$$

のように表示できる．ただし，

$$ F_{i,0}^{i\pm1} = \pm G_{i,0}^{i\pm1} = -\frac{\alpha_i}{2}, \quad F_{i,0}^{j+1} = -\frac{K_{i,1}}{y_1 - y_0}, \quad F_{i,0}^{j-1} = 0 $$

である．

6.1.2 炭素拡散および組織変化の解析
(1) 炭素拡散

平面研削した鋼材で組織の差異が顕著なのは y-z 面，すなわち研削方向に垂直な深さ方向である．これに対して研削方向，すなわち x 軸に平行な直線上における組織にはほとんど差異は見られない．このことは，平均的に見ると x 軸方向の炭素拡散は相殺されると考えても十分であることを示している．そこで，ここでは3次元的な炭素拡散は考えないで，y-z 面における2次元拡散モデルを採用する．

いま，Fick の法則に従って炭素が拡散していくとすると，オーステナイト中の炭素濃度は場所と時間の関数となり，偏微分方程式

$$ \frac{\partial C}{\partial t} = \mathrm{div}(D\,\mathrm{grad}\,C) \tag{6.7} $$

を満足する．ここで，D はオーステナイト中の炭素の拡散係数で，実験的に

$$ D = D_0 \exp\left(-\frac{Q}{RT}\right) \tag{6.8} $$

と表され，温度と炭素濃度に依存する．ただし，R はガス定数 [= 8.314 J/(mol・K)] であり，D_0, Q はそれぞれ振動数項と活性化エネルギーである．Wells ら[2]の実験結果を最小自乗近似すると，それぞれ次式で与えられる．

図6.3 オーステナイト中の炭素再拡散計算用の計算格子

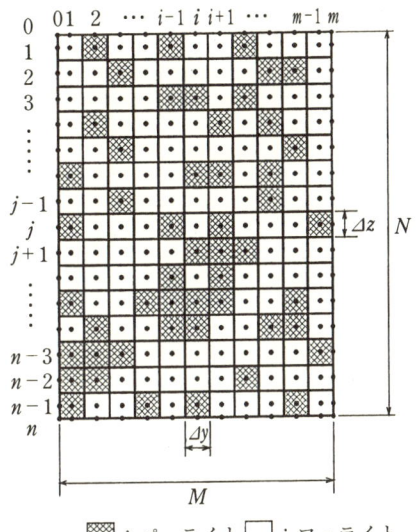

▨：パーライト □：フェライト

$D_0 = 51.568 \exp(-1.471)$ [mm/s]

$Q = -4.91 C^2 - 19.59 C + 154.35$ [kJ/mol]

炭素の拡散係数の温度および炭素濃度依存性を考慮するため，ここでも差分法を用いる．図6.3に差分モデルを示す．対象とする領域は，A_1 点以上に達するような表面近傍のごく狭い範囲なので，x, y 方向ともに規則格子を用いる．

式 (6.7) をコントロールボリューム内で積分し，ADI法を適用して差分方程式に書き下すと，時刻 t_1 から時刻 $t_2 (= t_1 + \Delta t)$ においては，

$$-F_{i,j}^{i+1}(t_2) C_{i+1,j}(t_2) + [1 + F_{i,j}^{i+1}(t_2) + F_{i,j}^{i-1}(t_2)] C_{i,j}(t_2)$$
$$- F_{i,j}^{i-1}(t_2) C_{i-1,j}(t_2)$$
$$= F_{i,j}^{j+1}(t_1) C_{i,j+1}(t_1) + [1 - F_{i,j}^{j+1}(t_1) - F_{i,j}^{j-1}(t_1)] C_{i,j}(t_2)$$
$$+ F_{i,j}^{j-1}(t_1) C_{i,j-1}(t_1) \tag{6.9}$$

また，時刻 t_2 から時刻 $t_3 (= t_2 + \Delta t)$ においては，

$$-F_{i,j}^{j+1}(t_3)C_{i,j+1}(t_3)+[1+F_{i,j}^{j+1}(t_3)+F_{i,j}^{j-1}(t_3)]C_{i,j}(t_3)$$
$$-F_{i,j}^{j-1}(t_3)C_{i,j-1}(t_3)$$
$$=F_{i,j}^{i+1}(t_2)C_{i+1,j}(t_2)+[1-F_{i,j}^{i+1}(t_2)-F_{i,j}^{i-1}(t_2)]C_{i,j}(t_2)$$
$$+F_{i,j}^{i-1}(t_2)C_{i-1,j}(t_2) \tag{6.10}$$

以後,このような差分式が交互に繰り返される.ここで,

$$F_{i,j}^{i\pm1}(t)=\frac{D_{i,j}^{i\pm1}(t)\cdot \Delta t}{(\Delta y)^2}, \quad F_{i,j}^{j\pm1}(t)=\frac{D_{i,j}^{j\pm1}(t)\cdot \Delta t}{(\Delta z)^2}$$

であり,例えば $D_{i,j}^{i\pm1}$ は2点 (i,j), $(i\pm1, j)$ 間の炭素の平均拡散係数である.

これらの連立一次方程式の係数行列は三重対角行列であり,三重対角アルゴリズムを用いて容易に解を求めることができる.

(2) 組織変化

融点を超えて加熱された領域は溶融し,直後の急速冷却によりデンドライト相となり,さらに急冷されて白層に至る.オーステナイト状態から冷却された領域は,臨界冷却速度を満たすかどうかによってマルテンサイトまたはファインパーライトに変態する.炭素鋼の臨界冷却速度は炭素量に依存し,炭素の増加とともに小さくなって,共析点(0.77％C)で一定値に達する[3].ここでは,この曲線を折れ線近似することによって臨界冷却速度を考慮に入れる.

一方,マルテンサイト変態を開始する温度 M_s 点は,鋼材の化学成分に依存し,次式で与えられる[4].

$$M_s(\text{K})=811-317\text{C}-33\text{Mn}-28\text{Cr}-17\text{Ni}-11\text{Si}-11\text{Mo}-11\text{W} \tag{6.11}$$

ただし,式中の元素記号はその元素の重量％を示す.図6.3の各格子における炭素濃度と他の元素成分を上式に代入することによって,その格子点の各時刻における M_s 点を求めることができる.各格子点が M_s 点に達すると,温度分布解析で得られた結果をもとに,その格子点の温度が973Kを通過するときの冷却速度を求めて臨界冷却速度を満足するかどうか判定し,最終組織を決定する.

以上の組織変化過程の解析手順は,一つの格子点について記述すると,図6.4のフローチャートのように表される.

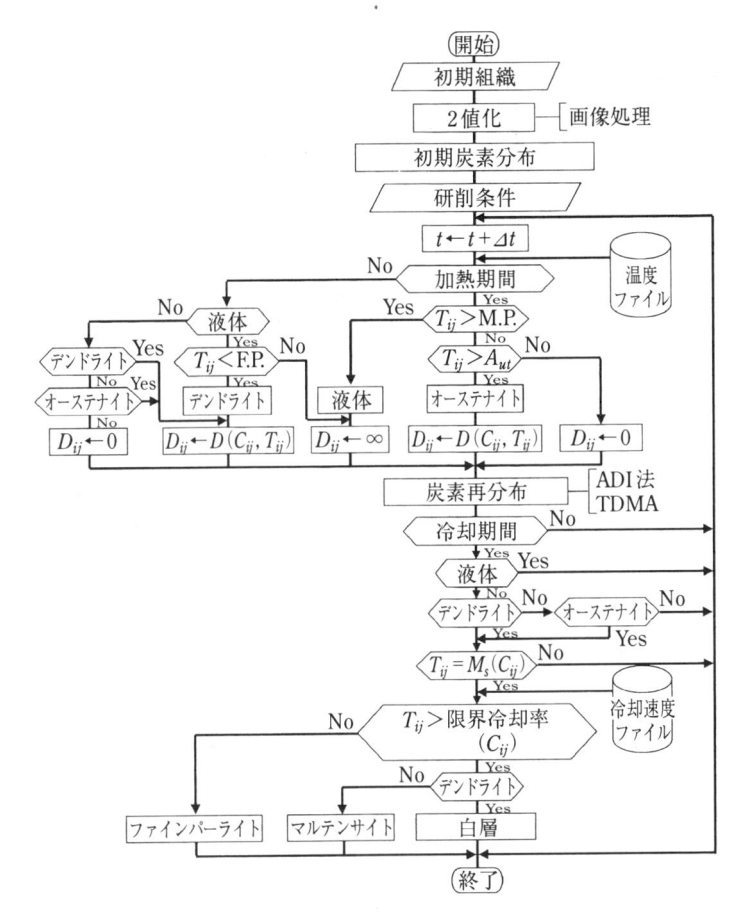

図6.4 組織変化過程のシミュレーション用フローチャート（M.P.：溶融点）

6.1.3 コンピュータシミュレーションシステム

本システムは，ワークステーション「SPARC station 2」，パーソナルコンピュータ「PC-9801 DA」，ビデオ入力表示ボード「SuperCVI」，ビデオカメラからなる．

ビデオカメラは，工作物の初期顕微鏡組織を入力するのに用いる．入力されたパーライトとフェライトの2相混合組織は，ビデオ入力表示ボードを介しパーソナルコンピュータ上で画像処理して，パーライトは1，フェライトは0のように2値化し，初期データとする．

先に述べた熱伝導，オーステナイト中の炭素拡散およびマルテンサイト変態の具体的な数値計算にはワークステーションを使用する．温度履歴に伴う炭素濃度分布と組織変化の計算結果は，ワークステーションのディスプレイ上に擬似カラーで表示される．

6.2 亜共析鋼の加工層組織の計算結果

表 6.1 に示す研削条件の下で研削を行う場合について，組織変化過程のシミュレーションを行った結果について述べる[6),7)]．

表 6.1 研削条件

砥石	WA60ⅠmV
砥石直径 D	205 mm
砥石周速度 V_s	1 800 m/min
工作物速度 v_w	5 m/min
切込み d	80 μm
研削幅 B	10 mm

6.2.1 温度分布

熱源に固定した座標系に対して定常状態にある半無限体の熱源近傍の温度分布を図 6.5 に示す．具体的な数値計算に当たり，連立1次方程式 (6.6) は SOR 法を用いて解いた．そのとき，加速係数は 1.25 とし，初期温度は 293 K とした．また，図 6.2 における領域長さ M, N はそれぞれ 60 mm, 7 mm にとり，格子点 m, n はそれぞれ 600, 40 とした．研削に伴う工作物への流入熱量は，この場合，参考文献[5)]により $Q = 5.54$ kW とした．

熱源形状は，

$$q(x) = \frac{Q}{\left(\frac{2}{35} - \frac{3\pi}{256}\right) aB} \cdot \left(\frac{x}{a} - 1\right)\left(\frac{x}{a} + 1\right)^2 \left(\frac{x}{a}\right)^3 \sqrt{1 - \left(\frac{x}{a}\right)^2}$$

(6.12)

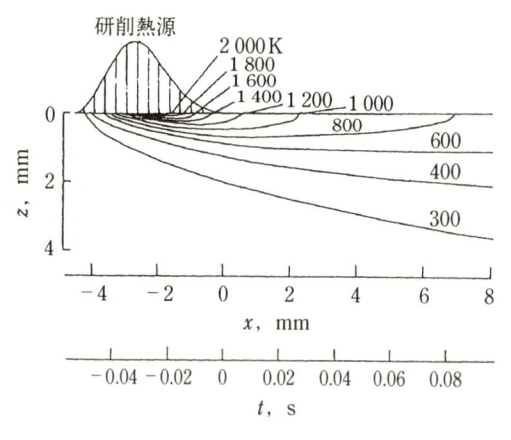

図 6.5 平面研削による工作物内の温度分布
（研削条件は表 6.1 による）

なる関数を仮定した．ここで，a は熱源幅である．

このとき最高温度は約 2 000 K で，熱源中心よりやや後方に位置している．図6.5における時間スケールは，同じ温度分布を工作物に固定した座標系から眺めたとき，深さ方向の温度の時間的変化を表すためのもので，以下に示す組織変化のシミュレーション結果における時刻を表している．$t=0$ は砥石回転軸中心の通過時刻としている．

6.2.2 組織変化のシミュレーション

鋼材 S45C について，図6.5の温度分布をもとに組織変化過程のシミュレーションを行った結果を示す．それぞれの材料の化学成分は，表6.2に示すとおりである．

組織変化過程の数値計算では，図6.3の格子サイズを $1\,\mu\text{m} \times 1\,\mu\text{m}$ とし，時間刻み $\varDelta t$ は 1.2 ms にとった．数値計算に当たり，S45C 材の母材組織の顕微鏡写真を，あらかじめビデオカメラにより幅 240 μm，深さ 640 μm の範囲にわたって入力し，パーソナルコンピュータで2値化した後，ワークステーションに転送した．

表6.2 工作物の化学組成（100 wt%）

	C	Si	Mn	P	S	Cu	Ni	Cr
S45C	45	18	68	1.9	1.5	6	5	12

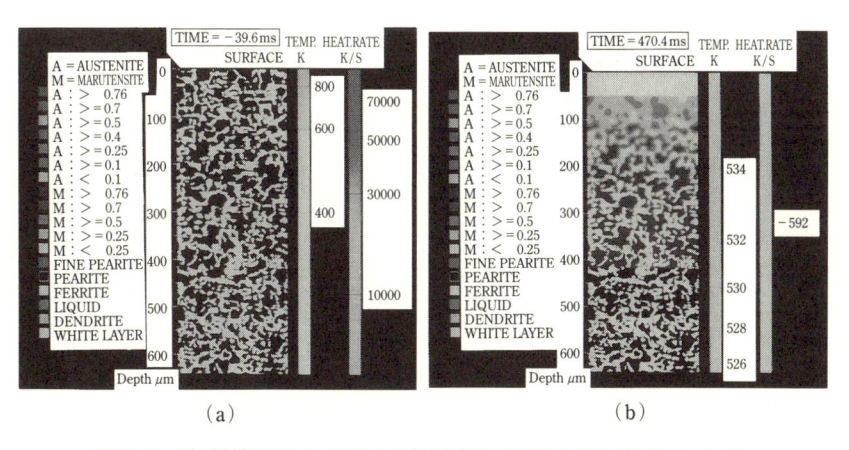

図6.6 平面研削による S45C の組織変化（研削条件は 表6.1による）

図6.6は，S45C材について数値計算で得られた組織と炭素濃度分布が時間とともに変化する様子を同一ディスプレイ上に表示した画像写真である．本書では白黒表示としたが，原著論文では，次のように表示画像は組織と炭素濃度に応じて18色の擬似カラーを用いて表示されている．

パーライトとフェライトは，それぞれ黒と白で表示されている．オーステナイトとマルテンサイトは，地形図的な表示がされている．オーステナイトは，炭素濃度によって7段階に色分けされ，陸系統の色（茶，黄，緑）を用いて表されている．マルテンサイトは，炭素濃度によって5段階に色分けされ，海系統の色（青）を用いて表されている．フェライトがマッシブ変態によってオーステナイト化したものは，特にフェライトとは区別せず，白のまま表示されている．微細パーライトは赤で示されている．溶融相は桃色，デンドライト相と白層はそれぞれ浅緑と薄い灰色で表示されている．また，各時刻における温度，加熱速度（または冷却速度）も帯状に図示されている．縦軸は研削仕上げ面からの深さを示す．画面上に表示してある時刻は，図6.5で示した時間スケールと対応している．厳密な組織変化の色と時間との対応は，精密工学会誌〔第59巻，8号（1993）p.1288〕を参照してほしい．

図6.6 (a) は，まだ A_1 点に達していない初期組織の状態である．表面近傍の加熱速度は約 7×10^4 K/s である．次に，研削開始 $t = -31.2$ ms 経過すると，表面近傍の温度は約 1600 K に達している．深さ約 140 μm までが A_1 点に達して，パーライトがオーステナイト化している．表面近傍では炭素拡散が始まっている．さらに研削が進むと，深さ約 50 μm あたりまでの領域が融点に達して溶融層が生成する．深さ方向への A_1 変態も進行するとともに，溶融層直下のオーステナイト中では炭素拡散が一段と進む．その後，流入熱量が減少するにつれて表面近傍は急速な冷却過程に入り，$t = -13.2$ ms 経過すると，溶融層の下方から順次急冷凝固してデンドライト相が生成していく．表面近傍の冷却速度は約 3×10^4 K/s である．深さ方向への A_1 変態は依然進行している．研削過程が終了し，冷却過程が進んで $t = 2.4$ ms に至ると，既に溶融層はすべてデンドライト相に変態しており，深さ方向への A_1 変態の進行もこのあたりで終了して，熱影響部の深さが決まる．この場合，深さは約 420 μm である．温度の低下に伴って拡散係数が小さくなるため，このあたりではオーステナイト中

の炭素濃度の変化はほとんど見られない．

その後，さらに冷却が進むと，極低炭素部分にファインパーライトが現れ，続いて M_s 点の高い低炭素部分にマルテンサイトが現れ始める．さらに温度が下がると，M_s 点の低い高炭素部分もマルテンサイト化するとともに，例えば $t=410.4$ ms になると，デンドライト相は，それを構成する極微細なオーステナイトがマルテンサイト変態して白層となる．そして，図6.6(b) の $t=470.4$ ms に至ると，マルテンサイト変態は終了し，最終的な組織が得られる．熱影響部の母材との境界付近ではほとんど炭素拡散が行われず，ほぼ共析成分のままのマルテンサイトが生成し，フェライトが残留する[6),7)]．

6.3 過共析鋼の加工層組織

一般に，研削加工変質層の成因は，機械的作用，熱的作用および化学的作用に大別できる．6.1節，6.2節[7)] において，亜共析鋼を対象として熱的作用に起因する加工変質層生成過程を説明した．すなわち，研削時の温度履歴に伴う相変態に注目し，A_1 変態，マルテンサイト変態といった組織変化過程と，オーステナイト均一化過程における炭素拡散を連成問題として系統的に理論解析した．さらに，CRT上に擬似カラー画像で解析結果を視覚化して表示するコンピュータシミュレーションシステムを構築した．

この説明を踏まえて，ここでは過共析鋼を対象として，熱的作用に起因する加工変質層生成過程の解説を行う．そして，6.1節と6.2節で説明したシミュレーションシステムを亜共析鋼から過共析鋼まで炭素鋼全般を取り扱えるように拡張する．

6.3.1 熱伝導解析

工作物を半無限体と考え，座標系の原点を熱源に固定して，工作物の移動方向に x 軸，深さ方向に z 軸をとる．工作物が x 軸方向に一定速度 v_w で移動する場合，研削開始直後と研削終了直前を除けば工作物内の温度は定常となり，熱伝導方程式

$$\nabla \cdot (K \nabla T) - v_w \cdot \nabla (\rho c T) = 0 \qquad (6.13)$$

を満足する．ここで，$T, K, \rho c$ はそれぞれ工作物の温度，熱伝導率および熱容量である．

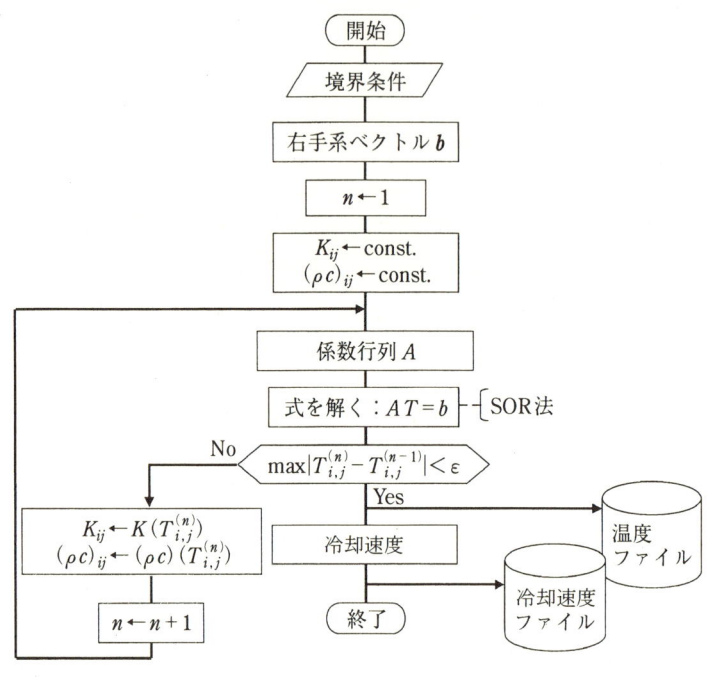

第6章 鋼の研削加工層の組織変化

```
開始
 ↓
境界条件
 ↓
右手系ベクトル b
 ↓
n ← 1
 ↓
$K_{ij}$ ← const.
$(\rho c)_{ij}$ ← const.
 ↓
係数行列 A
 ↓
式を解く：$AT = b$ ─ SOR法
 ↓
$\max|T_{i,j}^{(n)} - T_{i,j}^{(n-1)}| < \varepsilon$
 No→ $K_{ij} \leftarrow K(T_{i,j}^{(n)})$, $(\rho c)_{ij} \leftarrow (\rho c)(T_{i,j}^{(n)})$ → $n \leftarrow n+1$ →(ループ)
 Yes↓
冷却速度 →温度ファイル, 冷却速度ファイル
 ↓
終了
```

図6.7 熱流計算用フローチャート

6.1節，6.2節[7]と同様に，差分モデルとしてx軸方向には規則格子，z軸方向には対数格子をとり，材料の熱物性値の温度依存性を考慮して，式(6.13)を差分方程式に書き下ろす[1]．具体的な計算手順を図6.7にフローチャートで示す．ここで，添字i, jは格子点(i, j)の物性値であること，またnは連立方程式の反復解法（ここでは，SOR法を使用する）におけるステップ数を示す．

6.3.2 炭素拡散および組織変化の解析

(1) 炭素拡散

平面研削した鋼材で組織の差異が顕著なのはy-z面，すなわち研削方向に垂直な深さ方向である．これに対して，研削方向，すなわちx軸に平行な直線上の組織にはほとんど差異は見られない．このことは，平均的に見るとx軸方向の炭素拡散は相殺されると考えても十分であることにおけるを示している．そこで，ここでも6.1節，6.2節[7]と同様に，y-z面における2次元拡散モデルを採用する．

6.3 過共析鋼の加工層組織

いま，Fick の法則に従って炭素が拡散していくとすると，オーステナイト中の炭素濃度 C は場所と時間の関数となり，偏微分方程式

$$\frac{\partial C}{\partial t} = \nabla \cdot (D \nabla C) \tag{6.14}$$

を満足する．ここで，D はオーステナイト中の炭素の拡散係数である．

炭素の拡散係数の温度および炭素濃度依存性を考慮するため，ここでも差分法を用いる．図6.8に差分モデルを示す．対象とする領域は A_1 点以上に達するようなごく狭い範囲なので，x, y 方向ともに規則格子を用いる．そして，式(6.14)をコントロールボリューム内で積分し，ADI法を適用して差分方程式に書き下ろす．差分方程式は6.1節，6.2節[7]と同様であるので省略する．なお，ここでは A_1 点を1 000 K，共晶点を1 444 Kとし，最高温度が共晶点に達するまでの研削を対象とする．

▨：パーライト □：セメンタイト

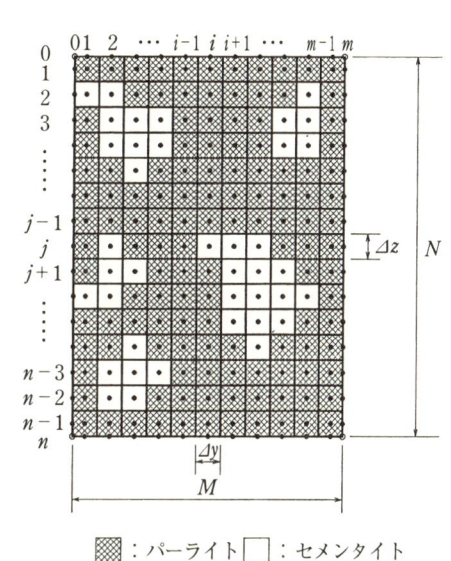

図6.8 オーステナイト中の炭素再拡散計算のための格子系

セメンタイトの分解における炭素濃度分布は，図6.9 (a) のような亜共析鋼におけるオーステナイト中の炭素分布と異なり，図 (b) のようになる．図において，縦軸は炭素濃度，横軸はそれぞれ旧パーライト粒とセメンタイト粒（いずれも初期炭素濃度分布を点線で示している）中心からの距離を表す．オーステナイトの最大炭素固溶量 C_{cm} は，温度上昇に伴い平衡状態図の A_{cm} 線に沿って0.77％Cから2.14％Cまで増加するが，パーライト分解した亜共析鋼の炭素濃度は0.77％C以下であり，旧パーライト粒とマトリックスの界面における炭素濃度分布は滑らかとなる〔図6.9 (a)〕．セメンタイトの炭素濃度は6.67％Cで，オーステナイトの最大炭素固溶量 C_{cm} より大きいので，セメンタイト分解における炭素濃度分布はセメンタイトとマトリックスの境界において不連続

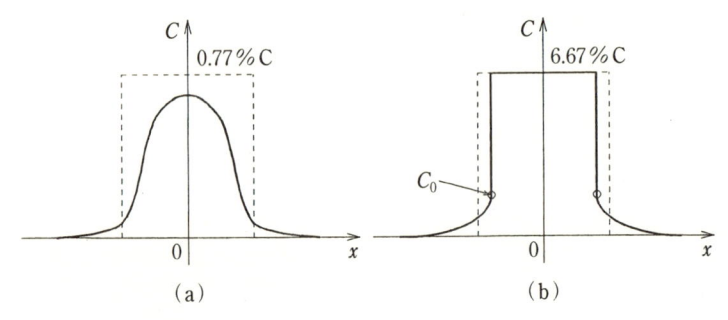

図6.9 亜共析鋼（a）の場合のオーステナイトにおける炭素再拡散および過共析鋼（b）の場合のセメンタイト分解過程

となる〔図6.9(b)〕．したがって，セメンタイトの分解過程は，いわゆる移動境界問題であって，厳密にはやっかいな計算を必要とすることになる．ここでは，以下のような解析モデルを考案し，取扱いを比較的簡単化して計算することにする．すなわち，差分モデルにおいて各温度でのセメンタイト最外層（マトリックスと接する格子点）の数値計算上の炭素濃度は，A_{cm} 線を近似した次式で与えられるオーステナイトと考える．

$$C_{cm} = 3.086 \times 10^{-3}(T - 1000) + 0.77 \quad (1000 \leq T \leq 1444),$$
$$C_{cm} = 0.77 \quad (T < 1000) \tag{6.15}$$

その格子点の炭素拡散係数は，各時刻の温度と C_{cm} から求めた値を用い，差分方程式を解く（セメンタイト内部の格子点からその格子点への炭素拡散はない）．そして，Δt 間にその格子点からマトリックスへ流出した炭素量を求め，格子点の初期炭素濃度から逐次減じることによって各時刻の炭素濃度を求めていく．炭素濃度が C_{cm} を下回れば，セメンタイト分解は一つ内部の格子点まで進展することになる．

(2) マルテンサイト変態

冷却過程に入ると，オーステナイトはおおむねマルテンサイトに変態する．マルテンサイト変態を開始する温度 M_s 点は鋼材の化学成分に依存し，次式で与えられる[4]．

$$M_s(\text{K}) = 811 - 317\text{C} - 33\text{Mn} - 28\text{Cr} - 17\text{Ni} - 11\text{Si} - 11\text{Mo} - 11\text{W} \tag{6.16}$$

ただし，式中の元素記号はその元素の重量％を示す．図6.4の各格子における

6.3 過共析鋼の加工層組織

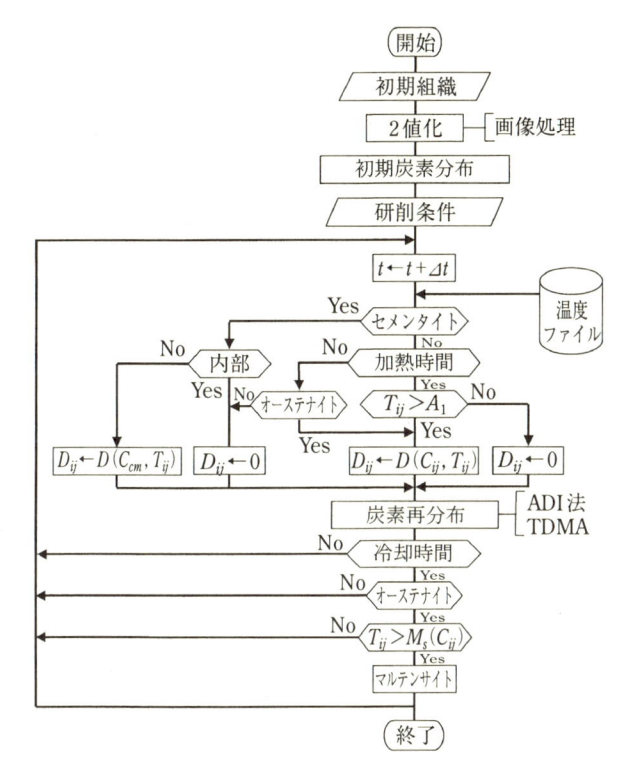

図6.10 組織変化過程のシミュレーション用のフローチャート

炭素濃度と，ほかの元素成分を上式に代入することによって，その格子点の各時刻における M_s 点を求めることができる．

オーステナイトの炭素濃度が高くなると，室温に至っても M_s 点に達せず残留オーステナイトとなる．その炭素濃度は，式 (6.16) より鋼材の化学成分に応じて決まり，それ以上では最終組織においてオーステナイトとなる．

以上の組織変化過程の解析手順は，一つの格子点について記述すると，図6.10のフローチャートのように表される．

6.3.3 コンピュータシミュレーションシステム

本システムは，ワークステーション「SPARC station 10」，パーソナルコンピュータ「PC-9801 DA」，ビデオ入力表示ボード「SuperCVI」およびビデオカメラからなる．

ビデオカメラは，工作物の初期顕微鏡組織を入力するのに用いる．入力されたパーライトとセメンタイトの2相混合組織は，ビデオ入力表示ボードを介しパーソナルコンピュータ上で画像処理して，パーライトは1，セメンタイトは0のように2値化し，初期データとする．

先に述べた熱伝導，オーステナイト中の炭素拡散およびマルテンサイト変態の具体的な数値計算にはワークステーションを使用する．温度履歴に伴う炭素濃度分布と組織変化の計算結果は，ワークステーションのディスプレイ上にカラーで表示する．

6.3.4 シミュレーション

ここでは，化学成分が表6.3のような過共析鋼「JIS SK4」を表6.4に示す研削条件のもとで研削を行う場合について，組織変化過程のシミュレーションを行った結果について述べる．

表6.3 工作物の化学成分（100 wt%）

	C	Si	Mn	P	S	Cr
SK4	103	35	96	0.011	0.002	38

表6.4 研削条件

砥石	WA60ImV
砥石直径 D	350 mm
砥石周速度 V	1 680 m/min
工作物速度 v_w	5 m/min
切込み d	60 μm
研削幅 B	10 mm

（1）温度分布

熱源に固定した座標系に対して定常状態にある半無限体の熱源近傍の温度分布を図6.11に示す．具体的な数値計算では，SOR法における加速係数を1.25とし，初期温度は293 Kとした．解析領域は，6.1節，6.2節[1]と同様にx方向，z方向をそれぞれ22 mm, 7 mmとし，格子点は各方向に220と40の総数8 800とした．研削に伴う工作物への流入熱量は，この場合参考文献[5]によりQ=1.554 kWとした．熱源形状は

$$q(x) = \frac{Q}{aB\int_0^1 f(\xi)\,d\xi} f\left(\frac{x}{a}\right) \quad (6.17)$$

なる関数を仮定した．ここで，$f(x) = x^2(1-x^2)^{1/4}$であり，aは熱源幅である．

このとき最高温度は約1 400 Kで，熱源中心よりやや後方に位置している．図における時間スケールは，同じ温度分布を工作物に固定した座標系から眺め

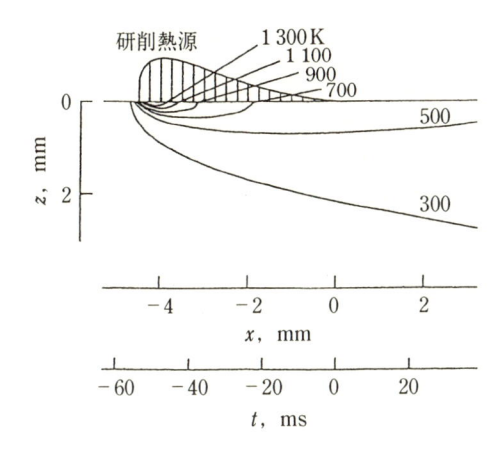

図 6.11 平面研削による工作物内部の温度分布
(研削条件は 表 6.4 による)

たとき,深さ方向の温度の時間的変化を表すためのもので,以下に示す組織変化のシミュレーション結果における時刻を表している.$t=0$ は砥石回転軸中心の通過時刻としている.

(2) 組織変化のシミュレーション結果

組織変化過程の数値計算では,図 6.8 の格子サイズを 1 μm × 1 μm とし,時間刻み Δt は 1.2 ms にとった.数値計算に当たり,SK4 材の母材組織の顕微鏡写真を,あらかじめビデオカメラにより幅 240 μm,深さ 300 μm の範囲にわたって入力し,パーソナルコンピュータで 2 値化した後,ワークステーションに転送した.

図 6.11 の温度分布をもとに SK4 の組織変化過程のシミュレーションを行った結果を 図 6.12 に示す.図は,組織と炭素濃度分布が時間とともに変化する様子を同一ディスプレイ上に表示した画像写真で示している.本書では白黒表示としているが,原著論文[7]では,次のように組織と炭素濃度に応じて 12 色の擬似カラーを用いて表示してある.

パーライトとセメンタイトは,それぞれ黒と白で表示されている.オーステナイトとマルテンサイトは地形図的な表示がなされている.オーステナイトは,炭素濃度によって 6 段階に色分けされ,陸系統の色(茶,黄,緑)を用いて表されている.マルテンサイトは炭素濃度によって 4 段階に色分けされ,海系

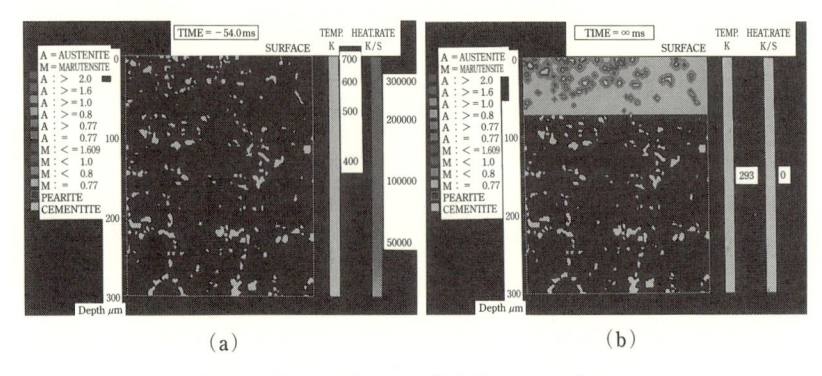

図6.12 平面研削に基づく SK4 の組織変化（研削条件は 表6.4による）

統の色（青）を用いて表されている．各時刻における温度，加熱速度（または冷却速度）も帯状に図示されている．各研削時刻におけるカラー表示と組織変化の厳密な対応は，原著論文を参照してほしい．

図6.12 (a) は，まだ A_1 点に達していない初期組織の状態である．表面近傍の加熱速度は 約 $3 \times 10^5 \mathrm{K/s}$ である．次に研削時間 $t = -51.6\,\mathrm{ms}$ では，表面近傍の温度は約 1 300 K に達している．深さ 約35 μm までが A_1 点に達していて，パーライトがオーステナイト化している．表面近傍ではセメンタイトの最外層から急速に炭素拡散が始まっている．さらに時間が経過すると，例えば $t = -50.4\,\mathrm{ms}$ のように一段と炭素拡散が進むとともに，A_1 変態は深さ方向へ進行して 約55 μm までパーライトがオーステナイト化している．表面近傍は，わずかに冷却過程に入っている．冷却過程が進んで，仮に $t = -33.6\,\mathrm{ms}$ になると，深さ方向への A_1 変態の進行は深さ 約70 μm あたりまでで終了し，熱影響部の深さが決まっている．この段階では，まだオーステナイトのマルテンサイト変態は生じていない．なお，セメンタイトの近隣では炭素濃度が相対的に高く，拡散係数が比較的大きいため，亜共析鋼の場合[7]と異なり，熱影響部の母材との境界付近でも比較的炭素拡散が起こることがわかる．

マルテンサイトは，A_1 点の高い低炭素のオーステナイトから生成し始め，温度の低下とともに次第に高炭素のマルテンサイトが生成するようになる．さらに研削時間が経過し，$t = 43.2\,\mathrm{ms}$ では0.8％C以下のオーステナイトが M_s 点に達し，マルテンサイト変態している．図6.12 (b) に至ると，M_s 点が室温以上で

ある炭素濃度のオーステナイトはマルテンサイト変態を終了する．SK4材の場合，式 (6.16) より計算上約 1.609% C 以上のオーステナイトは，セメンタイトの周囲にリング状に残留する．このような過程を経て最終的な組織が決定する．

　以上のようなシミュレーションによって，過共析鋼，共析鋼においても亜共析鋼と同様に，加工変質層生成過程を画像により視覚的にシミュレーションすることができるようになった．これにより，研削条件や材種が異なった場合でも，熱影響層の組織や炭素濃度分布を予測することができる．

参考文献

1) 日本機械学会 編：相変態と材料挙動の数値シミュレーション（大村悦二），コロナ社 (1991) p. 142.
2) C. Wells, W. Bats and R.F. Mehl : "Diffusion Coefficient of Carbon in Austenite", Trans. AIME, 188 (1950) p. 553.
3) 鈴木春義：最新溶接ハンドブック，山海堂 (1977) p. 227.
4) 金属熱処理技術便覧編集委員会 編：金属熱処理技術便覧，日刊工業新聞社 (1961) p. 25.
5) 江田　弘・貴志浩三・橋本　聡：「研削白層の生成機構」，日本機械学会論文集（C編），**46** (1980) p. 970.
6) Milton C. Shaw : Principles of Abrasive Processing, Oxford Univ. Press (1996) p. 293.
7) 大村悦二・山内　忍・江田　弘：「研削加工における組織変化過程のコンピュータシミュレーション－研削加工変質層の総合的研究（第1報）－」，砥粒加工学会誌，**37** (1993) p. 273.

第7章 研削白層

7.1 加工層の白層

　白層は，穴あけ加工，フライス加工，リーマ加工などの切削加工，研削加工および摩擦・摩耗などが過酷な条件で行われる場合に，各種材料に生成する[1]．ほかに，電解や放電加工による加工面表皮，および過酷な稼動条件にさらされた軸受接触部にも認められる[1]．白層に関する従来の知見は，摩耗については，加工硬化説や塑性流動下での局部溶融層の急速凝固によるマルテンサイトと非晶質組織の混合生成物[2]などとされ，また切削，研削については，急冷による再焼入れマルテンサイト相[1]の生成などと定性的な説明がなされている程度である．このようなことから，白層の組織構成およびどのような条件のもとで生成するかなどの定量的把握はこれからの問題とされていた．

　本章では，著者らの研究によってほぼ解明できたので，その内容を述べる．この組織生成も機械的エネルギーと熱的エネルギーから説明することができる．この組織の生成機構をよく理解できるとともに，機械材料および加工条件などの作業過程がよくわかるように，白層の生成に至るプロセスから説明を始める．

7.2 白層の生成条件

　被削材は，研削幅 6 mm，研削長さ 50 mm，高さ 15 mm の寸法を持ち，化学組成で 0.90 % C，0.30 % Si，0.93 % Mn，0.22 % P，0.09 % S，0.06 % Cu，0.12 % Ni を含む焼入鋼である．焼入れは，無酸化炉中で 900 ℃，1時間保持し，50 ℃の焼入れ油に急冷却して H_V = 850〜900 の硬さを得た．研削実験は，NC平面研削盤，砥石「WA60LmV（砥粒率 45.6 %，ボンド率 10.5 %，結合度 0.63）」を用い，砥石周速度 V_s = 2 370 m/min，工作物速度 v_w = 2〜30 m/min，切込み d = 10〜160 μm，ドレッサ送り速度 0.8 m/min，ドレッサ切込み 10 μm × 2回の条件で，上向きと下向きの乾式研削を行った．白層の組織は EPMA および X線回折による分析によったが，必ず SEM および2段レプリカ法による

TEM観察を併用して調べている.

まず,白層の生成と研削条件から説明する.過酷な研削条件を与えるほど白層がより多量に生成するとするField ら[1]の実験結果を受け入れれば,高切込み,高送り速度を与えるほど顕著に現れることになる.いま,工作物速度 $v_w =$ 6 m/min 一定とし,切込み d を 10 μm から 160 μm の範囲で 10 μm ごとに変えて白層の有無を調べたところ,$d = 50 \sim 60$ μm と大になったところで生成した.他の v_w についても同様に調べたところ,v_w を増すよりはむしろ低速の v_w において d を大にした方がより大きな影響を及ぼすことが明らかとなった.これの物理的理由は後に述べるが,このことは v_w の増加が白層生成に必要な熱量($\alpha' \to \gamma$ 変態に必要な量)を与える以前に研削熱源が移動してしまうことを示唆している.

例えば,白層生成開始付近の切込み $d = 70$ μm を選定したとき,白層の厚さは工作物速度 v_w に対して図7.1に示すように変わる.白層は v_w の増加に伴ってある v_w で生成するが,以後,最大→消滅という量の変化を示す.また,$d = 60$ μm に減じたときも同様であるが,発生時期が高速側に移行するだけで70 μm の場合と同じような振舞いを示す.$v_w = 18$m/min と 24 m/min での研削温度分布の違いは,v_w が 24 m/min より大になるにつれて,750℃以上の温度分布をとる深さが著しく研削面表皮に近づいてくるためである.この理由は,砥石系剛性による弾性変位のためである.

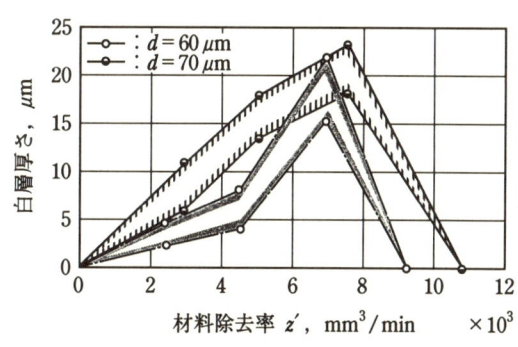

図7.1 研削白層の厚さ

一般に,d,v_w の増加に伴い研削量は増え,研削温度,研削熱量も増大するが,本実験の場合には八角形弾性リングや砥石軸頭の弾性変位により工作物が逃げ,設定切込みが得られないことや v_w が高速側に向かうほど砥石の上すべり量が大となるなどから,研削熱流入量は次第に低下することになる.つまり,高速側に移行するほど白層生成に必要な熱流入量に到達する以前に熱源

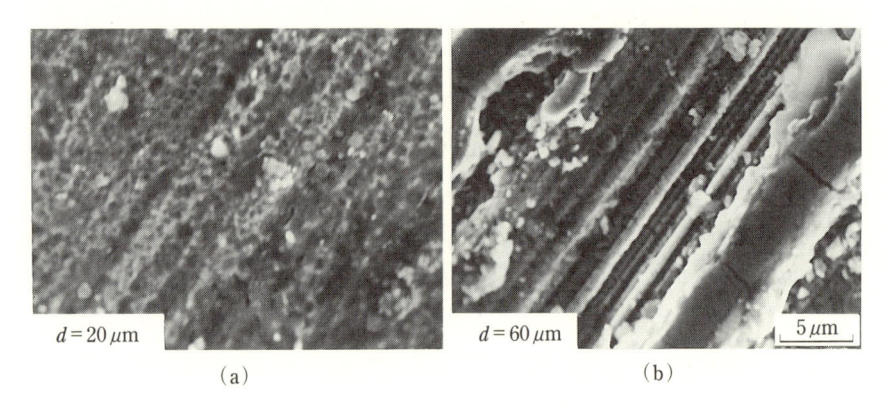

(a) $d=20\,\mu m$　　(b) $d=60\,\mu m$　　$5\,\mu m$

図7.2　研削表面の劣化状況

（砥石）が通過し，また白層生成に必要な研削温度が研削面表皮に限られてくるなどの理由から，ある高速値 v_w で消滅することになる．このことは，熱流入量のみから白層生成云々は説明できないことも示唆している．例えば，v_w がより低速になるほど流入熱 Q は増えるにもかかわらず生成しない．詳細は後述するが，基地 α 相が γ 相に変態する温度に到達しないからである．したがって，この研削温度をとることが必要条件である．

ここで，研削焼け発生に要する熱量を Malkin[3] が提示した式に代入して算出してみると，この材料の場合，約 1.7 kcal/min で生ずることになる．一方，$v_w=6$ m/min，$d=60\,\mu$m で白層が発生するときの全研削熱量 Q $[Q=F_t(V_s+v_w)\tau/J]$（F_t：接線研削抵抗，τ：研削時間，J：熱の仕事当量）を求めると約 20 kcal/min となり，研削焼け発生はもとより溶融流動（図7.2の長板状形の例）することもあると考えられるほど大きな値を示した．

以上のほかに予備的な実験も行って調べたところ，白層は，湿式研削よりも乾式において，また砥粒径が小粒化するほど，かつ硬い砥石ほどというように，研削領域が熱的に厳しい状態にさらされる条件ほどより発生する傾向を示す．

7.3　研削熱量と研削温度の効果

切込みが $d=60\,\mu$m 以上の白層生成時の研削表面は，図7.2に示すように研削焼けの状態を通り越して，7.2節で指摘したように溶融流動を起こしたよう

な状況を呈する．この長板状形の流動片は，研削方向と直角方向にき裂を発生させるが，X線分析すると基地よりC量が低濃度化し，FeO，Fe_3O_4 を多量に含む組織に変化している．

次に，白層生成と研削温度との関係を調べるために，本実験装置を用いて測定した研削温度分布を図7.3に示す．図中の白層の厚さは，顕微鏡観察と硬さ測定から深さを求めているが，マイクロビッカース硬さの圧子は白層を時々破

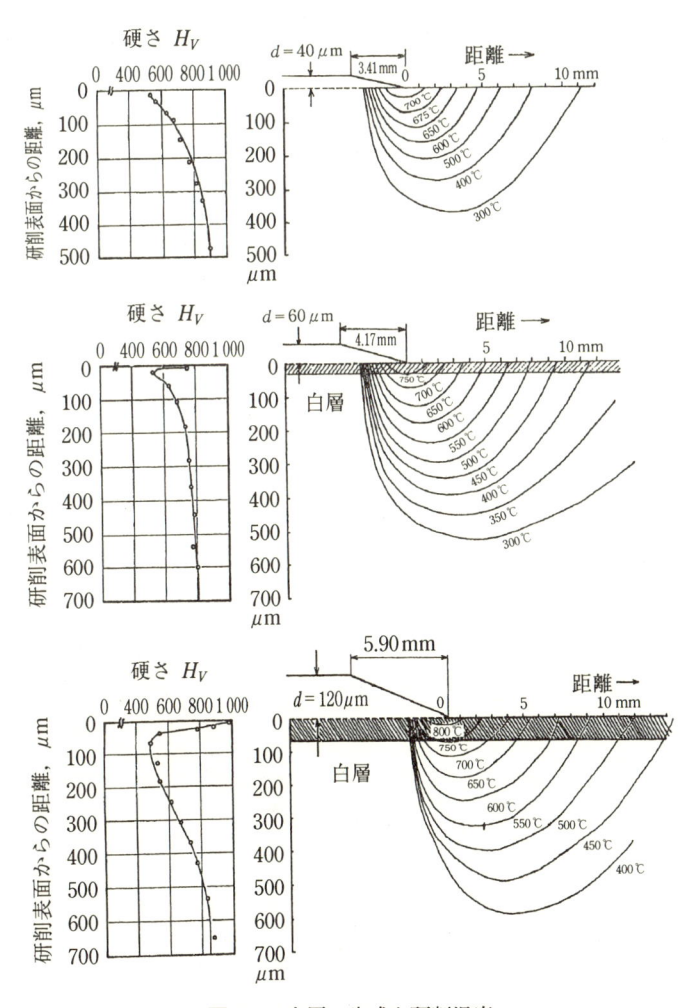

図7.3　白層の生成と研削温度

壊するために，表面近傍では少々の誤差を含む．図から，白層は研削温度が約750℃以上の温度分布をとる領域に生成していることが明らかにわかる．例えば，図7.3の例も含めて，白層とその下層の焼戻し層との境界温度を切込み d に対して示すと，$d=60, 70, 80, 90, 100, 110, 120 \mu m$ のとき，同順に750，750, 750, 755, 770, 780, 750℃をとる．この温度は，本実験材料0.90％C鋼の A_1, A_3 変態点（本材料では，$A_1 \fallingdotseq A_3 \fallingdotseq 720℃$）よりやや高温度をとるから，$\gamma$ 鉄の温度に相当する．この温度は，相変態を終了し，$\alpha' \to \alpha$ 相に達していることを意味する．

次に，研削熱量 Q と白層の厚さ S との関係を示すと，図7.4のようになる．また，厚さ S と 切込み d との関係は，$S = 20 + d^{(0.8〜1.0)}$ （$d \geqq 50 \mu m$, $v_w = 6$ m/min）で表される．白層は研削量 $Z = 18$ mm^3 付近から生成しているが，このときの研削熱量 Q は18 kcal/min であった．$Z = 18$ mm^3 のときの白層は識別がなかなか困難であるが，$Z = 21$ mm^3 になると明瞭な白層が現れ，そのとき必ず溶融流動片を伴っていた．Q と S との関係は，$v_w = 6$ m/min のみならず，18, 24, 30 m/min についても調べているが，やはり $Q = 18$ kcal/min で研削温度を750℃以上とるときに発生する．ただし，図7.1に示したように，同一の d 値に対する v_w の増加は，研削温度分布を次第に研削面表皮に向けて浮上させるような分布をとるために，γ 相に至る温度領域を次第に狭める．そのため，白層はある v_w の増加値から減少し始める．

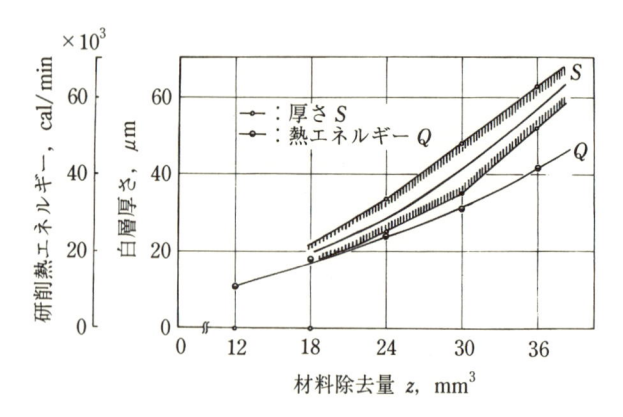

図7.4 研削熱量と白層の厚さ

以上は上向き研削であるが，これより研削の厳しさを緩和した下向き研削の場合を行うと，例えば $v_w = 6$ m/min のとき，白層は $d = 120$ μm に増大したときにはじめて出現した．このとき，研削表面下 50 μm の深さで研削温度が 760 ℃ をとり，その深さまで白層が現れる．このときの研削熱量は 約 20 kcal/min である．つまり，$V_s + v_w$ とすることは，砥石-工作物の接触時間を減ずることであるから，当然，研削熱流入量を低下させることになる．したがって，下向き研削の場合は，かなり高切込みを与えないと白層生成に必要な熱量と温度を供与できないことになる．

以上の結果，白層は研削温度が 約 750 ℃ 以上となるような分布深さにおいて，研削熱が 約 18 kcal/min 以上流入するような研削条件を与えられたときにはじめて生成することを意味している．7.3 節でより詳しく説明するが，この条件はこの材料の A_3 変態点相当以上の温度であり，しかも $α'$ 相から $γ$ 相に十分に変態できるだけの熱エネルギー（18 kcal/min）を与えられたときの研削条件に一致している．

7.4 白層の組織と成分

7.4.1 白層の組織

従来，白層の内部組織の観察と分析はあまり詳細に示されていない[1]．図 7.5 は，丹念に電解研磨と腐食を繰り返して撮影した白層組織（表面から下 約 50 μm の範囲）と焼戻し（表面下 50 μm から 1 000 μm）組織とその層の一部を示す．白層は，非常に微細な $α$ 相と析出炭化物 Fe_3C 相からなることがまず指摘できる．次に，その下層の焼戻し層には，白層に近いほど析出した微細結晶 Fe_3C を含むソルバイト組織が，さらにその下層に向かうにつれてトルースタイト組織が認められる．この組織には，いずれも焼戻しマルテンサイト（$α'$）相が混在している．

図 7.6 は，焼戻し層のソルバイト［図 (b)］，トルースタイト［図 (c)］組織と比較して白層組織［図 (a)］を示す．明らかに白層［図 (a)］には $γ$ 相が図 (b)，(c) に比べると多く，その粒界もはっきり現れ，かつ $γ$ 相は微細に再結晶を終了していることがわかる．この相は，$γ$ 相化温度に達してはじめて現れたと理解できる．ほかに前述したように，微細な $α$ 相と Fe_3C 相が認められる．次

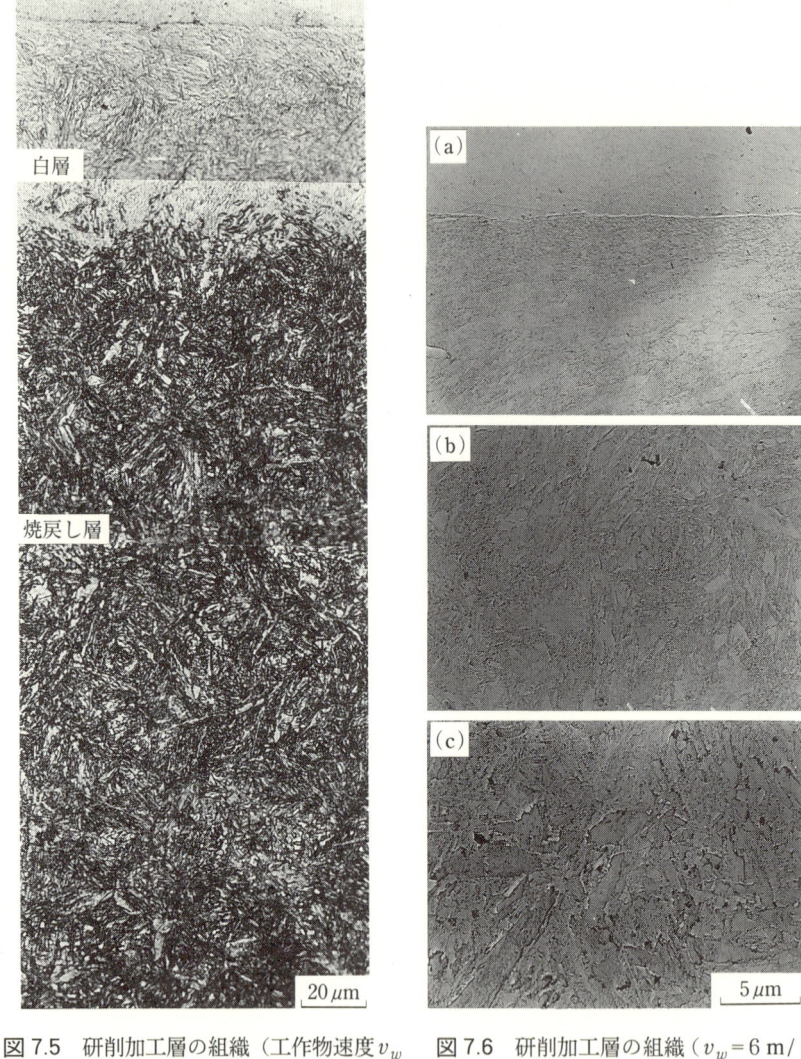

図7.5 研削加工層の組織（工作物速度 v_w = 6 m/min, 切込み d = 80 μm）

図7.6 研削加工層の組織（v_w = 6 m/min, d = 80 μm）

に，図 (b) には，α 晶から微細な Fe_3C が多量に析出していることと，γ 相が白層に比べると減少している様子が認められる．また，図 (c) には形の崩れた α 晶と微細な Fe_3C の析出粒子，および図 (b) よりは γ 相を多量に含む混合組織（いわゆるトルースタイトと焼戻しマルテンサイト α' の組織）が認められる．

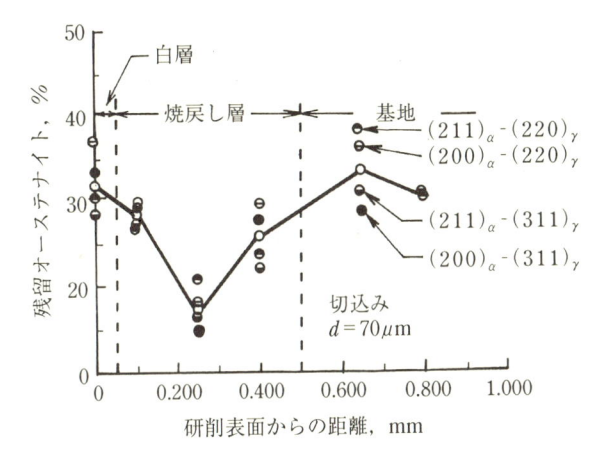

図 7.7　研削加工層の残留オーステナイト量

これより，下層になるにつれて，純然たる焼戻し相，つまり α' 相＋析出 Fe_3C ＋γ 相となり，ついには基地の α 相＋ Fe_3C ＋γ 相となる．

7.3節で，白層は A_3 変態点以上の温度をとり，α から γ 相に十分に変わるだけの熱量（約18 kcal/ min）を得たときに生成すると推定したが，図7.7に示すとおり白層の残留オーステナイト γ_R 相は基地とほぼ同一量の γ_R 量を含むことが，$(211)_\alpha$, $(200)_\alpha$ の α 鉄と $(220)_\gamma$, $(311)_\gamma$ の γ 鉄との比較においてわかる．また，その下層の焼戻し層の γ_R は約10％程度に減少しているが，このことは $\gamma_R \rightarrow$ ベーナイト変態があったことを意味している．この結果は，図7.6 (b) において指摘した上部ベーナイト組織の生成と一致する．したがって，白層は，一度は必ず γ 相化温度に到達していなければ，以上述べた組織は生成しないことになるので，そこではじめて γ_R 相の再結晶およびそれに伴う微細 α 相の生成が可能となる．

以上整理すると，白層は α 相（再焼入れマルテンサイト）＋α' 相（焼戻しマルテンサイト）＋γ_R 相（残留オーステナイト，再結晶終了）＋微細な析出 Fe_3C 相〔α マルテンサイト晶から自己焼戻し（self tempering）によって2次炭化物が析出〕，焼戻し層は，α' 相＋γ_R 相（γ_R は大幅に減少し，残りの大部分は分解して上部ベーナイト組織を呈す）＋ソルバイト組織（またはトルースタイト組織で微細な析出 Fe_3C 相を含む）の組織構成からなるとみなされる．

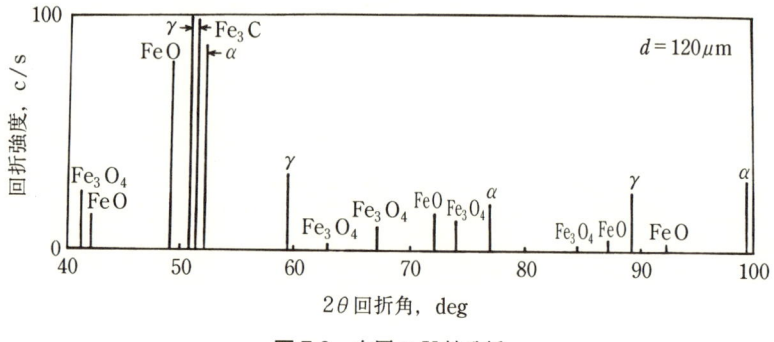

図7.8 白層のX線分析

7.4.2 白層の組成分析

例として扱っている0.9％C鋼の焼入れ硬さは，たかだか $H_V=900$ 程度である．ところが，白層は $H_V=1400$ というような高値を示す場合がある．そこで，この硬さ向上を担う因子を究明するために行ったのが図7.8に示すX線分析である．素材は，ある回折角 2θ の範囲において，52.1°(110)，77.0°(220)，99.4°(211) などの α 相と，50.9°(111)，59.5°(200)，89.3°(220) などの γ 相を持つが，白層はこのほかにFeO（厳密には $Fe_{1-y}O$，wüstite），Fe_3O_4（magnetite）などの鉄酸化物および Fe_3C 鉄炭化物に相当する回折面を示す〔Fe_2O_3（hematite）は認められなかった〕．この測定は，FeOの(111)，(200)，(311)，(220)，Fe_3O_4 の(311)，(210)，(422)，(333)，(510)，(620)，Fe_3C の(210) などについて行われ，例えば $d=10 \sim 140 \mu m$，$v=6 m/min$ のとき，$d=50 \sim 60 \mu m$ と大となったところで白層が現れ，そのときはじめて，FeO(200)で約 80 c/s，Fe_3O_4(210) で約 200 c/s，Fe_3C(210) で約 200 c/s というような回折強度を示すようになる．ここで，Fe_3C ($H_V \fallingdotseq 1200$) は別としても，FeO，Fe_3O_4 は $H_V=500 \sim 600$ であるから，白層硬さの向上の支配因子とはいえない．

次に，各元素の濃度変化を研削加工層近傍について調べた結果を図7.9に示す．白層近傍で融点の低いS，P元素などが低下し，Mn，C元素濃度が増大している．いままでの結果と合わせて考えると，注目すべきはC濃度の上昇である．例えば，図7.8のX線分析において白層が生成すると Fe_3C の出現が確認されたが，これとC濃度の変化は対応した変化を示す．図7.6などの一連の電

7.4 白層の組織と成分

顕観察からすると，白層より焼戻し層の方が Fe_3C が多く認められること，また白層の最表皮は完全な再焼入れ相になっていることなどから，Fe_3C はむしろ出にくいはずである．しかし，図7.6の一部に認められるように，自己焼戻し(self tempering)による2次的 Fe_3C の析出があることは前述のとおりである．

そこで，Fe_3C(210)面以外についてさらに詳細に調べたのが図7.10である．切込み $d=70\,\mu m$ と $140\,\mu m$ の例を基地と比較しているが，いずれも白層が生成すると $2\theta=67.5°$ の(121)面は異常な高回折強度を示す．これに関して，Fe_3C 析出のほかに高温，高圧下で瞬間的に生成したマルテンサイト

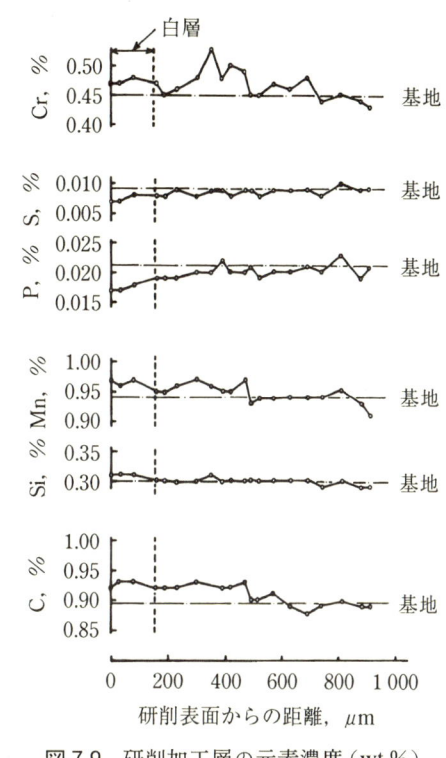

図7.9 研削加工層の元素濃度(wt%)
(切込み $d=140\,\mu m$)

がやや異なる結晶形態をとるのではないかとも考えられるが，出現の可能性を示唆する研究例は見当たらないので，この件については推測の域を出ない．

いずれにしても微細な2次的 Fe_3C〔図7.6(a)〕が析出していることから，白層の硬さ上昇に寄与していることは否定できない．ほかの硬さの向上要因として，図7.10に示す C元素濃度の増量がある．すなわち，白層において $\gamma\rightarrow\alpha$ 変態があまりにも瞬時に行われるために，一般の焼入れより過飽和にCを含有し，より硬く，微細なマルテンサイトを出現させることが考えられる．微細になることは，図7.6(a)において微細な再結晶 γ_R があることで明らかである[4]．

以上から7.3節の結論も含めて，白層は微細な α 相(C濃度増加) + α' 相 + 再結晶 γ_R 相 + 微細な Fe_3C 相 + FeO + Fe_3O_4 によって構成された組織となる．この場合，C元素の混入が外部から考えられるが，有機系の研削油剤などの研

削油は本実験では使用していないので可能性はない．また，一部に砥粒が脱落して白層に混在する場合があるが，これは白層生成有無にかかわらずに一般の研削面表皮に認められる現象である．

以上のようにして白層組織の全貌が明らかになった．まとめると，次のようになる．

(1) 研削白層は，A_3 変態点以上の γ 相化温度において，γ 相に十分に変態できるだけの研削熱量を得たときに研削熱の急冷過程で生成する．この変態が終了するまで，研削抵抗は研削条件に関係せず一定値をとる．すなわち，変態潜熱である．

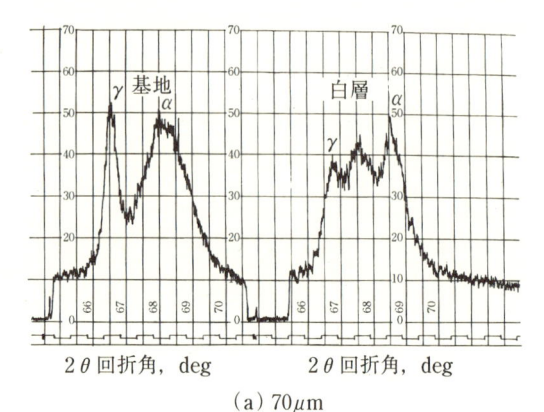

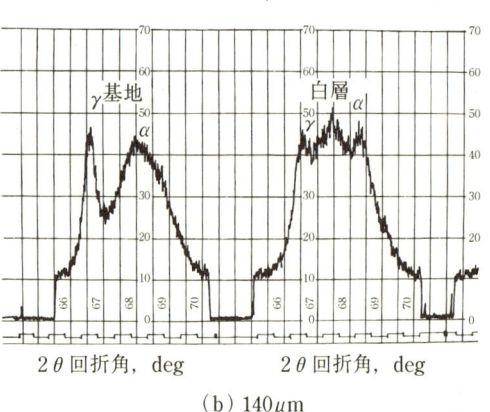

図 7.10 研削白層の Fe_3C 相の同定

(2) 研削白層は，微細な α 相（再焼入れマルテンサイト）＋ α' 相（焼戻しマルテンサイト）＋微細な γ_R 相（残留オーステナイト）＋微細な2次的 Fe_3C 相＋ Fe_3O_4 ＋ FeO からなる．

(3) 研削白層の硬さの増加は，主に微細な再焼入れマルテンサイトがC量を素材より過飽和に含有することによって起こるとみなせるが，微細な2次的 Fe_3C 相の析出による寄与もある．

(4) 研削白層の下層に生成する焼戻し層は，α' 相＋析出 Fe_3C 相＋ γ_R 相（一部ベーナイト組織に変わる）＋ソルバイト（またはトルースタイト）組織からなる．

参考文献

1) M. Field and J.F. Kahles : Ann. C.I.R.P., **20**, 2 (1971-4) p.1.
2) 山田：日本金属学会誌, **40**, 7 (1976-7) p.757 ; 石神・山中：日本金属学会誌, **4**, 7 (1977-7) p.639.
3) S. Malkin : Trans. ASME, Ser. B, **98**, 1 (1976-1) p.56.
4) H. Eda, E. Ohmura and S. Yamauchi : Ann. C.I.R.P., **42**, 1 (1993) p.389.

第8章 研削き裂

8.1 研削き裂について

これまでの研削き裂の検討は，工作物の焼入れ条件や砥石結合度などの砥石の影響，および研削油剤などの研削条件に対応した，いわゆる L.P. Trasov の研究の延長上にあるものがほとんどであった[1]．ここでは，き裂起源の潜在資質を含めて明らかにする必要性から，工作物の原点である金属組織生成にまで戻って，そこから研削き裂を眺めることにする．

そこで生まれた素朴な疑問は，非鉄金属や純金属などに比べて，なぜマルテンサイト組織に，しかも鋼により多く発生するのかということである．その一つの推測は，鋼のマルテンサイト変態は，一般に巨視的に観測できるほどの大きさに変形を発展させ，それも多数の原子運動との強い相関を持ったまま起こる相転移であるから，変態過程に研削き裂の起源となるような，いわば応力集中源に相当し，切欠き効果を生むような欠陥が生存するのではないかということである．

このような観点に立って，マルテンサイト組織に研削き裂の引金となるような起源核が生存するものかどうかまず確かめる．そして，もし生存すれば，研削き裂起源に対してどのような存在意義を持つか明確にする．次に，発生した研削き裂の最小単位の大きさと形状は何に左右され，どの程度になるかも説明する．

8.2 マルテンサイトの研削き裂起源

8.2.1 原子オーダから見た研削き裂起源

ここで扱う 0.2～1.8％C 鋼のマルテンサイト結晶構造は，c 軸方向（藤田の報告[2]の図1）に異常に伸びた体心正方晶を示す．この格子の八面体位置には γ 相（fcc）から α' 相（bct）に無拡散変態するときに，$(1/2, 1/2, 0)$ か，それと等価な位置に過飽和に C 原子が侵入固溶するために c 軸の上下方向に Fe 結晶格子をひずませる．また，α' 相は γ 相結晶格子の特定面，例えば 0～1.8％C

8.2 マルテンサイトの研削き裂起源

鋼において，0～0.4％C：$[\{111\}_\gamma, \{111\}_\gamma // \{110\}_{\alpha'}, \langle 110 \rangle_\gamma // \langle 111 \rangle_{\alpha'}]$，0.4～1.4％C：$[\{111\}_\gamma // \{110\}_{\alpha'}, \langle 110 \rangle_\gamma // \langle 111 \rangle_{\alpha'}]$，1.4～1.8％C：$[\{259\}_\gamma, 方位関係不明]$ の晶へき面と結晶方位関係を持つ[3]．

すなわち，マルテンサイトの核生成，成長，変態の初期，末期を問わず，常に一定の結晶整合関係をとりながら体心正方格子のc軸方向へ異常に大きな運動エネルギーをとる．例えば，α'相のFe原子の移動が次々に1原子間隔より小であったとしても，局所的に隣接原子が位置関係を求めれば，進入固溶するC原子が増大するにつれて，当然，巨視的ひずみを生ずるはずである．ところで，この位置の格子間隔の大きさはFe-Fe間に働く斥力がC原子のポテンシャルエネルギーより大きくなるため，C侵入原子（直径1.54Å）を入れるのに足りなくなり，八面体位置でc軸の上下方向へFe結晶格子のFe（直径2.32Å）を移動させる．すなわち，藤田の示す模型[2]の横の四つの2.02Å離れたFe原子より，1.43Å離れた上下のFe原子が最も大きなひずみを受けることになるから，第1隣接原子は著しく遠ざかり，もちろん第4原子も少し遠ざかり，第2，第3隣接原子は近づく．

このひずみは，すべてせん断応力によるFe原子の連携運動によって生ずるが，このFe原子の移動に伴うひずみエネルギーの緩和は，すべて一定結晶方位関係を持った$\{225\}_\gamma$か$\{259\}_\gamma$晶へき面で起こる．この不連続面はα'相とγ相境界であるから，α'相は自らすべるか，双晶によって変形することになる．このような事実が存在するかどうかである．

ここで，田村ら[4]の実験的事実と提言を入れて，α'-γ相境界でのひずみが大きいという事実と，マルテンサイトの変形や内部組織までも容易に光学顕微鏡（OM）でも見られるということで調べた．この内容が満足された例として，Fe-30％Ni-0.25％C合金が選定された．この一連の検証の中で扱う金属はFe-C合金なので，それを引き合いに出すのが当然であるが，α'-γ相でのひずみ，双晶，ミッドリブ，マルテンサイト晶がはっきり見られ，かつα'晶の典型的な姿を大きな形で観察したいという願望で定めた．

いずれにしろ，図8.1に示すように，0.4～0.8％C鋼のレンズ状マルテンサイト晶の10～30倍程度の大きさにした形状のものを電子顕微鏡を使う制約を受けずOMで容易に観察できることとなった．この観察から読み取れる情報

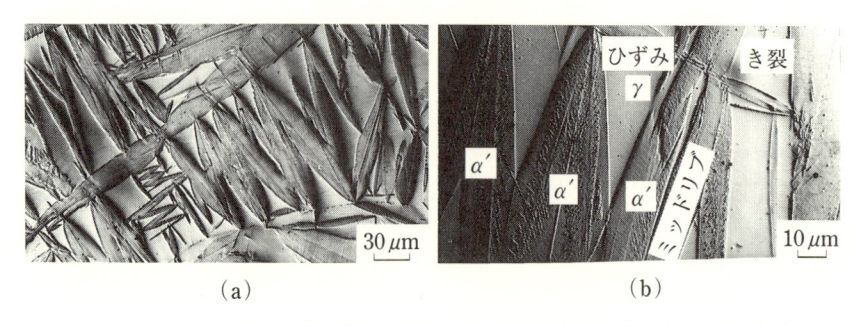

図8.1 マルテンサイト晶の衝突き裂，α'-γ 相界面のひずみと α' 内の双晶

をそのまま述べると，マルテンサイト晶が γ 相（白地）に多数発生している様子がうかがえる．また，α' 晶同士が衝突した $\{259\}_\gamma$ には，ひずみによって食違いを起こして隆起を生じたもの，また α' 晶を突き抜けるようにしてミッドリブに到達している例が認められる．このような衝突き裂の生成は一定の晶へき面，この場合，$\{259\}_\gamma$ にき裂が発生することは Krauss ら[5]，Marder ら[6]，Davies ら[7] の報告にも述べられている．

以下に述べる衝突き裂は，Krauss ら[5] のいうように α' 晶が接触した箇所，あるいは α' 晶内部に生じているき裂の総称で，彼らの示唆したマイクロクラックと内容は同意である．このような α' 晶の大きなひずみあるいは，き裂生成は Fe-Ni-C 合金や Fe-C 合金に限らず，他の多くの金属にも認められている[5]～[8]．このようなマルテンサイトの欠陥を消極的に研削の場に引き出して，研削き裂や研削損傷との関係において8.3節でさらに論及する[9]．

8.2.2　0.2～1.8％C鋼マルテンサイト結晶の研削き裂起源

低炭素鋼を除いて，1個のレンズ状マルテンサイトは 10^{-7} s（成長速度 1 000 ～1 100 m/s）のオーダの瞬時に爆発的に生成することが明らかとなっている[3]．このような事例を考えると，α' 晶の衝突運動エネルギーによってき裂破壊が生じる可能性がある．まず，焼入れ過程で考えられる変形や破壊の引金となるような幾つかの事象を抽出し，その時々にどの程度の応力が発生し得るものか調べてみる．この求めた応力が即，マルテンサイトのき裂破壊の起源や成長因子になり得るかどうか決定するのは難しいので，とりあえず，その破壊応力に対してどの程度の応力値をとるか調べる．例えば，0.97％C鋼について，

8.2 マルテンサイトの研削き裂起源

き裂発生の可能性を三つの側面から検討してみる．まず，最初に結晶構造の変化から考察する．

α' 相の格子定数 $a=b=2.852$ Å，$c=2.982$ Å と γ 相のそれは $a=b=c=3.588$ Å となる[3]．α'，γ 相の1原子の体積 $V_{\alpha'}$，$V_{\gamma'}$ は

$V_{\alpha'}=2.852^2 \times 2.982/2 = 12.122$ Å^3

$V_{\gamma'}=3.588^3/4 = 11.562$ Å^3

となる．したがって，体積膨張率は $\{(V_{\alpha'}-V_{\gamma'})/V_{\alpha}\} \times 100$ から約4.82％を示し，線膨張率は1.61％の伸びとなる．この値は，γ 相が α' 相に完全変態した場合を想定しており，熱応力と変態応力の総合として現れる焼入れ応力ではない．しかし，このような形での体積膨張率の求め方は Meyer ら[10] も最近行っている．

いま，平面応力下にあるレンズ状マルテンサイトを仮に丸棒材として扱い，軸方向に応力 σ_x を受けて，例えば1.61％のひずみ ε が生じたと等価であると仮定すれば，最大せん断応力 $\tau_{max}=\sigma_x/2$ と与えられる．α' 相の縦弾性係数 $E=21\,000$ kgf/mm^2 として，$\tau_{max}=170$ kgf/mm^2 と計算されることから，α' 相の破壊応力を超える大きなせん断応力を受けることがわかる．この材料のせん断破壊応力 τ_s はテンシロンによる引張試験結果から約130 kgf/mm^2 と検測されているから，この応力をとれば容易にき裂破壊が発生する可能性がある．

次に，0.2～0.8％C鋼の針状マルテンサイト晶および板状マルテンサイト晶には転移が認められるので，この転移密度からせん断応力を算出してみる．マルテンサイトのバーガースベクトル $b=2.5 \times 10^{-8}$ cm，剛性率 $\mu=8 \times 10^{11}$ dyn/cm^2，転移密度 $\rho=5.0 \times 10^{12}$ cm^{-2} とすれば，

$$\tau = \frac{1}{2}\mu b \sqrt{\rho} \tag{8.1}$$

より $\tau=223$ kgf/mm^2 となり，Fe結晶構造のFe原子の容積変化から求めた値と同じように α' 相の破壊応力を上回る．

最後に，これらの観点とは別に α'-γ 相界面での温度勾配から成長中のマルテンサイト晶先端の τ を計算してみる．この場合，西山ら[11] の仮定とマルテンサイトの成長モデルをそのまま受け入れて熱伝導方程式をたてれば，

$$\frac{\partial \theta}{\partial t} = a^2 \frac{\partial^2 \theta}{\partial x^2} + b\delta(x-vt) \quad (x \geq 0) \tag{8.2}$$

ただし，θ は温度，t は時間，v は α' 晶の γ 相内の成長速度で，Q_0 は変態の際の発熱量，κ は熱伝導度，ρ は密度，c は比熱，$a^2 = \kappa/(\rho c)$，$b = (Q_0 v)/c$，$\delta(x)$ は Dirac の δ 関数とする．ここで，

初期条件：$t \leq 0$ では，$\theta(x, t) = 0$

境界条件：$\left(\dfrac{\partial \theta(x, t)}{\partial x}\right)_{t=0} = 0$，$\theta(\infty, t) =$ 有限

として式 (8.2) を解くと，

$$\theta = \frac{b}{v}\left\{\exp\left[\frac{v^2}{a^2}\left(t-\frac{x}{v}\right)\right]E\left(\frac{2vt-x}{\sqrt{2ta}}\right) - \exp\left[\frac{v^2}{a^2}\left(t+\frac{x}{v}\right)\right]\left[1-E\left(\frac{2vt+x}{\sqrt{2ta}}\right)\right]\right\} \tag{8.3}$$

となる．ただし

$$E(x) \equiv \int_{-\infty}^{x} \frac{1}{\sqrt{2\pi}} e^{-\omega^2/2} d\omega$$

である．

ここで，α' 相の $\kappa = 0.11$ cal/(cm·s·deg)，$c = 0.11$ cal/(g·deg)，$\rho = 7.91$ g/cm³，$Q_0 = 10$ cal/g，$v = 1100$ m/s として，α' 板の半分の大きさが 1000 Å となったときの α'-γ 相界面の温度分布を求めると，α' の先端で約 100 ℃ となり，成長方向 100 Å 先の γ 相の位置で 0 ℃ となる．その間の温度降下は式 (8.3) の曲線に従う．これまで成長に要する時間 t は，$t = 10^{-11}$ s である．α' 晶の $E = 21\,000$ kgf/mm²，ポアソン比 $\nu = 0.30$，線膨張係数 $\alpha = 10.5 \times 10^{-6}/$deg として，このときのせん断応力の発生を西山のモデルに従って考え，熱衝撃 ($t = 10^{-11}$ s) とみなすと τ は，

$$\tau = \frac{E\alpha\Delta\theta}{2(1-\nu)} \tag{8.4}$$

に代入して $\tau = 15.7$ kgf/mm² を得る．さらに，一つの α' 晶が成長終了する時間 $t = 10^{-7}$ s では，α' 晶の長さは約 100 μm に成長する．ここで，仮に 1 000 ℃

の γ 相の温度から M_s 点の温度 220℃ (0.97 % C) に焼入れして M_s 点に達した後,仮に一つの α' 相が $t=10^{-7}$ s の短時間に成長終了しているとすれば,そのときのせん断応力 τ は約 136 kgf/mm^2 となり(これを 15.7 kgf/mm^2 に加えると,約 151.7 kgf/mm^2 となる),α' 晶のせん断破壊応力を超えるのがわかる.

このように,Fe 原子の結晶構造の変化,α' 晶の転移の増殖密度および α'-γ 相界面の温度勾配などから得た τ は,いずれも α' 晶がき裂を発生し得るに十分なせん断応力に達していることがわかる.しかし,このひずみやき裂発生が研削き裂の起源となり得るかどうかはまだ明確ではない.しかしながら,Marder ら[6] はレンズ状マルテンサイト同士が衝突した箇所からき裂が発生していることを明らかにしている.また,彼らは Fe-C 合金のように,マルテンサイト晶の衝突時の応力が双晶変形によって緩和されないような場合には,比較的き裂が発生しやすいと述べている.このような実験結果と考察は,著者らのこの節の見解を一応支持できるものとみなし得る.

8.2.3 マルテンサイト晶および α'-γ 相界面の衝突き裂

ここでは,0.2～1.8 % C 鋼および SUJ 2, 3, 4, 5 種,SKD 11,300 M マルエージング鋼,SKH 57 および CD 1 (3.21 % C-1.32 % Cr-1.38 % Mo-11.42 % V) などをはじめとして,他に多くの種類(86 種類)のマルテンサイト組織の金属を用いた.そして,いわゆる Krauss ら[5] の指摘した衝突き裂に相当するき裂について発生箇所をいろいろ調べて観察を試みた.その結果,発生箇所は図 8.2,図 8.3 のようになるのがほとんどで,まとめると図 8.4 に示す二つの

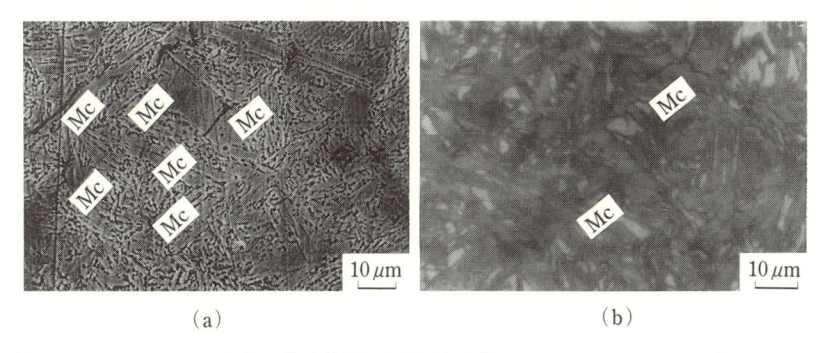

図 8.2 マルテンサイト晶の衝突き裂(0.97 % C 鋼,オーステナイト化温度 950 ℃で 30 分保持後,水焼入れ)

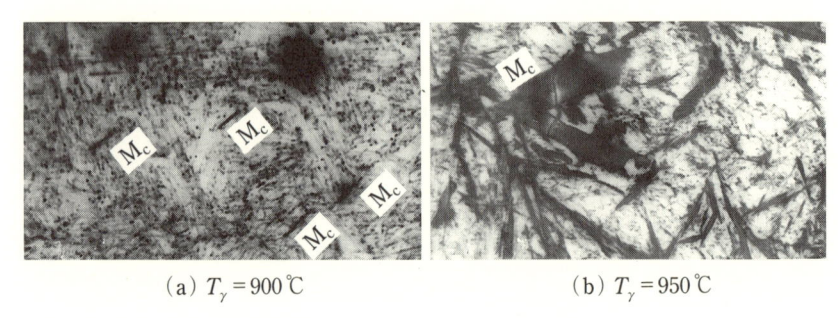

(a) $T_\gamma = 900\,°C$　　　　(b) $T_\gamma = 950\,°C$

図 8.3　$\{225\}_\gamma$ 界面における α' 晶の衝突き裂（0.97 % C 鋼，各オーステナイト化温度 T_γ で 30 分保持後，水焼入れ）

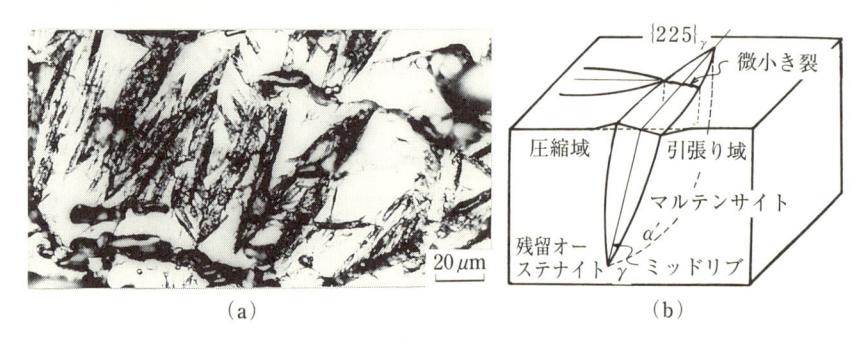

(a)　　　　(b)

図 8.4　α' 晶衝突き裂の生成とそのモデル

タイプ (a)，(b) に大略分類される．つまり，α' 晶の衝突き裂（M_c）は，図 8.2，図 8.3 に示したようにミッドリブに直交するか，あるいは晶へき面に平行に生成する．衝突に基づく微小き裂がこのような箇所に発生することは Krauss ら[5]，Marder ら[6]，Davies ら[7] が既に指摘しているが，そのあり方は著者らの例と全く同一である．しかし，衝突以外にほかに考えられるべき原因はいろいろあるが，いずれも推測の域を出ないので，著者らは Krauss らと同一主張をとる．

このき裂が焼割れと解釈されないことは，衝突き裂はそのオーダおよびき裂成長の方位がほぼ一定になっていること，また図 8.2，図 8.3 から，衝突き裂は α' 晶内および α' 相と γ 相界面に限られることからも明らかである．ほかに，き裂発生の因子として γ 相化温度 900～1 000 °C（図 8.3 は $T_\gamma = 950\,°C$ と 1 000 °C）の範囲で変えて γ 相粒径によるき裂発生率の変化を調べたが，これによる

影響は非常に少ない．例えば，0.97％C，1.23％C，1.5％Cのγ相化温度を変えてみたが，ほとんど変化せず，各材種に対して，後に示すき裂感受性S_V (sensitivity) で順に示すと，S_V (0.97％C) ＝ 4％，S_V (1.23％C) ＝ 15％，S_V (1.5％C) ＝ 16％一定となり，T_γ に対して値の大きな変化は現れなかった．

このことは，他の材種についても同様である[9]．しかし，α′晶の成長長さが小さい場合，例えばα′晶の半分の長さが1 000 Åのとき，τ ＝ 15.7 kgf/mm^2 となり，100 μmと大きく成長すれば破壊応力に到達することなどから考えると，γ相化温度が低くなり，γ相粒径が小さくなるにつれてき裂発生は当然減少するものと考えられる．図8.3の衝突き裂は，$\{225\}_\gamma$か，これに平行でかつα′晶の多い箇所[6]，または曲げ応力によるひずみが大きなα′晶の中央部付近[7]にできる例である．

これら一連の様子を平面かつ立体的に描いてまとめたのが図8.4である．図8.1に示したように，大きく成長したα′-α′晶の間にあって，ジグザグしたα′晶が多数発生した例として実用材の中からSKD 11を選び，注意深く観察した．その結果の写真は省くが，シグザグしながらα′晶同士が衝突した位置に，図8.4に示したようなき裂が認められた．いずれにしろ，一般の研削加工に供与される焼入鋼に大きなひずみやき裂生成が認められることが明らかである．

8.2.4 マルテンサイト晶の衝突き裂の密度

き裂密度を"き裂長さ/単位面積＝ρ_c（き裂密度）"と定義する．図8.2を例にとり，観察面を2次元的にとらえて算出すると，ρ_c ＝ 10.224 mm^{-1} となり，約 10 mm^{-1} である．つまり，マルテンサイトの体積/（マルテンサイトの体積＋残留オーステナイト体積）の値，すなわちマルテンサイト変態量をρ_cに乗ずることによって，γ相に依存しない衝突き裂〔これをα′晶のき裂感受性＝S_V (sensitivity) と定義する〕を

$$S_V ＝ き裂面積/マルテンサイト体積$$

として求めることができる．図8.2のα′相の体積は85％であるから，S_V ＝ 10.224 × 1/0.85 mm^{-1} となる．

このようにして0.2〜1.8％C鋼について求めて整理したのが図8.5である．衝突き裂は，C量が0.7〜0.8％付近にまで減少してくるとほとんど見られなくなるため，この近傍がき裂発生の下限となる臨界炭素含有量ではないかとみら

れる．また衝突き裂の実測長さは，図8.6に示すように，3～7 μm が最も多く認められるが，S_V 値が最高値を示す1.4％C付近では3～10 μm の範囲の長さが多くなった．また，衝突き裂は1.4％よりC量が増加するにつれて，次第にその長さを減少する．

このような一連の変化は，α' 晶のプレート長さの変化に起因するものではないかと思う．つまり，Fe－C合金ではC量増加につれて α' 晶の塑性緩和（accommodation, plastic relaxation）の減少が起こるが，この減少は1.4％Cで開始し，それ以後はより延性的となる[6]．また，1.4％Cでマルテンサイト晶が最も脆性に富み，その後，C増量とともに減少するのは1.4％Cで晶へき面が $\{225\}_\gamma$ から $\{259\}_\gamma$ に遷移するために α' 晶の長さが約1/2程度に減少する．これらが影響を及ぼして，S_V 値を漸次減少させるのではないかと考えられる．

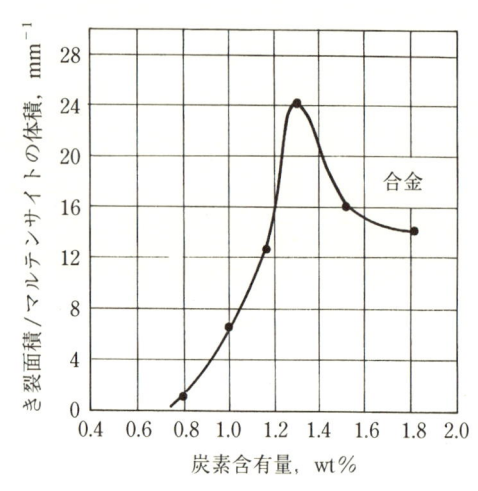

図8.5 炭素含有量による衝突き裂の生成

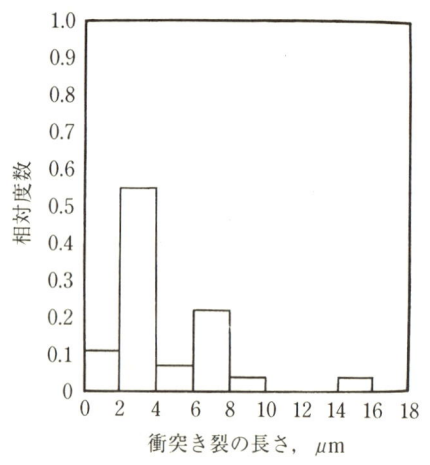

図8.6 衝突き裂の長さ

ここで，衝突き裂の消滅について最も効果的な方法である，焼戻し温度による影響を調べておく．例として，1.23％C鋼について調べた結果だけを述べる．き裂の数は，焼戻し温度 T_a ＝200℃で約65％も減少し，以後，温度を増加しても600℃付近まではほぼ一定であるが，600℃から700℃にかけて再び減

少し始め，700 ℃で約 15 % のき裂数となる．さらに高温になるにつれて減少し，γ 相に変わる 950 ℃で，ついに消滅した．他の材種である 0.97 % C 鋼，1.5 % C 鋼および SKD 11 と CD 1 についても確認のため $T_a = 200$ ℃と 500 ℃の 2 点を調べたが，同様に減少していくのが認められた．この理由の詳細は省略するが，焼戻し温度の増加に伴って次々と活発に析出する Fe_3C は対面する裂け目の壁面にも癒着し，埋めていくことに起因するものとみなされる．最近，このような結果を支持できる報告は Ballinett ら[8]によって示されている．

8.3 マルテンサイト晶の衝突き裂と研削き裂

α' 晶の衝突き裂（図 8.2，図 8.3）および α'-γ 相界面にひずみ（図 8.1）とき裂が生存することは，それぞれの図において，あるいは Krauss ら[5]，Davies ら[7]との比較において明らかとなった．ここで，衝突き裂の存在が研削き裂に対してどのような意義を持つかが問題である．仮に，衝突き裂と研削き裂が結合するようなことがあれば，ボイド，介在物および不純物と同じような切欠き効果や応力集中源の働きを持つ可能性が生まれる．研削き裂の生長，伝播過程を研削加工実態に付随して実証した詳細は 8.4 節に譲り，その結果だけを示す．

図 8.7 は α' 晶内にき裂が無数に現れた例で，図 8.2，図 8.3 に認められたと同じようなき裂でないことがわかる．また，図 8.7 (a) は研削き裂がかなり大きく発達しているにもかかわらず α' 晶の衝突き裂（impingement crack of mar-

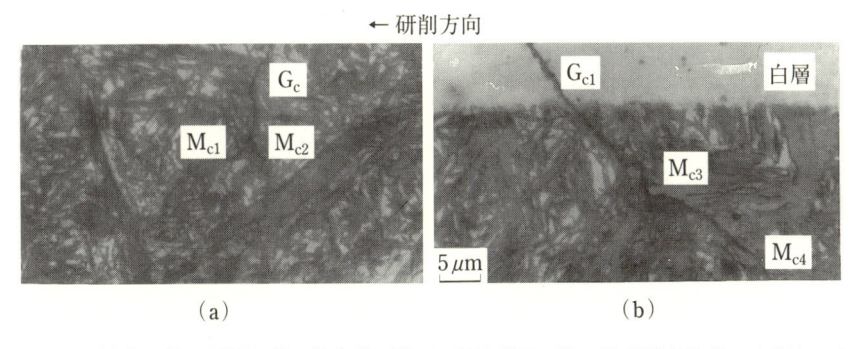

図 8.7 衝突き裂と研削き裂の結合例（砥石：WA 60 LmV，砥石周速度 $V_s = 1\,800$ m/min，切込み $d = 20\,\mu m$，0.97 % C 鋼，工作物速度 $v_w = 6$ m/min，乾式，平面研削，5 % ナイタール 10 s 間腐食）

tensite：M_c）と結合している．しかも M_{c1}，M_{c2} の場合は，$α'$ 晶を貫通したあと，別の $α'$ 晶の衝突き裂にき裂伝播経路をとっている．図8.7 (b) の例も同様であるが，G_{c1}（grinding crack）き裂が白層を通過して衝突き裂 M_{c3}，M_{c4} に進展していっているのがわかる．図からすると，研削表面から深さ方向に向かうにつれて，図8.7 (b) に見られるように研削き裂が著しく減少することもまたわかる．つまり，G_{c1} 研削き裂以外は $α'$ 晶の衝突き裂であるから，研削き裂が選択的に M_{c3}，M_{c4} に経路をとっていったともみなされる．このように，衝突き裂は研削き裂の核生成やき裂成長に積極的に，あるいはどの程度の強さで関与しているかは不明にしても，結合するという事実現象の存在だけは認められると思う．

次に，発生した研削き裂の最小単位長さがどの程度か調べる．例えば，図8.7 (a) のような $α'$ 晶内に発生した場合を写真から実測すると，約 0.5〜6.0 $μm$ の範囲のものが大部分を占め，最大出現頻度を示す長さは 4.0〜5.0 $μm$ である．これに関する一連の調査の結果，研削き裂の最小長さは $α'$ 晶の大きさに依存することが明らかとなった．しかし，あまりにも $α'$ 晶が小さい場合には，衝突き裂の発生が $α'$ 晶長さによって限界をとったように，$α'$ 晶の研削き裂発生についても同様に限界をとる．一般に，研削き裂発生のあり方は平面研削に限らず，円筒研削においても同様であり，もちろん乾・湿式を問わず発生する[9]．研削き裂の起点が $α'$ 晶の衝突き裂から発生した例を SEM によって立体的にとらえた典型例を図8.8に示す．図 (a) には，M_{c5}，M_{c6} が研削によって生成した G_{c2}，G_{c3} の研削き裂と結合して成長伝播しているのが認められ，図 (b) には，M_{c7} が起点となって研削によって生成した G_{c4} を成長させ，その後，き裂経路が M_{c8}，M_{c9} と結合して，さらに $γ$ 相をぬって進展しているのが認められる．

このように，$α'$ 晶の衝突き裂が研削き裂の起源となっている例，また起源でないにしても研削き裂の生長に対して一種のボイド，介在物および不純物と同じような機能を持って切欠き効果や応力集中源に相当するような欠陥の役割を担って存在していることが明確となった．このことは，$α'$ 晶のひずみ自体もそうであるが，衝突き裂自体が非常に高い切欠き感受性 S_V を持つことを示している〔図8.8 (a) はその結果生成した〕と同時に，かなり高いせん断応力を潜在させていることもわかる．

← 研削方向

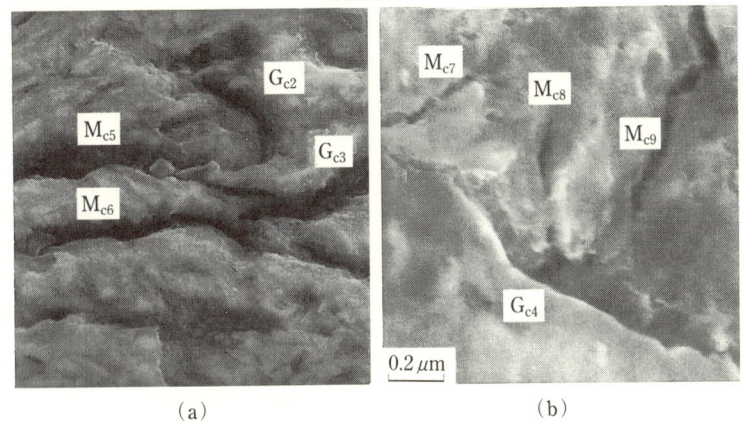

(a)　　　　　　　　(b)

図 8.8　衝突き裂と研削き裂の結合例（砥石：GC60 JmV，砥石周速度 V_s = 1 750 m/min，円筒トラバース研削，工作物周速度 v_w = 14 m/min，工作物送り速度 f = 0.02 mm/rev，切込み d = 20 μm，乾式，0.97 ％ C 鋼，5 ％ナイタール 10 s 間腐食）

このような結果を現場の作業に適用するため，その要点をまとめると，以下のようになる．

ただちに適用できる条件を示すと，工作物 0.2～1.8 ％ C 鋼，Fe-30 ％ Ni-0.25 ％ C 合金鋼，JIS SUJ 2, 3, 4, 5 種軸受鋼，SKD 11，CD 1，SKH 57 および 300 M マルエージング鋼を用いて，水焼入れおよび油焼入れして，砥石「WA 60 LmV」，砥石周速度 V_s = 1 800 m/min，切込み d = 10～70 μm，工作物速度 v_w = 6～25 m/min の平面研削と円筒トラバース研削，V_s = 1 750 m/min，GC 60 JmV，v_w = 14 m/min，d = 2.5～20 μm と工作物送り速度 f = 0.02 mm/rev のようになる．

8.4　研削き裂の生成機構

8.4.1　0.2～1.8 ％ C 鋼の研削き裂生成現象の整理

現場で作業する人の実感として，身近に受け止められる現象であるため，ここで使用した平面と円筒研削盤を図 8.9 に示す．この加工過程で発生している現象の一般化を以下に述べていく．図 8.10 は，研削き裂が表面から深さ方向

第8章 研削き裂

に伝播している様子を示す.き裂経路は既存の衝突き裂[13]に,また母相γに沿って進展しているが,γ相内部を通ったり,γ相にき裂が生成することはほとんど認められない.この理由は,α'晶が硬くて脆い反面,γ相は著しく延性に富むことと相まって,γ-α'相変態過程で転位,双晶および積層など無数の欠陥を内在させるために,α'晶のき裂感受性S_V[13]が極めて高くなることによると考えられる.特に,γ相からα'相に無拡散変態し,C原子の侵入固溶量が飽和点(ほぼ共析点≒0.765％C)に達する付近から次第に研削き裂が顕在化する.また,このあたりはα'晶の衝突き裂M_Cが発生するC量の下限であり,空孔,介在物および不純物などのように,切欠き効果や応力集中源と同等の機能が強化され始めるC量でもある[3]).

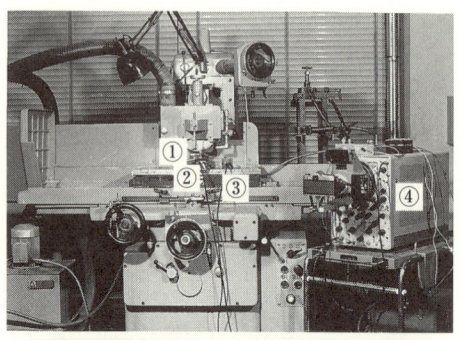

一方,共析点よりC量が減少するにつれてα'晶に由来する研削き裂は漸減し,数mmオーダのより大きなき裂が図

図8.9 実験に使用した平面および円筒研削盤
①,⑤:工作物,②:マイクロスイッチ,③,⑦:サーモカップル,④:シンクロスコープ,⑥:スリップリング,⑧ストレインゲージ

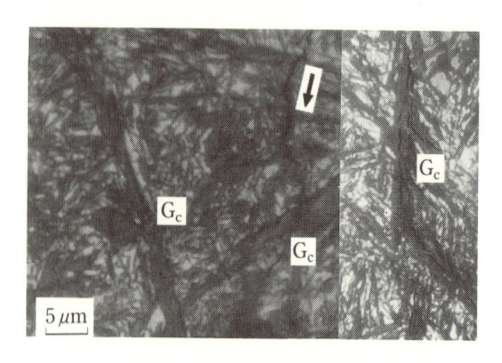

図8.10 マルテンサイト晶中の研削き裂(工作物速度v_w=6 m/min,切込みd=20 μm,乾式研削)

8.11に示すように認められるようになる．また，研削き裂 G_C は同図のように，母相 γ に沿って進展あるいは迂回するようになり，いわば結晶粒 γ 相単位のき裂破壊に変化していく．き裂伝播経路の確認のために，引張試験機を用いて，そこから破断したところ，母相 γ 単位の破面となり，結晶粒界から割れることが視認された．粒界単位のき裂は，低炭素量になるほど顕著であるから，α' 晶依存から脱して研削熱による工作物全体の熱変形へと移り，より巨視的なき裂が生じたものと考えられる．

図8.11 γ 相粒界における研削き裂（S40C鋼，工作物速度 $v_w = 6$ m/min，切込み $d = 20$ μm，乾式研削）

8.4.2 研削条件と研削き裂

物理的位置付けは後述するとして，砥石周速度 V_s，工作物速度 v_w，砥石切込み d，砥石硬さおよび研削液の注入量などを適当に組み合わせて，研削温度 θ の絶対値，研削熱流入量 Q_w，および工作物の冷却速度を大にすると，研削き裂の大型化と微小き裂密度の増加が加速される．

研削条件選定により，研削状態の厳しさを適当に変えると，図8.12に示す

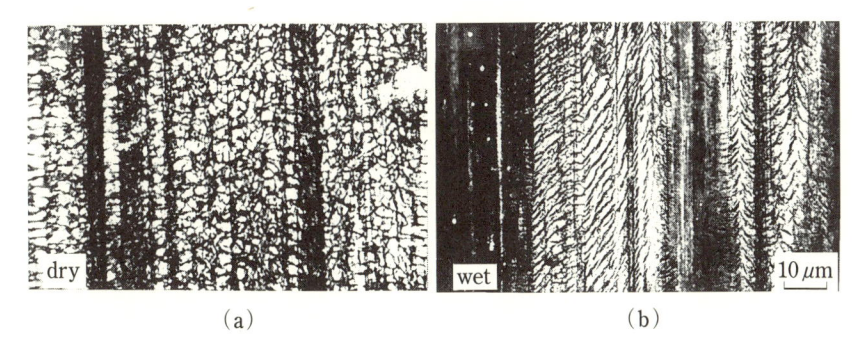

(a)　　　　　　　　(b)

図8.12 研削表面における研削き裂（砥石：GC60 JmV，工作物送り速度 $f = 0.02$ mm/rev，切込み $d = 20$ μm，円筒研削）

ような典型的な研削き裂が現れる．図(a)は，一般によく現れるき裂で，研削状態が比較的軽度の条件下で生成し，大きさは約5μm以下が大半を占め，網目や亀甲の形状を示す．図(b)は，研削液などの冷却により等温度分布が研削移動する方向にき裂が成長した場合で，形状は網目と線状の混合で，大きさは図(a)の場合より大きいものまで含まれている．また，より厳しい乾式の研削条件を与えると，より大型な G_C を生じ，数 mm に達し，形状は線，網目，稲妻状の混在からなる．

研削条件による研削き裂の大きさと形状は，マルテンサイト晶の大きさと工作物のC量に最も大きく依存し，研削盤の操作量 V_s, v_w, d および砥石条件や研削液の注入条件などは，むしろ生成現象の頻度に強く影響を及ぼす．

以上の結果をまとめると，図8.13のようにモデル化できる．0.2～1.8％Cのマルテンサイト鋼において，まずC＜0.765％の共析点以下の範囲における

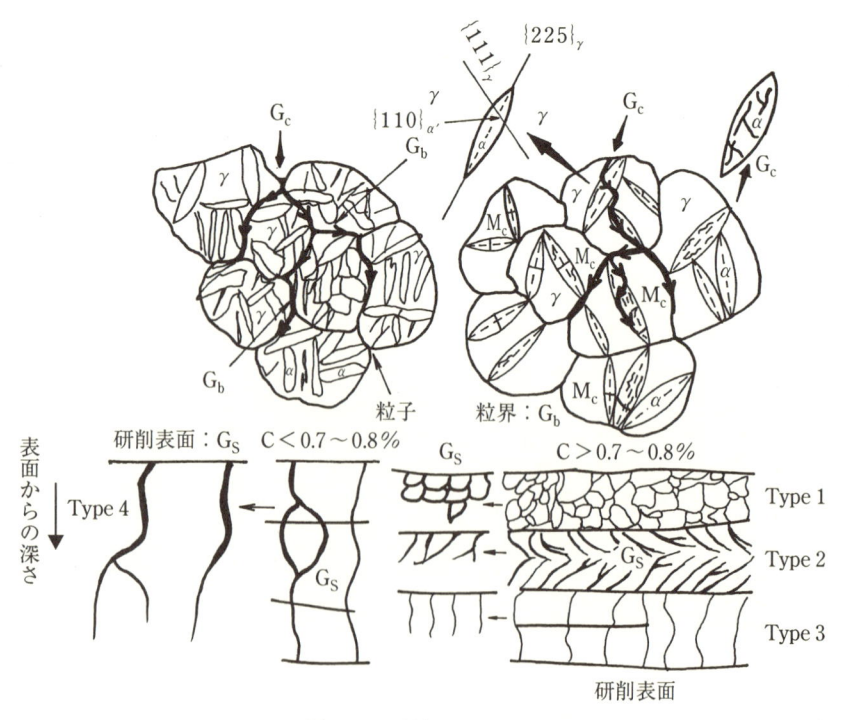

図8.13 研削き裂の分類

G_C は，γ 相の大きさと対応を示し，伝播経路は γ 相粒界を縫って成長し，形状は線あるいは稲妻状となることが多い．

次に，C > 0.765％の範囲において，亀甲状あるいは網目状の Type 1，研削熱移動方向にき裂が線状に流れたような Type 2，および研削方向あるいはそれと直角に線および網目状に走り，かつ Type 1, 2 より比較的大きい Type 3 などが多く認められる．このき裂は，α' 晶発生のせん断応力が生じる晶へき面 (0.4から1.4％C において $\{225\}_\gamma$) および $\{111\}_{\alpha'}$ に平行な方向に類似して多数生じている（図8.10, 図8.11）．比較的大きなき裂は，α' 晶を次々と伝播したり，α' 晶の内部を通っていくものが多い．いずれにしろ，これらの G_C は，α' 晶の大きさや形状に強く依存する．また，C < 0.4％に多い針状マルテンサイト鋼のき裂伝播様式は，引張破面単位が co-variant packet と一致する報告[14]もあるが，研削き裂生成は稀であるが，同様の伝播経路が認められた．

ここで，図8.13に示したモデルを反映して，研削き裂の生成状況と α' 晶および γ 相との関連を以下にまとめる．

・研削き裂形状：α' 晶依存型〔A〕

    Type 1 ① α' 板の厚さ方向にへき開的に
    Type 2 ② mid-rib に沿ってほぼ平行にへき開的に
    Type 3 ③ α' 晶板内の変形双晶のところで階段状に
            ④ α' 晶板内をジグザグとした経路で
            ⑤ α'-α' 晶境界に沿って

おのおの伝播する．

・研削き裂形状：α'-γ 相依存型〔B〕

    Type 4 ① 母相オーステナイト粒界に沿って脆性的に
    Type 5 ② α'-γ 相境界に沿って延性的に
            ③ 残留 γ 相-α' 晶の混在するところを延性的に

おのおの伝播する．

特に，研削き裂は〔A〕の①, ②, ⑤ および〔B〕の ① が圧倒的に多く，α' 晶との関係を離れて，γ 相単独に生成，伝播するものはほとんど認められなかった．

8.4.3 研削き裂の生成要因

・研削き裂の生成要因〔Ⅰ〕：機械的応力

　熱的考察を進める前に，合成研削抵抗 F のみによる機械的応力 σ_m を簡単に求める．研削条件が $v_w=6$ m/min，$d=20\,\mu$m，1％C鋼を例にとると，実測から平均研削溝幅 $w\fallingdotseq0.03$ mm，切れ刃密度 $n\fallingdotseq3.5$ 個/mm^2 であった．また砥石接触面積は，$l_c\times b\fallingdotseq(2dR)^{1/2}\times b$（$b$：研削幅，$R$：砥石半径，$l_c$：接触長さ）から 約17 mm^2 と計算される．

　一般に，砥粒1個の切削にあずかる面積は w^2 で近似されると考えられているから[15]，工作物に対する接触弧内の砥粒1個に対する機械的応力は $\sigma_m=F/(l_cbnw^2)$，$F=88.2$ N より 1 647 MPa となり，この材料の引張破断応力の約 2 300 MPa より低いので，この σ_m によってのみき裂が起こるとは考え難い．実際には，研削温度が同時作用するから，σ_m による可能性はより低くなる[16]．

・研削き裂の生成要因〔Ⅱ〕：熱パルス

　0.7＜C＜1.4％における研削き裂密度は，図8.12（a）のような微小き裂の場合，約 $0.4\,\mu$m^{-1}，き裂長さにして 約 $2.5\,\mu$m 程度のものが最も多い．この長さは，M_C が最大頻度を示したときの 約 $3\,\mu$m とほぼ一致するものである．

　いま，γ 相化温度 900℃（約 $60\,\mu$m），950℃（約 $100\,\mu$m），1 000℃（約 150 μm）および砥石切込み $d=5, 10, 20\,\mu$m と変えたときの研削き裂野間隔を図 8.14 に示す．（ ）内の γ 相粒径は，γ 相化温度とともに大粒化し，また α' 晶の葉の長さも γ 相粒径と一義的な関係にあるから，M_C などの欠陥をより多く

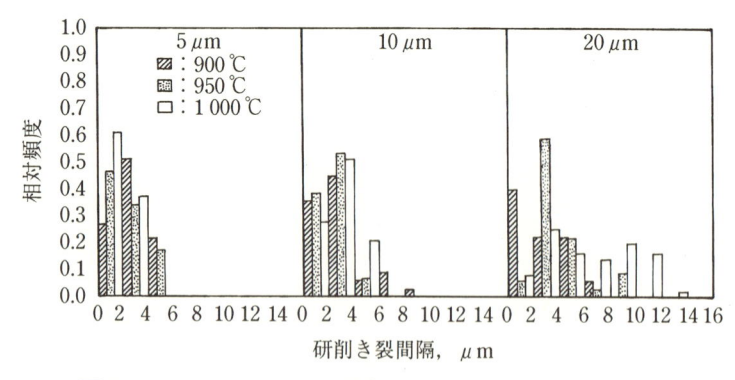

図8.14　オーステナイト化温度と切込みによる研削き裂の間隔

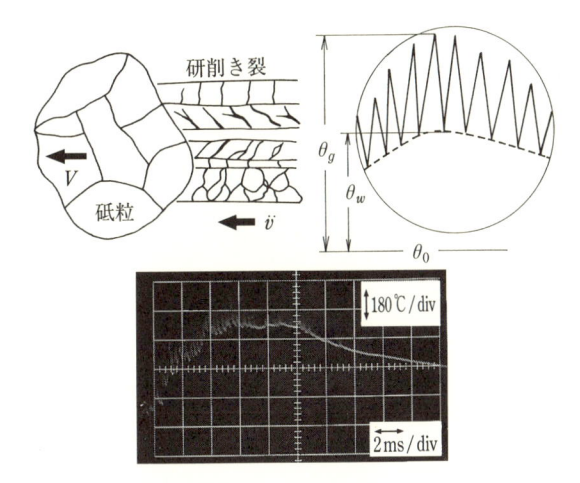

図8.15 砥粒研削点温度 θ_g と砥石研削点温度 θ_w との関係

潜在させていることは否めない．しかしながら，α' 晶の大きさが約 50 μm から 120 μm となっても G_C の間隔には大きな変化は認められず，むしろ $d=5$ μm から 10 μm と重研削となり，より熱的に過酷になったときの方が大きなき裂が生成する．もちろん，$d=20$ μm のときのき裂間隔は，γ 相化温度とともに 8, 10, 14 μm と α' 晶の大粒化に応じて大きくなるが，大略は約 2～4 μm のものが最も多い．

研削き裂間隔が，砥粒1個1個の動的連続切れ刃間隔に相当するものであれば，図8.15の θ_g に対応した熱き裂間隔となるはずである．WA 60 LmV，$v_w=$ 6 m/min，$d=5$～20 μm で，研削条痕は数 mm から数十 mm に及ぶから，明らかにこの長さに対応するものではない．

一方，砥粒による θ_g の熱パルス間隔 Δt は，実測から 0.1 ms であるから，工作物表面は約 10 μm の間隔で熱刺激が与えられており，砥粒による熱き裂が一応成因になると考えられる．しかし，数値上は G_C の間隔（図8.14）2～14 μm と一致しているようにもみえるが，約 40 μm にもなる例があるから，一義的に主因とは定め難い．

- 研削き裂の生成要因〔Ⅲ〕：熱応力
  ① 砥石研削温度による熱応力

図8.15は，砥粒研削点温度 θ_g および砥石研削点温度 θ_w を示す．θ_g は一部で

鋼の融点に至り，飽和している様子がうかがえるとともに，θ_w の一部は既に A_{cm} 点に達しているのがわかる．図8.16 は，このときの θ_w の分布を研削表面から深さ方向に整理したものである．

この工作物は，α' 晶が約 95％以上占めるから，単純に弾性的に破壊に至ると仮定して，熱応力 $\sigma^{17)}$ を $-\alpha_0 E(\theta_w - \theta_{w0})/(1-\nu)$ から求めると，図8.17 を得る．ただし，線膨張係数 $\alpha_0 = 15 \times 10^{-6}\,°C^{-1}$，弾性率 $E = 2.068 \times 10^5\,MPa$，ポアソン比 $\nu = 0.3$，$\theta_{w0} = 20\,°C$ である．

工作物の引張破断応力は約 2 300 MPa であるから，研削温度が 600 ℃ および 720 ℃ に達する $d = 10$ と $20\,\mu m$ の場合には，研削表面から約 $20\,\mu m$ および約 $100\,\mu m$ 付近まで引張破壊され，き裂が入ることが予想される．間隔が数 mm オーダ以上の巨視的な研削き裂は，工作物の熱膨張により中凸形に膨らみ，円盤状のき裂が入りやすくなる一方，研削溝形成および熱源移動方向が研削方向となることと相まって同方向に長

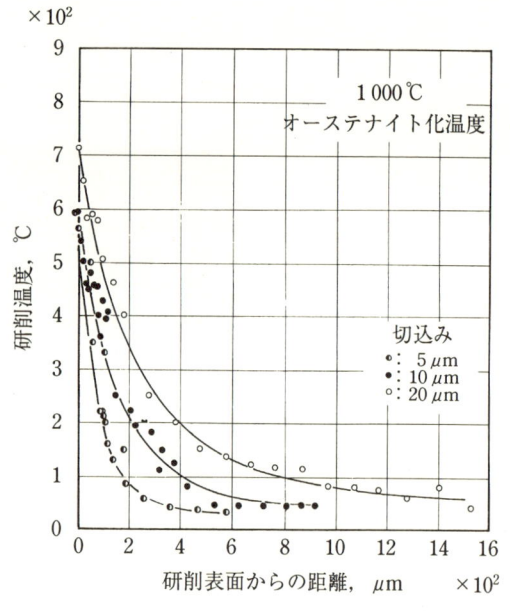

図8.16 研削表層における研削温度分布（工作物速度 $v_w = 6\,m/min$, 乾式研削）

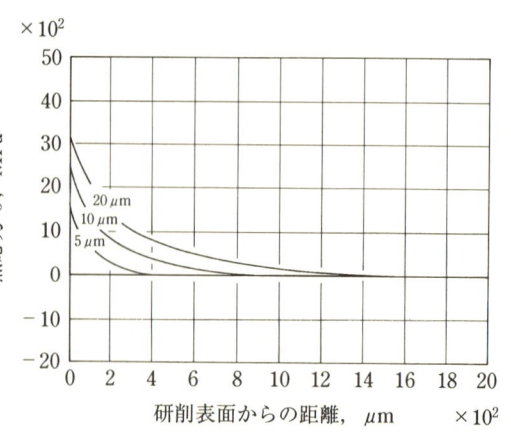

図8.17 研削表面における熱応力分布

8.4 研削き裂の生成機構

手角材となるため,たわみが大きく現れ,研削と直角な方向にき裂が入りやすい状況となる.また,研削側端部は,研削熱が空気中へ熱伝達されやすく,空冷却が旺盛となるために,研削と直角な方向へき裂が入りやすいが,中央部に向かうにつれて等方向に流出するために,網目や亀甲状のき裂を生じることにもなる.つまり巨視的な研削き裂は,θ_wと砥石通過後の冷却速度の大きさが大となるほど生成しやすくなると考えられる.

② 砥粒研削点温度による熱応力

図8.18は,砥粒研削点温度θ_gを切込みに対して示す.θ_gの一部は,研削熱が工作物の融解に消費されるために,工作物の融点を越えないで飽和点に達していることが認められる[17].また,研削き裂は研削方向にほぼ定間隔に発生し,かつ砥粒切れ刃が摩耗し,鈍化するにつれてより広範囲に拡大される.このことは,研削き裂が砥粒形状および砥粒間隔に依存することを示唆している.

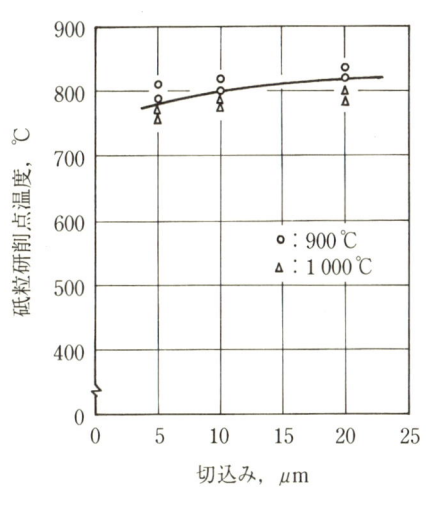

図8.18 オーステナイト化温度および切込みに対する砥粒研削点温度

巨視的な研削き裂に関する考察では,移動熱源による熱異方性を考慮して3次元ないし研削幅方向を無視して準3次元解析を行うことが望ましいが,砥石接触弧に対し,研削微小き裂が十分小さく,かつ表面現象であることから,深さ方向の1次元近似による解析が可能であると考える.すなわち,1次元非定常熱伝導方程式,境界条件式,初期条件は次式となる.

$$\frac{\partial \theta}{\partial t} = \alpha \frac{\partial^2 \theta}{\partial x^2} \quad (0<x<\infty), \quad \alpha = \frac{K}{\rho c} \tag{8.5}$$

$$K \frac{\partial \theta}{\partial x}\bigg|_{x=0} = h(\theta - \theta_\infty) \tag{8.6}$$

$$\theta_0 = \begin{cases} \theta_g; & x=0 \\ \theta_w; & x \neq 0 \end{cases} \tag{8.7}$$

ここで, α は温度伝導度, K は熱伝導率, θ_∞ は室温, θ_0 は初期値, ρ は工作物の密度, c は工作物の比熱とする.

熱伝導方程式の数値解析は, 有限差分法によって行い, 計算は陽解法を用いる. 式 (8.5) は

$$\frac{(\theta_i^{n+1} - \theta_i^n)}{\Delta t} = \alpha \frac{\theta_{i+1}^n - 2\theta_i^n + \theta_{i-1}^n}{(\Delta x)^2} \tag{8.8}$$

となる. ここで, i は空間軸, n は時間軸, $\Delta x, \Delta t$ は各格子間隔である.

方程式の無次元化のために, $T = (\theta - \theta_\infty)/(\theta_0 - \theta_\infty)$ より式 (8.8) は,

$$T_i^{n+1} = \left[1 - 2\frac{\alpha \Delta t}{(\Delta x)^2}\right] T_i^n + \frac{\alpha \Delta t}{(\Delta x)^2}(T_i^{n+1} + T_{i-1}^n) \tag{8.9}$$

となる. ここで, $\alpha \Delta t/(\Delta x)^2 \equiv F$ はフーリエ数, $F = \alpha \Delta t/l^2 = f_0/(\Delta \bar{x})^2 =$ 一定, $f_0 \equiv \alpha \Delta t/l^2$, $\Delta \bar{x} = \Delta x/l$ である. また, f_0 はフーリエ係数 (時間パラメータ), 解が収束するためには $F < 1/2$ である.

実際の計算に当たって, 格子数は $1 < i < N = 20$, $1 < n < 1\,000$ と置く. 境界条件式 (8.6) は, 差分近似により

$$T_{N+1}^n = T_{N-1}^n + 2\Delta \bar{x} Bi T_N^n \tag{8.10}$$

となる. 式 (8.9) において, $i = N$ と置き, $N-1$ 項に式 (8.10) を代入すると,

$$T_N^{n+1} = [1 - 2F - 2FBi\Delta \bar{x}] T_N^n + 2F T_{N-1}^n \tag{8.11}$$

が求められる. ただし, ビオ数 Bi は, 砥粒研削点の熱伝達係数 h が砥石の高速回転による強制熱伝達係数 h_c と輻射熱伝達係数 h_R から決定し, $Bi \equiv hl/K$ から求めた.

ここで, $\Delta x = 10^{-6}$ m とすると, $F < 1/2$ により, $\Delta t = 25.7 \times 10^{-9}$ s とした. また, $\alpha = 1.164 \times 10^{-5}$ m^2/s, $K = 43.26$ W/(m$^2 \cdot$K), $h \cong 581.4$ W/(m$^2 \cdot$K), $l = 19 \times 10^{-6}$ m, $\Delta \bar{x} = 5.263 \times 10^{-2}$, $Bi = 2.86 \times 10^{-4}$ である.

次に, 得られた研削温度分布曲線から熱応力 σ を求める. 工作物が深さ方向 x だけに温度勾配を持つ任意の温度分布状態にあるとき, 熱膨張とそれに伴う熱応力のために, 工作物表面に ε_0 のひずみと曲率 $1/R$ の反りが生じるものと

8.4 研削き裂の生成機構

すれば，温度 T における任意点 (x, y, z) の y-z (y：研削方向，z：研削幅方向) 方向の熱膨張は $\alpha_0 T$ であるから，熱応力に対応する弾性ひずみは次式となる．

$$\varepsilon_z = \varepsilon_y = \varepsilon_0 + \frac{x}{R} - \alpha_0 T \tag{8.12}$$

したがって，

$$\sigma_z = \sigma_y = \frac{E}{1-\nu}\left(\varepsilon_0 + \frac{x}{R} - \alpha_0 T\right) \tag{8.13}$$

ただし，$E = 2.068 \times 10^5 \mathrm{MPa}$, $\alpha_0 = 15 \times 10^{-6}\,{}^\circ\mathrm{C}^{-1}$, $\nu \cong 0.3$ である．

また，工作物の厚さを H とすれば，

$$\varepsilon_0 = \frac{\alpha_0}{2H}\int_0^H T\,\mathrm{d}x = \alpha_0 T_m, \quad \frac{1}{R} = \frac{3\alpha_0}{2H^3}\int_0^H Tx\,\mathrm{d}x \tag{8.14}$$

となるから，

$$\sigma_z = \sigma_y = \frac{E\alpha_0}{1-\nu}\left\{\frac{1}{2H}\int_0^H T\,\mathrm{d}x + \frac{3x}{2H^3}\int_0^H Tx\,\mathrm{d}x - T\right\} \tag{8.15}$$

を得る．ここで，$1/R$ の工作物の曲率を無視できるものとすれば，前述の熱応力式 (8.4) に一致する．ただし，T_m は工作物平均温度である．

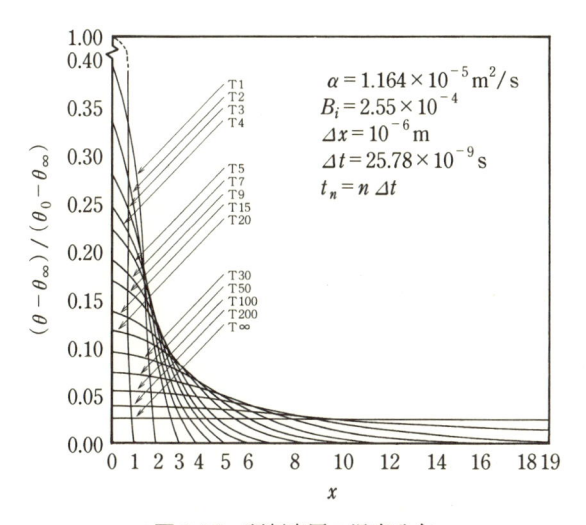

図 8.19 研削表層の温度分布

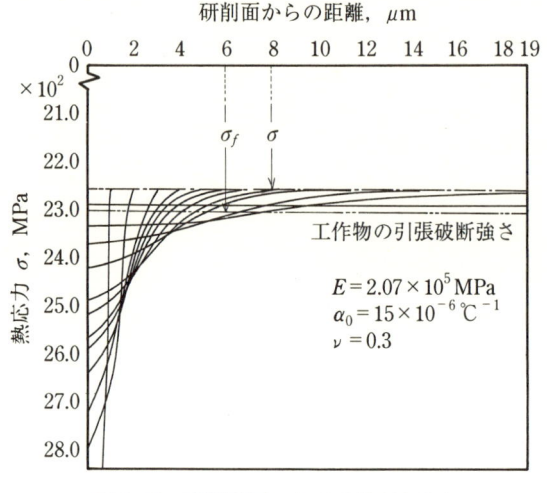

図8.20 研削表層における熱応力分布

計算のプログラムは省略するが，以上の流れに従って $\theta_g = 800\,°C$，$\theta_w = 500\,°C$ として，研削加工層，特に微小き裂の生成領域について求めたのが無次元温度分布曲線（図8.19），および熱応力 σ（図8.20）である．得られた無次元温度 $(\theta_g - \theta_\infty)/(\theta_w - \theta_\infty)$ は，研削表面下 6～7 μm の範囲で極めて大きな減少を示し，以下非常になだらかな勾配となる．計算からすると，Δt が約230回，約6 μm 程度で定常解に達することが知られる．

次に，研削応力 σ は，砥石研削点温度 θ_w によってある程度の熱応力が与えられた上に，砥粒研削点温度 θ_g によるパルス状の熱応力がかなり急激な応力勾配で作用することがわかる．引張試験から求めた引張破断応力は約2300 MPaであったから，砥粒切れ刃による研削熱き裂は，研削表面下 5～6 μm の深さまで入ることが推察される．またこの範囲は，砥粒の熱パルスが特に刺激的に作用するところでもある．したがって，図8.14に示した研削き裂間隔が 2～4 μm で最大頻度を示し，以下，指数関数的に減少する状況は，図8.20の熱応力の減少傾向と極めて類似した結果となるために，θ_g の熱刺激が微小研削き裂の大きな成因とみなされる．

以上の問題は，乾式（空冷却）において考察したものであるが，研削液を用いたときの例（図8.12）を検討した．研削温度の記録を分析すると，湿式研削に

おける砥石研削点温度 θ_w は極めて良好に低下するが,砥粒研削点温度 θ_g は,乾式研削における場合とほぼ同程度の熱パルスを前述と同じようなパターンと間隔で生成する.前述の研削き裂現象の整理結果と対照すると,研削液の注入により数 mm オーダのいわゆる巨視的な研削き裂は,θ_w の低下により激減するが,研削微小き裂には大きな変化は少なく,依然として生成する.つまり,湿式研削においては,乾式に比べ,より大きな θ_g の熱振幅が衝撃的に研削面表皮に与えられ,極めて弾性的に研削微小き裂が生じることとなる.

参考文献

1) 小野浩二:研削仕上,槙書店 (1962) p.121.
2) 藤田英一:「鋼のマルテンサイト中の炭素位置と変態機構」,日本金属学会報,**13**, 10 (1974) p.713.
3) 西山善次:マルテンサイト変態 (基本編),丸善 (1971) p.113.
4) T. Maki, S. Shimooka, M. Umemoto and I. Tamura : "The Morphology of Martensite in Fe-Ni-C Alloys", Trans. JIM, **13**, 6 (1972) p.400.
5) G. Krauss and A.R. Marder : "The Morphology of Martensite in Iron Alloys", Met. Trans., **2**, 9 (1971) p.2343.
6) A.R. Marder and A.O. Benscoter : "Microcracking in Plate Martensite of AISI 52100 Steel", Met.Trans., **1**, 11 (1970) p.3234.
7) M.G. Davies and G.L. Magee : "Microcracking in Ferrous Martensites", Met. Trans., **3**, 1 (1972) p.307 ; ibid., **2**, 7 (1971) p.1939.
8) T.A. Ballinet and G. Krauss : "The Effect of the First and Second Stages of Tempering on Microcracking in Martensites of Fe-1.22 % C Alloy", Met. Trans., **7A**, 1 (1976) p.81.
9) 江田 弘・貴志浩三:「研削き裂起源にたいするマルテンサイト晶の衝突き裂とひずみの存在意義-マルテンサイト鋼の研削き裂の生成機構 (第1報)」,精密機械,**43**, 12 (1977) p.1402.
10) J.M. Meyer and G.S. Ansell : "The Volume Expansion Accompanying the Martensite Transformation in Iron-Carbon Alloys", Met. Trans., **6A**, 9 (1975) p.1785.
11) Z. Nishiyama, A. Tsubaki and Y. Yamada : "Temperature Distribution during the Martensite Plate Formation", J. Phys. Soc. Japan, **13**, 10 (1958) p.1084.
12) 江田 弘・貴志浩三・橋本 聡:「研削白層の生成機構」,日本機械学会論文集 (C編),

46, 408 (1980) p. 970.
13) 江田　弘・貴志浩三:「マルテンサイト鋼の研削き裂の生成機構（第2報）」, 精密機械, **50**, 2 (1984) p. 399.
14) 田村今男 ほか:「Fe-Ni-Cレンズ状マルテンサイト合金の破面観察」, 日本金属学会春季大会講演概要 (1979-3) p. 310.
15) 山田弘文:「鉄鋼材料の精密研削におけるαAL_2O_3系砥粒切れ刃の摩耗機構に関する研究」, 大阪大学学位論文 (1975) p. 21.
16) 江田　弘・貴志浩三・大久保昌典・上野秀雄:「有限要素法による研削加工層の残留応力のシミュレーション解析（続報）」, 精密機械, **47**, 3 (1981) p. 314.
17) S.P. Timoshenko and J.N. Goodier : "Theory of Elasticity", McGraw-Hill, New York, N.Y. (1970) p. 433.

第9章 αFe-Fe$_3$C合金の研削加工層

9.1 はじめに

　本章は,「残留応力の発生と対策,養賢堂(1975)」を著したこの分野の第一人者である米谷茂が,「不二越技報, **39**, 1 (1983) p.1.」の文章の「4. おわりに」の冒頭で,『切削および研削,とくに研削による残留応力については,近年多くの研究が行われ,国内でも立派な成果が得られている』と紹介したこの分野の先駆けとなった成果について述べる.研削加工層の2相合金の第2相粒子について,低角X線回折装置を試作し,測定に成功した例である.

　Fe-C系状態図は,Fe-Fe$_3$C系に置き換えて状態図を見ることができる.例えば,工作物がこの合金系の場合の加工層は,大部分の鋼材がαFe相とFe$_3$C相の両相の変形だけによって残留応力分布,硬さ分布および組織変化がもたらされるものであるから,両者には何らかの対応関係が存在するはずである.従来,加工層の評価はαFe相に対して非常に多くの研究がなされており[1]～[3],αFeからの加工層の生成機構は大方明確となっている[4],[5].一方において,将来,加工層の最適制御を目指す場合には必ず何か評価の軸,つまり加工される金属の何かの基準と結び付けて,具体的に示しておく必要があると考える.

　著者は,一つの試みとして合金の強化粒子,例えば工作物がFe-C合金の場合,Fe-Fe$_3$C系状態図を軸におくことを考えた.例えば,あらかじめ研削条件がわかれば,加工層の残留応力,硬さおよび組織の各変化が状態図上で与えられた各組織に対応して,ある程度とらえられる可能性があるのではないかということである.

　また金属は,強化の歴史にあるといわれているほどであるから,変形に対して影響の大きい強化粒子Fe$_3$Cから考察した方が,加工層の諸元の変化をより普遍的に理解できる面があるのではないかとも考えた.例えば,Fe$_3$C相の破壊応力はαFe相の数十倍に当たる.また,研削抵抗,研削温度,仕上げ面粗さおよび切りくず組織などの一連の被研削性因子は,αFe相とFe$_3$Cの合金組織の研削によるミクロ的変形の総合としてマクロ的に各変化が現れる.

一方, αFe相およびFe₃C相組織の総合として現れるマクロ的な加工層の残留応力は, 研削抵抗と研削温度の変化からシミュレートされることを考慮すれば[4),5)], 硬さや組織を含めた加工層の諸因子と被研削性の諸因子との間には, Fe₃C量に対して何らかの対応関係が見出されるはずである. このように, 総合されて現れてくる個々のマクロ的変化の結果を知り, 工作物の研削損傷, つまり加工層の残留応力, 硬さおよび組織の各変化と結び付けられ, かつ個々のマクロ的変化から予測できるようになれば, 工業的価値において非常に重大なことである. また, 切りくず組織や形状変化などを知って加工層の諸因子の変化を簡便的にとらえられれば, 実用的な面においてもより価値が生じる.

ミクロ的な加工層の評価として, 本章では加工層のFe₃C相の残留応力測定の実現, 次にαFe相との関係をとらえ, さらにαFe-Fe₃C状態図で重要な組織である母相αFeの結晶粒径, およびFe₃C粒子の形状変化との関係をとらえる. これによって, Fe-C合金の焼なまし, 焼ならし組織の加工層の残留応力はほぼ知られる. また, 加工層の他の諸元についても, 同様の説明を加える.

次に, 本章で用いている装置や道具は, 以下のようになる. 研削は, 砥石「WA46HmV」, 砥石周速度 $V_s = 1800$ m/min, 工作物速度 $v_w = 5 \sim 20$ m/min, 砥石切込み $d = 10 \sim 70$ μm, 乾式で下向きプランジ研削を1回行った. 工作物は, 以前[4),5)]に用いたのと同一の材種と熱処理を施し, 寸法は15 mm×15 mm×50 mm (高さ×研削幅×研削長さ) の大きさのもので, 1.0〜14.1% Fe₃Cの比体積を持つ8種の鋼である. ただし, 工作物は圧延材のため集合組織を形成していることを考慮してA_3変態点の50℃以上の800℃から950℃で30 min保持し, 十分な拡散熱処理を無酸化炉中で行った. 加工層の残留応力は, 並行ビーム形および後述するディフラクトメータを利用したX線応力測定装置を用い $2\theta - \sin^2\psi$ 法によって求めた. また, 加工層の硬さは微小硬さ計 (最小荷重 5 gf) で測定し, 組織はJEM7A型 (加速電圧100 kV) 電子顕微鏡とJXM 50A-X線マイクロアナライザ付き走査電子顕微鏡で観察を行っている.

9.2 Fe₃C相残留応力測定装置の試作

2.1節に記述した平行ビーム型X線応力測定装置でのFe₃C相の残留応力測定は, 原理的には不可能である. つまり, Fe₃C相のX線回折角はαFe相に比

9.2 Fe₃C 相残留応力測定装置の試作

べ非常に低角なため，例えば図9.1に示す研削表面 $\overline{ON}$ に対してX線入射角 ψ を低角にとると，ψ' のような場合には，図中の破線のように回折線の引っかかりを起こす．つまり，試料面より上に回折されるべき結晶面が存在して，X線を回折させなければならないことになる．ただし，2.7節のような $\sin^2\psi$ ($\psi=0°$, $15°$, $30°$, $45°$) や Glocker 法 ($\psi=0°$, $45°$) でも Bragg 角 $\theta > 2\psi + \pi/4$ でX線強度の十分大きな回折面を持つ材料があれば可能である．

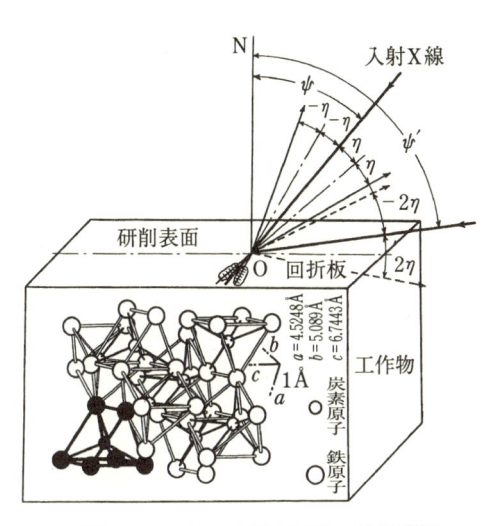

図9.1 X線の入射と回折の位置関係

ディフラクトメータで αFe，Fe₃C 相のX線回折強度曲線の変化を見ると，図9.2の記録を得る．これから，回折格子面 (hkl) の選択は高角な 2θ で，かつX線回折強度 I とその最大強度 I_1 の比 I/I_1 が高値ほど，測定精度が向上する理論的背景[6]がある．例えば，Bragg の式を微分し，

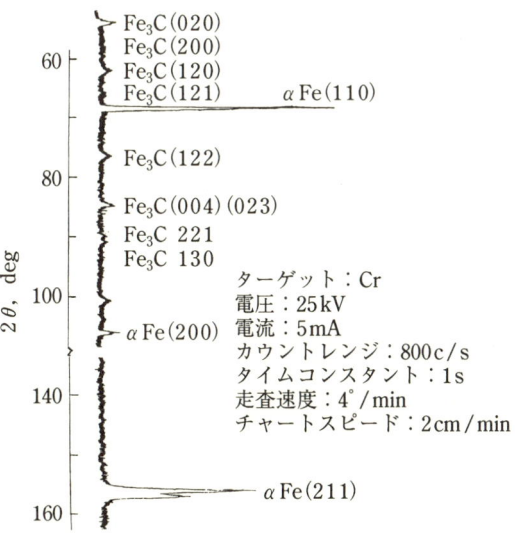

図9.2 αFe-11.3% Fe 合金のX線回折強度

変形した式において，$1/\cot\theta_0$ が格子ひずみ $\Delta d/d$ を増幅する役割を持つため，高角な $\Delta\theta$ に比べ低角 $\Delta\theta$ の $1/\cot\theta_0$ の値が約1桁大きくなる．そのため，$\Delta d/d$ に対応する $\Delta\theta$ の感度が高くなる．また，I が大なるほどX線の統計的ゆ

らぎに対応する応力値の誤差[7]が小になるなど,諸々のX線回折法に影響を与える諸事実を考慮して, αFe と Fe_3C 相の残留応力は αFe (211) と Fe_3C (122) 面の対応をとらえることにした.両相の残留応力の測定は,試料の取外しがなく1回の設定で,かつ測定が簡単な方法としていろいろ考えた結果, Schulz の反射法による X 線回折原理をとることにした.つまり,ローランド円の任意の位置に試料を置き,試料面の法線周りに試料面上で回転でき,またその水平軸周りにも回転できるような支持台をつくればよい.開発した X 線全角回折装置は, X 線源(点焦点)の X 線が試料表面で回折した X 線をシンチレーションからカウンタで計数できるようになっている.

X 線回折強度曲線の整理にはいろいろな方法があるが,定数計数と定時計数を並用して計測している本書の記録は確率密度関数によって曲線を近似した. X 線の有効照射面積は 5 mm^2 であるから,測定された残留応力はこの面積にある層の平均的な値とみなされる.

残留応力の計算は, 2.1 節のミクロ的な Bragg の式と巨視的な弾性論の結合が可能であるとする教えにより,

$$\sigma_\psi = K \frac{\partial^2 \theta}{\partial \sin^2 \psi} \tag{9.1}$$

から得られる.ただし, $K = -E/2[(1+\nu)]\cot\theta$, 縦弾性係数 E_c (Fe_3C) = 21.6×10^3 kgf/mm^2, E_F (αFe) = 21×10^3 kgf/mm^2, ポアソン比 ν (Fe_3C) = 0.46, ν (αFe) = 0.30, 回折角 θ_0 [Fe_3C (122)] = 38.23°, θ_0 [αFe (211)] = 78.04° として Fe_3C (122) の $K = -161.6$ kgf/mm^2, αFe (211) の $K = -30.5$ kgf/mm^2 を得る.

記録を整理し, $2\theta - \sin^2\psi$ のグラフを書き, θ_ψ を求める方法は X 線応力測定法(材料学会出版)や英[8),9)](Fe_3C に対して)が細述しているので省略する.また,式 (9.1) を研削加工層のような異方性の強い組織に対して使用することは,平ら[10)]が圧延材料のその組織について述べているように,問題はあるが,従来から X 線応力に対するこの方面の研究者にとっても,統一的な見解を示せる段階に至っていないので,従来からの式 (9.1) に従って表示する.研削表面から深さ方向の残留応力は,無水酢酸 (9容) -過塩素酸 (1容) の液を用いて電解研磨し,逐次測定した.ただしこの場合, X 線侵入深さが表面下の薄層で,

急激な応力勾配をとるため，X線強度 $I = I_0 e^{-\mu x}$ で減衰する．ここで，I_0 は入射する X 線強度，I は表面下 x を通過したときの強度，μ は X 線吸収係数である．

X 線の通過距離 x は，図9.1 から $x = t/\cos(\psi-\eta) + t/\cos(\psi+\eta)$ となる．ただし，t は表面からの深さである．つまり $\varepsilon - \sin^2\psi$ の関係は，急激な応力勾配がある場合，直線からずれて湾曲してくるので，補正をする必要があるが，完全な応力補正式は未解決である．

9.3 Fe₃C 層による加工層の残留応力

図 9.3 に示す αFe と Fe₃C 相の X 線的残留応力 σ_{RF}，σ_{RC} は，式 (9.1) にそれぞれの値を代入して，研削表面からの分布を深さ方向に求めた研削方向の残留応力である．Fe₃C 相の応力は，これまで αFe 相において知られていない異常に大きな値の引張応力を示す．

ここで，Fe₃C 量が増大するにつれて，砥粒は相対的により多くの Fe₃C 相を研削するようになる[5]．また，αFe 相に比べて10倍も硬い Fe₃C 相を研削するので，より多く上すべりしやすくなり，αFe に比べ無視できるほど小さい塑性変形をとると考えられるので，Fe₃C 量の増加に伴って，研削温度はせん断熱などの低下を含めてある程度減少することが推定できる[5]．

一方，従来からの熱的効果と機械的効果によって加工層の残留応力が生じるという定説に基づいて，垣野と江田[4]は，これから切削と研削の場合の加工層の αFe 相の残留応力分布をシミュレーションして，切削と研削温度

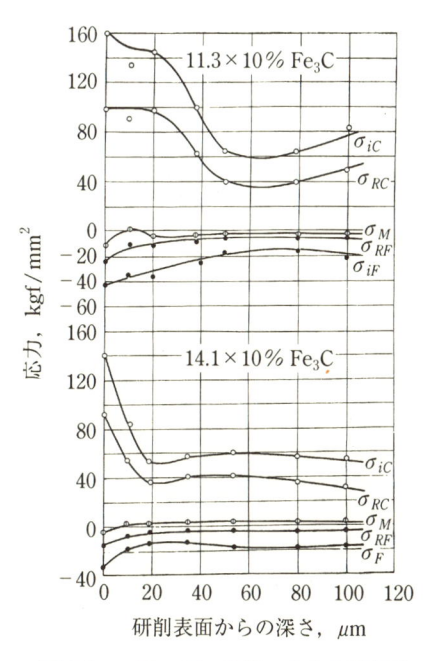

図 9.3　αFe，Fe₃C 相の応力と巨視的残留応力

の増大は引張残留応力を大にすることを，また切削と研削抵抗の増大は圧縮残留応力を大にすることを導いた．これらのことから，Fe_3C 量増加に対する研削温度の減少は，αFe 相の引張応力を減少させることになるとみなされる．同時に，研削温度低下に基づいて起こる工作物の機械的強度の増加は，研削抵抗を増大させるから αFe 相の応力に圧縮残留応力を与えることになる．したがって，Fe_3C 量増加に伴う加工層の αFe 相の残留応力は，次第に圧縮側に移行することになる．αFe 相が圧縮残留応力をとることから，工作物の品位を評価すると，耐摩耗，耐疲労および耐応力腐食などの特性[5]に対して，この存在のためにより優れた材料特性を持つことになる．また，他方の Fe_3C 相が異常に大きな引張応力を持つことからすれば，前述の材料特性を劣化させ，かつ αFe よりミクロな Fe_3C 粒子そのものは，破壊の引金や核になることが強調できる．なぜ Fe_3C 相がこのような高い応力をとるのかの主因は，Fe-C 系合金の強化粒子 Fe_3C の宿命的な特性によるところである．つまり，図9.1の Fe_3C 結晶構造における Fe-Fe 結合は金属結合であるが，Fe-C 結合は共有結合的な性格を含んでおり，結合力は後者は前者の約2倍と考えられる．

一方，図9.1に見たように，Fe_3C 格子結晶内における原子配列は，通常の金属に比べて極めて複雑であり，著しい異方性を持つ．このため，破壊応力は αFe の数十倍の $400\sim800 \text{ kgf/mm}^2$ をとり，値は広範囲に及ぶ．一方，硬さは $H_V(\alpha Fe) = 120$ に対して $H_V(Fe_3C) = 1180\sim1250$ と10倍程度で，より脆性的であるが，比較的ばらつきは小さい．

このような特性を含めて，Fe_3C 相は αFe 相に比べて著しく脆性に富み，塑性変形が非常に少ないと想像できる．また，αFe の融点は約1540℃に対し，Fe_3C は1212℃（1207℃とする報告もある）と約300℃前後低いが，500℃付近から Fe と C 原子に分解を始める．しかし，本実験の範囲で，X線マイクロアナライザ分析および電子顕微鏡観察によって研削点近傍に位置した研削面表皮を調べた結果では，Fe_3C の分解は認められなかった．このことは，Fe_3C 相の物理・化学的な基本的性質は，研削点近傍においてほとんど変化することなく，加工層の生成機構に常温におけると近い特性を持って種々影響を及ぼしていると推察しても妥当と考えられる．また，全体的に見て二つの相が複合組織となっているとすれば，それぞれの相の特徴は複合組織に対して，Fe_3C 相

9.3 Fe_3C 層による加工層の残留応力

はミクロ的な変化に対応した影響を持つから，局部的に高い物性感受性を持つとみなされる．また，αFe 相は複合組織全体と対応してマクロ的な変化をすることが考えられる．

以上のような特性を持つとして，(1.0から14.1)% Fe_3C 相と αFe 相の残留応力との関係を求める．Fe_3C 相および αFe 相の X 線的応力 σ_{RC}, σ_{RF} は，試料表面のマクロ的応力 σ_M と Fe_3C 相および αFe 相のミクロ的残留応力 σ_{iC}, σ_{iF} が重なり合った値であると考えられるから[6]，

$$\sigma_{RC} = \sigma_M + \sigma_{iC} \tag{9.2}$$

$$\sigma_{RF} = \sigma_M + \sigma_{iF} \tag{9.3}$$

となる．また，Fe_3C の比体積を q として

$$q\sigma_{RC} + (1-q)\sigma_{RF} = \sigma_M \tag{9.4}$$

と応力の平衡方程式を得る．

例えば，図9.3に示してある11.3% Fe_3C，および14.1% Fe_3C の X 線的応力を式 (9.4) に代入し，研削表面から深さ方向に求めた各値を使用して各 σ_M を算出し，プロットすれば同図の σ_M の分布が求められる．また，式 (9.2)，(9.3) にこれらを代入して，同様に σ_{iC}, σ_{iF} を算出して整理すると，図中の σ_{iC}, σ_{iF} の分布を得る．このようにして (1.0から14.1)% Fe_3C の範囲において，σ_{iC}, σ_{iF} の値を求め各残留応力分布を比較すると，ある範囲で σ_{iC}/σ_{iF} に一定の対応が見られた．

例えば，Fe_3C 量が約10%以上になるにつれて，ほぼ $|\sigma_{iC}/\sigma_{iF}|=4\sim5$ の関係をとる．図9.3の11.3% Fe_3C は $|\sigma_{iC}/\sigma_{iF}|=4.12$，14.1% Fe_3C は $|\sigma_{iC}/\sigma_{iF}|=4.34$ となる．しかし，σ_{iC} の値は Fe_3C 10%以下に減少するにつれてばらつきが大となるため，図9.3の11.3%および14.1% Fe_3C のようにはなかなか整理できなかった．一例として，3.3% Fe_3C のとき σ_{iC} の絶対値の50~70%もばらつきをとる場合もあり，Fe_3C 量が少量になるほど著しくなる．

このように，Fe_3C 相の残留応力 σ_{iC} は比体積 q が既知となれば，X 線的に実測されている σ_{RC}, σ_{RF} を式 (9.2)~(9.4) に代入して σ_{iC}, σ_{iF} の関係式を得て，$|\sigma_{iC}/\sigma_{iF}|=4\sim5$ の関係から，この式が成立する Fe_3C 量の範囲ではおおよその値を知ることができる．

9.4 Fe_3C 相の形状,大きさおよび αFe 相の結晶粒径による残留応力

比較的容易に Fe_3C 相の形状と大きさを変えられる方法として Fe_3C の球状化熱処理を行った.11.3% Fe_3C を例にとると,870℃で1時間加熱後油焼入れをし,700℃で焼戻しを行い,焼戻し時間 $t=1, 3, 5, 20, 50, 100, 200$ h とすると,平均 Fe_3C 粒径 $\bar{d}_0=0.3, 0.43, 0.48, 0.8, 1.1, 1.5, 2.0$ μm と得られた.実験から $\bar{d}_0=0.3t^{2.7}$ の式で整理できる.加工層の αFe (211) の残留応力分布は,$\bar{d}_0$ が大なるほど残留応力の深さ方向の変化(以下変動値)は大で,$\bar{d}_0$ が小なるにつれ漸次減少傾向を示す.しかし,Fe_3C 粒径に対してある一定の関係において残留応力値をとり,かつ分布を変えるような比例的な傾向は認められなかった.また,(1.0~14.1%) Fe_3C 量に対して $\bar{d}_0$ を同一粒径に合わせることはできないが,1.0% Fe_3C に対して $\bar{d}_0=0.38$ μm ($t=0.5$ h),0.76 μm ($t=7$ h)および1.30 μm ($t=35$ h),3.3% Fe_3C に対して $\bar{d}_0=0.44$ μm ($t=0.5$ h),0.77 μm ($t=7$ h)および1.42 μm ($t=35$ h),7.4% Fe_3C に対して $\bar{d}_0=0.49$ μm ($t=0.5$ h),0.78 μm ($t=7$ h)および1.20 μm ($t=35$ h)を11.3% Fe_3C のときと同一熱処理条件で作成し,Fe_3C 量に対して研削表面の残留応力 σ_{RF} の変化をプロットした.

その結果,研削表面の残留応力は,3.0% Fe_3C 付近で最小となり,(7.0~8.0%) Fe_3C 付近で最大となった.この変化は,層状 Fe_3C 量の変化に対してとった傾向とおおよそ一致する.また,物理的な意味を含めた解釈は明確でないが,Fe_3C 量に対してとったこの変化は被削性を決定する因子である研削抵抗,仕上げ面粗さおよび加工層の塑性流動性の変化にも現れていることから,これらの間には何らかの定量的な取扱いが行える可能性があるかも知れない.ただし,塑性流動性は1 000倍の液浸の光学顕微鏡で確認できるパーライト組織の流れで定義し,研削方向に流れた量 l_f と,流れが認められるまでの深さ d_f を測定して表示した.また,各 Fe_3C 量に対して $\bar{d}_0$ を変化した場合の残留応力は,前述の11.3% Fe_3C の場合と同じ傾向をとる.

次に,9.2節で述べた層状 Fe_3C に対して球状化した場合を比較してみると,

9.4 Fe_3C 相の形状, 大きさおよび αFe 相の結晶粒径による残留応力

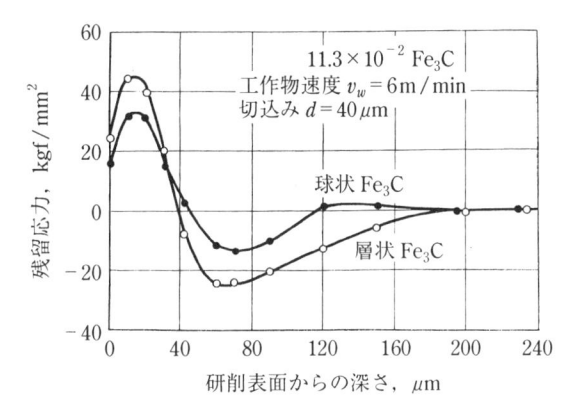

図 9.4 球状と層状 Fe_3C を含む鋼の αFe の残留応力

例えば図 9.4 のように, 残留応力の分布深さと変動値 (研削方向) は, いずれも層状の方が大きい. この傾向は, いずれの Fe_3C 量に対しても同じように認められる. また, 球状 Fe_3C (122) と αFe (211) の残留応力は, 層状 Fe_3C において示したように, Fe_3C が 10% を越して多量になるにつれて, σ_{iC}/σ_{iF} の値のばらつきは次第に小さくなり, $|\sigma_{iC}/\sigma_{iF}|=4\sim5$ の関係をとることが同様に見出された. しかし, ここでは平[10]が指摘しているように, 第2相粒子を層状や球状にした形状や圧延により, 著しい集合組織を生成している加工層の残留応力に及ぼす影響, つまり異方性を考慮したかたちの式の導入を考える必要があるが, 現実にはそれを含めた表現による処理は行っていない. そこで, この形状による比較は, 本装置と式 (9.1) ~ (9.4) にあくまでも従った場合として算出した結果である.

このように, αFe と Fe_3C の 2 相合金の残留応力分布は, Fe_3C 相の形状, 大きさおよび Fe_3C 量を知ることによって, あらかじめ得られた結果をまとめておけば, 研削条件を照合することによって αFe および Fe_3C 相の研削表面の残留応力をおおよそ知ることができる. また, 分布形を含めて検討した結果では, ある程度の傾向は認められるが, 実機の X 線精度や現在までの研究実績を含めたデータの再現性の点から結論は避けている.

次に, 母相 αFe の結晶粒径 $\bar{d}$ を変えた場合の残留応力分布を図 9.5 に示す. 図から明らかなように, $\bar{d}=40\ \mu m$ から $\bar{d}=13.4\ \mu m$ と漸次小粒になるにつれ

て，残留応力の変動値と分布深さは減少する．ただし，この測定は，$\bar{d}$ が大になるにつれて X 線の測定精度に種々懸念されるべき問題[6]が起こるが，ここではあくまでもこのような方法に従った場合の結果と考えればよい．$\bar{d}$ 変化に対して残留応力分布がこのような傾向をとることは，研削抵抗，研削温度が Hall-Petch の経験式によって整理される

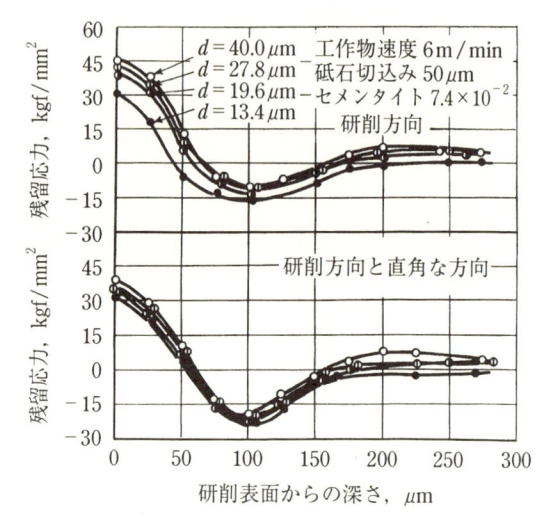

図9.5 αFe 相の結晶粒径を変えた残留応力分布

とした結果からほぼ類推することができる．つまり，$\bar{d}^{-1/2}$ にほぼ比例して流動応力 σ_f が変化するから，例えば $\bar{d}$ が増大するほど αFe 相が延性的となり，それに伴って加工層の変形深さと塑性流動量を増す．したがって，加工層の弾塑性的ひずみ量が増大し，図9.5の結果のように $\bar{d}$ が大なるにつれて残留応力の分布深さと変動値は増大することになる．

9.4.1 Fe_3C 量による加工層の硬さおよび組織と被削性因子

$(6.0\sim8.0)\%\ Fe_3C$ の範囲で研削表面の残留応力が，研削抵抗，研削温度および仕上げ面粗さなどの一連の被削性とともに最大値をとることを述べたが，図9.6に示すように加工硬化層についても同じことがいえる．この測定は，同一の深さで7点測定した平均値を示す．$(1.0\sim14.1)\%\ Fe_3C$ において，例えば $7.4\%\ Fe_3C$ の加工硬化層は研削面表皮で最大の硬さを示し，母相 αFe を約45％も硬化させ，ほかに比べて10～20％高い値を示す．このような硬さの増加は，切り取られた相手側の切りくず（流れ形，せん断形，むしれ形）にも現れ，やはり同じ $7.4\%\ Fe_3C$ で最大となった．なぜ $(6.0\sim8.0)\%\ Fe_3C$ の範囲で被研削性や加工層の品位低下が生じ，また約 $3.0\%\ Fe_3C$ 近傍で向上するのか，現在のところ確実な根拠は得られていない．しかし，工作物，切りくずおよび砥

9.4 Fe_3C 相の形状, 大きさおよび αFe 相の結晶粒径による残留応力

石にそれぞれ個々の変化が対応して現れることがある程度導くことができた意味において工学的価値がある.

このような関係は, 図9.7に示す $(1.0〜14.1)\% Fe_3C$ の研削表面の変化にも現れ, $3.0\% Fe_3C$ 近傍で, ほかに比べて非常に平滑で, 塑性流動が少ない研削表面を呈するのに対して, $(6.0〜8.0) \% Fe_3C$ では, ほかに比べて微小切れ刃によるところの研削条痕が少なく, より

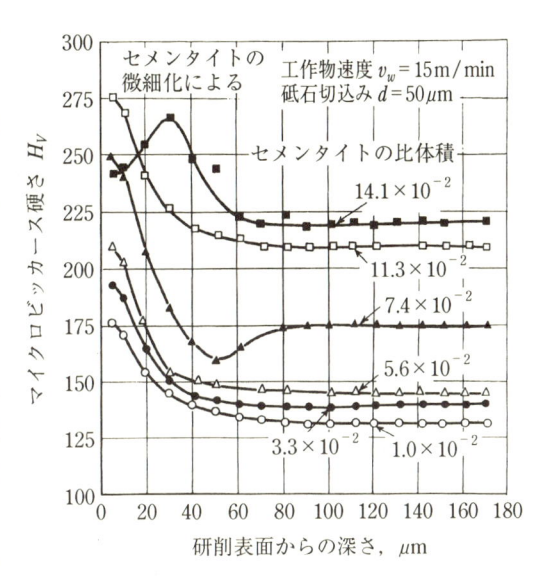

図9.6 Fe_3C 量による研削加工層の硬さ分布

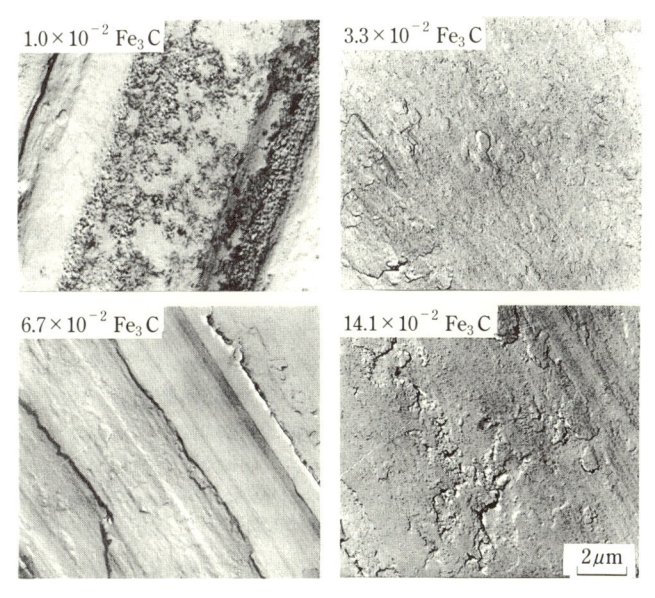

図9.7 $(1.0〜14.1)\% Fe_3C$ における研削表面 (工作物速度 v_w = 5 m/min, 砥石切込み $d = 50 \mu m$)

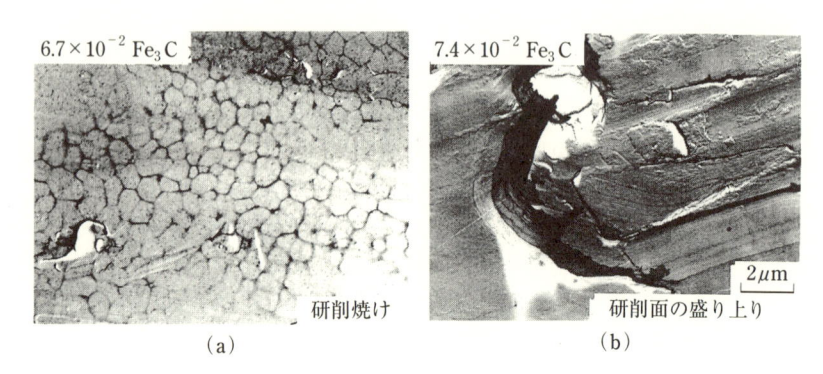

図9.8 被研削性劣化の著しいセメンタイト量における研削表面
（工作物速度 v_w=5 m/min, 砥石切込み d=50 μm）

粗い研削表面を呈する.

　そこで，この変化の激しさにに対比する意味で，3.0％ Fe_3C 付近ではほとんど認めることができなかった特異な研削表面を6.7％ Fe_3C, 7.4％ Fe_3C において，その実態をより明確にするために例として挙げ図9.8に示す．まず，研削焼けに代表される酸化膜が6.7％ Fe_3C に見られた．その内部構造は亀甲状のき裂となる．同様に，この付近の特異な観察面として，びびり発生に起因して生じたとみなされる研削面の凹凸が認められた．また，7.4％ Fe_3C の例に見られるように，砥粒切削過程途中で砥粒が脱落して，研削条痕の溝に段差を生じたような，いわゆる幾何学的に決定される研削表面生成とはかなり差のある研削損傷例なども認められた．このような特異な現象の再現性は，砥粒条痕に代表される規則的な研削表面生成に対しては少ないが，3.0％ Fe_3C 付近のこの現象の生成に比較すると高い出現率を示す．一方，この変化に対応して，加工層の組織の塑性流動量 l_f およびその深さ d_f を Fe_3C 量増加に対して実測して整理すると，l_f, d_f は次第に減少傾向をとる.

　しかしながら，やはり同じような Fe_3C 量の範囲で l_f, d_f の増減が現れ，3.0％ Fe_3C 付近で l_f, d_f が (10～20)％程度減少し，(6.0～8.0)％ Fe_3C の範囲では若干の増大となった．このように，αFe-Fe_3C 合金における加工層の残留応力，硬さおよび組織の各変化は Fe_3C 量をパラメータに整理してみると一定の対応関係をとることがわかり，同様に被研削性を示す各因子とも一定の対応関

係をとることが明らかとなる.

9.4.2 Fe_3C 量による研削切りくずと加工層の残留応力

加工層を含めた被研削性の情報を得るには,工作物,砥石および切りくずの位置関係から追究する例が多いが,例えば切りくずだけから被研削性を云々しようとなるとなかなか難しくなるが,一部では鋼のC%量を決定するのに火花試験が経験的に確立されている.このような古くからある事実を受け入れて,工作物,砥石および切りくずの位置関係をながめてみる.まず,切りくずを流れ形,せん断形,溶融形およびむしれ形に分類する[4),5)].つまり,採集した切りくずについて,同量の切りくず中に占める形態を4種に分け,各個数の割合を求め,それを Fe_3C 量に対して整理して図9.9の結果を得た.

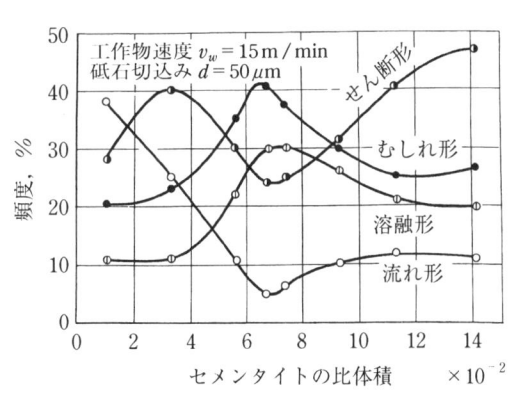

図9.9 Fe_3C 量による切りくず形態の占める割合の変化

この結果は,研削表面の残留応力が Fe_3C 量に対して3.0% Fe_3C で最小となり,(6.0〜8.0)% Fe_3C で最大となる変化と対応する.すなわち,残留応力が最小となる範囲で,砥粒の切れ味がよいときに排出する流れ形とせん断形が最も多くなる傾向を示し,残留応力が最大となる範囲では流れ形とせん断形が激減し,被研削性低下時に認められる溶融形とむしれ形の占める割合が増大する.さらに, Fe_3C 量が増大し,マトリックスが脆くなるにつれて,脆性の増大に起因して排出するせん断形が多くなるが,多くはむしれ形との混在で過半数を占める.

一方, Fe_3C 量増大に対してマトリックスの伸びや絞りが減少し,主に硬くて脆さに富む Fe_3C の存在のため,次第に硬くて脆い切りくずが生成する.その一例は,図9.10示すように,流れ形,むしれ形およびせん断形,各切りくずの硬さが Fe_3C 量増加に伴って第に増大することからもわかる.ただし,溶融形は H_V=500〜600程度で, Fe_3C 量にあまり関係なく一定であるので除外

した．切りくずの硬さの測定に際して，その大きさは20～100μm程度の幅と厚さを持つので，硬さ計の圧痕の対角線長さ約10μm前後と比べて諸々の影響は一応無視できる．

また，切りくず各形態の占める割合の変化は，各被研削性因子が約 3.0% Fe_3C 量で向上し，(6.0～8.0)% Fe_3C で劣化する変化とも同様に対応していることがわかる．

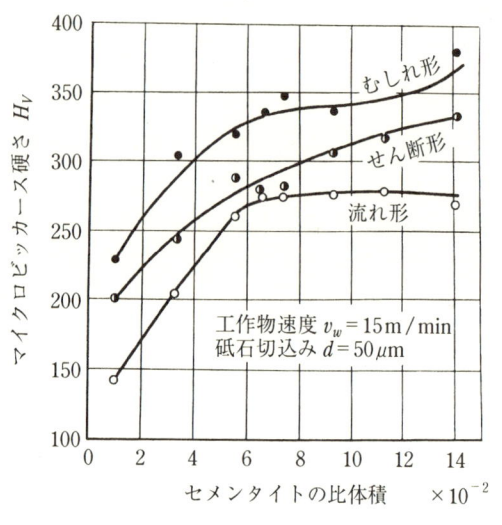

図9.10 Fe_3C 量による各種切りくずの硬さ

9.4.3 研削回数との関係

これまで述べた加工層の残留応力，硬さおよび組織は，ただ1回の研削によって生成した場合である．いま，研削回数 n に対して研削表面の残留応力を示すと，図9.11に示すように回数 n とともに漸次増大し続けるのがわかる．この傾向は，砥石種類や，ほかの研削条件を変えて行った場合にも同様であった．

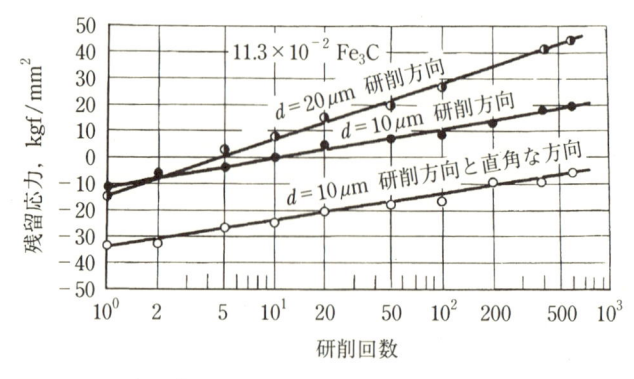

図9.11 研削回数による研削表面の残留応力（工作物速度 $v_w = $ 6 m/min）

9.4 Fe_3C 相の形状,大きさおよび $αFe$ 相の結晶粒径による残留応力

1回の研削によって生じる加工層の残留応力は,工作物の巨視的縦弾性係数 E,加工硬化係数 H',ポアソン比 $ν$,比熱 $ρ$,平均線膨張係数 $α$,加工層の研削温度分布と合成研削抵抗,および工作物の相当応力 $\bar{σ}$-相当ひずみ $\bar{ε}$ 線図をあらかじめ求めておいて,山田ら[11]が弾塑性力学の教えから導いた有限要素法による手法を導入すれば,シミュレーションから数値計算されて求められる[5),12)]. その結果を受け入れて考察すれば,残留応力の増加は研削回数 n とともに増え続ける研削温度によるものとみなされ,これに基づいて生じる引張残留応力の増大に起因すると推察される.したがって,これによって残留応力は研削回数 n とともに次第に引張り側に移行していくことが考えられる.

図9.12は研削温度の測定結果を示したもので,研削温度は $n=100$ 回前後から上昇が著しく大きくなることが認められる.こ

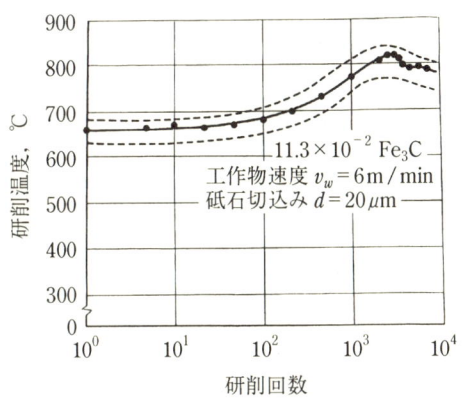

図9.12 研削回数による研削温度

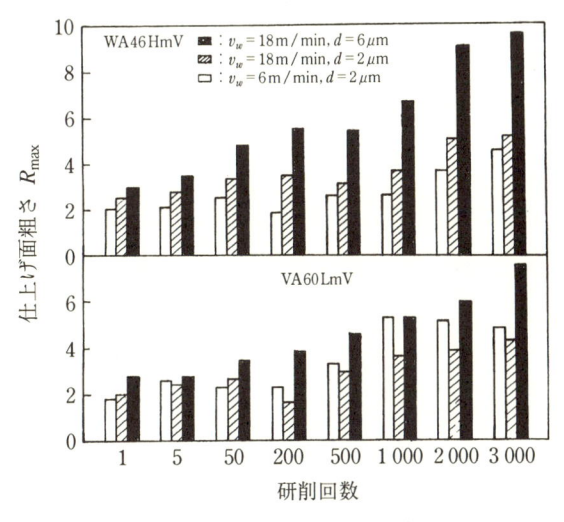

図9.13 仕上げ面粗さと研削回数

れに対して,法線および接線研削抵抗は $n=5$ 回程度まで急上昇するものの,以後 $n=2\,000$ 回程度まで特定の研削条件の場合を除けば一定であり,さらに $n=5\,000$ に至っても $n=5$ 回とほぼ同程度か,わずか上昇傾向をとるにすぎない.これに対して,図9.13 に示す仕上げ面粗さは,研削表面の残留応力の変化と同じように,$n=1$ 回に比べるとある回数 n で2倍,3倍と非常に大きな増加を示す.しかし,任意の研削回数における研削条件の変化に対する仕上げ面粗さ R_{max} の関係は,従来から知られているのと同じ対応の変化を示す.

また,研削温度分布は n の増加とともに広範囲な領域に及ぶようになる.例えば,図9.14 に示すように $n=1$ 回から $n=5\,000$ 回に至ると,研削点直下1.0 mm の範囲で大きな差を持つようになり,その間で温度の著しい減少勾配を持つ.このとき,研削表面の残留応力は $d=20\,\mu m$ で約 $80\,kgf/mm^2$ となり,従来の $\alpha Fe\,(211)$ 面の評価からは想像できないほど大きな値で,この工作物の試験片の破壊応力を既に超えている.このとき実測された Fe_3C 面 (122) の応力は,約 $-550\,kgf/mm^2$ であるから Fe_3C 相の破壊応力に達している.さらに,加工層の残留応力および硬さ分布は,研削回数 n の増加によって,その領域の拡大と変動値および絶対値の増大がもたらされる.例えば,$14.1\%\,Fe_3C$ の研削表面の固さ H_V と硬化した深さ d_H は,$n=1$ 回で $H_V=230$,$d_H=60\,\mu m$ 程度であるが,$n=3\,000$ 回で,$H_V=350\sim400$,$d_H=400\sim500\,\mu m$ にも達することから,残留応力が破壊応力を超えることは,加工硬化が大きな因子である

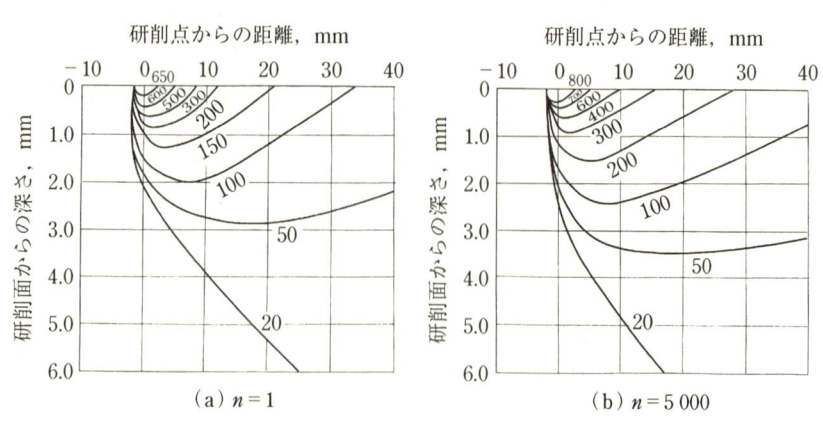

図9.14 ドレッシング後の研削回数 $n=1$ 回,5 000 回における研削温度分布

ことは疑えない事実と考えられる．また，このような変化は加工層の組織の塑性流動 l_f と流動深さ d_f についても同じように認められた．

工作物は焼戻し材であるが，工作物速度 v_w，切込み d を大にすると，研削表面は $n=3\,000$ 回付近から研削焼けを生じ，非晶質酸化膜生成のために残留応力測定が不能になる例がある．この酸化膜は，n が小なる範囲では表面から内部に向かって $Fe_2O_3 \to Fe_3O_4 \to FeO$ という層状構造を形成する．しかし，高温酸化（570℃以上）となる高研削回数では Fe_3O_4 と FeO の層状の酸化層を最上皮に発生する．いずれにしろ，細密な変化の対応は別にしても，1回研削における加工層の諸因子の変化は，n 研削においても研削抵抗，研削温度および仕上げ面粗さなどの被研削性因子と対応して変化していることが明らかであり，被研削性因子の変化と，n 回研削の加工層の諸因子の変化がある程度対応していることが知られる．

9.5　αFe-Fe$_3$C 2 相合金の残留応力分布

残留応力は内部応力と呼ばれ，外力がかかっていない状態で静的につり合いを保つ弾性応力である[13),14)]．したがって，物体内のどの断面をとっても，その断面に作用している応力の総和は0になり，力のモーメントの総和も0になる．

一般に，残留応力は巨視的残留応力と微視的残留応力に大別される[14)]．巨視的残留応力は，物体の断面にわたって平衡を保つような応力であって，主として塑性成形加工，溶接，熱処理などの結果として生じる．これに対して，微視的残留応力はさらに細かく分類され，例えば粒間応力（個々の結晶粒間で平衡を保つような応力），相応力（母相と第2相との間で平衡を保つような応力），また結晶粒界と結晶内部，亜結晶粒界と副結晶粒内，転位密度が非常に高い領域と低い領域でつり合うような応力などがある．

微視的残留応力の発生原因は，結晶粒どうし，あるいは2相間の塑性能の差，熱膨張係数の差（tessellated stress），転位の集積に起因する逆応力などの要因が考えられている．これらの巨視的および微視的残留応力が重なり合って，実際の加工物の中では極めて複雑な分布をとっている．

残留応力の分布を分類すると，次のようになる[15)]．

① 巨視的応力（第1種）：不均一な外部荷重による．$10 \sim 10^{-2}$ mm に分布す

る．

② 微視的応力（第2,3,4種）
- 第2種：結晶粒間，異相間，$1 \sim 10^{-3}$ mm に分布
- 第3種：結晶粒内の不均一応力，$10^{-3} \sim 10^{-5}$ mm に分布
- 第4種：転位による不均一ひずみ，$10^{-4} \sim 10^{-7}$ mm に分布

ここまで述べてきた αFe 相，Fe_3C 相は，ここでいう第2種残留応力になる．これまでの整理を含めて，αFe-Fe_3C 合金の基本的な問題を以下に説明する．

第2相粒子 Fe_3C は鋼の強化粒子で，引張強さ $\sigma_B = 600$ kgf/mm^2，弾性率 $E = 21.6 \times 10^3$ kgf/mm^2，ポアソン比 $\nu = 0.46$，硬さ $H_V = 1200$ に対して，αFe 相は引張強さ $\sigma_B = 60$ kgf/mm^2，弾性率 $E = 21.0 \times 10^3$ kgf/mm^2，ポアソン比 $\nu = 0.30$，硬さ $H_V = 120$ で，両相の残留応力比は $\sigma_{iC}/\sigma_{iF} = 4 \sim 5$ の関係を持つ．図9.15 は，西田ら[16]が，αFe，Fe_3C について αFe：$E = 200$ GPa，$\nu = 0.26$，降伏応力 $\sigma_Y = 300$ MPa，降伏後の加工硬化率 $H' = 1$ GPa，Fe_3C：$E = 400$ GPa，$\nu = 0.46$，降伏後 Fe_3C 粒子は塑性変形しないと仮定したときの応力 σ-ひずみ ε 線図である．塑性ひずみが約 5×10^{-3} あたりから巨大 Fe_3C からき裂が入り，破壊を開始する．図9.16 は，前述の σ-ε 線図に基づいて，有限要素法（FEM）を用いて引張変形を与えたときの Fe_3C 比体積

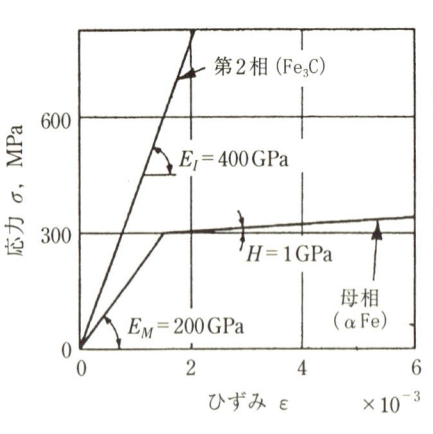

図9.15　有限要素法計算で使用した応力-ひずみ線図[16]

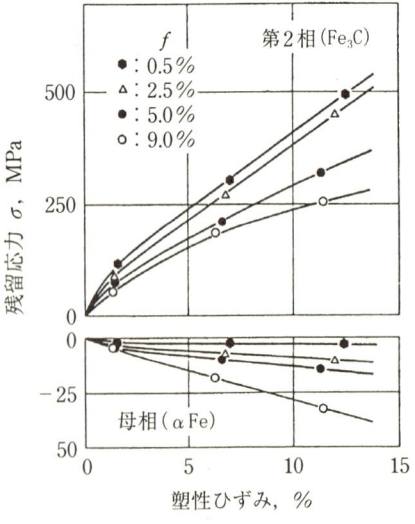

図9.16　有限要素法計算による残留応力[16]

$f = 0.5, 2.5, 5.0, 9.0$ vol% Fe_3C に対する Fe_3C 相, αFe 相の残留応力を示す.

Fe_3C 相の比体積 f が増すに従って母相 αFe の圧縮残留応力が増大し, 第2相粒子 Fe_3C 相の引張残留応力値は減少する. また, 塑性ひずみ量増加に対する残留応力の増加傾向は, 線形的な増加ではなく, 塑性ひずみ量の増大とともに増加量は減少する傾向となる.

この理由は, 母相 αFe と Fe_3C 相界面のはく離, また Fe_3C 相が大粒の場合, き裂破壊が進行するなどによって Fe_3C 相の変形, き裂破壊による応力緩和を αFe 相の大変形までの過渡的期間に大きな負荷を受け, 転位, 塑性ひずみの集積による結果と考えられる. もちろんこのような結果, αFe, Fe_3C 相の E, ν など残留応力値の支配因子は, 動的 E, ν をとることになるので, それに応じて算出する必要がある[17].

次に加工層の残留応力分布は, どのような加工過程を通って最終的な分布形状を形成するのか, そのプロセスを説明する. これまでどおり, 研削加工を例に挙げ述べる.

研削加工の残留応力は,
(1) 加工抵抗 : 力 F の大きさと付荷重時間 t
(2) 加工熱 : 熱量 Q の大きさと流入時間 t と温度 θ の高さと流入正味時間 t
(3) 化学反応 : Q, θ, F の大きさと化学反応時間により決まる. 相変態, 混合相の場合は比体積により変わる

の3要素, すなわち (1) 機械エネルギー, (2) 熱エネルギー, (3) 化学反応エネルギーにより支配される.

また, 残留応力の分布形とその大きさは,
(1) 工具 (砥石) : 幾何形状, 物理・化学的性質
(2) 工作物 : 幾何形状, 物理・化学的性質
(3) 加工条件 : 機械作業パラメータ, 加工雰囲気

によって定まる. さらに詳細に分析すると, 以下のようにまとめることができる.

(1) 加工力のエネルギーによる残留応力

  研削進行前方 : 表面=圧縮応力, 内部変化小

  研削通過後方 : 表面=引張応力→圧縮応力へ

(2) 加工熱のエネルギーによる残留応力
　　　研削進行前方：表面＝圧縮応力
　　　研削通過後方：表面＝引張応力
(3) 組織の変態（化学反応のための）エネルギーによる残留応力
　　　研削進行前方：表面＝引張り（組織成長）
　　　　　　　　　　内部＝圧縮（表面への原子移動と拡散）
　　　研削通過後方：表面＝圧縮（相変態，微細化）
　　　　　　　　　　内部＝引張り（徐冷却のため，結晶粒粗大化，結晶成長）

残留応力は，以上の三つの支配パラメータによって生成し，分布形が定まる．しかし加工中のエネルギーは，弾性エネルギー＋塑性エネルギー＋き裂破壊エネルギーに費やされた総合エネルギーのうちの表面生成に費やされるエネルギーは，砥石（砥石基板＋砥粒＋結合剤），切りくずおよび工作物との相対的な

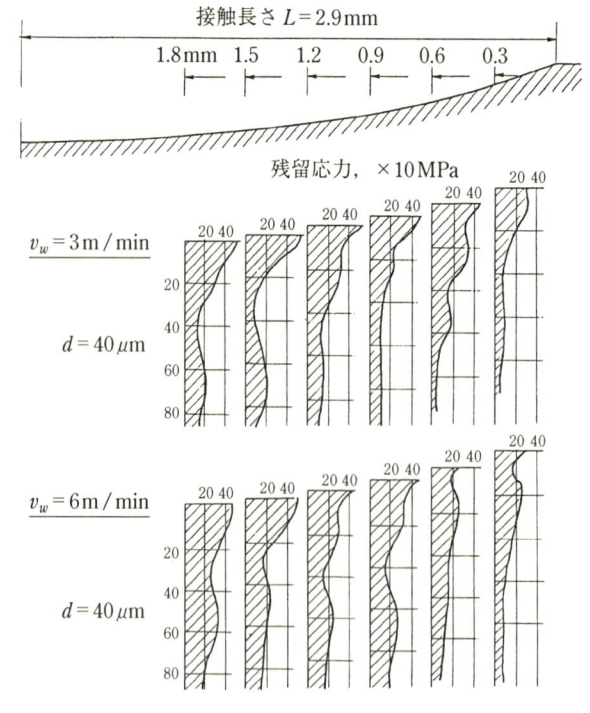

図9.17　砥石-加工物接触領域下の X 線残留応力分布[18]

9.5 αFe-Fe_3C 2相合金の残留応力分布

摩擦・摩耗・切削運動の結果,発生するものであるから,(3)は,(1)+(2)によるエネルギーを受けてはじめて起こる現象である.つまり,前者(1)+(2)は残留応力の1次支配要因であり,(3)は2次支配因子となる.いずれにしても,(1)+(2)+(3)の総合によって,残留応力分布形状と大きさは定まる.

一般に,(1),(2),(3)のエネルギーは,砥石-工作物の接触領域から流入し,その流入口の面積は,仮に平面研削の場合,1〜2 mm^2 ぐらいである.また砥石-工作物の接触長さもせいぜい1〜2 mmである.**図9.17**は,その接触領域において,接触開始してから10^{-5}秒くらいの瞬間に接触を開始から完了する間の残留応力分布を示している[18].このうち熱残留応力は,全加工熱エネルギー$R_t = R_w + R_s + R_c$について,工作物$R_w = 27$〜33%,砥石$R_s = 16$〜17%,切りくず$R_c = 50$〜56%に供給されるうちのR_wによって変動加工過程中に発生することとなる.図9.17に,未研削端から0.3,0.6,0.9,1.2,1.5,1.8 mm離れた各点について,その部分の表面および表面下の残留応力分布を示す.応力は,接触開始から表面下20 μmの範囲の変化が,いずれの接触距離においても,著しく大きい.

いずれの加工条件においても,$l = 1.8$ mmの接触終了時に応力値とその分布深さは最大となり,この分布形が加工後の分布の大部分の形状をつくる.つまり,加工後約100〜200時間の時効過程を経た段階で加工層の変動がほぼ安定したときの状態,いわゆる発生直後の原形を縮小した分布形となっている.この値は,S45C焼なまし材のαFe相を砥石「WA60H8V」で平面研削を施したときの残留応力分布である.このとき,Fe_3C相の残留応力もαFeに対応した分布をとると推定できる.

次に,炭化物粒子の比体積が極めて大きい高速度鋼を例にとって調べた残留応力分布形を**図9.18**に示す[19].前述したとおり,相応力は相間で互いに平衡していて巨視的な方法である機械的なたわみによる測定では検出できないが,X線方式では各相の格子面にX線を照射し,測定と計算式によって求めることができる.

一般に,金属炭化物M_xC_y (metal carbide) は,基地 (matrix) 相の物理・化学的性質を強化する目的で合金がつくられる.高速度鋼はその典型的な例で,炭化物をつくるW,V,Cr,Tiなどを添加して,MC,M_3C,M_7C_3,M_6C,…の

第9章 αFe-Fe₃C合金の研削加工層

ような金属粒子をつくり，耐摩耗性・耐熱性・耐食性・耐衝撃性などの高い機能を得ている．図9.18に示すSKH₂の炭化物はM₆Cで，基地組織と強い機械的性質を構成している．このように母相に占めるM₆Cの比体積が増え，機械的性質が強くなると，炭化物は残留応力の大小を直接支配するようになり，また次第に加工面表皮に分布するようになる．この図の基地相の残留応力は，表面から約 $50 \mu m$，M₆C 相は約 $100 \mu m$ に分布して加工面表皮に分布するようになる．この例でもわかるように，炭化物粒子が材料の強度を代表するようになると，基地組織の残留応力分布は次第に縮退し，ついには炭化物相がこの材料の残留応力分布を形成する支配相となる．図の残留応力の分布深さでは，基地相に比べて M₆C 相の分布深さは約2倍となり，加工層生成のエネルギーを吸収することがわかる．

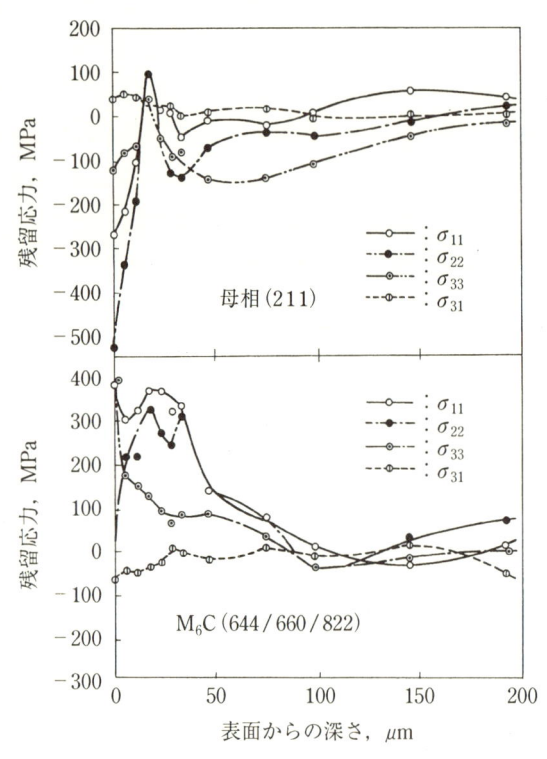

図9.18 研削表面下のSKH2のM6C相の残留応力分布[19]

次に，本章の αFe - Fe_3C 相合金鋼の変形破壊挙動のまとめとして， αFe-Fe_3C 相の弾性変形，塑性変形およびき裂破壊の過程をより詳細に調べ，硬質でかつ脆性に富む Fe_3C 相が弾塑性変形を起こし，そしてき裂破壊し，分離されていく様子を以下に説明しよう．

図9.19（左）は，S25C（A_3変態点下50℃×200h保持成長）のFe_3Cを電界放射型FE-SEM内でダイヤモンド圧子で引っかき試験を実施した例を示

9.5 αFe-Fe$_3$C 2相合金の残留応力分布

す[20]．Fe$_3$C相が，弾性変形→塑性変形→き裂→はく離→破壊→分離している状況がよく観察できる．この様子をまとめ，変形・破壊形態をモデル化すると図9.19（右）のように描くことができる．従来，Fe$_3$C相がこのように明瞭な塑性変形，き裂発生，はく離，破壊の状況を連続的に観察した例は見られず極めて貴重な結果である．

引っかき過程中の引っかき痕と圧子の引っかき力（垂直力と接線力）から，引っかき応力を実測の塑性変形面積，き裂面積，圧壊面積からそれぞれ算出してみると図9.20が得られる．この図から，Fe$_3$C相の弾性・塑性境界の降伏応力 σ_Y は，約6GPaとなる．Fe$_3$C相は，寸法と形状によって応力にばらつきが生ずるが，例えば層状Fe$_3$C相の

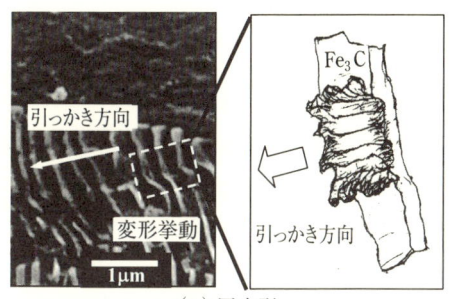

(a) 圧痕型

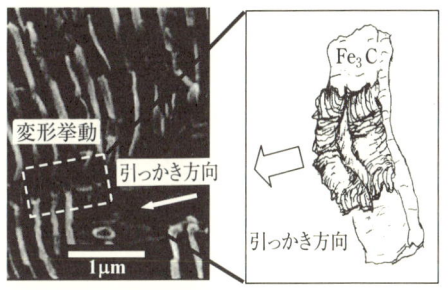

(b) 分離型

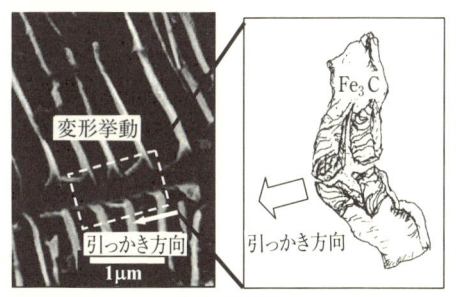

(c) き裂型

図9.19 セメンタイト変形挙動の写真と観察図[20]

塑性変形応力 σ_{pf} は，$\sigma_{pf} = (5.7〜3.1)$ GPa，さらにき裂発生応力 σ_c は σ_{pf} に加えて $\sigma_c = \sigma_{pf} + (2.9〜1.9)$ GPa，破壊応力 σ_f は σ_c を加えて，$\sigma_f = \sigma_{pf} + \sigma_c (1.8〜1.1)$ GPaとなる．

Fe$_3$C相の変形，破壊は過共析鋼（SK105）の層状セメンタイト（厚み 約0.1 μm），初析Fe$_3$C（約1.5〜5.0 μm）についても同じような変形・破壊挙動が見られ，図9.21のように観察できる．

これをS25Cの例と同じように整理すると，図9.22のような結果が得られる．このFe$_3$C相の引っかき応力は2本の曲線で描かれているが，小さい値の方が基地の層状Fe$_3$C相であり，大きい値の曲線の方は初析Fe$_3$C相の変化を示している．過共析鋼の層状Fe$_3$C相の応力は，亜共析鋼の引っかき応力とほぼ同じような値をとっている．しかし，過共析鋼の初析Fe$_3$C相は，若干大きな変動値を示している．つまり，降伏応力σ_Yが6GPaから10GPaあたりまで変化する．この値は，球状に近いほど大値となる．塑性変形応力σ_{pf}は$\sigma_{pf}=(10\sim2)$GPa，き裂発生応力$\sigma_c=\sigma_{pf}+(2.8\sim1.5)$GPa，破壊応力$\sigma_f=\sigma_{pf}+\sigma_c(2.2\sim0.8)$GPaとなる．基地と初析のFe$_3$C相の応力差は，層状Fe$_3$Cの縦横比が，引っかき圧子の作用力点に対して極めて大きいために，このような値の開きが生じたとみられる．また，過共析鋼の初析Fe$_3$C相の変動値が大きい理由は，Fe$_3$C相粒子の形状が，球形に近いものから，楕円形，帯（板）状，薄板層状形などが混在するためでもある．

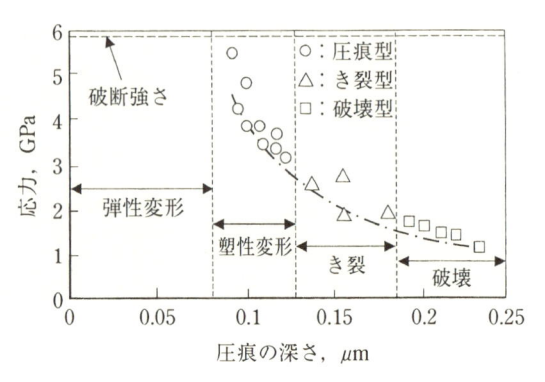

図9.20 引っかき痕と引っかき応力

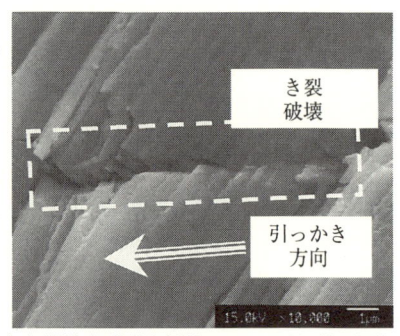

(a) 塑性変形型と層状セメンタイト（き裂型）

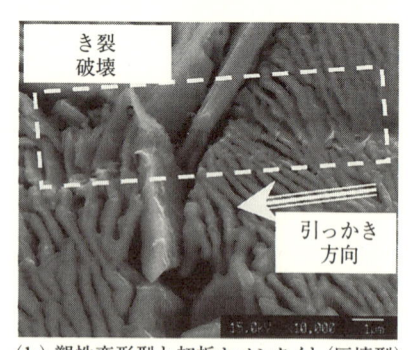

(b) 塑性変形型と初析セメンタイト（圧壊型）

図9.21 セメンタイトの変形挙動

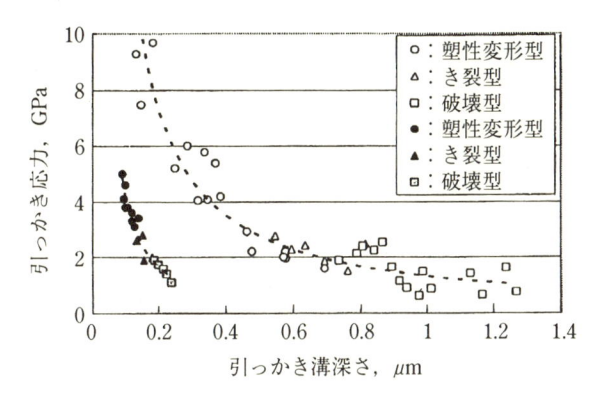

図9.22 層状セメンタイトの機械的特性

参考文献

1) 西本:精密機械, **30**, 1 (1964-1) p.121.
2) J.F. Kahles and M. Field : Proc. ICPE, Pt. II (1974-8) p.95.
3) 加工変質層分科会:精密機械, **38**, 9 (1974-8) p.759.
4) 垣野:京都大学博士論文 (1971-3); 江田:大阪大学博士論文 (1973-2).
5) 江田・貴志・大久保:精密機械, **45**, 11 (1979) p.1347;(続報) **47**, 3 (1981) p.314.
6) 仁田:X線結晶学(上), 丸善 (1959) p.351.
7) 日本材料学会 編:X線応力測定法標準, 日本材料学会 (1973) p.15.
8) 英ほか2名:日本機械学会論文集, **35**, 270 (1969-2) p.237;日本材料学会編:X線材料強度学, 養賢堂 (1973);X線応力測定法, 養賢堂 (1966).
9) T.C. Lindley et al. : Acta Metallurg., **18**, 11 (1970-11) p.1127.
10) S. Taira : Proc Int. Conf. Mech. Behav. Mat., Kyoto (1971-8) p.111.
11) 山田:生産研究, **19**, 3 (1967-3) p.75.
12) 貴志・江田:金属学会誌, **35**, 9 (1971-9) p.896.;江田ほか:機械の研究, **36**, 5 (1984) p.199;同, **36**, 7 (1984) p.807.
13) 藤原晴夫・英 崇夫:機械と工具 (1978-12) p.41.
14) 日本材料学会編:X線材料強度学, 養賢堂 (1973) p.262.
15) L. Reimer : Beträge zur Theorie des Ferromignestismus und der Magnetisierungskruve, Springer (1956) p.14.
16) 西田・英・藤原:材料, **38**, 429 (1986) p.576.
17) V.S. Mukhin and V.G. Savateev : Zavodskaya Laboratoria, **40**, 6 (1974) p.738.
18) 米谷・能登・高辻:日本金属学会誌, **47**, 1 (1983) p.72.
19) 英・藤原:材料, **31**, 342 (1982) p.227.
20) 谷山・江田・清水・周・中沢・佐藤:砥粒加工学会誌, **47**, 5 (2003) p.263.

第10章　超高速加工層

10.1　はじめに

　学問の世界に職を得てしばらくして引用文献や著者名などを見ると，各専門領域の草分けの人々はほとんど欧米人である．科学の発明が西欧であることによるからと思うものの，一方において肩身が狭くなるのも人情であり，また戦後に社会を形成する者にとって，わが国発をと考えるのも自然なことであろう．そこで，1931年，Salomonあるいは超音速空気力学のTheodore von Kármán（ハンガリー生まれ）の超高速加工を1桁以上（1 200 m/s）凌ぐ加工方法を，それも先駆者と全く違う方法で実行しようと考えたのが本章の内容である．

　第二次大戦中に零戦の設計開発に携わった三羽烏，木村，土井，小沢らのうち，小沢久之丞教授が東京-大阪を15分で結ぶ「超音速滑走体」構想の設計開発に関わったときの体験によりロケットによる超高速加工を実現しようとして行ったのがこの加工方法のきっかけである．

　小沢は，ドイツからスエズ運河経由の船で入手した設計図「Peenemunder」においては，実戦されたロケットが音の速度より速く，大気中を飛ぶ理論がわからず，亜音速の「飛竜」を開発した．その後，Wernhler von Braun（ハンガリー生まれ）］らの超音速空気力学が明らかとなり，超音速旅客機，月へのロケット着陸という偉業が達成された．この理論は，R. Courant, K.O. Friedrichsの名著「Supersonic Flow and Shock Waves」や，Navier-Stokes, Prandtl, Schlichting, Blasiusらの有名な美しい理論「Boundary Layer Theory」が礎となっている．

　ここでは，この教えを材料加工に発生する材料の「境界層：boundary layer」，つまり「加工層：surface layer」に応用しようと考えた．本方式はロケットを工具に使った結果であるが，この考えの未来には，工具を小型化し，加工領域を小領域に対応し，限りなく小型にしていくと，ついには原子間ポテンシャルを断ち，原子欠陥のない加工表面生成にたどり着くことになる．フロートポリシ

ングや弾性放射加工 (EEM) はその一例であり，このような除去加工方法でなくても，原子を1個ずつ付着させて完全表面をつくるモレキュラビーム・エピタキシャル (MBE) 法もこの一例であるといえる．本章の超高速の定義は，被加工材の静的塑性波伝播速度を超える速度をいう．このような速度域を目指す加工によってどのようなことがもたらされるのか，本質的な問題をまず整理しておく．

[その1] 超塑性波加工―弾性波加工への道

空気力学における小沢の考えによれば，塑性波が伝播するより速く工具を通過させれば，塑性ひずみが生成・飽和する以前に通過することになって，ひずみが残らないか，残っても弾性ひずみ，つまり原子格子ひずみとなり，そのひずみは軽微になると推察できる．

塑性ひずみ速度 $v_{\varepsilon p}=\sqrt{(\partial\sigma/\partial\varepsilon)/\rho}$，ただし，$\sigma,\varepsilon$ は塑性応力とひずみ，ρ は工業密度として求められる．このとき，材料は弾性的になり，高速になるほど弾性体としての性質を強める．例えば，弾性波は，縦波 $v_{\varepsilon el}$（容積変化を伴い，引張りまたは圧縮波として伝わる）は $v_{\varepsilon el}=\sqrt{3K(1-\nu)/\rho(1+\nu)}$，横波 $v_{\varepsilon etl}$（せん断波，せん断変位をしながら伝播する）は $v_{\varepsilon etl}=\sqrt{G/\rho}$ と表せる．ここで，K は体積弾性率，G は剛性率，ν はポアソン比である．$v_{\varepsilon el},v_{\varepsilon etl}$ による応力は極めて大きく，縦波の応力 $\sigma_l=\rho v_{\varepsilon el} v_{lm}$，横波の応力 $\sigma_t=\rho v_{\varepsilon etl} v_{tm}$ となる．ただし，v_{lm},v_{tm} はおのおのの縦波・横波物質速度である．

例えば鋼の場合に，物質速度 $v_{lm}=30$ m/s とすると，$\sigma_l=140$ kgf/mm^2 となり，鋼の引張破壊応力 60 kgf/mm^2 を超えているので，一部に弾性波き裂が発生すると推察できる．このことから，超高速加工を施すことは，延性材料の塑性的性質を脆性的材料に徐々に置換しつつ，弾性材料としてへき開型のき裂破壊形加工に移っていくことを示唆している．

〔根　拠〕

山本らの光弾塑性材料による結果は[1]，加工速度が塑性波伝播速度（静的 v_p）を上回るにつれて工具通過の後方に遅れて塑性波を発生し，かつ加工域の塑性ひずみ領域は漸次縮退する．

[その2] 加工ひずみ速度上昇による加工脆性環境の強化

塑性ひずみ速度の上昇は，加工瞬時のみ材料を弾性体に変えつつ，ついには

脆性材料になる．つまり，この条件で加工形態は延性モードから脆性モードとなる．後述するが，例えば延性材料の典型である純アルミニウムでさえ，この条件では切りくず内に帯状の断熱帯がある間隔に現れ，加工表面には工具進行と直角な方向にき裂が開口し，速度上昇につれて次第に大型化する．

このとき，加工表面から内部への加工熱流入は速度増加に伴って減少し，加工エネルギーの大部分は衝撃的な機械的エネルギーに変わる．このエネルギーの流入時間は 10^{-6} 秒以下であり，まさに瞬時に行われる衝撃加工といえる．

〔根　拠〕

加工層の塑性ひずみ領域の軽減は，まず加工熱流入量と流入時間を可能な限り減少し，熱塑性ひずみ領域を縮小化する．この環境で加工速度を上昇し，結果として弾性体となる．そして，脆化した材料が大破壊を起こさないように最小の微小塑性領域を構成させる．この条件は，臨界切込み深さを d_c として，機械条件にこの制御機能を付与することによって得られ，クラックフリー（き裂なし）の加工層が得られる．

例えば，ジェット注液[2]によって極端に圧力を上げ，150気圧（15 MPa）で研削加工領域に加工液を注入して除熱すると，700℃の研削温度は常温（20℃）になり，残留応力は表面下 20 μm と減少し，加工硬化と組織変化はほとんど認められない．

10.2　超高速切削による加工層生成の基本理念

一般に，塑性ひずみの伝播速度 $v_{\varepsilon p}$ は

$$v_{\varepsilon p} = \sqrt{\frac{1}{\rho}\frac{\partial \sigma}{\partial \varepsilon}} \tag{10.1}$$

で与えられる[3]．ただし，ρ は工業密度，σ は応力，ε はひずみである．

図10.1に示す $\sigma-\varepsilon$ 線図において，仮に応力 σ_s が作用しているとすると，曲線Ⅰの被削材は $\overline{AD}$ の塑性ひずみ $\varepsilon_{\overline{AD}}$ を生じ，同様にして曲線Ⅱ，Ⅲの場合は $\varepsilon_{\overline{AC}}$，$\varepsilon_{\overline{AB}}$ となるが，曲線Ⅳはひずみなしとなる．つまり，塑性ひずみが生じないためには，式(10.1)において $\partial\sigma/\partial\varepsilon = H'(\to E)$ 以上の条件をとればよいことになる．仮に，本章の被削材 99.97% Al について曲線Ⅰ，Ⅱ，Ⅲの点 B，C，

10.2 超高速切削による加工層生成の基本理念

Dでの接線が $(\partial\sigma/\partial\varepsilon)_{I}=0.72$, $(\partial\sigma/\partial\varepsilon)_{II}=7.2$, $(\partial\sigma/\partial\varepsilon)_{III}=72$ で与えられるとすると, $\varepsilon_{\overline{AD}}, \varepsilon_{\overline{AC}}, \varepsilon_{\overline{AC}}$ より塑性ひずみを減少させるには, 見かけ上 $v_{I}=51.9$ m/s, $v_{II}=164$ m/s, $v_{III}=519$ m/s より早く高速変形させる必要がある. ただし, 工業密度 $\rho=2.75\times10^{-10}$ kgf・s^2/mm^4 である. この値はあくまでも見かけ上の値で, 実際にはこの速度の条件に即した動的 σ-ε 線図から $\partial\sigma/\partial\varepsilon$ を得るべきである. つまり, 高速変形領域では加工硬化がより強く進んでおり, 静的 σ-ε 線図から得た H' に比べてより大きな値となっているから, その変形場で $v_{\varepsilon p}$ を越すためにはより高速な $v_{\varepsilon p}$ を与える必要がある. しかし, その変形場の状態は, 既に塑性ひずみがより出にくい被削材に見かけ上変わっており, 材料としては曲線 I から II の方に移行したことになる. つまり, 移行した塑性ひずみ分だけが, その速度における塑性ひずみの減少となって現れる.

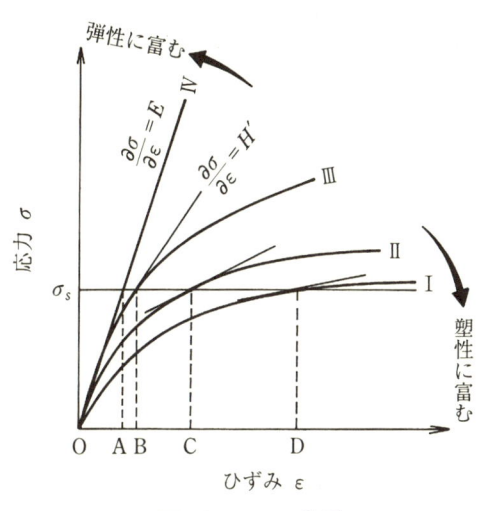

このような現象の存在は, von Kármán が丸棒の高速変形を衝撃的な速度で行った場合に認めている[4]. 彼は, 引張変形破壊実験において, 破断部分でのくびれ生成が衝撃点近傍に限られて現れることを確かめ, かつ, くびれに伴う伸び, 絞りは速度上昇とともに減少することも見出している.

本章の99.97% Al, 0材の場合, 脆性的素質 (塑性ひずみの減少) が現れるのは, $v_{\varepsilon p}=51.9$ m/s からと算定される. von Kármán らの説は塑性加工の分野における理論的説明であるが, 田中ら[5], 山本ら[6]は切削速度 700 m/s と 200 m/s までの範囲について切削機構に対する若干の検討を加えた. その結果, 切削速度 V の上昇に伴いせん断角がある条件で 50°に達することや, V 増大に伴い切削抵抗が増加傾向をとることなどの知見を得ている. この現象は, 転位密度の増殖などによりひずみ硬化し, 材料強度が上昇することによる.

図10.1 σ-ε 線図

本書において超高速切削[7]の物理的定義は，静的 σ-ε 線図から得られた塑性ひずみ伝播速度以上での切削加工とする．

10.3 超高速切削装置の製作

高速度を得るには，いろいろな方法がある[7]が，多くの場合所定速度への到達に時間がかかるために，本実験ではロケットの固形燃料を用い，爆発エネルギーの大きさを借りて瞬時に定速度を得る装置を第一に考えた．この方法は，次期予定進行中の 10 000 m/s の速度を得る装置（ロケット）にも適用できたからである．また，次期の方法とデータの互換性を図る目的から，$V=800$ m/s について重複して実験を行い，この方式では，ほかに 1 000 m/s，1 200 m/s のみ実験した．なお，次期の方法は図 10.2 に示すロケットモータ内でダブルベース型の燃料を燃焼させ，同時に今回の方法を併用する．その際，ロケットの運行速度は，ノズルのスロート部 A_x と出口部 A_y の断面積を変えることにより最大速度が求められることから，燃料の燃焼速度 r_b があらかじめわかれば，以下の式からロケットのみによるマッハ（オーストリア生まれ，Ernst Mach）数 M_y は求められる．

$$M_y = M_x \frac{A_x}{A_y} \sqrt{\left[\left(1+\frac{\gamma-1}{2}M_y^2\right)\bigg/\left(1+\frac{\gamma-1}{2}M_x^2\right)\right]^{(\gamma+1)/(\gamma-1)}} \qquad (10.2)$$

ここで，$M_x=1$，比熱比 $\gamma=1.23$ とし，熱エネルギーへの変換は断熱膨張過程にあるとする．

ロケットスカート部の設計は，$M_y=0.8, 1.5, 2, 3$ のとき，A_y/A_x は順に 0.4, 1.19, 1.77, 5.16 で，直径 $D_y(D_x)$ は同順に $\phi 12.2\,(12)$，$\phi 13\,(12)$，$\phi 16\,(12)$，$\phi 27\,(12)$ の寸法形状に設計された．

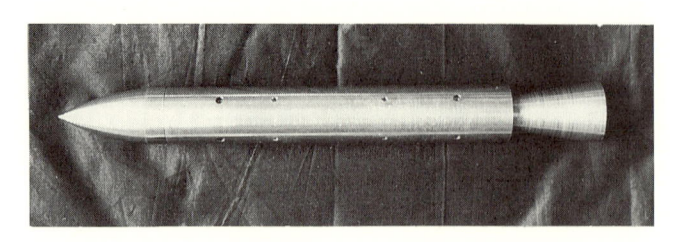

図10.2 被削材運航用ロケット（一例として $M_y=3$）

10.3 超高速切削装置の製作

　本書の実験装置の概略は，図10.3に示すようになる．被削材（外径 φ11.90 ± 0.01 mm，長さ 150 mm の飛翔体）は，図10.4に示す高速発射運行（チャンバ）出口に設置され，適当な点火剤（カートリッジ：黒色火薬）を電気着火により固形燃料（発射薬 107 BAP 用のシングルベース，4〜10価）が爆発し，そのエネルギーを受けて被削材は飛翔体誘導管路（内径 φ12.00 mm，材質 SUS 304，冷間引抜き）を壁面との金属接触なしに，油膜に支持されたかたちで滑走（摩擦係数 μ_d = 0.001，被削材のスピンなし）する．また，被削材は誘導管路出口から進行方向に 20 mm 離れた距離に設定されている工具（SKH4A）によって切削され，切

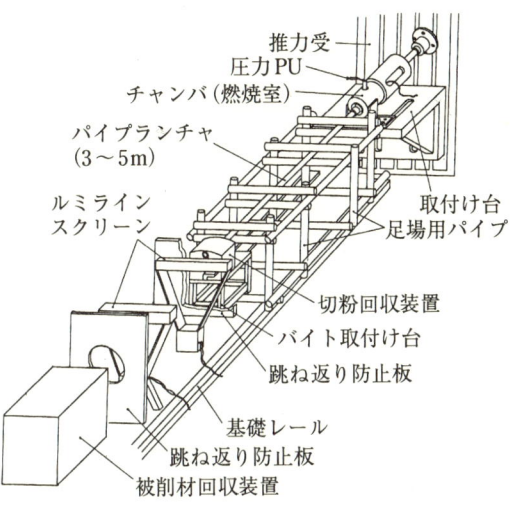

図10.3　実験装置の概略

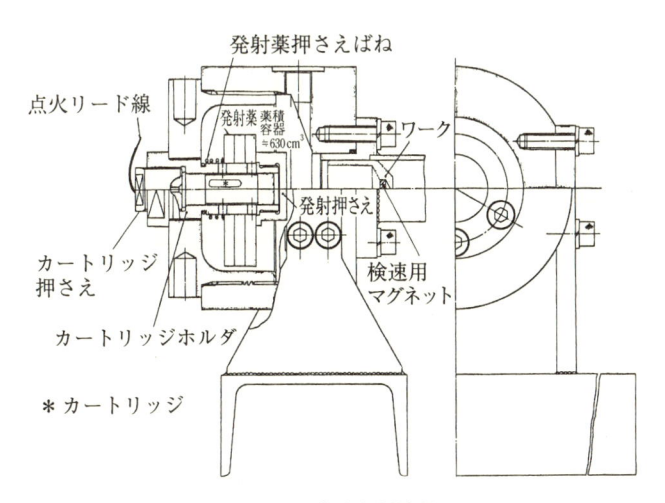

図10.4　高速発射機構

込みはハイトゲージによって切削ごとに調整される．

次に，切削速度は，切削直後の定距離に平行に置かれた2本の鉛筆の芯の破断（電圧印加して回路作成）の時間差を計測することによって，またその直後にある2基のルミラインの光路を飛翔体が通過して遮断したときの時間差を読み取る．これらは，ともに電子計算機にオンラインとなっており，即座に速度が算出される．また，切削挙動は高速度カメラ（コントロール室から遠隔操作）で絶えず監視されビデオテープに記録されるから，これからも切削速度は知られる．

このような実験装置にいたる以前に多方面から詳細に検討した．特に，安全面に綿密な配慮をして設計されている．その第1は，爆発エネルギーと切削速度の関係から爆発容器の圧力値の算定である．そこで，図10.3の装置における被削材搭載のロケットの運動は，図10.5に示すように書けるから，滑走路（ランチャ）内の任意の点xにおける圧力をP_xとすれば，ニュートンの第2法則から

$$\frac{W}{g}\frac{dV}{dt}=P_x\frac{\pi}{4}D^2-F \qquad (10.3)$$

の運動方程式が与えられる．ここで，Wは被削材重量である．

被削材の滑走は油膜（約$0.2\,\mu\mathrm{m}$）で浮上しているから，推力$P_x(\pi/4)D^2$に比べれば，管路内滑走によって生じる摩擦力Fは無視でき$F\fallingdotseq0$と書ける（滑走テスト1回ごとに油塗布）．そこで，滑走速度$V=dx/dt$として，走行距離xは次式で与えられる．

$$x=\int V dt \qquad (10.4)$$

また，爆発容器内の固形燃料の燃焼は，断熱膨張過程をとるものとみなせるか

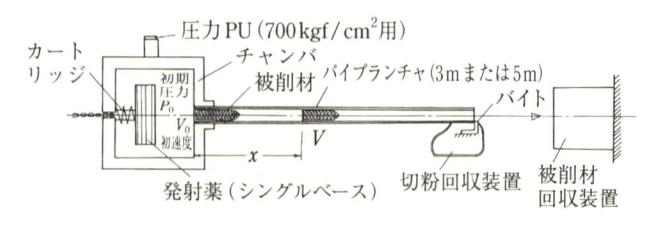

図10.5　被削材の運動

ら，

$$P_x\left(U_0+\frac{\pi}{4}D^2x\right)^\gamma = P_0 U_0^\gamma \tag{10.5}$$

の断熱膨張式を得る．ここで，U_0 は高速発射機構部内の容積 (630 cm^3)，$\gamma = c_p$ (定圧比熱) / c_v (定積比熱) = 1.23 である．

式 (10.3)，(10.4)，(10.5) より被削材の滑走速度 V は

$$V=\int \frac{P_x\frac{\pi}{4}D^2}{\frac{W}{g}}\mathrm{d}t = \int KP_x\mathrm{d}t \tag{10.6}$$

ただし，P_x は

$$P_x = \frac{P_0 U_0^{1.23}}{\left(U_0+\frac{\pi}{4}D^2x\right)^{1.23}} \tag{10.7}$$

である．そこで，式 (10.6)，(10.7) の計算は電子計算機によって行うが，Runge‐Kutta‐Gill 法によって解を得る．計算手順は，t を順次変え，適当な位置 x で計測（電磁型圧力計：熱被害防止のため常時水冷却）されている圧力 P_x を代入し V を求める．計算結果は図 10.6 に示すとおりである．ただし，図中 n は固形燃料の価数を表す．また，式 (10.6) の P_0 は固形燃料の種類によって決定され，その爆発圧力 P_0 は

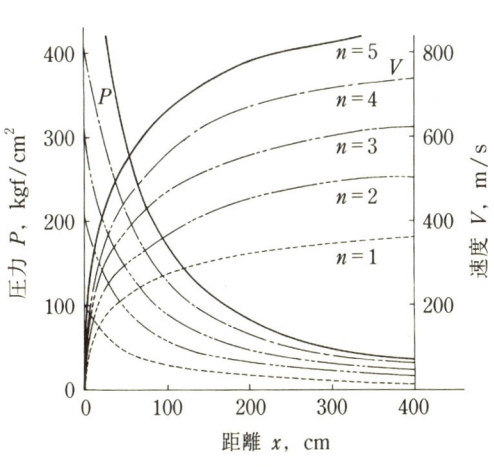

図 10.6 被削材の速度

$$P_0 = 2Ar_b n \tag{10.8}$$

である．ここで，A は固形燃料断面積〔式 (10.8) の定数 2 は表と裏〕である．計算された速度は，n 増加により容易に被削材 Al の塑性ひずみ伝播速度を越

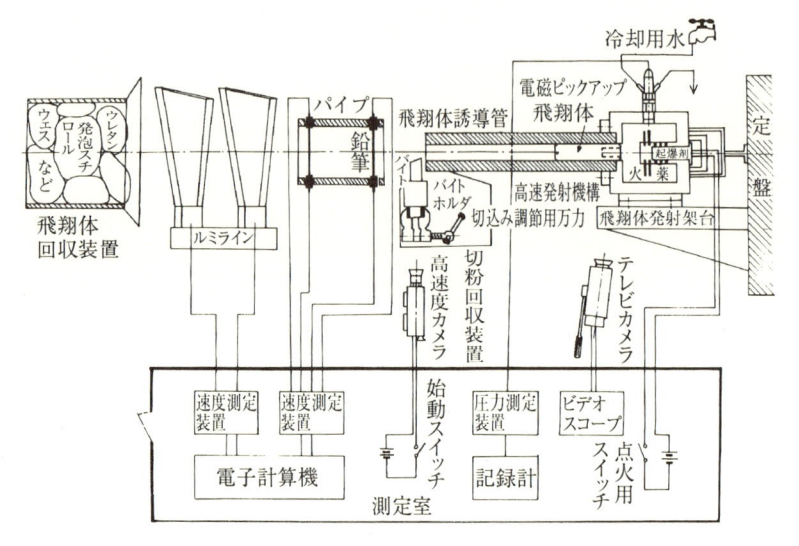

図10.7 超高速切削の計測システム

えることができることがわかる．ただし，切削点までの走行距離は4 000 mmである．

以上のような仕組みで実験を行うが，そのときの計測システムは図10.7に示すとおりとなる．実験は，秒読み開始前に一度導通試験を行い，各計器の作動状況をチェックし，本番に入る．そして，カートリッジ点火3秒前に計器は作動開始（ロケットの滑走運行のシステムは，ロケット打上げと全く同一手順で入念に安全チェックを重ね発射する仕組みであり，またロケット燃焼試験は何度も防爆室で実施済み）する．

本技術で大きな問題となったのは，図10.4に示した爆発容器の設計である．第1の機密性に関しては，潜水艦のねじ締結の漏洩防止法に使われている台形型ねじ締結技術を採用した．つまり，二つの円筒容器を特殊なのこ歯形ねじによって密閉できるように締結した．第2は，点火薬がカートリッジに結線してあるため，導火線孔や被削材と誘導管路のすき間があるが，これも特殊な方法により漏洩防止がなされた．

次に，試作された超高速実験装置の主要部を図10.8に示す．図(a)は高速発射機構部，図(b)は被削材回収部を示す．また，この方法によるデータの信

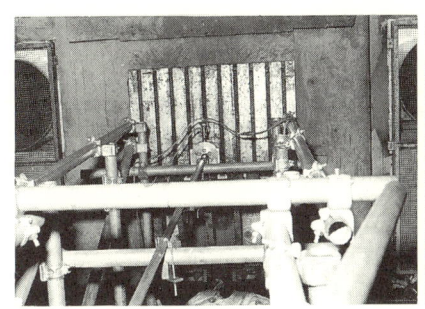

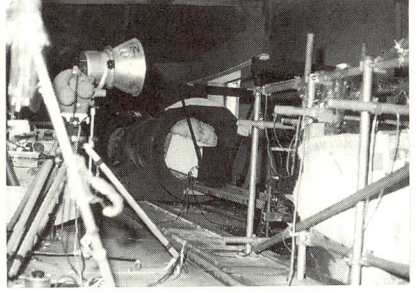

(a) 高速発射機構部　　　　　　(b) 切りくず・被削材回収部

図10.8　超高速切削実験主要部

憑性を知るために，従来の切削方式との比較を一部低速域（$V=1\sim280$ m/s）において重複させて行った．この方式は外径1 500（切削幅2 mm，最大切削速度280 m/s）まで切削可能で，切込みは縦フライス盤テーブルの横送りを利用した突切り（準2次元）切削である．

ここで大きな失敗があった．直径を大きくすることにより速度増大を図ったが，そこで単純に考えて，板状（幅150 mm，厚さ5 mm，直径1 800 mm）とした．学生を建屋外に退避させ，ヘルメットをかぶり，著者1人でスイッチを入れ回転したところ，5 tonの大型定盤を被削材がプロペラとなり推力を得て急発進した．咄嗟に，危険を感じ急停止した．

著者は，この失敗により，再考し，円盤に換えて実施し，成功した．被削材はJIS 1100 A1を用いたが，比較のために純銅と7/3黄銅も使用した．超高速切削は，工具SKH4A，前すくい角$\alpha=0°$，10°，前逃げ角$\gamma=5°$，切込みdは0.3 mmと0.6 mmの乾式2次元切削を行った．

10.4　超高速切削加工層

10.4.1　加工層の残留応力

一般に，加工層の残留応力は切削速度の上昇とともに増大するが，この変化もある速度（アルミニウムの場合，約500 m/s）で飽和状態に達する．いま，慣用切削速度（約500 m/s以下）のうち，$V=1$ m/sの値を用い超高速切削との値を比較すると，図10.9に示すようになる．$V=1$ m/sに比べると$V=250\sim$

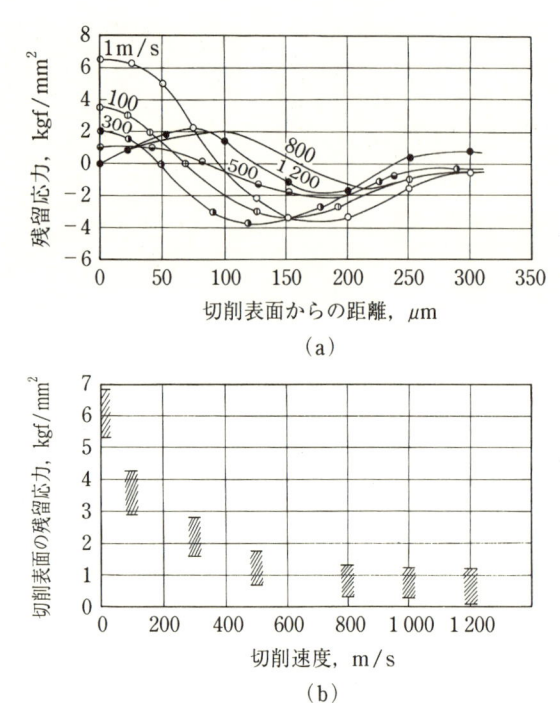

図10.9 超高速切削加工層の残留応力

300 m/s のときの切削表面の残留応力は 約75％程度減少する．さらに高速となり，$V=700 \sim 800$ m/s に至ると 約 90～95％も減少し，切削表面はほとんど無ひずみに近い状態となる．また，残留応力分布は $V=1$ m/s から 200 m/s および 800 m/s と高速になるにつれて，分布深さと変動値には幾分の減少が認められるが，切削表面の残留応力の減少率に比べるとかなり少ない．

10.4.2 加工層の硬さ

図10.10 は，切削表面からの硬さ分布と素地の硬さ H_V に対する硬さの増加率 ΔH_V を切削速度 V に対して示す．加工硬化層の厚さは $V=1 \sim 5$ m/s のとき 約 $100 \sim 150$ μm となるが，$V=100 \sim 200$ m/s になると，その約 1/3 程度になり，$V=700 \sim 950$ m/s ではほとんど認められない程度に減少する．硬さは切削表面で最大となるが，その増加率 $\Delta H_V / H_V$ を見ると，$V=1 \sim 5$ m/s のときの値は 約 0.8，$V=50 \sim 100$ m/s では 約 0.2 となり，前者に比べて 約 75％

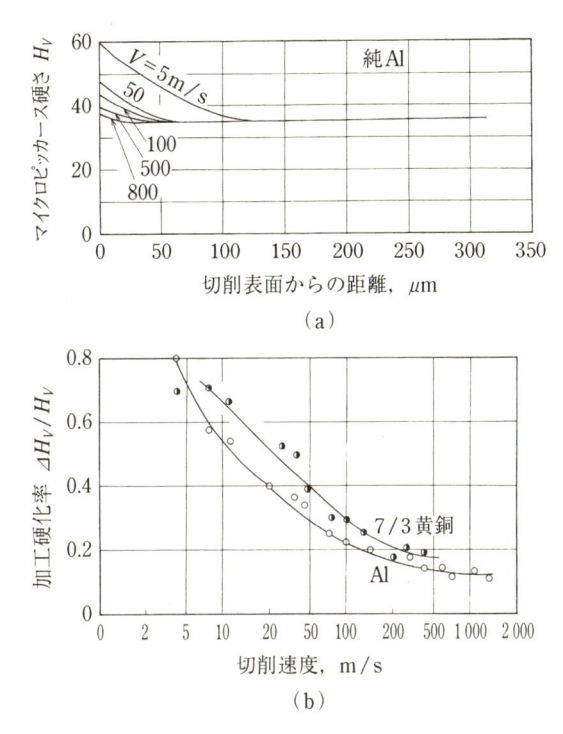

図10.10 超高速切削層の硬さ

の減少となる．このように，V が増加するにつれて加工硬化層は著しく軽減される．

10.4.3 加工層組織の塑性流動

加工層組織の塑性流動は，切削表面からの深さ l_d とその点での切削方向への流動量 l_f を知ると，有効ひずみ $\bar{\varepsilon}$ は

$$\bar{\varepsilon} = \frac{1}{\sqrt{3}} \frac{l_f}{l_d} \tag{10.9}$$

と表される．

図10.11に，実測から l_f, l_d を求め，$\bar{\varepsilon}$ を V に対して整理した結果を示す．V の増加に伴い，切削方向への組織の流れは著しい減少を示すと同時に，流動が次第に切削面表皮に限られてくることがわかる．加工層の残留応力や硬さの分布深さに比べると，全体的に浅い深さとなるが，これは顕微鏡による塑性流

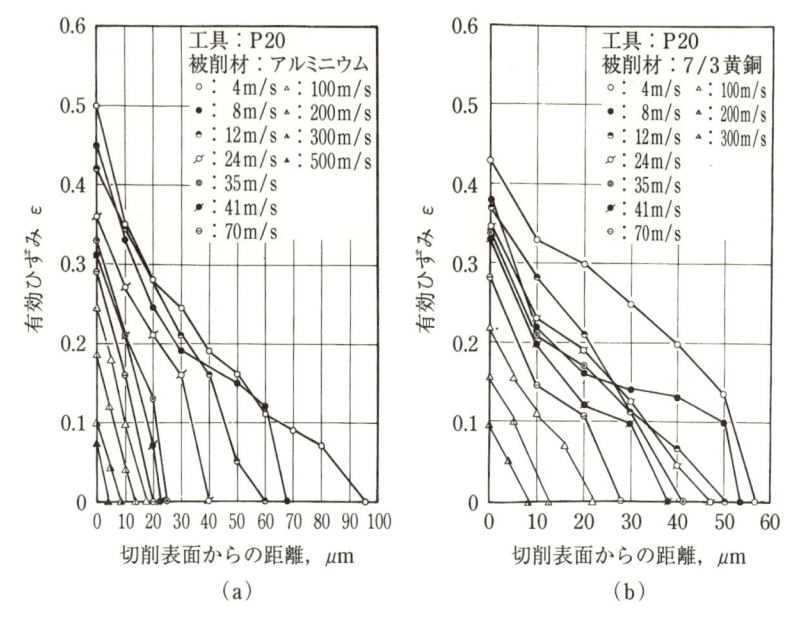

図10.11 超高速切削加工の塑性ひずみ

動の識別能力が低いためである．しかし相対的な問題としては，V 増加による減少傾向は前者と同様であることがわかる．

10.4.4 ロケット方式による超高速切削

切削は，図10.2に示した円筒形の被削材を図に示すようにはめ込み，ロケットと一体化して行った．この方式で，切削速度 $V=10\,000$ m/s まで可能であるが，ここでは安全性の面から800 m/s 以上の速度は，$V=800$, 10 00, 1 200 m/s の3点にとどめた．無理すれば実施可能であるが，ロケットの制止技術が最短距離では困難で，ロケット本体の破損被害防止方法および被削材の無損傷回収が極めて難しくなる．また，切りくずが飛散し，安全回収と捜索がともに難しくなる．

まず，加工層の残留応力，硬さおよび組織について順に示す．切削表面の残留応力 σ_R は，$V=800$ m/s のとき $0.2 \sim 0.5$ kgf/mm^2，$V=1\,000$ m/s および1 200 m/s のときにもほぼ同じような値を示した．次に，硬さの増加率 $\Delta H_V / H_V$ は切削表面において，$V=800$ m/s のとき $0.17 \sim 0.20$，$V=1\,000$ m/s のと

き0.15〜0.18, さらに $V=1\,200$ m/s と大となると0.10〜0.17となり, 次第に減少していく. 次に, 加工層組織の塑性流動は, $V=300$ m/s あたりで飽和状態に達し, $V=1\,000$ m/s および $1\,200$ m/s では200倍の顕微鏡観察でほとんど認められない程度に減少する. そして, 切削表面にき裂が次第に発生し, かつ速度増加に伴って漸次大きくなる.

このように, 超高速切削における加工層の残留応力, 硬さおよび組織の塑性流動は V の増加によっていずれも減少する. この事実により, 切削場の材料が図10.1において述べたような動的挙動をとることがまず考えられる. つまり, 切削場に素材が入るやいなや, 瞬時に V 増加によって静的 $\partial\sigma/\partial\varepsilon = H'$ 値が増加し, 図10.1で述べた $\varepsilon_{AD} \to \varepsilon_{AC} \to \varepsilon_{AB}$ が生じる環境となる. すなわち, 10.2節において予測した結果が得られていると解釈できる. この結果に対する一つの説得力のある事実を示すと, V の増加により $V=250 \sim 300$ m/s 付近から, 切削表面に無数の微小き裂の生成が 図10.12 に示すように認められる.

一般に, 塑性的性質に富む材料の切削面あるいは破壊面は, 粘着流動したときに生ずる凹凸の少ない平滑面, あるいは延性破壊時に現れるディンプル生成を伴う場合が多い. したがって, 本材料99.97% Al の切削面のき裂生成は, 一時的にしろ被削材の H' が増加し, より脆性的な状態に置かれた結果生じたものとみなされる. つまり, V 増加による切削は, 塑性ひずみ先行形となって生じるときの残留ひずみを伴う切削表面創成から, き裂先行形となって生ずるときの残存き裂生成を伴う切削面創成に, 次第に移行していく現象と結び付いた

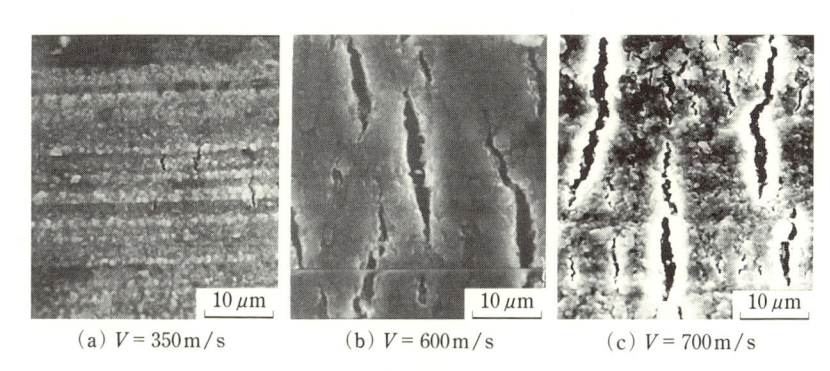

(a) $V=350$ m/s   (b) $V=600$ m/s   (c) $V=700$ m/s

図10.12　切削表面の走査電子顕微鏡（SEM）写真

(a) $V = 350\,\mathrm{m/s}$　　(b) $V = 600\,\mathrm{m/s}$　　(c) $V = 700\,\mathrm{m/s}$

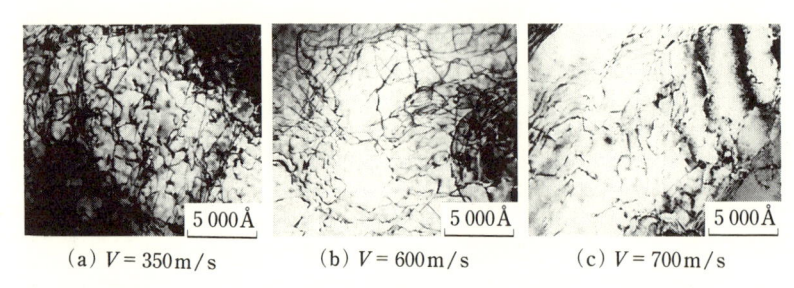

図10.13　切削による加工変質層の透過電子顕微鏡（TEM）写真

結果と考察できる．

　加工表面は，静的塑性波伝播速度350〜400 m/sを越えるあたりから，図10.12に示すような数μmから5μmの大きさの微小き裂が，切削と直角な方向に多数発生し，切削表面に対して法線方向にき裂を開口する．そして，切削速度が600 m/s，700 m/sのように増大すると，大型のき裂が微小き裂に混在して瞬時に発生する．

　切削面は，脆性き裂破壊主体の脆性モードの加工形態となる[8]．この脆性モード切削を支持する加工層表面の透過電子顕微鏡観察写真を図10.13に示す．この例は，薄膜採取が極めて難しいため，表面下20〜30 μmあたりの比較である．加工層の転位密度は切削速度の上昇に伴って次第に減少し，その集積度も減少していることが相対的比較からわかる．

　このことは，少なからず延性材料としての塑性ひずみ，つまり転位運動による現象変化から衝撃き裂破壊による加工環境が構成された結果によるとみなされる．この図と対応して，透過電子顕微鏡によるチャネリングパターン（ECP）の観察も行った．加工表面に帯状に現れる高次の菊池線（間隔の大きい平行線）がECPに現れているため，加工ひずみが少ないことがわかる（制限視野領域$\phi 10\,\mu$m）．つまり，加工応力は衝撃的に発生するき裂破壊によって解放されるために，塑性ひずみの伝播，増殖は結果的に減少することとなる．このように，切削速度が高くなるにつれて，いずれも改良，つまり，残留応力が減少した結果と対応する傾向を持つことがわかる．

10.5 超塑性波伝播領域と加工層

　一般に，研削速度 20～30 m/s における砥粒接触時間は，仮に砥石-工作物の接触長さを 2 mm とすると約 10^{-4} 秒である．また，500 m/s を鋼の塑性波伝播速度とすると約 10^{-6} 秒となる．いま，前者の場合 10 %，後者の場合 5 % の塑性ひずみを受けて材料が除去されたとすると，おのおののひずみ速度 $\dot{\varepsilon}_{10}=10^3 \mathrm{s}^{-1}\,(=0.1\div 10^{-4})$，$\dot{\varepsilon}_{10}=5\times 10^4 \mathrm{s}^{-1}\,(=0.05\div 10^{-6})$ となり，引張り・圧縮試験のひずみ速度 $\dot{\varepsilon}_5=10^{-3}\mathrm{s}^{-1}$〔例えば，20 % のひずみを 200 秒（$=0.20\div 200$）〕に比べると，高速化によってき裂破壊を伴う脆性モード研削となることがわかる．

　先の第 6 章，第 7 章および後の 11.2 節で述べる仕上げ面粗さおよび組織変化のシミュレーション法を自動車の超高速カム研削に適用してみる．図 10.14 は，ロータリ型カムの超高速研削（ultra high speed grinding）の実施例を示す．そして，このときの研削条件を用いて仕上げ面粗さと研削温度分布をシミュレーションすると，図 10.15 に示すようになる．

図 10.14　CBN 80 M 200 V で高周波焼入鋼「SK 2」のカムを超高速研削（UHSG）

　仕上げ面粗さは，図 (a) において示すとおりの結果で，仮に速度を 3 倍に増速すると，約 50 % 近く向上し有効であるが，研削温度の変化はほとんど認められない．一般的に，研削抵抗は高速になるにつれて動的切れ刃密度が増え，砥粒切り取り量が少なくなるため粗さは減少することになるが，温度の計算結果にはその効果が認められていない．機械的エネルギー流入量は少なくなり，研削温度は変わらずに研削熱流入量は減少する状況となる．

砥石-工作物の接触時間が低速ほど長いので，それに応じた変化が生じてもよいと考えるのは妥当であろう．そこで，工作物の内部組織を観察すると，図10.16に示すようになる．仮に，$V_s = 160$ m/sに比べると，$V_s = 40$ m/sの研削表面近傍に白層の発生が認められる．

この理由は，高速化に伴い，材料はより脆性的に作用するために研削抵抗は減少し，その結果として塑性変形エネルギーによる熱エネルギーが低下する．さらにこの加工領域は，マルテンサイト組織のため，き裂破壊型の脆性モード環境にあり，加工点は微小塑性領域を形成した加工形態をとると考えられる．それゆえ，研削熱エネルギーの生成は延性材料に比べてより低くなる．つまり，研削温度の変化は少ないが，砥粒切れ刃の熱注入時間が短くなるため，相変態や硬さなどの変化を起こすほどの熱流入量ではないと解釈できる．

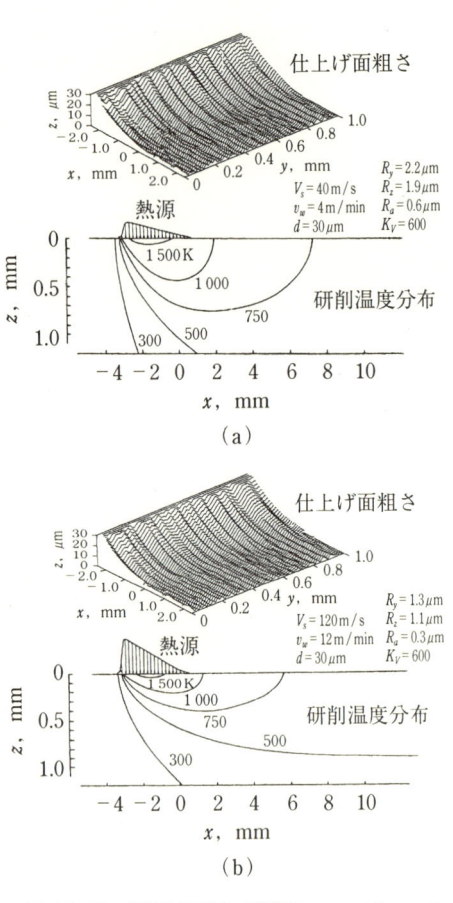

図10.15 研削表面生成領域のコンピュータグラフィックス

10.6 生産ラインにおける超高速加工層の評価

10.5節において，生産ラインにおける超高速加工の例として，自動車のカム研削を挙げ，加工層の改善に有効であることを述べた．このような結果になれば，より高速化を達成しようと考えることが普通である．しかしながら，その条件を実行しようとすると，前述10.1節の問題点が発生する．

10.6 生産ラインにおける超高速加工層の評価

(a) $V_s = 40\,\mathrm{m/s}$　　(b) $V_s = 160\,\mathrm{m/s}$

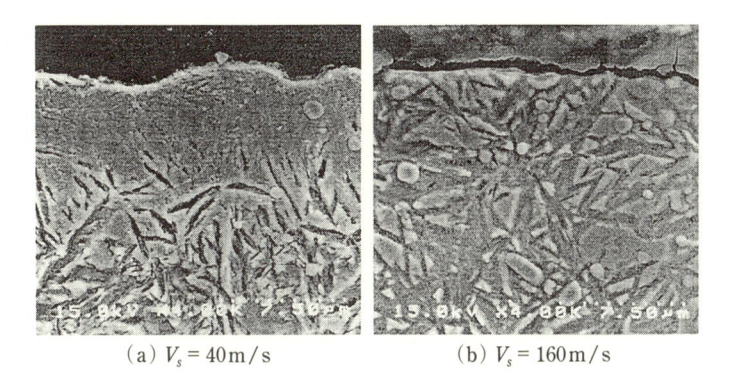

図 10.16　UHSG による研削表層の微細組織

そこで考えたのが，次のような方式によって超高速加工を実行することである．物理・化学的，また技術的にも安全な方法で，可能な限り大きな直径の砥石と工作物をつくり，それを直交させることとする．そして，回転方向を互いに反対向きにとって接触させ，適切な条件を与えて研削できるような研削盤を設計し，製作した[9]．図 10.17 に，試作した超高速盤の全景と，左上図に，砥石，工作物を直交し，配置している様子を示す．

この機械を用い，塑性流動の増減が観察しやすい Al 合金による効果を確かめた．材料は 99.5% Al の「A1199」，および Al‑Mg 合金実用材の「A5056」で，引張試験から求めた静的塑性伝播速度 v_{sp} は前述の Kármán の式を用いると，$v_{sp} = 200\,\mathrm{m/s}$ (A1199)，$v_{sp} = 300\,\mathrm{m/s}$ (A5056) となる．

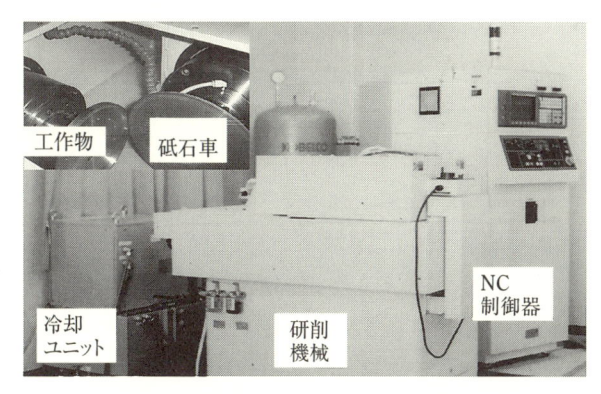

図 10.17　超精密・超高速研削加工装置の外観

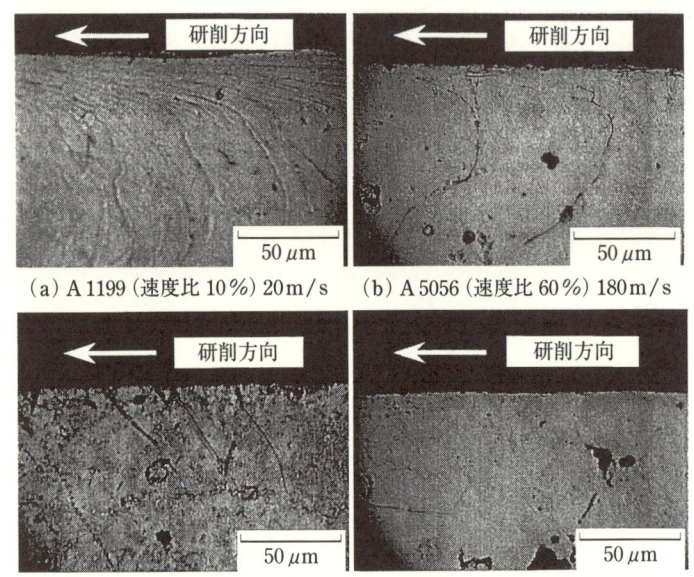

(a) A1199（速度比10%）20 m/s (b) A5056（速度比60%）180 m/s
(c) A1199（速度比140%）280 m/s (d) A5056（速度比130%）390 m/s

図10.18　研削表層の断面写真

例えば，砥石周速度 V_G と工作物速度 v_w として，$(V_G+v_w)/v_{sp}$ を A1199：70～140%，A5056：40～130% の範囲で変えると，研削速度 $V_s(=V_G+v_w)=$ 140～280 m/s（A1199），$V_s=$ 120～390 m/s（A5056）が得られる．このときの研削条件は，$0.5 \leq v_w/V_G \leq 1$，切込み DOC = 0.5，1.0 μm/pulse，砥石 SD 140 N 100 M 60（φ150），乾式である．

図10.18 は，研削速度 $V_s=$ 20 m/s と 280 m/s（A1199），$V_s=$ 180 m/s と 390（A5056）の加工層の塑性流動の比較を示している．静的塑性伝播速度を越えるにつれて，加工層組織の流動は次第に減少し，図(c)，(d)のように v_{sp} の 140%，130% ではほとんど観察できないほど微小になる．また，V_s の上昇に伴い加工層の硬さは加工硬化するが，それも V_s の 80% から 90% あたりで飽和状態になり，以後，V_s がそれより増大すると硬化度はより少なくなる．

この状況を示したのが図10.19 である．このように，加工硬化層はある速度までは増加するが，それを超えより高速になると徐々に硬さの増加は減少し始める．また，その硬化する深さもより浅くなる．このことは，加工層の硬さ

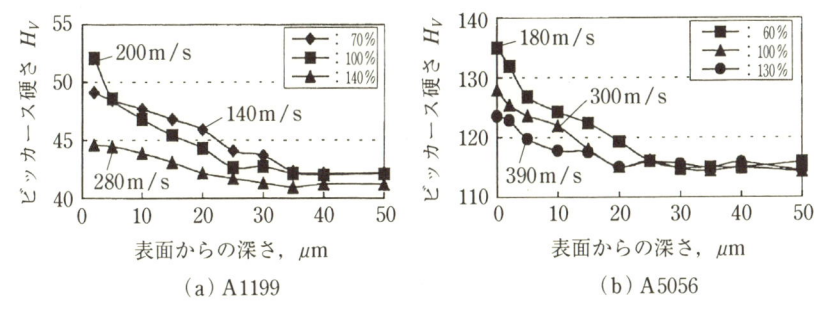

図10.19 超高速研削による硬さの変化

(a) A1199
(b) A5056

H_V を $(V_G+v_w)/v_{sp}$ に対してプロットするとより明らかになる。例えば「A1199」の場合，この変曲点は 約90%，また「A5056」については 約80%でそれぞれ硬化度が最大となり，それ以後は増加から減少に変わる。仕上げ面粗さも同じような傾向を示すが，仕上げ面粗さが最も劣化する $(V_G+v_w)/v_{sp}$ は，硬さに対する領域よりは全体的により高い速度比のところにピーク値が現れる。例えば，A1199：約110%，A5056：約100%で最も粗い仕上げ面となり，それより速度比が高くなると次第に減少し，次第に密な表面となる。

この実験の結果をまとめると，加工速度の上昇は転位密度を増殖し，次第に加工領域を延性から脆性的モードに変えていく。そしてある速度域，おおむね静的塑性伝播速度 v_{sp} 近傍がその変換点になっている。そしてこの速度を越え，さらに増速し続けると，加工層生成の応力を緩和をするために，脆性モード典型のき裂破壊を伴う加工機構をとるようになる。一般に，高速加工によって延性材料が延性から脆性材料の加工モードに変換する加工条件の環境では，微小塑性が発現する切込み，$d_c [= 0.15(E/H)(K_{IC}/H)^2$. ここで，$E$ は弾性率，H_V は微小硬さ，K_{IC} は破壊靱性値〕を与え，v_{sp} より高速度で加工制御可能な機械を製作することによって，き裂なしの加工が可能となる。

以上の実験は，材料と砥石が温度境界層により熱膨張するため機械の安全性から現在のところ 500 m/s が限界であり，これ以上の速度は多くの技術分野の進歩を待ちつつ進められることになろう。そこで，加工層の低減化についてのこれまでの説明が成り立つかどうか，次のシミュレーションを行うことによって確かめよう。

10.7 塑性伝播速度以上の加工層のシミュレーション[8),10)]

シミュレーションの方法は分子動力学的 MD を用いる．この手法は，後章において詳しく述べるので，ここではその数値計算を使った超高速加工の加工層の結果を説明する．

数値計算に用いた仮定は以下のようになる．

砥粒：ダイヤモンド C (111)，材料：純アルミニウム (111)，$v_{sp} = 200$ m/s，（工業密度 $\rho = 2.75 \times 10^{-10}$ kgf・s^2/mm^4），モデル：平面ひずみ（マックスウェル分布），原子間ポテンシャル：モースポテンシャル（Al‐Al, Al‐C），計算法：Leap‐Frog 法，初期温度：300 K，材料の加工領域：500

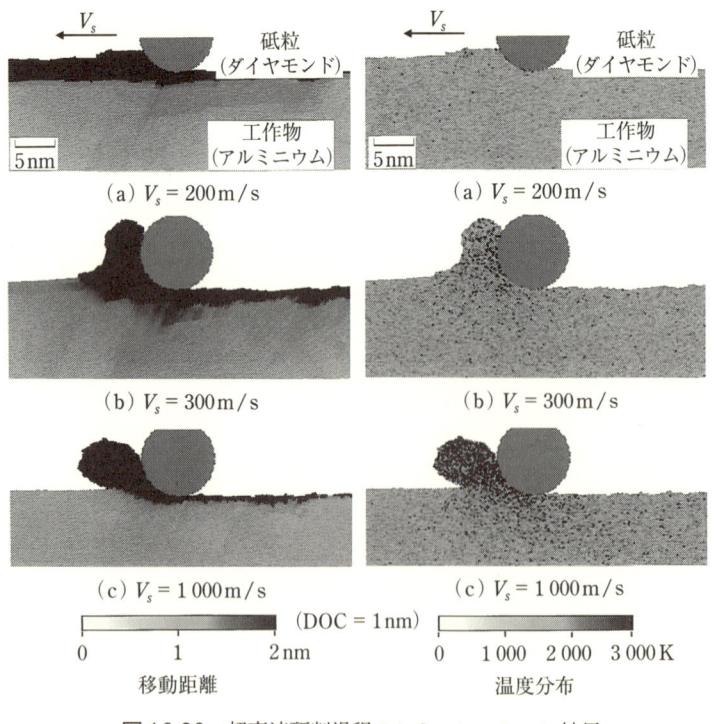

図 10.20 超高速研削過程のシミュレーション結果

10.7 塑性伝播速度以上の加工層のシミュレーション

×25(a)原子(a=0.25 nm),砥粒径:10.4 nm,研削速度 V_s(平面研削)=100~1 000 m/s,切込み:1 nm(4原子層),研削距離:60 nm,工作物速度 v_w=0

図10.20は,研削距離60 nm(= 240原子×原子間距離0.25 nm)を,研削速度 V_s=100~1 000 m/sの範囲の一例で,ダイヤモンド砥粒(直径10.4 nm)が,表面から4原子層の切込み深さ1 nmを除去しながら進行したときの加工層,切りくず内の原子の移動距離を白黒の濃度変化で表している.

例えば,V_s=100 m/sにおいて,塑性ひずみは,砥粒進行前方の遠くまで塑性波が伝播し,接線方向にAl原子が堆積し,6~7原子層が帯状となって,塑性ひずみによるすべり線場を形成し,成長している.図(a)の静的塑性伝播速度 v_{sp}=200 m/sあたりになると,砥粒前方に盛り上がり,V_s=100 m/sの帯状塑性ひずみと盛り上がりは,砥粒すくい面に沿い垂直上方に流動し始め,また加工表面から深さ方向に塑性すべりが発生し,V_s=100 m/sの加工層,2~3原子層が,約7原子層あたりまで塑性ひずみが生じている.v_{sp}=200 m/sの静的塑性伝播速度を越え,V_s=300 m/sになると,帯状に先行した塑性ひずみ領域は消失し,塑性変形が徐々に砥粒近傍に集中し,さらにその外郭にモアレ縞のように刃状転位の干渉縞が見られる.砥粒通過後,黒色の濃い外の領域に,<111>に発達した刃状転位による干渉縞が見られる.しかし,その深さは V_s=600 m/s,V_s=1 000 m/sとなるにつれて漸次減少し,V_s=1000 m/sでは,2~3原子層の加工層となる.

この塑性ひずみ領域の変化は,ひずみ伝播速度の上昇に伴って塑性ひずみが砥粒近傍に徐々に集中して起こり,塑性変形エネルギーがこの近傍で温度上昇に変換され,エネルギー消費することを図10.20の右側の研削温度の上昇から説明できる.つまり,塑性ひずみに要するエネルギーは,大部分が切りくず発生に費やされ,持ち去られていく.そして,V_s-v_{sp}の速度差が大きくなるにつれて,加工表面生成のエネルギーも,砥粒が瞬時に通過するため,十分に伝導する以前に終了するため組織の変化は次第に軽微となる.

このような現象が生ずるものかどうか確かめるために,切込みを2倍の2 nmとして,加工領域をもう少し大きくとり,明確な可視化シミュレーションを行った.その結果を図10.21に原子移動距離,また図10.22に原子温度分

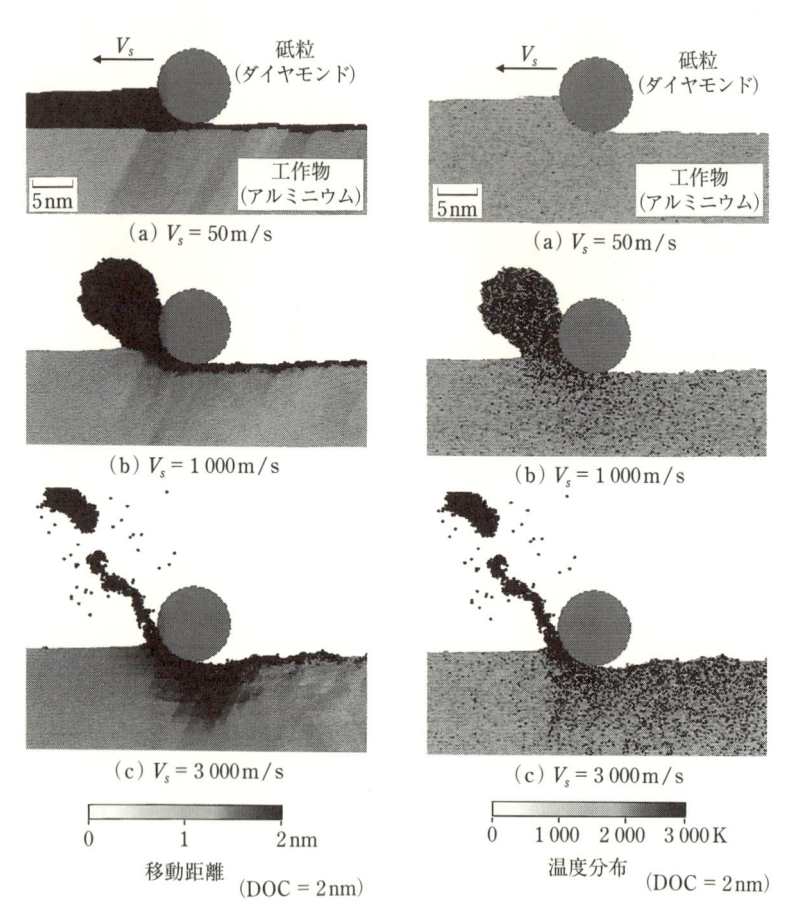

図10.21 超高速研削による砥粒近傍の原子移動

図10.22 超高速研削による砥粒近傍の原子温度分布

布を示す．図10.21において，速度 V_s が一般の加工条件，50 m/s から 1000 m/s，3000 m/s と次第に上昇すると，v_{sp} 近傍で加工層は最大となり，その後漸次減少する．ところが，例えば 1000 m/s を越え，1500 m/s あたりから再び加工層は増大し，$V_s = 3000$ m/s では刃状転位の増殖と塑性ひずみも増大している．つまり，図10.22に示す砥粒近傍の原子温度分布は徐々に増大し，$V_s = 1500$ m/s 付近から Al 溶湯を開始し，ついに $V_s = 3000$ m/s では蒸発しながら切りくずが飛散していく．この現象は，Al 自体の過剰な転位密度の集積

に加え，過大な砥粒運動エネルギーによって一気にエネルギーが供給され，爆発沸騰するような状況で蒸発するものと考えられる[11]．

次に，図10.20に示した超高速研削加工が，どのような加工抵抗を受けながら加工層の塑性ひずみが生成しているのか知るために，同図と同じ条件でMDシミュレーションを行った．図10.23は，$V_s = 100 \sim 1\,000$ m/sの範囲における接線研削抵抗F_tと法線研削抵抗F_nを表している．

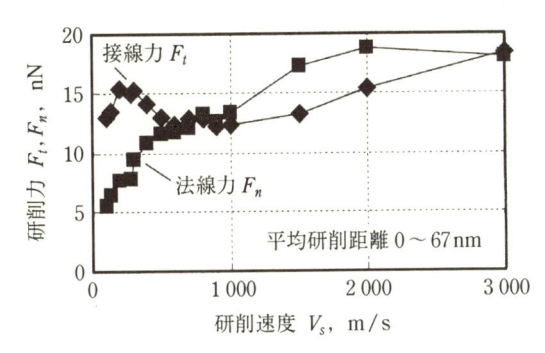

図10.23 超高速研削における研削力と研削速度

一般に，切削加工におけるF_t/F_nは2〜3に対して固定砥石加工による場合は1/2〜1/3となる．このF_t/F_nの比は，常用の速度50 m/s以下のときの値である．この値をとる理由は，切削の場合の工具形状が，大部分がくさび形工具をとり，刃先角が工作物に対して90°より小なるときに発生する応力はくさび形の分布をとるのに対して，研削の場合には，刃先角が90°より大きいときに工作物内部に現れる，球状変位による応力分布をとるためと説明されている．この図が示すとおり，F_tとF_nは$V_s < 200 ≒ v_{sp}$付近までは，切削力学的な力学モデルの応力分布とるのに対して，$V_s > 400$ m/sになるとほぼ$F_t ≒ F_n$となる．そして，$V_s > 600$ m/sになると，F_nの方が徐々に大きくなり，研削力学的なモデルに変わっていく．

いずれにしても，砥粒の運動エネルギーE_{KG}が増大するために，工具の幾何学的形状による影響よりも，高エネルギーの微小物体が滑走していくような状況で，熱的エネルギーの注入を受けながら熱損傷による加工層生成に移行していく状況にあるとみなされる．そして，遂に蒸発に至る．

参考文献

1) 山本 明・中村 示・神田元貞：「超高速切削における切削機構に関する研究（第1,2報）」，精密機械，**36**, 10 (1973) p.663 ; **37**, 2 (1974) p.138.

2) H. Eda and K. Kishi : Proc. 1st ICPE Part Ⅱ (by JSPE) (1974) p. 665.
3) N. Cristesou (黒崎永冶訳) : 衝撃塑性学, コロナ社 (1969) p. 50.
4) T. von Kármán and P. Duwez : "The Propagation of Plastic Deformation in Solids", J. Appl. Phys., **21**, 10 (1950) p. 987 ; The Wind and Beyond, Little, Brown and Company, Boston (1967) ; R. Courant and K.O. Friedrichs : "Supersonic Flow and Shock Waves",Interscience Publishers,New York (1948).
5) 田中義信・津和秀夫・角園時美:「超高速切削に関する研究（第1報）」, 精密機械, **30**, 8 (1964) p. 637.
6) 日刊工業新聞：切削加工技術便覧 (改定版), 日刊工業新聞社 (1967) p. 542.
7) H. Eda and K. Kishi : Proc. 21st Int.MIDR Conf.The Macmillan Press (1980) p. 259.
8) H. Eda and J. Shimizu : "Application of Molecular Dynamics Simulation in Micro / Nano Tribology", Japanese Journal of Tribology, **49**, 3 (2004) p. 223.
9) L. Zhou, J. Shimizu, A. Muroya and H. Eda : "Material Removal Mechanism Beyond Plastic Wave Propagation Rate", Precision Engineering, **27**, 2 (2003) p. 109.
10) J. Shimizu, L. Zhou and H. Eda : "Simulation and Experimental Analysis of Super High-Speed Grinding of Ductile Material", Journals of Materials Processing Technology, **129**, 1-3 (2002) p. 19.
11) 清水　淳・江田　弘・大村悦二：「宇宙環境下における飛しょう体鏡面劣化現象のシミュレーション（第1報）―損傷過程の原子挙動と損傷に及ぼす表面性状の影響―」, 精密工学会誌, **66**, 4 (2000) p. 624.

第11章 原子面創成加工層の分子動力学シミュレーション

11.1 ナノトライボロジーを例とした分子動力学の説明

トライボロジー，すなわち摩擦・摩耗・潤滑現象などは，工学にとどまらず科学としても将来性のある分野である．

摩擦の理論としては，大きく凝着説と凹凸説に分けられ，ともに物質は分子で構成されていることを考慮していないものである．そもそも摩擦は，図11.1 (a) に示す古典的な凹凸説によると，摩擦の原因は物体表面に凹凸が存在し，この凹凸を乗り越えるために必要な力が静止摩擦力であり，この表面の凹凸の山の底

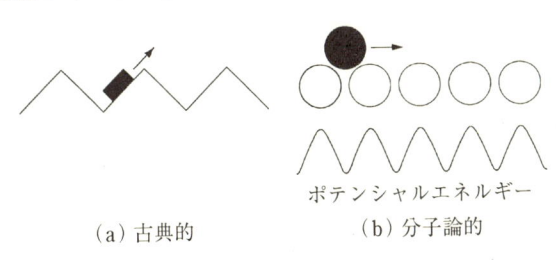

(a) 古典的　　(b) 分子論的

図11.1　凹凸説

から頂上まで上がるために要したエネルギーを山の頂点間の距離で除した量が動摩擦となる．したがって，表面が滑らかになるほど摩擦係数が小さくなることになる．一方，凝着説によると，物体が接触することにより，二つの物体の接触点では塑性変形が起こり，二つの物体が分子レベルで接近した部分（真実接触面）が存在する．この真実接触部の破断に必要な力が摩擦の主要な部分である．分子間の力が摩擦の本質的な原因である．この説では，静止摩擦力はこの真実接触部を破断するために必要な力で，動摩擦は摩擦移動によって真実接触部を破断させるために必要な力の単位距離ごとの値となる．

さらにこの2説を分子論的にみると，凹凸説は図11.1 (b) に示すように，物体表面は原子の形状以下ではこれ以上滑らかにはできない．すなわち，原子の形状の山を登ることに置き換えられる．また凝着説は，物体が感じるポテンシャルエネルギーの凹凸を乗り越えることに置き換えられる[1]．分子論的には双

方とも同じようなことを述べている．このように，トライボロジーの現象を微視的に進めると，原子・分子オーダで現象をとらえることになる．

ナノトライボロジーの概念が明快に定義されているわけではなく，それぞれの分野で"ナノ"に対する思い入れは種々の様相を示している．切削，研削など，従来からの機械加工において，工具物質と工作物物質の界面に生じる相互作用は，摩擦抵抗による切削抵抗の増加や発熱，工具逃げ面やすくい面の摩耗の原因であり，極めて悪い影響をもたらしている．すなわち，工具は工作物に圧力を加えるためのものであり，このとき加えられた圧力による応力場において工作物内部で塑性変形が生じ，加工が進行するのであって，工具と工作物間の相互作用はマイナス要因としてしか働いていない．しかし，工作物の除去単位が原子オーダに迫る超精密加工の分野では，これらの現象が果たす役割が極めて重要になってくる場合がある．その作用が原子レベルで平坦な表面の創成を可能にしている[2]．そして，2固体界面の原子間相互作用力に関する科学がナノトライボロジーである．

磁気記録の分野では，記録密度を上げるために磁気ヘッドと記録媒体の間隔（スペーシング）と記録媒体の厚さをより小さくすることが必要である．それに伴い，固体－固体接触の機会が増大する．一方，許容される摩耗量は小さくなる．

スペーシングの大きさは0.1 μm を下回り，保護膜あるいは記録媒体の厚さは20 nm 程度になりつつある．このような磁気ヘッドと磁気ディスク媒体のトライボシステムにおいては，10^{-11} mm^2/N 以下の比摩耗量と R_{max} = 100 nm 以下の平滑面が要求される[3]．そのための微小摩耗の研究がナノトライボロジーである．

原子・分子が直接観察できる走査型プローブ顕微鏡（SPM：走査型トンネル顕微鏡，原子間力顕微鏡などの総称）は表面観察だけではなく，摩耗の起源，原子や分子がすべるときの相互作用，すなわち摩擦の基本，これらの研究に SPM は有効な実験装置であり，その利用が始まっている．また，分子動力学からの計算機シミュレーションはスーパーコンピュータを駆使することにより，個々の原子の挙動を追跡できるようになった[4]〜[6]．

11.2 ポテンシャルと分子動力学法

11.2.1 原子間ポテンシャル
（1）ポテンシャルエネルギー

分子動力学法では，3体以上のポテンシャル項はほとんど用いられない．それは，一般的な関数形がないことと，また3体以上の項を適用する幾何学的配置の規定が困難なことが理由に挙げられる．よって，十分に実用的である2体中心力ポテンシャル近似が用いられる．中心力とは，2原子間の相互作用が2原子間の距離のみによって決まり，作用の方向が2原子間を結ぶ線上に存在することである．

幾つかの2体中心力ポテンシャルを示す．

① レナード・ジョーンズ型関数

ファン・デル・ワールス相互作用（原子に瞬間的な双極子が誘起することによって発生する作用）と反発相互作用からなる式で表される．

$$\phi(r) = -\frac{A}{r^6} + \frac{B}{r^n} \tag{11.1}$$

ここで，r は原子間距離，A, B は原子によって決まる係数（希ガス原子の場合 $n=12$）である．r の値が小さいところでは斥力が作用し，r の値が大きいと引力が作用する．

② ボルン・マイヤー型関数

剛体イオンにおけるポテンシャルで，次式のように表せる．

$$\phi(r) = A\exp[-B(r-r_0)] \tag{11.2}$$

A, B は原子によって決まるエネルギーと長さを表す係数であり，r_0 は平衡距離で，任意の r で斥力のみが作用する．

③ モース型関数

2原子分子によるポテンシャルで，平衡距離付近の領域では放物線に一致する．式は，式(11.5)で示す．ほぼ平衡距離より小さい r の値では斥力が作用し，r の値が大きくなると引力が作用する．

（2）結合エネルギー

モースポテンシャルを応用して，面心立方格子構造の原子間距離より導き出

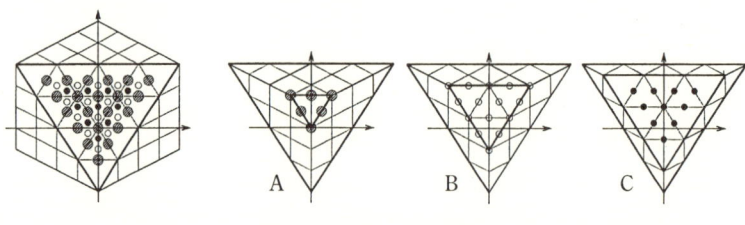

図11.2 面心立方構造1

される結合エネルギーと固体の内部・表面エネルギーについて述べる.

図11.2に示すように(111)面を表面として考えると,A面,B面,C面がABCABCの順序で積み重なって層を形成している.また面心立方構造は,図11.3に示すようにD面,E面のDEDEの積層順序である.

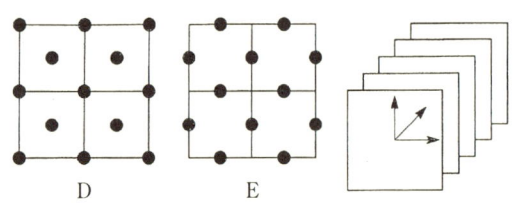

① 内部エネルギー[7]

結晶1モルの全原子の結合エネルギーの和 E_{total} は任意の原子iについて

$$E_{\text{total}} = N \sum_{j=1}^{N-1} \frac{1}{2} \phi(r_{ij}) \tag{11.3}$$

図11.3 面心立方構造2

で与えられる.ここで,N は1モル中の原子数,$\phi(r_{ij})$ はi以外の全原子に関するポテンシャルエネルギーである.また,E_{total} を結晶1モルの潜熱 L とおけるので,1モルの全原子の結合エネルギーが L ならば,1原子当たりの結合エネルギー E は

$$E = \frac{L}{N} \tag{11.4}$$

となる.

銅に関して,原子間距離とポテンシャルエネルギーとの関係を表11.1に示す.使用するモースポテンシャルは

$$\phi(r_{ij}) = D\{\exp[-2\alpha(r-r_0)] - 2\exp[-\alpha(r-r_0)]\} \tag{11.5}$$

で表され,α はモースポテンシャル定数(1.3588 Å^{-1}),r_0 は平衡距離(2.866

表 11.1 モースポテンシャルエネルギーと原子間距離

原子の位置	原子間距離, Å	隣接原子数, 個	モースポテンシャルエネルギー $\phi(r_{ij})$, eV	
			結合当たりのポテンシャルエネルギー	全結合当たりのポテンシャルエネルギー
第1近接原子 $\langle 1/2, 1/2, 0 \rangle$	2.5562	12	-0.24895	-2.98740
第2近接原子 $\langle 1, 0, 0 \rangle$	3.6150	6	-0.20307	-1.21842
第3近接原子 $\langle 1, 1/2, 1/2 \rangle$	4.4275	24	-0.07725	-1.85400
第4近接原子 $\langle 1, 1, 0 \rangle$	5.1124	12	-0.03164	-0.37968
第5近接原子 $\langle 3/2, 1/2, 0 \rangle$	5.7158	24	-0.01412	-0.33888
第6近接原子 $\langle 1, 1, 1 \rangle$	6.2614	8	-0.00676	-0.05408
第7近接原子 $\langle 3/2, 1, 1/2 \rangle$	6.7630	48	-0.00343	-0.16464
第8近接原子 $\langle 2, 0, 0 \rangle$	7.2300	6	-0.00182	-0.01092
第9近接原子 $\langle 2, 1/2, 1/2 \rangle$	7.6686	36	-0.00100	-0.03600
第10近接原子 $\langle 2, 1, 0 \rangle$	8.0834	24	-0.00057	-0.01368

Å),そして格子定数 a (3.606 Å) である.

表11.1より同じ原子間距離を持つ近接原子が数～数十個存在するため,式(11.4)は

$$E = \frac{1}{2}[12\phi(r_{i1}) + 6\phi(r_{i2}) + 24\phi(r_{i3}) + 12\phi(r_{i4}) + \cdots] \quad (11.6)$$

となる.

各近接原子におけるモースポテンシャルを図11.4に,また近接原子と潜熱との関係を図11.5に示す.表11.1,図11.4,図11.5より,第8近接原子以降の結合エネルギーを0とみなして1原子当たりの潜熱 L_0 は第1～7近接原子までの範囲の結合エネルギーより

$$L_0 = 3.499 \, \text{eV/atom} \quad (11.7)$$

となる.図11.5で,一般の銅とアルミニウムの潜熱 (3.152 eV/atom, 3.01 eV/atom)[8] の計算値と比較すると,銅では $+11.1\%$,アルミニウムでは -2.66% の誤差となり,内部エネルギーとして適用できる.

② 表面エネルギー

(111)表面のエネルギー E_s を図11.6で示すように[9],1原子当たりの潜熱 L_0 から (111)面の1原子層だけの結合エネルギーの和 E_0 を除いて2等分した

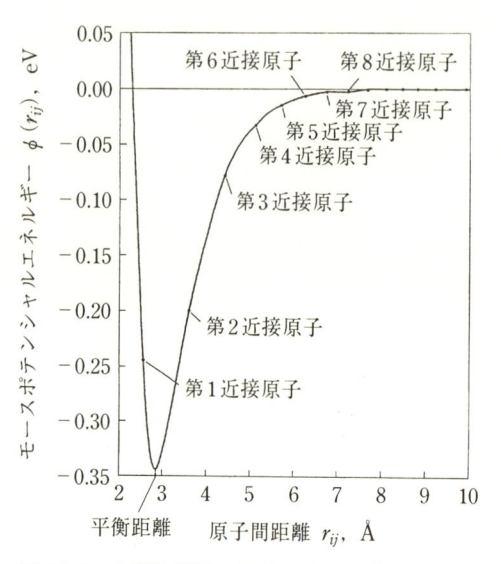

第11章 原子面創成加工層の分子動力学シミュレーション

図11.4 各近接原子におけるモースポテンシャル

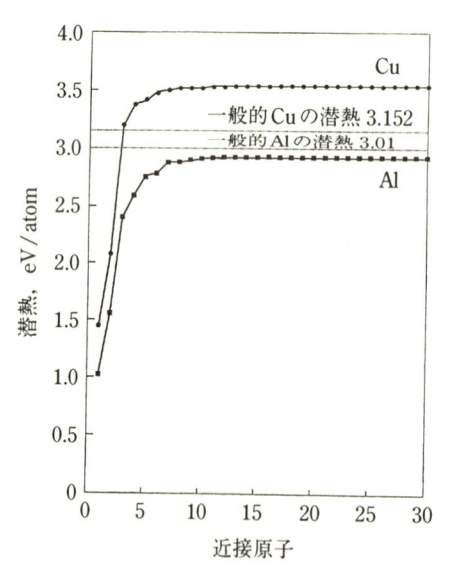

図11.5 近接原子と潜熱熱との関係

エネルギーの値に，さらに E_0 を加えたものと仮定した．

E_0 は，原子間距離の関係より第4近接原子まで考慮に入れると

11.2 ポテンシャルと分子動力学法

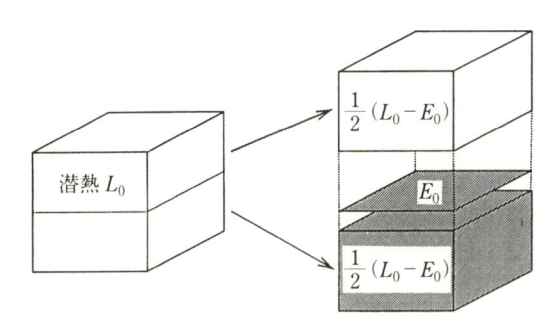

図11.6 表面エネルギー[9]

$$E = \frac{1}{2}[6\phi(r_{i1}) + 6\phi(r_{i2}) + 6\phi(r_{i3}) + 12\phi(r_{i4})] = 1.094 \text{ eV/atom}$$
(11.8)

となる．ここで，$\phi(r_{i1}) = 0.249$，$\phi(r_{i2}) = 0.077$，$\phi(r_{i3}) = 0.032$，$\phi(r_{i4}) = 0.003$ である．したがって，

$$E_s = E_0 + \frac{1}{2}(L_0 - E_0) = 2.296 \text{ eV/atom}$$
(11.9)

と求められる．

次に，図11.7を参考にして理論的に考えると
(ⅰ) 最近接原子の範囲において，面心立方結晶内部では12個の隣接原子があるので，(111)表面では3個の隣接原子が不足している．よって，表面原子1個が蒸発するためのエネルギー E_{th} は

$$E_{th} = \frac{9}{12}L_0 = 0.75L_0$$
(11.10)

(ⅱ) 第2近接原子の範囲において，内部では18個の隣接原子があるので，表

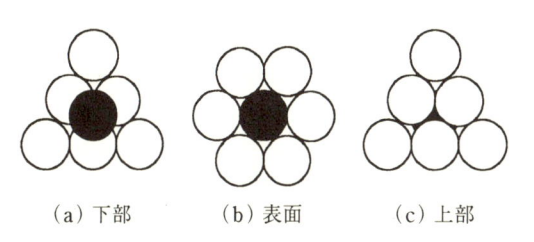

(a) 下部   (b) 表面   (c) 上部

図11.7 表面原子層

面では6個の隣接原子が不足している．よって，

$$E_{th} = \frac{12}{18} L_0 = 0.67 L_0 \tag{11.11}$$

したがって，計算値 E_s は L_0 の65.5％であるので理論的にも適当である．

11.2.2 分子動力学法

分子動力学法は，物質系を粒子相互作用と運動の法則に従って運動する粒子（原子）の集合体と考え，多数の各粒子についてニュートンの運動方程式を用いて時々刻々の各粒子の位置を求め，そのデータを利用して物質の特性（主に動的特性）を調べるシミュレーション方法である．ここでは，分子動力学法を用いるために必要なポテンシャルエネルギーや原子間に働く力，数値積分法，境界条件と基本セルについて簡単に説明する．

(1) 運動方程式と原子間力

① 運動方程式

任意の時刻 t における粒子iの位置ベクトルを $R_i(t)$，その時刻に粒子iに作用する力ベクトルを $F_i(t)$，粒子iの質量を m_i とすれば，ニュートンの運動の第2法則より

$$m_i \frac{d^2 R_i(t)}{dt^2} = F_i(t) \tag{11.12}$$

が成り立つ．この運動方程式において，粒子の運動は粒子間に作用する力のみによって決まる．

② 原子間力

2体中心力ポテンシャル近似では，2原子間のポテンシャルエネルギーは2原子間の距離のみによって決まる．したがって，2原子間に働く力（原子間力）は，ポテンシャルを2原子間の距離で微分することによって求められる．

2体中心力ポテンシャルを用いた場合，2原子 i, j 間のポテンシャルエネルギーは，その距離 r_{ij} の関数となり，$\phi_{ij}(r_{ij})$ と表せる．したがって，jがiに及ぼす力 F_{ij} は

$$\boldsymbol{F}_{ij} = -\text{grad}\,\phi_{ij}(r_{ij}) = -\boldsymbol{i}\frac{\partial \phi_{ij}(r_{ij})}{\partial x} - \boldsymbol{j}\frac{\partial \phi_{ij}(r_{ij})}{\partial y} - \boldsymbol{k}\frac{\partial \phi_{ij}(r_{ij})}{\partial z}$$

$$\tag{11.13}$$

で与えられるので,

$$F_{ij} = -\frac{\partial \phi_{ij}(r_{ij})}{\partial r_{ij}} \frac{R_i - R_j}{r_{ij}} \tag{11.14}$$

となる.ここで,R_i および R_j はそれぞれ i, j の位置ベクトルを表す.また,原子 i に働く力 F_i は,周りの原子 j から作用する力の和であるから,

$$F_i = \sum_{j \neq i} F_{ij} \tag{11.15}$$

と表せる.

(2) 数値積分法

時々刻々の原子の運動軌跡を求める方法として,ニュートンの運動方程式を時間積分して原子の位置をとらえるやり方が挙げられる.しかし,分子動力学法で扱う原子は非常に多く,原子は複数の他の原子からの力を受けて複雑な運動をする.したがって,原子の位置や速度を簡単な関数で表せないため,一般にこの積分を解析的に解くことは不可能であるといえる.そこで,この数値積分を差分方程式で近似する方法がとられている.最もよく使われる方法では Verlet 法や Gear 法というものがあるが,ここでは,本書で採用した Leap frog 法(蛙跳び法)を述べる.

Leap frog 法[10] は原子 i の速度を

$$v_i\left(t + \frac{\Delta t}{2}\right) = v_i\left(t - \frac{\Delta t}{2}\right) + \frac{\Delta t F_i(t)}{m_i} \tag{11.16}$$

から求め,位置を

$$R_i(t + \Delta t) = R_i(t) + \Delta t\, v_i\left(t + \frac{\Delta t}{2}\right) \tag{11.17}$$

から求める方法である.すなわち,速度を時間更新していくやり方である.Verlet 法は,位置を求める式が大きな量の差からなっているため誤差が大きくなる.それに対して Leap frog 法は,式(11.17)に表すように和でなっているため,誤差は比較的小さい.また,式(11.17)において

$$v_i\left(t - \frac{\Delta t}{2}\right) = \frac{[R_i(t) - R_i(t - \Delta t)]}{\Delta t} \tag{11.18}$$

と置くことにより

第11章　原子面創成加工層の分子動力学シミュレーション

$$R_i(t+\Delta t) = 2R_i(t) - R_i(t-\Delta t) + \frac{(\Delta t)^2 F_i(t)}{m_i} \tag{11.19}$$

が導出されるので，これはVerlet法と本質的同等であることを示す．よって，誤差の点でLeap frog法の方がVerlet法よりも精度がよい．

(3) 基本セルと境界条件

図11.8に示すように，一般に3次元では空間を現象解析の対象となる基本セルで埋めつくすように，基本セルの周りに26個のレプリカを配置し，その基本セルを越えて他のレプリカ中の原子からの力も考慮する周期的境界条件を用いる．

また基本セルとレプリカの間では，図11.8(b)に示すように，粒子が配置され基本セルからある粒子が出ていくと，反対側から同種の粒子が同じ速度で入ってくるように設定されている．

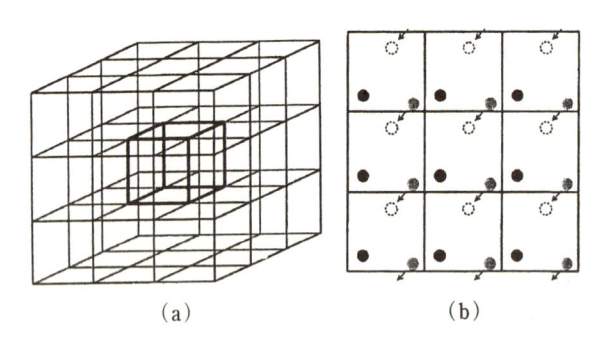

(a) 　　　(b)

図11.8　境界条件における基本セル

11.3　シミュレーション方法

11.3.1　シミュレーションモデルの概要[11]

図11.9に分子動力学によるシミュレーションモデルを示す．本書では，押込み・除荷過程や摩擦・摩耗過程において圧子が移動する速度を50 m/sとしている．固体が約50 m/sの速度で垂直，あるいは水平方向に移動することは，超音波（衝撃）加工や磁気ディスク回転に相当する．そして，圧子形状は過去のデータを参考にできるように円状として，シミュレーションを行った．ま

た，試料を銅単結晶 (111)，圧子を完全剛体のダイヤモンドと仮定した．さらに，計算時間や記憶容量の関係から2次元問題（平面ひずみ）として取り扱った．ただし，図のように試料，圧子双方に x-z 平面上の原子と同じ運動を示す複数の原子を y 方向に配置し，それらからの原子間作用力の影響も考慮することにより，3次元的な効果が得られるようにした．

図11.9の試料内部のある銅原子 i の時刻 t における運動方程式が成り立つ．

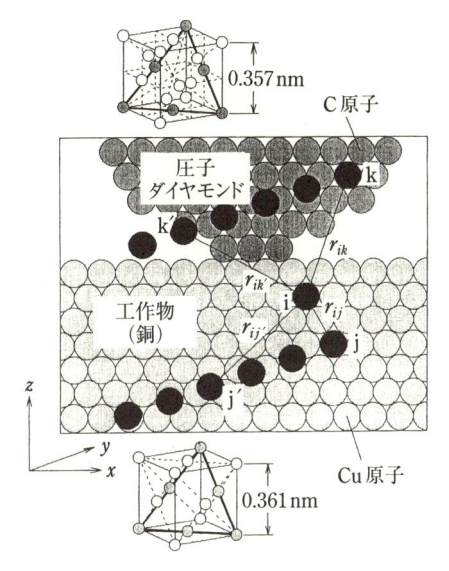

図11.9 ナノトライボロジーのシミュレーションモデル

$$m_i \frac{\mathrm{d}^2 R(t)_i}{\mathrm{d}t^2} = F_i(t) \tag{11.20}$$

ここで，m_i は銅原子の質量，$R(t)_i$ は i の位置ベクトル，$F_i(t)$ は i に作用する力を表す．このとき，i に作用する力 $F_i(t)$ は，

$$F_i(t) = -\sum_{j \neq i}(\nabla \phi_{ij} + \sum_{j'} \nabla \phi_{ij'}) - \sum_{k}(\nabla \phi_{ik} + \sum_{k'} \nabla \phi_{ik'}) \tag{11.21}$$

となる．ここで，ϕ は2体中心力ポテンシャルであり，添え字 j, k はそれぞれ i 以外の試料原子と圧子原子を，また ' はそれらの原子の y 方向の原子を表す．

時々刻々の原子の軌跡を求めるため，式 (11.20) に示した運動方程式を時間積分する方法に11.2.2項の (2) に示した，Leap frog 法を採用した．

$$v_i\left(t + \frac{\Delta t}{2}\right) = v_i\left(t - \frac{\Delta t}{2}\right) + \frac{\Delta t F_i(t)}{m_i} \tag{11.22}$$

$$R_i(t + \Delta t) = R_i(t) + \Delta t v_i\left(t + \frac{\Delta t}{2}\right) \tag{11.23}$$

ここで，v_i は銅原子 i の速度ベクトル，Δt は時間刻みを表す．また銅原子1個

の質量は，$m_i = 1.0545 \times 10^{-25}$ kg である．

11.3.2 原子間ポテンシャルと原子間力

(1) 2体中心力ポテンシャル近似と原子間力

分子動力学法では，一般に2体中心力ポテンシャル近似が用いられている．本書では，試料原子間に

$$\phi(r) = D\{\exp[-2\alpha(r-r_0)] - 2\exp[-\alpha(r-r_0)]\} \tag{11.24}$$

で表される，モースポテンシャル（原子間ポテンシャルにおけるモース関数）[12]を想定した．ここで，ϕ は原子間ポテンシャル，r は2原子間の距離，D は解離エネルギー，r_0 は平衡距離，α はポテンシャル係数を表す[13]．また，原子間力 f はポテンシャルの負勾配であるので

$$f(r) = 2\alpha D\{\exp[-2\alpha(r-r_0)] - \exp[-\alpha(r-r_0)]\} \tag{11.25}$$

となる．一方，試料と圧子間（すなわち，銅-ダイヤモンド間）にも，先に示したモースポテンシャルを想定する．

これらの原子間ポテンシャルおよび原子間力は，2原子間の距離のみに依存する．原子間ポテンシャル曲線を図11.10に，また原子間力曲線を図11.11にそれぞれ示す．

(2) 潜熱に関する考察

先に述べたように，実際の銅単結晶が面心立方格子構造であるのに対して，

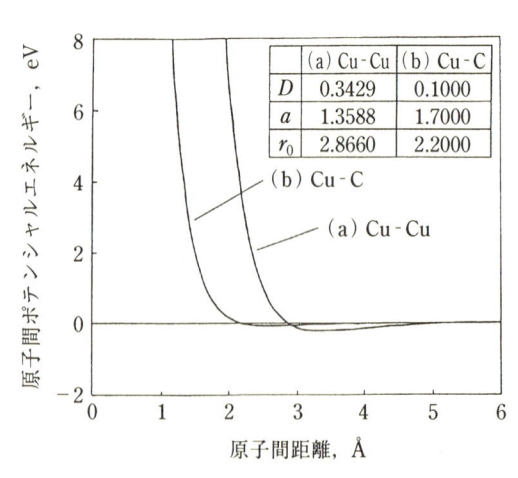

	(a) Cu-Cu	(b) Cu-C
D	0.3429	0.1000
α	1.3588	1.7000
r_0	2.8660	2.2000

図11.10 原子間ポテンシャル曲線

11.3 シミュレーション方法

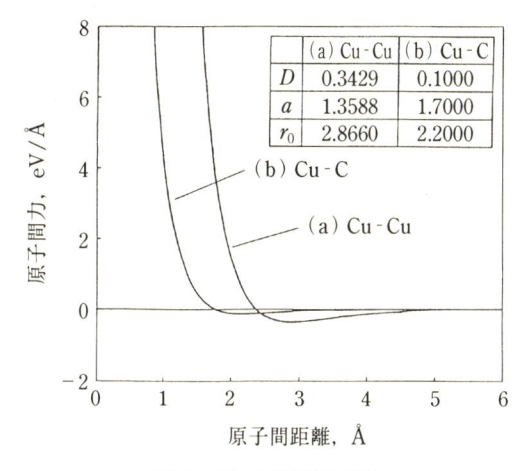

	(a) Cu-Cu	(b) Cu-C
D	0.3429	0.1000
a	1.3588	1.7000
r_0	2.8660	2.2000

図11.11 原子間力曲線

本書のシミュレーションモデルは銅単結晶（111）面の複数の重なりからなっているため，結合エネルギーに関して異なった値を持つ．シミュレーションモデルのモースポテンシャルエネルギーと原子間距離との関係を**表11.2**に示す．

試料の1原子当たりの潜熱 L_{sim} は，第1～10近接原子の結合エネルギーの和

表11.2 シミュレーションモデルにおけるモースポテンシャルエネルギーと原子間距離（Cu）

原子の位置	原子間距離, Å	隣接原子数, 個	モースポテンシャルエネルギー $\phi(r_{ij})$, eV	
			結合当たりのポテンシャルエネルギー	全結合当たりのポテンシャルエネルギー
第1近接原子	2.5562	8	−0.24895	−1.99160
第2近接原子	3.6150	12	−0.20307	−2.43720
第3近接原子	4.4275	6	−0.07725	−0.46350
第4近接原子	5.1124	20	−0.03164	−0.63280
第5近接原子	5.7158	24	−0.01412	−0.33888
第6近接原子	6.7630	24	−0.00343	−0.08232
第7近接原子	7.2300	36	−0.00182	−0.06552
第8近接原子	7.6686	8	−0.00100	−0.00800
第9近接原子	8.0834	24	−0.00057	−0.01368
第10近接原子	8.4779	24	−0.00033	−0.00792

より

$$L_{\text{sim}} = 3.02 \text{ eV/atom} \tag{11.26}$$

となり，約0.5 eV/atomの差がある．

11.3.3 試料の原子配列と移動

(1) 原子配列[13]

本書で使用した試料の原子配列モデルを図11.12に示す．試料には表面が存在するため，周期的境界条件は使用できない．したがって，特殊なモデルとなる．

図の上部中央（斜線で塗りつぶした部分）に解析する原子を3 980個配列し，その左右側に図に示した一点鎖線

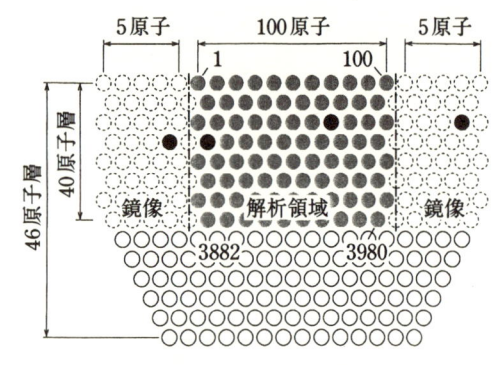

図11.12 試料の原子配列モデル

に関して対称に原子を配列して鏡像の状態となるようにした．ただし，この部分は断熱である．図の下部は温度一定（300 K）の原子を配列し，時々刻々に各原子が拘束された重心の周りをある範囲内を運動するように仮定する酔歩という方法をとった．

2次元で，温度 T の状態における運動エネルギー E_K は，

$$E_K = \frac{1}{2}\sum_{i=1}^{N} m_i v_i^2 = N k_B T \tag{11.27}$$

という関係が成り立っている．ここで，N は原子の総数，m_i は原子質量，v_i は原子の速度，k_B はボルツマン定数（$k_B = 1.38 \times 10^{-23}$ J/K）である．この値に t（3.0^{-15} s）を掛けて1ステップの移動量 Δr とし，それに一様乱数を用いて求めた角度 $\theta = 0 \sim 2\pi$ (rad) を与えて移動させる．原子の速度が平均速度 $\bar{v}_i$ であると仮定すれば，平均速度の絶対値は

$$|\bar{v}_i| = \sqrt{\frac{2 k_B T}{m_i}} \tag{11.28}$$

となる.

また運動する範囲は，(111) 面の原子間距離（$a/\sqrt{2} = 2.5562$ Å，a は銅の格子定数で，$a = 3.61$ Å）の 1/20 とし，もしその範囲を越えたら，その原子の重心に向かって Δr だけ戻す．

(2) 試料原子の移動

本書の摩擦・摩耗過程において，長時間の過程をシミュレーションするため圧子を水平方向に移動させた際に，圧子が常にほぼ試料の中央にあるようにした．そのようにすることで現実的なデータが得られる．その概略図を図 11.13 に示す．

図 11.12 に示した全体の原子 5 013 個（解析部分，鏡像部分，酔歩部分）に圧子移動速度 50 m/s に Δt を掛けた移動距離 Δd を 1 ステップごとに（$\Delta d = 1.5$ Å）ごとに圧子移動量だけ試料とともに戻す．図 11.13 の右側の一点鎖線（右端 2 列目と 3 列目の最下原子の平均 x 座標）を判定基準として，解析部分の原子右端 2 列において右側に存在する原子を除去し，次に解析部分の左側に何も影響の受けていない 2 原子列を挿入できるように解析部分以外の原子全体を r_u（2.556 Å）だけ圧子移動方向に移動させて 2 原子列を挿入する．また，摩耗粉の中にある原子はそのまま残す．

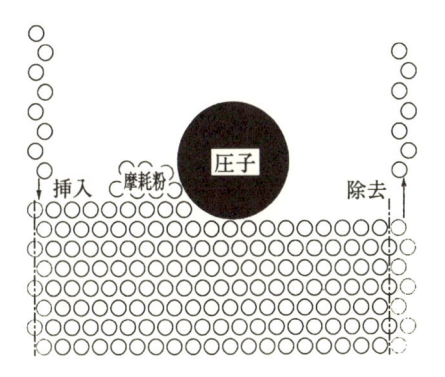

図 11.13 試料原子移動モデル

以上のような方法でシミュレーションを行った．

11.3.4 試料原子の温度制御[14]

本書では，一定温度の系を得るため，以下に示す速度スケーリングと呼ばれる方法をとる．2 次元状態における絶対温度 T にある N 個の原子の全運動エネルギー E_K は式 (11.27) より

$$E_K = N k_B T \tag{11.29}$$

と表せる．よって，設定した温度 T_{set}（300 K）にある全運動エネルギー E_K^0 と各ステップにおける E_K の比の平方根を係数とし，

$$v'_i = \sqrt{\frac{E_K^0}{E_K}} v_i \quad (i=1,\ N) \tag{11.30}$$

で補正することによって，各原子の速度を求め温度一定の系が得られる．

11.3.5 試料原子のひずみエネルギー評価

ひずみエネルギーの値は，原子間距離に依存する結合エネルギーの半分で評価した．また圧縮か引張りかの判定は，ある範囲の中の原子数の変化によって行った．すなわち，ひずみ ε を

$$\varepsilon = \frac{N_0 - N}{N_0} \tag{11.31}$$

と表し，$\varepsilon<0$ のとき圧縮，$\varepsilon>0$ のとき引張りとする．ただし，N_0 は初期状態における半径6.0 Å（第3～4近接原子の範囲の中間）の円内に存在する原子数（$N_0=18$），N は任意の時間のその円内に存在する原子数である．判定円の大きさはポテンシャルエネルギーが0とみなすことができる原子間距離を用いる．

各過程における試料内部の応力状態を明らかにするために，原著論文[15),16)]

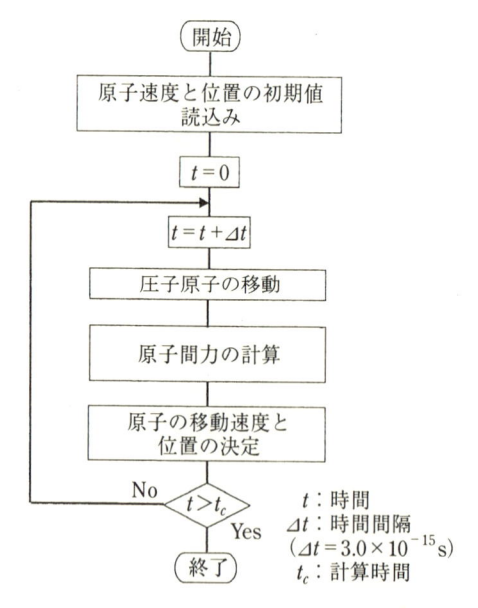

図11.14 シミュレーション流れ図[15),16)]

では，各原子の圧縮状態を赤系統，引張り状態を青系統で画像表示し，その度合をひずみエネルギーで評価した．本書では白黒による濃度表示とした．

11.3.6 計算アルゴリズムと装置環境

図11.14にシミュレーションの流れ図を示す[15),16)]．

11.4 単結晶ダイヤモンド砥粒による銅単結晶の研削シミュレーション [15)～17)]

11.4.1 はじめに

現在，オプトメカトロニクスに代表される分野で，ナノメータあるいはサブナノメータの加工精度や仕上げ面粗さを得るため，研削や研磨などの機械的な加工技術から化学的な除去加工まで超精密加工技術に多大な関心が持たれている．STMを用いた電気的な除去加工[18),19)]では，原子単位の加工も可能になっている．このような超精密加工における表面創成，加工変質層の生成機構などを明らかにすることは，学術的にも工業的にも価値のあることである．しかしながら，現在のところ加工点近傍の原子挙動をその場観察する技術は存在せず，ある程度理論的に，あるいは数値計算によって解析せざるを得ない状況にある．とはいえ，このような微視的現象を従来の連続体モデルで解析するには無理がある．

本書では，前節に引き続いて，分子動力学法[20)]を適用して単結晶ダイヤモンド砥粒を用いた超微小研削についてコンピュータシミュレーションを行い，加工層の原子挙動を明らかにする．ここでは，工作物原子の移動量，ひずみエネルギー，応力状態，温度上昇を定量的に評価するとともに，表面創成や加工変質層生成過程を視覚化して，研削速度，砥粒回転半径，砥粒先端半径による相違を比較し説明する．

分子動力学法による研削シミュレーションモデルとしては図11.9に示したものを使用する．工作物には銅単結晶，また砥粒には完全剛体の単結晶ダイヤモンドを想定する．実際の研削は3次元的に行われるが，ここでは平面ひずみ問題として取り扱う．ただし，図11.9に示したように，工作物と工具の$x-z$平面上の原子と同じ挙動をする複数の原子をy軸方向に配置し，それらからの原

子間力も考慮する．

いま，工作物の原子 i について，質量を m_i，時刻 t における位置ベクトルを $R_i(t)$，他の原子から受ける力の合力を $F_i(t)$ とすれば，運動方程式

$$m_i \ddot{R}_i(t) = F_i(t) \tag{11.32}$$

が成り立つ．ここで，力 $F_i(t)$ は，

$$F_i(t) = -\sum_{j \neq i}(\operatorname{grad}\phi_{ij} + \sum_{j'}\operatorname{grad}\phi_{ij'}) - \sum_{k}(\operatorname{grad}\phi_{ik} + \sum_{k'}\operatorname{grad}\phi_{ik'}) \tag{11.33}$$

より求められる．ϕ は原子間距離のみに依存する原子間ポテンシャルで，添字 j, k は，それぞれ i 以外の x-z 平面内の工作物原子と砥粒原子，' は，それらの原子と同一挙動する y 軸方向の原子を表す．原子間ポテンシャルとして，ここでは銅-銅原子間，銅-炭素原子間ともモースポテンシャルを仮定する[13),21)]．

工作物の対象領域は矩形とし，銅原子を 100×30 の計 3 000 個配置する．工作物の初期温度は室温（300 K）とし，内部境界では温度指定の境界条件を与える．砥粒は一定の回転半径のもとで等速回転移動させる．工作物に送りは与えない．シミュレーションにはコンピュータを用い，結果は，工作物の原子配列と移動量，ひずみエネルギー，応力状態，温度上昇に注目し，研削過程をコンピュータグラフィックスにより視覚化して表示する．

11.4.2 シミュレーションの結果

(1) 研削過程の原子挙動

はじめに，砥粒先端半径約 3.5 nm，切込み深さ約 0.75 nm，砥粒回転半径 15 nm，研削速度（周速度）80 m/s の場合をシミュレーションした結果について述べる．砥粒が鉛直下方に達した時点を時刻 0 とする．

図 11.15 は，時刻 −27, 0, 54, 135 ps における原子配列を示す．また，初期配列からの移動量をグレースケールで示す．図中の実線は工作物内に生じたすべり面を，また破線は切りくず部に生じた塑性変形領域を大まかに示す．図 11.16 は，時刻 0, 135 ps における原子のひずみエネルギーと応力状態を，また図 11.17 は，そのときの原子の温度をそれぞれグレースケールで示す．

研削開始初期の図 11.15 (a) では，砥粒の接触部に「V」字型の塑性変形領域が生成するとともに，砥粒移動方向にすべり面が生成する．その先端には刃状

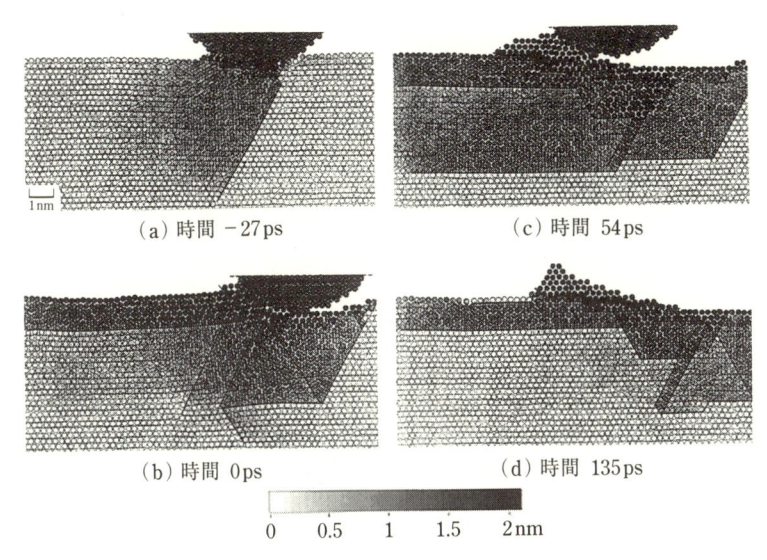

11.4 単結晶ダイヤモンド砥粒による銅単結晶の研削シミュレーション (237)

(a) 時間 −27 ps
(b) 時間 0 ps
(c) 時間 54 ps
(d) 時間 135 ps

図 11.15 研削過程における原子アレイとグレイスケールで示された原子の動き（粒子半径 3.5 nm, 切込み 0.75 nm, 粒子軌跡半径 15 nm, 研削速度 80 m/s）

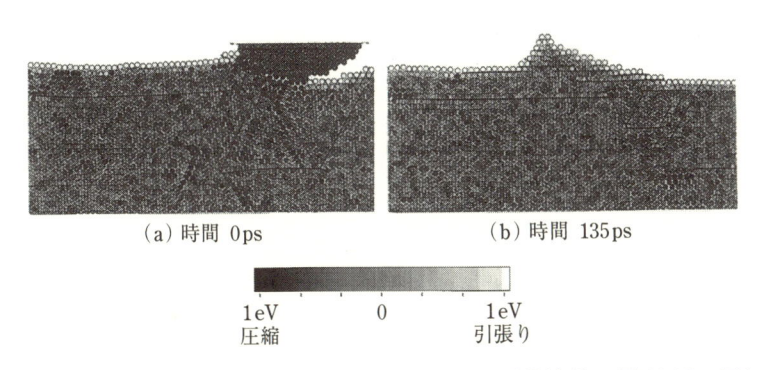

(a) 時間 0 ps
(b) 時間 135 ps

1 eV 圧縮　0　1 eV 引張り

図 11.16 研削過程における原子のひずみエネルギー（研削条件は図 11.15 に同じ）

転位が存在しており，このすべり面の左上方は弾性変形している．砥粒がさらに移動すると，これまでのすべり面に交差するように，右下方向に新しくすべり面が生成する．また，砥粒の移動方向に元のすべり面に平行に新しくすべり面が生成する．

その後，図 11.15 (b) に至るまでの過程を大まかに述べると以下のとおりで

(a) 時間 0ps　　　　　　(b) 時間 135ps

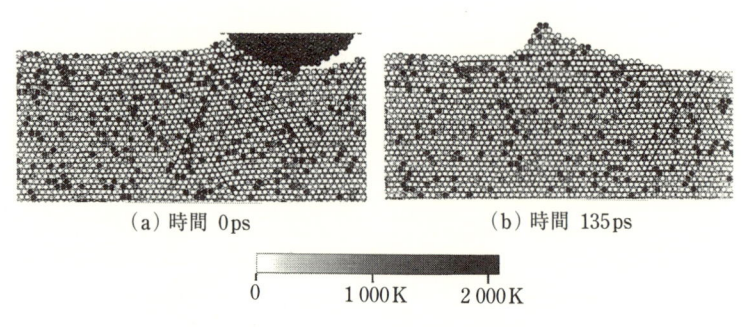

0　　　1 000 K　　　2 000 K

図 11.17　研削過程における原子の温度（研削条件は図 11.15 に同じ）

ある．砥粒の移動に伴ってこれまでの弾性変形領域に左上方に引張り力が働き，図 11.15 (a) で生じていた刃状転位は，新たにすべり面が生成することで表面に抜け，「V」字型の塑性変形領域が生成する．砥粒進行方向に生じた新たな刃状転位はさらに深くまで進行し，このすべり面に交差するように生じた新しいすべり面と相互作用して，表面下 20 原子層のところに水平方向のすべり面を生じる．さらに，砥粒の移動方向に新しいすべり面も生成するなど，複雑な変形をして図 11.15 (b) に至る．

図 11.15 (b) では，水平方向の力によって表面から 6 原子層が横方向に押しやられることですべり面が生成し，その先端に刃状転位が存在する．図 11.16 (a) より，刃状転位の部分は圧縮応力状態にあり，約 1 eV 程度のひずみエネルギーを持つことがわかる．塑性変形した領域では，ひずみエネルギーはほぼ 0 である．

図 11.15 (c) に至ると，砥粒の通過に伴って図 11.15 (b) で存在していた刃状転位が複雑な経路を経て表面に抜けることでそのあたりは塑性変形領域となる．また，切りくずを押し退ける水平方向の力の影響で表面下 22 原子層までが横にすべり，その領域は弾性変形している．

研削が終了した図 11.15 (d) では，切りくず部が盛り上がり，新しい表面が生成する．図 11.15 (c) で生じていた深さ 22 原子層の刃状転位は，すべり面に沿って水平方向に移動し（弾性回復），そのまま砥粒回転軸の真下あたりまで進んで残留している．また，表面下 6 原子層の刃状転位はほとんどそのまま残留している．図 11.16 (b) からわかるように，この二つの刃状転位近傍にはひず

みエネルギーが残留する.

図 11.17 (a), (b) は, それぞれ図 11.15 (b), (d) における原子の温度を示す. 図 11.17 (a) の研削領域でも平均的には 550 K 程度であり, 比較的温度上昇は少ない. 研削速度は 80 m/s と比較的速いにもかかわらず, 切込み深さが約 0.75 nm と小さいためと考えられる.

(2) 研削速度による影響

砥粒先端半径, 切込み深さ, 砥粒回転半径を前節のままで研削速度 (周速度) を 800 m/s と大きくしたときのシミュレーション結果について述べる. 時刻 0 ps および 13.5 ps における原子配列と移動量, ひずみエネルギー分布, 温度分布をそれぞれ図 11.18, 図 11.19, 図 11.20 に示す.

図 11.18 (a), 図 11.19 (a), 図 11.20 (a) より, 高速な研削のため強い圧縮応力が工作物に働き, ひずみエネルギーは大きいにもかかわらず, 深いすべり面を生成するには至らず, したがって原子の移動量が比較的小さいことがわか

(a) 時間 0 ps　　　　　　　(b) 時間 13.5 ps

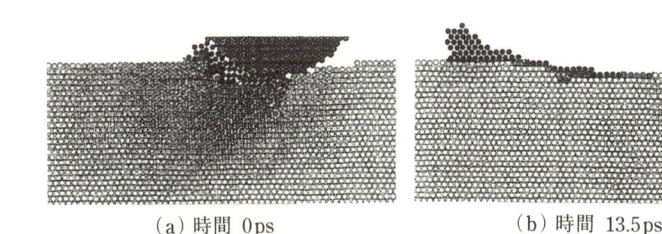

図 11.18　研削過程における原子アレイとグレイスケールで示された原子の動き (研削速度 800 m/s, 他の研削条件およびグレイスケールは 図 11.15 に同じ)

(a) 時間 0 ps　　　　　　　(b) 時間 13.5 ps

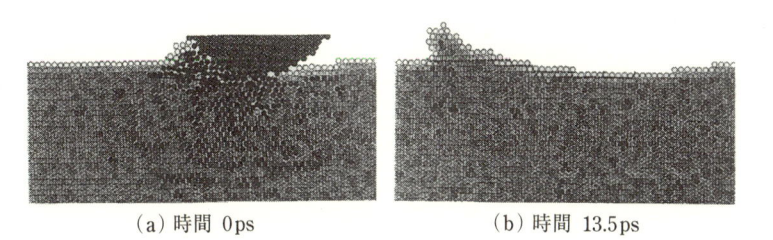

図 11.19　研削過程における原子のひずみエネルギー (研削速度 800 m/s, 他の研削条件は 図 11.15 に, およびグレイスケールは 図 11.16 に同じ)

(a) 時間 0ps　　　(b) 時間 13.5ps

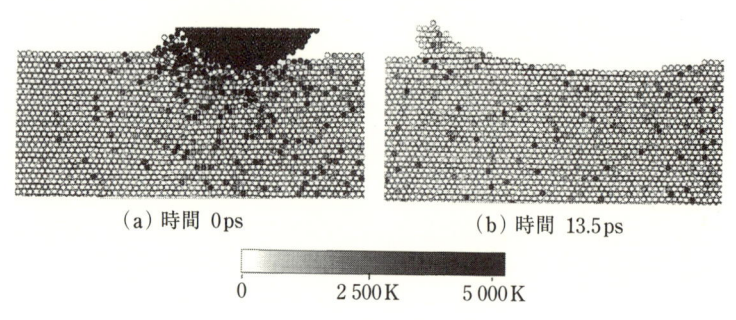

0　　　2 500 K　　　5 000 K

図 11.20 研削過程における原子温度（研削速度 800 m/s，他の研削条件は図 11.15 に同じ）

る．砥粒直下の塑性変形領域は存在しない．切りくず生成領域の温度はかなり高く，図 11.20 (a) には 10 000 K に達した原子も存在している．

図 11.18 (b) に示すように，研削後の切りくずの盛り上がりは，砥粒の移動方向に押し流された形になる．図 11.18 (a) で，砥粒直下に生じた弾性ひずみは回復し，残留ひずみはない．塑性変形領域はごく表面と切りくずに限られ，工作物内部には存在しない．工作物内部への熱伝導により切りくずの温度は降下している〔図 11.19 (b)，図 11.20 (b)〕．

前述の (1) 項の結果と比較すると，研削速度が比較的低速である 80 m/s の方が研削速度 800 m/s の場合よりも塑性変形領域が広い．高速研削の方が加工変質層の生成が小さいことが予想される．

(3) 砥粒回転半径による影響

砥粒先端半径，切込み深さ，研削速度（周速度）を前出の (1) 項と同様にし，砥粒回転半径を 7 nm とした場合のシミュレーション結果について述べる．

(a) 時間 0ps　　　(b) 時間 144ps

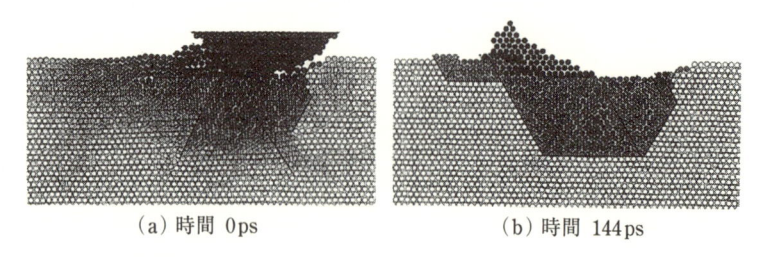

図 11.21 研削過程における原子アレイとグレイスケールで示された原子の動き（粒子軌跡半径 7 nm，他の研削条件およびグレイスケールは図 11.15 に同じ）

11.4 単結晶ダイヤモンド砥粒による銅単結晶の研削シミュレーション (241)

(a) 時間 0 ps　　　　　　(b) 時間 144 ps

図 11.22 研削過程における原子のひずみエネルギー（粒子軌跡半径 7 nm,
他の研削条件は図 11.15 に, およびグレイスケールは図 11.16 に
同じ）

　時刻 0 ps および 144 ps における原子配列と原子移動距離, ひずみエネルギー分布を, それぞれ図 11.21, 図 11.22 に示す. この場合, 研削初期の押込みによる塑性変形が小さい. また, 図 11.21 (a) で, 水平方向の力によって表面から下 4 層までの原子が左側に押しやられ, すべり面が生成している. 図 11.15 (d) と比較して, その長さは短く, 砥粒直下の塑性変形領域はかなり小さい. 刃状転位の位置もやや浅い. 切りくずの生成形態は似通っており, この場合も温度上昇は少ない.

　図 11.21 (b) に示すように, 研削後, 刃状転位は表面に抜けてひずみエネルギーが解放され, 残留ひずみはない〔図 11.22 (b)〕. 前述の (1) 項の結果と比較すると, 塑性変形領域もやや狭い. 砥粒回転半径が大きい方が工作物に長時間にわたって力が作用するため, それだけ塑性変形領域が広くなることが予想される.

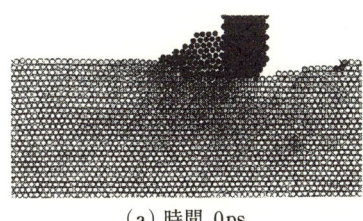

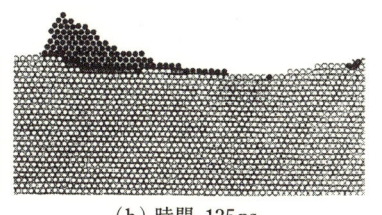

(a) 時間 0 ps　　　　　　(b) 時間 135 ps

図 11.23 研削過程における原子アレイとグレイスケールで示された原子の動き
（粒子軌跡半径 1 nm, 他の研削条件およびグレイスケールは図 11.15
に同じ）

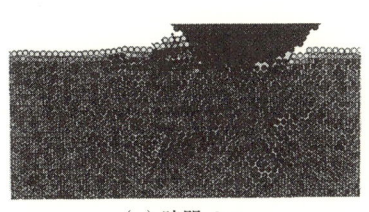

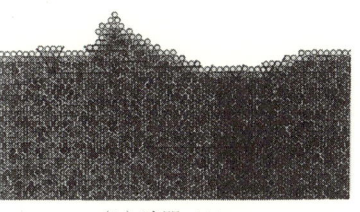

(4) 砥粒先端半径による影響

砥粒による切込み深さ，砥粒回転半径，研削速度（周速度）を前出の (1) 項と同様にし，砥粒先端半径を約 1 nm としてシミュレーションを行った結果を述べる．

時刻 0 ps および 135 ps における原子配列と原子移動距離を図 11.23 に示す．この場合，すくい角が小さいので，研削中は切りくずが押し上げられるように生成する．工作物内部に塑性変形領域は存在せず，すべり面の生成もない〔図 11.23 (a)〕．

原子の移動，ひずみエネルギーの上昇は切りくず部に限られる．ここでも，切りくずの温度上昇は少ない．研削後の塑性変形領域は，切りくずの盛り上がり部とごく表面に限られ，残留ひずみはない〔図 11.23 (b)〕．

前出の (1) 項の結果と比較すると，砥粒先端半径が大きいほど除去した原子をすくい面方向に押し上げることができず，砥粒進行方向に原子が堆積して大きな研削抵抗となる．その結果，工作物内部に大きな力が作用して弾性ひずみが増し，塑性変形領域が広がるとともに残留ひずみが生じることになる．

参考文献

1) 中野　隆：「分子物理から見た摩擦の凹凸説と凝着説」，日本潤滑学会「トライボロジーにおける分子物理」研究討論予稿集 (1992) p. 9.
2) 森　勇蔵・山内和夫：「超精密加工とマイクロトライボロジー」，トライボロジスト，**37**, 11 (1992) p. 913.
3) 柳沢雅弘：「磁気記録とマイクロトライボロジー」，トライボロジスト，**37**, 11 (1992) p. 908.
4) 金子礼三：「マイクロトライボロジー，昨日，今日，明日」，トライボロジスト，**37**, 11 (1992) p. 877.
5) J.F. Belak and I.F. Stowers : "Molecular Dynamics Studies of Surface Indentation in Two Dimensions", Atomic Scale Calculations of Structure in Materials, 193 (1990) p. 259.
6) J.F. Belak, I.F. Stowers : "A Molecular Dynamics Model of the Orthogonal Cutting Process", ASPE Annual Conference (1990) p. 76.
7) 黒田　司：表面電子物性，日刊工業新聞社 (1990) p. 143.
8) 日本化学会：化学便覧基礎編 II，丸善 (1984) p. 270.

参考文献

9) 黒田　司：表面電子物性，日刊工業新聞社 (1990) p. 115.
10) R.W. Hockney : Methods Comput. Phys., **9** (1970) p. 135.
11) 清水　淳：「分子動力学における原子除去加工のコンピュータシミュレーション」，茨城大学卒業論文 (1991)；佐名浩二：「マイクロトライボロジーにおける原子運動の数値シミュレーション」，茨城大学卒業論文 (1993).
12) L.A. Girifalco and V.G. Weizer : "Application of the Morse Potential Function to Cubic Metals", Phys. Rev., **114**, 3 (1959) p. 687.
13) 稲村豊四郎・鈴木裕幸・武澤伸浩：「銅とダイヤモンドの原子配列モデルによる計算機内での切削実験」，精密工学会誌，**56**, 8 (1990) p. 1480.
14) 河村雄行：パソコン分子シミュレーション，海文堂 (1990) p. 44.
15) 大村悦二・清水　淳・江田　弘：「単粒ダイヤモンド砥粒による銅単結晶の研削シミュレーション－分子動力学の適用と原子挙動－」，砥粒加工学会誌，**38** (1994) p. 28.
16) 清水　淳・大村悦二・江田　弘：「砥粒摩擦・摩耗過程における原子面創成シミュレーション」，砥粒加工学会誌，**39**, 5 (1995) p. 260.
17) 鈴木秀次：転位論入門，アグネ (1967) p. 63.
18) S. Fujisawa et al. : Nanotechnology, **4** (1993) p. 138.
19) E.E. Ehrichs and A.L. de Lozanne : "Etching of silicon (111) with the scanning tunneling microscope", J. Vac. Sci. Technol. **A8** (1990) p. 571.
20) たとえば岡田　勲・大澤映二 編：分子シミュレーション，海文堂 (1989).
21) 黒田　司：表面電子物性，日刊工業新聞社 (1990) p. 147.

第12章 加工層なし加工機械設計開発の基本原理

12.1 材料除去メカニズム

12.1.1 セラミックスと金属

一般に,材料は金属と非金属(セラミックス,高分子材料など)があり,大別すると延性材料と脆性材料の二つに分類できる[1].

延性材料と脆性材料の応力-ひずみ(σ-ε)線図は,図12.1に示すように延性材料の方が100〜1 000倍もひずみが大きい.この差違を特徴づける有効なパラメータは,次の三つの指標によく現れる.

〔I〕破壊靭性値 K_{IC} ・・・ ductile(延性)> brittle(脆性)

〔II〕ワイブル係数 m ・・・ ductile > brittle

〔III〕き裂進展速度 n ・・・ ductile < brittle

以下に,延性材料と脆性材料の代表として,金属とセラミックスを例に挙げてその値を比較する.

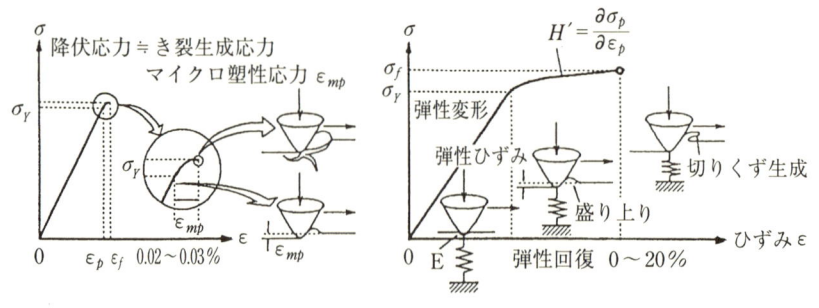

(a) 溶融シリカガラス(脆性材料:BM)　　(b) 軟鉄(塑性材料:DM)

図12.1 脆性材料と延性材料の応力-ひずみ曲線

- Index〔Ⅰ〕破壊靭性値 K_{IC}

金属	セラミックス
$K_{IC} \equiv 50$ MPa・m$^{-1/2}$ $K_{IC} = 10 \sim 100$ MPa・m$^{-1/2}$	$K_{IC} \equiv 5$ MPa・m$^{-1/2}$ $K_{IC} = 1 \sim 10$ MPa・m$^{-1/2}$

上記 K_{IC} の値をとるときの許容欠陥寸法 $2C_C$（き裂長さ）は，$C_C = K_{IC}^2 / (\pi \sigma^2)$ となる．ただし，K_{IC} はき裂進展の抵抗力を表す．

各値を代入して許容欠陥寸法 $2C_C$ を求めると次のようになる．

$$2C_C = (3 \sim 13) \times 10^3 \ \mu\text{m}, \ 2C_C = 60 \sim 600 \ \mu\text{m}$$

- Index〔Ⅱ〕Weibull 係数 m

Weibull 係数 m が大きいほど強度のばらつきが小さくなる．

金属	セラミックス
$m \approx 50$	$m = 5 \sim 20$

ここで，m は次のワイブル式の係数である．

$$P_f = 1 - \exp\left\{-\left(\frac{\sigma_f - \sigma_u}{\sigma_0}\right)^m\right\} \tag{12.1}$$

ここで，P_f は破壊確率，σ_f は破壊応力，σ_u は P_f がこの応力以下では 0 となる応力値であり，σ_0 は規格化因子を示す．セラミックスの強度は，一般に ±25％ くらいのばらつきを示す．

- Index〔Ⅲ〕き裂進展速度指数 n

金属	セラミックス
$n = 2 \sim 4$	$n = 40 \sim 100$

き裂進展速度 dC/dt は

$$\frac{dC}{dt} = A K_I^n \tag{12.2}$$

と表せる．ここで，K_I は応力拡大係数，A は定数である．

以上の三つの指標から，脆性材料は先在き裂あるいは何らかの作用によって欠陥が生成し，その欠陥サイズ C_C が 30 μm になると，き裂が成長を開始する

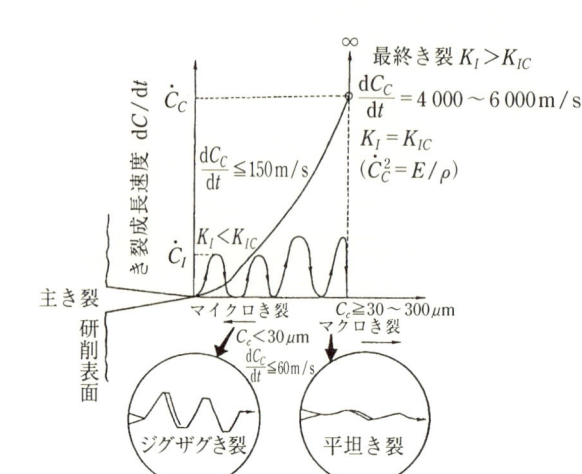

図12.2 マクロとマイクロクラック

ことがわかる．しかし，き裂は**図12.2**に示すようにその大きさによってき裂成長速度が大きく変わる．

$C_C \leq 30 \mu m$ ・・・・・・・・ $dC_C/dt \leq 60 \text{ m/s}$

$30 < C_C \leq 300 \mu m$ ・・・ $60 < dC_C/dt \leq 150 \text{ m/s}$

$C_C > 300 \mu m$ ・・・・・・・・ $150 < dC_C/dt \leq 4\,000 \sim 6\,000 \text{ m/s}$

き裂は，プロセスゾーンにおいてプロセスゾーンウェイク内の微小欠陥（またはき裂）を選択してジグザグ運動を行うので，見かけ上，破壊靱性は増大する．一般に，微小き裂（$C_C \approx 30 \sim 300 \mu m$）は［発生-成長-停止］を繰り返すが，これより大きい巨視的き裂になるにつれて，大破壊を起こし，ついには1回で最終破壊を起こす．そのときの速度は材種固有の弾性伝播速度（$C_C = \sqrt{E/\rho}$，E：ヤング率，ρ：密度）$4\,000 \sim 6\,000 \text{ m/s}$に近い．

12.1.2 脆性材料と研削

セラミックスは，先に述べたとおり，き裂の感受性を表すパラメータ（K_{IC}，m, n）が金属に比べて1桁ほど感度が高い．例えば，セラミックスの研削後の砥粒条痕は，**図12.3**に示すようになる．この断面を粗さ計で測定し，金属の場合と比較すると，セラミックスは粗さの谷が深く，また深い谷の現れる頻度も高い．セラミックスと金属のR_y/R_aの値を比べると，

12.1 材料除去メカニズム

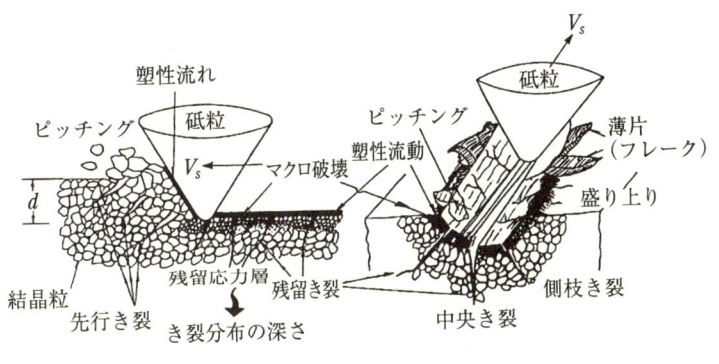

図12.3 研削した表面の微視構造

金属	セラミックス
R_y/R_a=3～5（平均値約4）	R_y/R_a==5～21（平均値約11）

となり，約3倍深い．また，谷の深さは，中心線粗さの値に比べると1桁大きいことがわかる．当然，直下型き裂は砥粒通過後に閉じ，観察は困難である．

また，谷底の半頂角 α は，

金属	セラミックス
$\alpha \approx 80°$（75°～85°）	$\alpha \approx 67°$

となり，セラミックスは異常に鋭い角度で深くまで到達する．さらに，下層のき裂先端部は未開口であるから，一般の粗さ測定では検出できない．

脆性材料の延性モード加工の理論的端緒は，吉川[2]，谷口[3]らが R. Hill の塑性理論，H. Hertz の弾性理論を適用した Jr.C.J. McMahon[4] の Microplasticity に着眼し，これらの理論を総括し，脆性材料の塑性領域を一般式で表したことである．例えば，ガラスなどの脆性材料のひずみ ε は，図12.1に示したように，0.02～0.03％くらいで塑性変形が発生する．

一般のダイヤモンド砥粒径を用いたときの1個の砥粒切れ刃による変形領域は，せいぜい10～20 μm（加工後の残留応力の深さから判断）であるから，第1近似として0.02～0.03％の相当ひずみでは1 nmほど（熱軟化により，より拡大）の塑性ひずみが発生することになる．これより大きい砥粒切れ刃の変形領域を与えると，き裂が発生し，脆性モード加工に変わる．つまり，硬脆材料の

第12章 加工層なし加工機械設計開発の基本原理

加工は，図12.1に示したσ-ε曲線の塑性変形開始ε_pと塑性変形終了ε_fの範囲内で，砥粒切れ刃による変形ひずみを与える条件の研削圧力（研削エネルギー）で加工することになる．すなわち，この研削圧力の条件内に常時維持できるように，砥粒切れ刃の運動を位置決め制御すればよい．

一般に，脆性材料の加工は，加工単位を小さくし，ある臨界値d_c（臨界切込み：Si．ただし，E：ヤング率，H：硬さ，K_C：破壊靱性）以下にすると，延性的挙動を示すことが知られている[5]．

$$d_c = 0.15\left(\frac{E}{H}\right)\left(\frac{K_c}{H}\right)^2 \tag{12.3}$$

しかしながら，このような古くからの知見の積み重ねによって得られた結論に対して，脆性材料の延性-脆性遷移の存在は雰囲気を制御することによって脆性挙動を抑制できるという重要な結論が新たに導かれたので，以下に説明する[6]．

このシミュレーションは切削の例であるが，脆性-延性遷移の扱いは同じd_cによって評価できる．稲村[6]らは，nmからμmオーダ程度までの任意のスケールの力学現象をシミュレートできる新しい「繰込み変換分子動力学法」を開発し適用した．切削は，切削速度200 m/s，切込み1μm，被削材はSiで無欠陥単結晶の絶対真空の条件で行った．

図12.4は，切込み1μmの結果である．切削形態は1 nmの場合と同様で，脆性挙動は見られない．材料中の原子密度分布は，工具（ダイヤモンド）周辺に形成された高密度領域から絶えず弾性粗密波の放出（acoustic emission）があり，これによって工具逃げ面側でき裂と類似形態の低密度部分が断続的に生成消滅を繰り返す現象が認められた．原著論文[6]の赤色（刃先近傍）は引張り，また青色は圧縮（グレー部分）を表す．

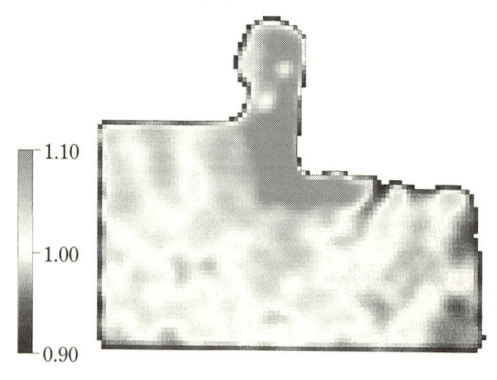

図12.4　クラスタ密度分布（切込み1μm）[6]

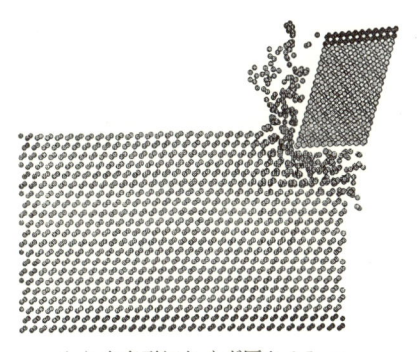

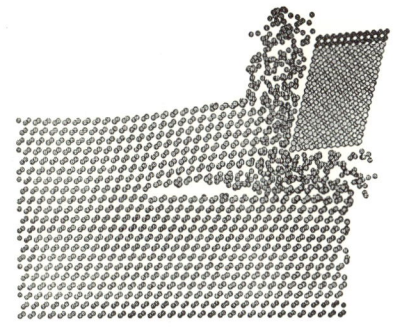

12.1 材料除去メカニズム

(a) 未変形切りくず厚さ 0.5μm　　(b) 未変形切りくず厚さ 1μm

図 12.5 加工雰囲気を考慮したシミュレーション結果[6]

一方，工具表面と被削表面粒子間に気体分子吸着を考慮した，いわば大気中切削条件に近いシミュレーションを行った．その結果は，図 12.5 に示すとおりである．図 (a) は切込み 0.5μm，また図 (b) は 1.0μm の場合である．図 12.5 の結果を見ると，明らかに Si は脆性的になっていることがわかる．特に，図 (b) の場合には，工具刃先から前方にき裂は走っており，明確な脆性切削になっている．これに対して，図 (a) の場合にはこのようなき裂先行がなく，延性モードから脆性モードへと遷移する臨界状態のように見える．

一方，このように局部的には動的な駆動力を伴って進展するき裂が，破壊力学的な観点ではどのような応力場にあるのかを図 12.5 (b) に対して調べたのが図 12.6 である．図は主応力分布を表示しており，図 12.4 と同様に，原著論文[6]の赤色（刃先近傍）は引張り，また青色は圧縮（グレー部分）を

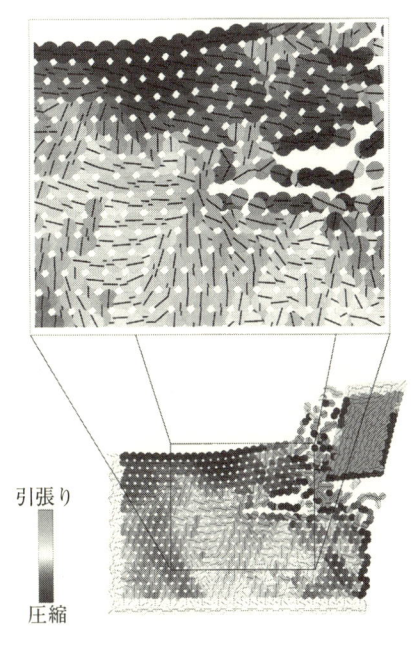

引張り
圧縮

図 12.6 切削中の応力分布（切込み 1μm）[6]

表し，拡大図の短線は主応力の方向を表す．図を見ると，き裂先端にはほぼモードⅠ型の引張応力の集中があるが，さらに前方では切りくずの上方へ折れ曲がりのために水平方向の引張応力が作用する複合的な応力場が形成されていることがわかる．き裂の進展速度は，約2200 m/sの弾性波の1/4程度の値で妥当な値である．

以上の結果は，き裂の生成は雰囲気との反応生成熱が引金となって工具周辺に局所的に蓄えられていたひずみエネルギーを一挙に解放し，このエネルギーによって行われることが明らかになった．したがって，材料内の切削点近傍に局所的に蓄えられるひずみエネルギーの総量が少ない小規模切削や面心立方金属の場合，脆性モードが現れないことが説明できる．

この考えは，先在き裂が進展するか否かは，進展のために必要になる表面創成エネルギーと進展により放出されるひずみエネルギーの大小関係で決まり，この大小関係が加工単位の大きさで逆転するというものである．この結果を支持する実験は，田中，上口が行った「真空中のガラス研削」によって延性モードで行われていることが実証されている[7]．

12.1.3　セラミックスの延性モード発現のその場観察

セラミックスの脆性-延性発現のその場観察は，畑村，中尾，八馬らが設計試作した装置によって行った（図12.7，図12.8）[6),8]．システムは，$X=Y=Z=50\,\mu m$の動作容量を持ち，0.1 nm/1パルスの微小送りができる．圧子は，平行平板力覚センサで垂直と接線方向の力が検出できる．表12.1は被削材の物性を示す．用いたダイヤモンド圧子形状は，先端半径20 nm，面内垂直軸に対して20°の公称先端角度を持つ鋭利な三角錐である．

この実験では，垂直力を境界にして脆性-延性モードに分かれるが，境界値はほぼヌープ硬さに等しい．

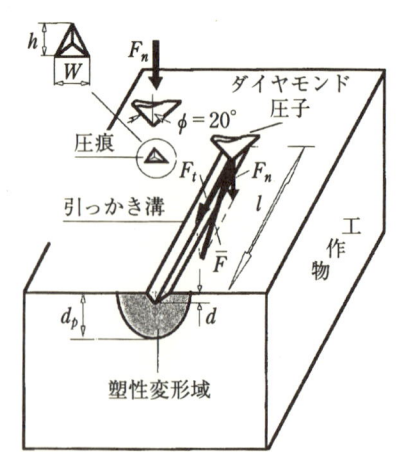

図12.7　ダイヤモンド圧子による引っかき試験の模式図[8]

12.1 材料除去メカニズム

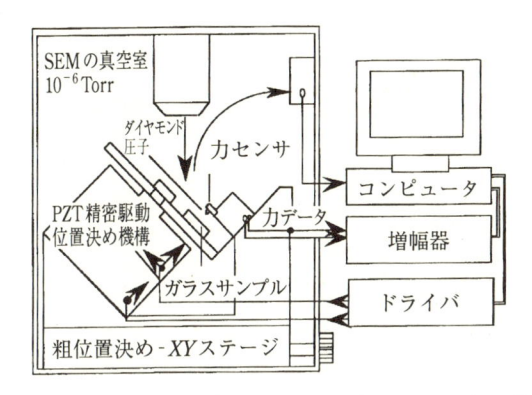

図 12.8 ナノインデンテーションとスクラッチング試験装置[6]

表 12.1 ガラスの物性値

	材料 性質	KzF6	F6	BK7	SK7	GOE91 (ガラス セラミックス)	TRC5
機械的物性値	ヤング率 E, GPa	53.1	59.0	80.2	82.2	95.8	108
	ヌープ硬さ H_K, GPa	4.44	4.14	5.62	5.32	6.71	8.48
	体積弾性率 K, GPa	30.18	35.63	45.74	58.20	64.03	60.30
	降伏応力 σ_Y, GPa	2.83	1.98	2.63	2.62	3.32	5.02
	剛性率 G, GPa	22	24.1	33.2	32.5	38.3	45.1
	応力拡大係数 K_{IC}, MPa·m$^{1/2}$	0.3	0.38	0.38	0.49	0.39	1.56
	ポアソン比 ν	0.27	0.22	0.20	0.26	0.25	0.20
	密度 ρ, kg/m^3	2 550	3 740	2 520	3 510	2 550	2 980
熱的物性値	熱膨張率 α, K^{-7}	57	96	86	76	47	52
	比熱 c, J/(kg·K)	544	524	760	725	880	727
	拡散係数 D, ×10^{-9} m^2/s	503	420	542	421	728	603
	熱伝導率 K, W/(m·K)	0.93	0.82	1.04	0.83	1.62	1.31
	降伏点 A_t, ℃	515	473	624	699	—	961
化学的物性値	耐水性 R_W, p	6	2	3	2	2	2
	耐酸性 R_a, p	4	1	1	4	4	1
	耐候性 W, s	2	2	1	3	1	1
	耐リン酸塩性 PR	3.0	1.0	1.0	51.2	1.0	—

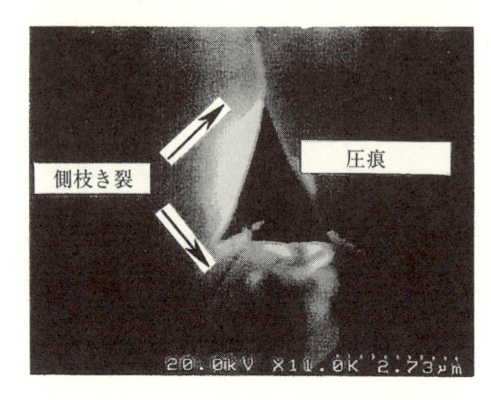

図12.9　TRC5ガラス表面の圧痕

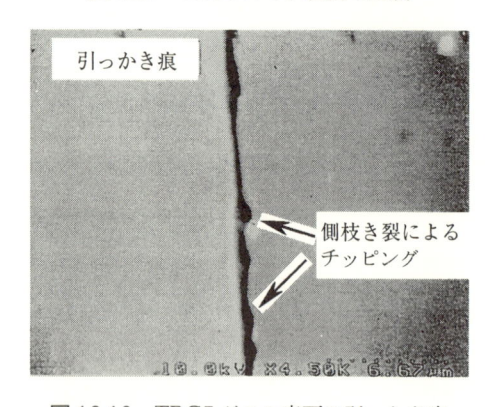

図12.10　TRC5ガラス表面の引っかき痕

12.1.4　脆性モード引っかき

TRC5ガラスの圧入と引っかき過程の脆性モードの様子を図12.9，図12.10，図12.11にまとめて示す．図12.10は，引っかき時間経過に伴って引っかき溝縁にラテラルき裂によるチッピングが見られる．このき裂発生から，はく離に伴う力の変化が図12.11に示すように垂直力と接線（引っかき）力にステック（stick）-スリップ（slip）的な鋸刃形の波形として現れる．

12.1.5　延性モードのその場観察

引っかき過程でダイヤモンド圧子が受ける平均面圧 P_{tip} は，用いた幾何寸法形状から

12.1 材料除去メカニズム

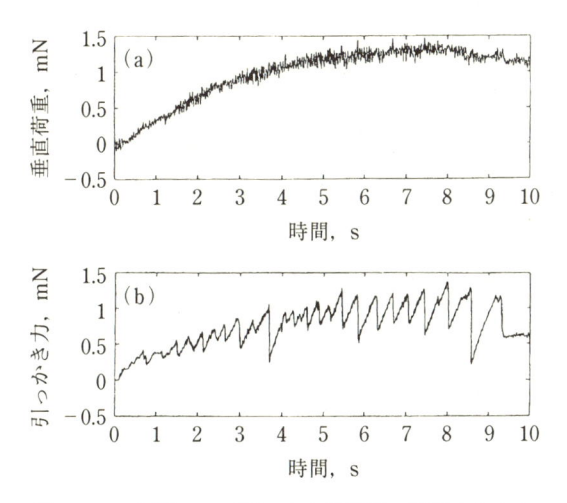

図 12.11 延性モード引っかき試験時に計測された力 ($v = 5$ mm/s)

図 12.12 GOE91 表面引っかき試験の様子(in process)

$$P_{\text{tip}} = 2.58 \frac{\overline{F}}{d^2}$$

となる.ここで,$\overline{F}$ は平均引っかき力,d は押込み深さである.引っかき過程は,図12.1の条件 $\sigma_p \leq P_{\text{tip}} < \sigma_f$ をとるように設定する.このときの設定値は,面圧で $P_{\text{static}} = 8.52$ GPa $= 1.27$ H_K である.

図 12.12 では,ガラス GOE91 をダイヤモンド圧子で引っかき始め,約2.5

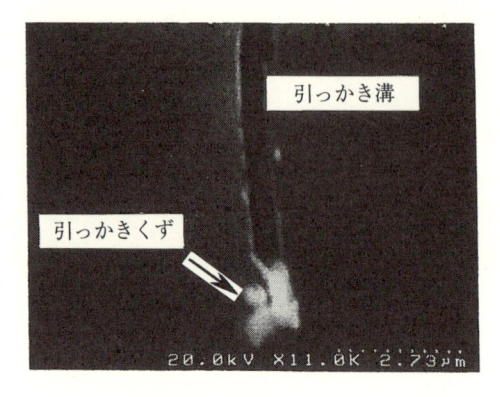

第12章 加工層なし加工機械設計開発の基本原理

図12.13 GOE91表面の延性モード引っかき痕
（after process）

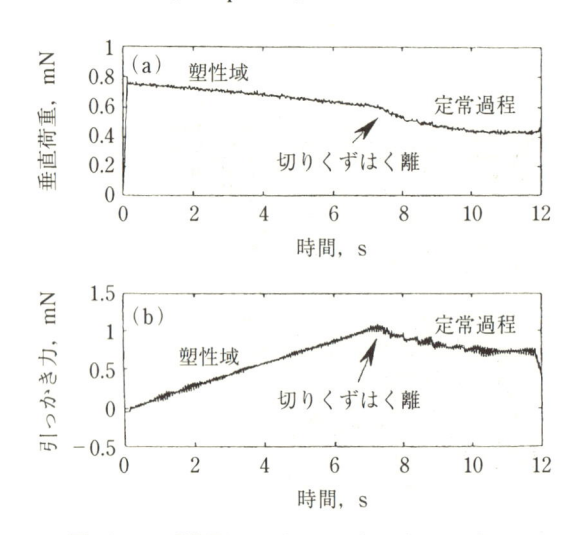

図12.14 GOE91の引っかき力（図12.12参照）

μm長さの溝が生じている．さらに引き続け，圧子をその場所から遠ざけると，図12.13のように，切りくずが発生したままの姿が観察できる．引っかき過程に圧子に加わる垂直力 F_n と引っかき力 F_t は，図12.14に示すように変化する．このときの平均動圧力は $P_{tip} = 6.69$ GPa $= 0.99$ H_K を得る．

図12.14の引っかき力は，塑性変形過程が終了した切りくず生成過程では，切りくず寸法形状の変動波が時々小幅な変化として現れ，図12.11に示したよ

うなき裂生成，成長，はく離に伴うような大幅な変動はなくなる．各種ガラスの延性-脆性遷移の臨界圧子侵入深さ d_{ci} と前述の臨界研削切込み深さ d_{cg} との関係はおおよそ $d_{cg} \approx 7d_{ci}$ と表せる．

12.1.6 セラミックスの延性モード研削加工

セラミックスの延性研削の技術的完成は，C.K. Syn[9]，J.S. Taylor と R.O. Scattergood[10]，D.N. Blake と T.G.Bifano および S.C. Fawcett[11] らの実験に負うところが大きい．つまり，Scattergood らの考えは，彼らが提案した切削モデル（図 12.15）[10] において，創成表面にき裂なし（延性モード）ということは，y_c との包絡面から下の新生表面の深さにき裂発生がないことである．すなわち，未変形切り取厚さ d が臨界切込み $d_c(=d)$ と等しいか，それ以内なら延性モードになり，たとえ Shoulder 部でき裂が発生しても，新生表面下にき裂が突き抜けて残存き裂として存在しなければよい．この限界を決めるのが工具の最大送り量 $f_{\max}$ である．

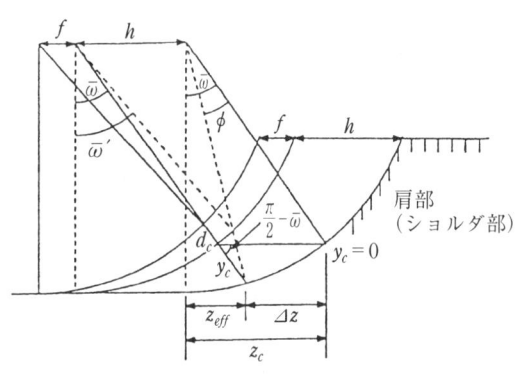

図 12.15 切削モデルと d_c/y_c の幾何的関係[10]

$$f_{\max} = \sqrt{R(d_c+y_c) \pm R(d_c+y_c)\sqrt{1-\left(\frac{d_c}{d_c+y_c}\right)^2}} \tag{12.4}$$

ただし，$[d_c/(d_c+y_c)]^2 \ll 1$ として，簡略化すると次式で表わされる．

$$f_{\max} = d_c\sqrt{\frac{R}{2(d_c+y_c)}} \tag{12.5}$$

このモデルは，加工領域，あるいは予定加工領域でのき裂発生を認めている点では，加工エネルギーの軽減効果が得られる点で興味があるが，き裂の成長や進展深さを見込んだ加工は，き裂の経路や成長速度を制御することが難しいので，最終仕上げは $f_{\max} \leq d_c$ での加工モードをとる方がよい．著者[12),13)] らは，$f_{\max} \leq d_c$ の条件で加工量が制御できるアクチュエータを開発し，広範囲な加工

機構に対応できサブナノメータの精度(粗さ)が得られる超加工機械を創作している.また,延性と脆性加工の研削エネルギーは差違があるので,これまで注目を集めてきた切込み深さ d に着目して延性-脆性の関係を整理すると,一般式を次のように導ける[11].

脆性材料の研削エネルギー E_b は脆性研削エネルギー E_f +延性研削エネルギー E_p となる.

$$E_b = (2\pi C_L \gamma_s + 2C_m \gamma_s + \frac{\pi}{4}\alpha \sigma_Y d_p^2)L \tag{12.6}$$

ここで,C_L は lateral crack radius (側枝き裂半径),L は C_L の円筒長さ,γ_s は表面創成エネルギー,C_m は median crack radius (中央き裂半径),σ_Y は降伏応力,d_p は塑性変形の直径,α は定数である.

また,延性研削エネルギー E_p は研削長さ L,接線研削力を F_t とすると,

$$E_p = F_t L \tag{12.7}$$

となる.脆性と延性の単位体積 V_b,V_p で除すると,比研削エネルギー μ_b,μ_p は

$$\mu_b = \frac{E_f}{V_f} = K_f d^{-4/3} + K_p \tag{12.8}$$

$$\mu_p = \frac{E_p}{V_p} \approx \sigma_p = H = K_p \tag{12.9}$$

と表わされる.脆性モードから,クラックフリーな完全な延性モードとなると,μ_b は図12.1で示した $\sigma_p(\approx \sigma_Y) < \sigma < \sigma_f$ の条件の範囲に入り,μ_p は硬さ H

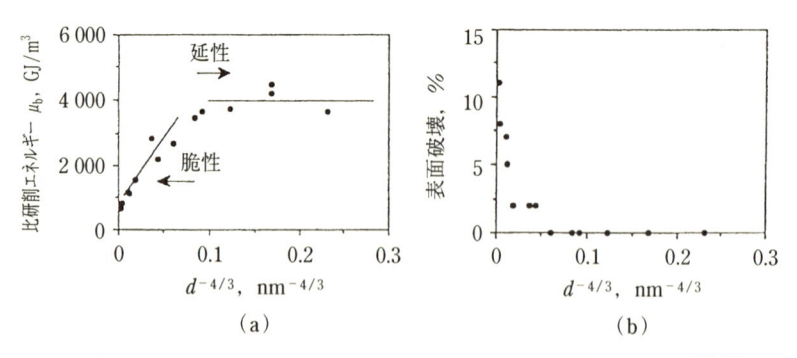

図12.16 比研削エネルギー(a)とき裂/砥粒切込み深さとの関係(b)[15),16)]

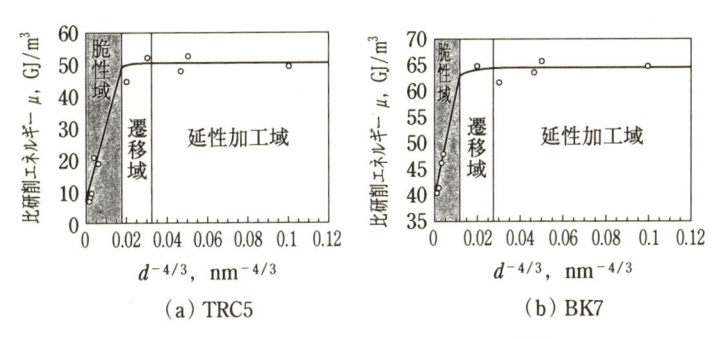

図12.17 比研削エネルギーと切込み深さ $d^{-4/3}$ との関係

に相当する値となる.

もし,加工速度が低く,引っかき相当の加工条件になると,前述の P_{tip} に等しくなる.図12.16に示す結果は,CVD SiC の比研削エネルギー μ_b を切込み深さ $d^{-4/3}$ でプロットしたときの実験式である[15),16)].

$$\mu_b = 535 + 5377 d^{-4/3} \quad (GJ/m^3) \tag{12.10}$$

図12.17 は,著者らの表12.1の6種類のガラスに対して行った研削結果[13),14)]のうち,ここでは標準材「BK7」と,最も難削性の高い「TRC5」についてのみ示す.他の材料は,いずれも 0.03 nm$^{-4/3}$ ($d=13.87$ nm)あたりで延性モードとなり,同じような傾向をとる.

12.1.7 セラミックスの延性研削加工機械

(1) 延性マイクロ研削加工機械の設計規準

一般に,マイクロ研削は 0.1 mm^3/(mm・s) から 0.0001 mm^3/(mm・s) でポリシング加工に及ぶ範囲をいう[17),18)]が,最近では固定砥石の sponge bond[15)]を用いポリシング領域〔10^{-4} mm^3/(mm・s) 以下〕の加工が可能となった.この領域の研削抵抗は,インフィード量(切込み)が数10 nm 以下(研削面積100 mm^2 程度)なので,数10 mN 以下である.

また砥粒研削温度は,例えば Lawn はダイヤモンド圧子(半頂角 $\theta=68°$)を用い,一定の圧力で砥粒を押込み(penetration),除去するときに発生する塑性変形による熱と砥粒-工作物の摩擦すべりによる熱を考慮したときの温度 $\varDelta T$ から求められる.

第12章 加工層なし加工機械設計開発の基本原理

表12.2 塑性流動領域における温度上昇（推定値）

材料 \ 評価データ	硬さ H, GPa	密度 ρ, kg/m^3	比熱 c, J/(kg·K)	上昇温度 ΔT, K
KzF6	4.44	2550	544	190.82
BK7	5.62	2520	760	174.95
F6	4.14	3740	524	125.94
GOE91	6.71	2550	880	178.27
SK7	5.32	3510	725	124.64
TRC5	8.48	2980	727	233.36
Al_2O_3	15.2	3710	1050	232.63
ZrO_2	12.8	2530	821	367.40
SiC	10.6	3100	1040	196.02
Si_3N_4	9.2	2500	710	306.01

$$\Delta T = \frac{H \cot\theta}{2\pi\rho C_\rho} \tag{12.11}$$

例えば，Siは硬さ $H=10.6$ GPa，密度 $\rho=2325$ kgf/m^3，比熱 $c_p=678$ J/(kg·K) としたとき，$\Delta T=433$ K となる．

　この式から，評価した各種セラミックスの温度上昇は表12.2に示すようになる．さらに，砥石-工作物全接触領域にわたって温度を求めるために，Blokらの矩形物体（砥石）が工作物をすべり摩擦するときの簡易式[5]を適用すると，最高表面温度 T_{max} は次式で表される．

$$T_{max} = \frac{2q}{\kappa}\left(\frac{\alpha l}{V_s}\right)^{1/2} \tag{12.12}$$

ここで，q は熱流速，κ は熱伝導率，α は温度伝導率，l は接触弧長さ，V_s は研削砥石周速である．

　例えば，接線研削抵抗 $F_t \leq 4$ N，$V_s \leq 10$ m/s，$l \approx 0.006$ m とすると，$q(=F_t V_s/l) \leq 10^6$ J/(m^2·s) になる．しかし，この温度 T_{max} は約2℃で実測値に比べてあまりにも低い．そこで，ボンドは工作物に接触せず砥粒のみのすべり接触によるとして，より現実的な次式[5]を用いて計算したのが図12.18である．

$$T_{max} = \frac{3qd^2 N^{1/2}}{4\sqrt{2}k} \tag{12.13}$$

ここで，d は接触ダイヤモンド粒の直径，N は接触弧内のダイヤモンド砥粒の数である．

いずれの計算結果も，セラミックスの研削温度は融点以下であり，工具として用いるダイヤモンドの酸化開始温度の約700℃より低い．さらに，この温度条件を満足したうえで，砥石の姿勢精度と砥石表面の整形技術の総合によって平面度（0.1 μm～0.2 μm）/φ300 mm を保証する技術確立がある．

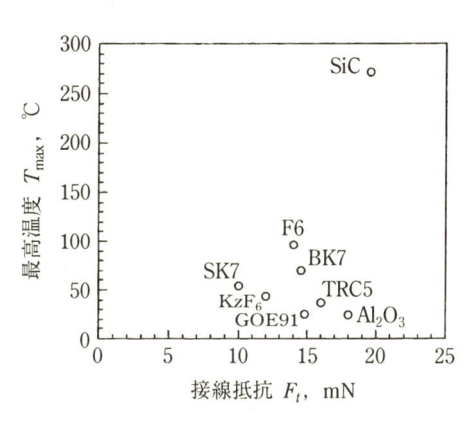

図12.18 温度上昇と接線研削抵抗との関係

以上まとめると，セラミックスの延性研削条件は，研削抵抗が数10 mN（100 mm² 当たり）以下，研削温度が約400℃以下であり，一般研削抵抗の1/100以下，温度も1/(4～5) である．つまり，前述の研削場においてセラミックスの延性研削加工機械は，常時延性モード条件〔図 12.1 の $\sigma_p(\approx \sigma_Y) \leq \sigma < \sigma_f$, $d \leq d_c$〕で，正確な位置決め精度の繰返し制御できるシステムを構築することが鍵（key technology）となる．

（2）延性マイクロ研削加工機械のキーテクノロジー

超精密工作機械の設計規準は，既刊本[17]に記述したとおり機械の構造は温度剛性（熱変位が小）が，一般機械より1桁以上大きく，機械（力学）剛性は，1桁程低くてもよい．例えば，主軸の半径方向剛性コンプライアンス C_r が ≈0.1 μm/kgf, 軸方向 C_a が ≈0.03 μm/kgf, 回転方向 C_c は ≈22 μrad/(kg・m) あれば十分である．また，運動誤差は半径方向，軸方向とも50 nm以下，回転方向に対しては0.2 μrad以下が望ましい．さらに，直線駆動用のテーブルの剛性（力学）は K_x（送り方向）≈0.1 kgf/μm, K_y ≈0.05 kgf/μm で，熱剛性は主軸系と同程度でよく，機械環境温度は常温±0.1℃以下に制御するのが一般的である．

砥石-工作物間の接触剛性（研削方向と直角な方向：法線方向）は K_c ≈5 kgf/μm（標準偏差0.5 kgf/μm），また動剛性 K_{cd} は ≈10 kgf/μm（標準偏差2 kgf/

μm）であり，この値も一般機械より1桁以上低い．また接線研削方向の動剛性は，$K_{dt} \approx 4$ kgf/μm（標準偏差0.2 kgf/μm）程度である．次に，工作物を取り付ける工作物台の剛性は $K_w \approx 2$ kgf/μm が標準である．これらの値は静圧空気主軸や案内系を用いた場合であるが，本設計規準の機械も空気で十分対応できる．

次に，セラミックスの延性マイクロ研削技術の動向および実行するキーテクノロジとなるアクチュエータについて具体例で示す．

【例I】

図12.19は開発した超加工機械で，本機の設計指針は100 μm～10 nm の広領域の位置決めに超磁歪アクチュエータ（GMA）を用いている．GMAの特徴は，① 大変位～2 000 ppm，② 大出力（弾性エネルギー密度14～25 MJ/m^3，PZTの数10倍），③ 高速反応（μs～ns）である．

この効果を最大限生かして，粗仕上げ（μmオーダ）から仕上げ加工（数 nmオーダ）まで対応する．そして，それより精密なサブナノメータの超仕上げ領域は圧電アクチュエータを用いている．つまり，研削抵抗が比較的大きな範囲では，GMAを用いることによって変位や力の拡大デバイスを必要とせずに高剛性稼動が可能となる設計としている．一方，圧電アクチュエータは拡大器を

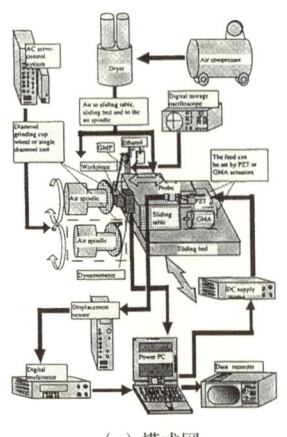

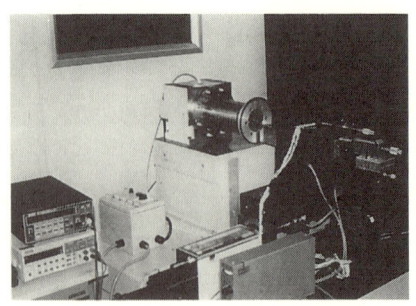

(a) 模式図　　　　　　　　(b) 全景

図12.19　多目的超精密加工機械

12.1 材料除去メカニズム

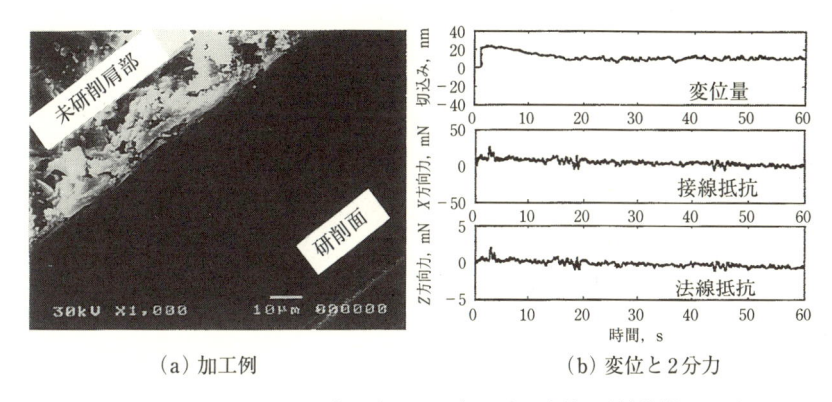

(a) 加工例　　　　　　　　(b) 変位と2分力

図12.20　BK7ガラスの加工例および加工時の変位と研削抵抗2分力

用い,かつ高電圧を使用しなければならない.

このようにして,それぞれの特徴を生かした棲み分けを行っている.しかしながら,低周波数領域であれば,圧電アクチュエータを用いずとも GMA のみでサブ nm オーダまでの位置決めは可能である.

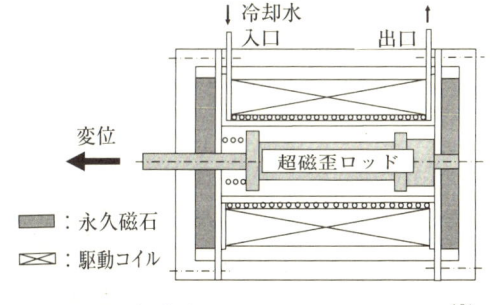

図12.21　超磁歪アクチュエータのスキーム[19]

図12.20は,切込み10 nm,砥石「SD 12000 R 100 B」(粒径0.1~0.3 μm),研削速度1 550 m/min,送り速度100 nm/rev,湿式研削のときの研削抵抗と砥石-工作物間の変位を示す.接線・法線研削抵抗はともに数10 mN 以下であり,また Zygo の測定による粗さは R_a=0.32 nm, R_y=2.42 nm (0.2×0.2 μm^2), AFM では R_a=0.28 nm, R_y=1.59 nm (0.363×0.363 mm^2) であった.

この超精密加工技術のキーポイントは,図12.21に示す構造を持つ GMA アクチュエータである[19].このときの位置決め制御のフィードバックは,レーザ変位形,または位置を静電容量型のギャップセンサで検出した.また,大きな位置決めは AC サーボモータで,それより微小な範囲は GMA を PZT アクチュエータに切り換えて行っている.

【例Ⅱ】

超精密加工機械のキーテクノロジは、X-Y-Z軸や主軸、テーブル回転の微小駆動がスムースで、応答速度が早いことである。そのため、スティックスリップに伴う間欠運動がなく、駆動抵抗は小さいほどよい。図12.22はX-Y-Z軸および主軸とテーブルの回転運動の摩擦力を流体摩擦に変え、固体-固体接触による摩擦をなくした点が大きな特徴である[20)〜22)]。

従来使用しているボールねじは、大きなばね定数を持つため、ボールねじの回転に伴って発生する振動エネルギーがスライドと送り装置によって構成される振動系の回路に入ってしまうので、運動精度を低下させる。そこで、マイクロ研削加工は、研削振動よりはボールねじなどの駆動系から発生される外乱力による振動の方が大きいので、従来の概念と全く逆の「刃物台や工作物台は完全にばね定数の低い媒体

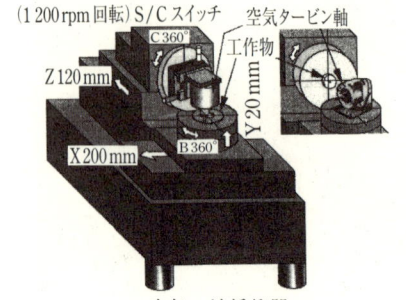

図12.22 超精密マシニングセンタ[20)]

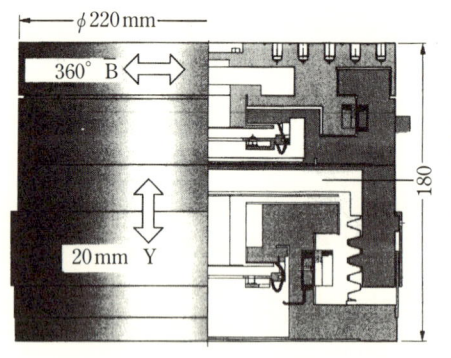

エンコーダ分解能 = 1 rev/64 × 10^{-6}
回転ユニット = 1 deg/100 000
フィードバックユニット = 3 deg/1 000 000
摩擦なし空気バランス(空気調整)
運転中空気消費量 <0.5 W
　〃　温度上昇 <0.1 ℃
Y：摩擦なし空気バランス(空気調整)

図12.23　Y軸上下送りとロータリテーブル($\pm 0.04\,\mu m/\phi 200$)知能超精密加工機[20)]

によって環境構造から遮断されている構造」とするのがよい．このような観点から開発した装置が，空気ねじ，ロータ，エンコーダを一体化し，送りのバックラッシュも0とした空気軸受サーボモータユニットである．friction free servo（摩擦なしサーボ）は，消費電力（送り中）＜0.5 W，エンコーダの分解能 64×10^6 pulse/rev，温度上昇＜0.1℃，送り1 nm ステップを実現している．

図12.23は，工作物を取り付ける回転テーブルBとY軸方向の上下送りのユニットを示す．B軸ユニットと上下Y軸ユニットは，単独，複合のいずれでも使用できるように設計されている．Y軸には，friction free air balance が組み込まれていおり，Y軸を上下動したときのBテーブルの上面の水平度は $\pm 0.04 \mu$m/ϕ200 mm であったが，現在はより精度が向上してnm レベルに達している．

12.2 Si材料特性と研削加工

12.2.1 Si材料特性

シリコン単結晶は，分子構造が共有結合のために各原子間の結合力が極めて強く，大きな可動転位の移動のための抵抗力（パイエルス力）[23]を持つ．その構造は，面心体心複合立方格子（ダイヤモンド構造）で容易すべり面を持たない．したがって，転位が移動するために越えなければならない格子結合ポテンシャル障壁が高く，その勾配も急峻である．またシリコンのような無機単結晶材料は，可動転位欠陥の分布密度が金属材料に比べて極めて少ない．これらのことが，金属材料に比べて一般的に硬い特性として現れる．シリコン単結晶の物性値は以下のとおりである．

ビッカース硬さ $H_V = 100$ MPa，弾性率は $E(100) = 129.5$ GPa，$E(110) = 168$ GPa，$E(111) = 186.5$ GPa である．また原子密度ρは，同順に $\rho(100) = 6.873 \times 10^4$ atom/cm^3，$\rho(110) = 9.593 \times 10^4$ atom/cm^3，$\rho(111) = 7.832 \times 10^4$ atom/cm^3，さらに表面エネルギーγも同じく $\gamma(100) = 1.2$ J/m^2，$\gamma(110) = 0.73$ J/m^2，$\gamma(111) = 0.6$ J/m^2 であり，(111)が最もすべりやすい．

12.2.2 $R_a \leqq 1$ nm 領域における研削加工

一般に，材料の除去加工は，点欠陥，転位欠陥などをもとにした材料の破壊

から除去に至る過程より成り立っている．ここでは，この考え方をもとにして $R_a \leq 1$ nm 領域の研削シミュレーションを行い，砥粒と工作物間の研削加工プロセスを詳細に考察する．

研削加工プロセスは，個々の砥粒による素材の除去分離により所要の形状をつくる分離加工である．この加工プロセスは，個々の砥粒により分離される素材の大きさ（加工単位）により大きく異なることが知られている[24),25)]．また加工単位は，砥粒などの工具尖端に働く加工応力の広がりの範囲にも関連している．加工単位と加工方法との関係を 表12.3 に，また加工単位とシリコンの変形・破壊挙動との関係を 図12.24 に示す[24)]．目標とする $R_a \leq 1$ nm 領域の研削加工は，加工単位を示す 表12.3 と砥粒先端半径，砥粒押付け力と研削条痕と

表12.3 加工単位と加工方法

加工単位（原子）0.1~1 nm	点欠陥（空孔格子間原子）1~100 nm	転移（マイクロクラック）0.1~10 μm	クラック，結晶粒界，空洞 0.01~1 mm	加工プロセス	工具
			融断	プラズマガス	プラズマ炎，ガス炎
	鏡面切削	切削	切削	高速，高温，低温，振動	バイト，リーマ，カッタ，ドリル
CMG研削	鏡面研削	研削		アブレーシブ	固定砥粒
超精密ポリシング		ラップ，ポリシング，バレル		弾性分離，微粒砥石による機械・化学反応	砥粒，ポリシング盤，ラップ盤
	超音波破砕噴射	超音波破砕噴射	ウオータジェット噴射	超音噴射	砥粒，超音波振動子，マスク
化学分解	化学分解			エッチング，化学研磨	腐食液，マスク，砥石
電気分解	電気分解			電解研磨	電解液，マスク，砥石
蒸発，溶解拡散	蒸発，溶解拡散			電子ビーム，レーザビーム	静電レンズ，電子銃，レーザ素子
イオンスパッタ				イオンビーム	イオン銃，不活性ガス
	放電（マイクロ波）			融解	

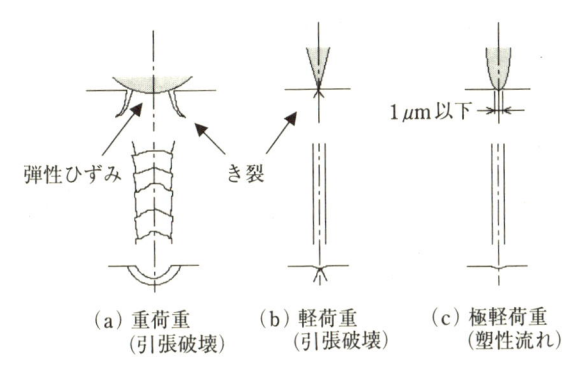

(a) 重荷重　(b) 軽荷重　(c) 極軽荷重
　　（引張破壊）　　（引張破壊）　　（塑性流れ）

図12.24　圧子半径，荷重と引っかき痕との関係

の関係を示す図12.24より，極軽押付け力を微小砥粒に与えた点欠陥領域の加工であることがわかる．

結晶の点欠陥領域などの格子欠陥[23)]が問題となる1～100 nm（加工単位）程度に応力が集中する加工は，図12.25に示すように平面的に1辺が数十から数百の結晶格子が存在する領域で原子や分子が押付け

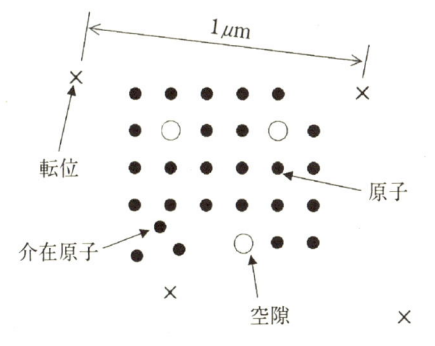

図12.25　点欠陥の分布

力を受けて変形・破壊する領域である．シリコンウェハの研削加工は，微小粒径ダイヤモンド砥粒を用いて行われることから，砥粒を工作物に押し付けたと

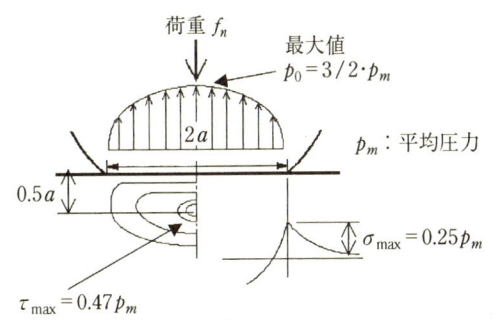

最大値　$p_0 = 3/2 \cdot p_m$
p_m：平均圧力
$\sigma_{max} = 0.25 p_m$
$\tau_{max} = 0.47 p_m$

図12.26　ヘルツの接触理論によるせん断応力

きの応力分布について結晶の異方性を無視し，小さい球面半径を持つインデンタで平面弾性体の押付け現象を扱うヘルツの弾性接触理論[26),27)]を適用して検討することがよく行われている．

ヘルツの接触理論によれば，図12.26に示すように最大せん断応力 τ_{max} （N/m²）は，球と平面の接触円（半径 a）中心軸上表面より内側の $0.5a$ の所に生じ，インデンタを剛体と仮定するとその大きさは，以下のように示される．

$$\tau_{max} = 0.120 \times \sqrt[3]{f_n \frac{E_B^2}{r_g^2}} \tag{12.14}$$

ここで，f_n：砥粒押付け力（N），r_g：砥粒半径（m），E_B：Si の弾性率（Pa）である．

接触円半径 a の中に点欠陥があれば，τ_{max} がほぼ材料の理想せん断強度 τ_{th} に達したときに点欠陥を起点としてせん断すべりによる破壊が開始する．なお，シリコンの理想せん断強度は，以下の関係[24)]になるといわれている．

$$\tau_{th} = \frac{G_B}{0.8\pi} \quad (= 31.2 \text{ GPa}) \tag{12.15}$$

ここで，G_B：横弾性係数78.4 GPa，$G_B = E_B/2(1+\nu_B)$，ν_B：ポアソン比0.25，E_B：196 GPaである．

この関係から $\tau_{max} \geq \tau_{th}$ となると，せん断すべりによる破壊が開始する．そのときの押付け力 p_{flow} を求めると，以下の式となる．

$$p_{flow} = \left(\frac{\tau_{th}}{0.12}\right)^3 \left(\frac{r_g}{E_B}\right)^2 \tag{12.16}$$

一方，材料中に発生する最大引張応力 σ_{max} は，接触円周上半径方向に生じ，以下の関係となる．

$$\sigma_{max} = 0.0516 \times \sqrt[3]{f_n \frac{E_B^2}{r_g^2}} \tag{12.17}$$

せん断応力と同じように，σ_{max} が理想引張強度 σ_{th} に達すると接触円近辺の点欠陥を起点として引張破壊が開始する．そのときの押付け力（へき開）を $p_{cleavage}$ とすると，以下の関係となる．なお，シリコンのような複合面心体心立方格子の共有結合の結晶では，$\sigma_{th} \fallingdotseq \tau_{th}$ $(=E_B/2\pi, E_B=G_B/0.4)$ といわれている[24)]．

12.2 Si材料特性と研削加工

表 12.4　r_g, p_flow と p_cleavage との関係

r_g, μm	p_flow, N	a_flow, μm	p_cleavage, N	a_cleavage, μm
1	0.459	0.012	5.76	0.027
3	4.12	0.035	51.86	0.081
5	11.5	0.058	144	0.14
10	45.9	0.116	576	0.27

$$p_\text{cleavage} = \left(\frac{\sigma_{th}}{0.0516}\right)^3 \left(\frac{r_g}{E_B}\right)^2 \tag{12.18}$$

ここで，式(12.16)と式(12.17)を比較すると $p_\text{flow} < p_\text{cleavage}$ であることから，常にせん断すべりが引張破壊に先行して発生する．具体的には，点欠陥が転位欠陥となり，順次増大して表面まで抜け，巨視的なせん断すべりとなる．せん断すべりが発生するときの接触円半径 a は以下のようになる．

$$a = 0.88 \times \sqrt[3]{f_n \frac{r_g}{E_B}} \tag{12.19}$$

ここで，a は点欠陥領域の加工である場合，0.1 μm以下であることが望まれる．

以上の結果から，シリコンウェハについて砥粒を球状と仮定したときの p_flow，p_cleavage と砥粒径 r_g との関係を計算した結果を以下の表12.4に示す．加工単位をもとにした表から，研削砥石に用いる砥粒は $\phi10\mu$m以下にする必要があることがわかる．

表12.4に示す砥粒径において砥粒押付け力 f_n が p_flow を越えると，応力の範囲内で点欠陥が成長して転位欠陥となる．研削加工を行うには，発生した転位欠陥がさらに成長して表面まで達する必要がある．転位欠陥をもととするすべり変形（塑性変形）を起こす応力は，転位欠陥をもとにして1原子格子間隔だけ原子をずらすのに必要な応力 τ_c（パイエルス力）であり，以下の式[23]として示されている．

$$\tau_c = \frac{2G_B}{1-\nu_B} \exp\left(\frac{-2\pi d}{b}\right) \tag{12.20}$$

ここで，b：バーガースベクトルの大きさ，d：転位の幅（転位欠陥の及んでいる幅），G_B：横弾性係数，ν_B：ポアソン比である．G_B は，せん断弾性変形の抵

抗力で材料の原子間結合エネルギーであり,格子原子ポテンシャル障壁U_0から求められるものである[23),24)].シリコン単結晶について,パイエルス力τ_cは,$G_B \fallingdotseq 125$ GPa として$\tau_c = 5 \sim 6$ GPa と示される.

なお,G_B は温度 0 K のときのものであり,常温では見かけ上ポテンシャル障壁が下がった形となる.そこで,前述の横弾性率($G_B = 78.4$ GPa)を用いると$\tau_c = 3 \sim 4$ GPa となる.ここで,$\tau_c < \tau_{th}$ であることから,点欠陥を転位欠陥に成長させることができれば,点欠陥から転位欠陥となり,さらに成長を続けて切りくずとなることがわかる.もし,点欠陥以上の,例えば転位欠陥が最初からシリコンウェハに存在した場合には,転位欠陥から大きな破壊が生じることとなるが,シリコンウェハに存在する転位欠陥は非常に少ないことから,前述の過程で延性モード研削加工が進行すると考えられる.

ここで,シリコンウェハの理想せん断強度τ_{th}とパイエルス力τ_cを用いて再度ヘルツの接触理論による式(12.16)と式(12.18)により欠陥が成長するときの砥粒押付け力と接触円半径との関係を検討した.その結果を図12.27と図12.28に示す.

図12.27は,τ_{th}を用いた点欠陥の成長(塑性変形)に必要な押付け力を示す.この結果は,シリコンウェハへの圧子押込み実験に比べて非常に大きな押付け力が必要となることとなった.12.1.3項に示した圧子押込み実験において,図12.27の砥粒押付け力は,クラックの発生が明確に認められる範囲である.

図12.28は,パイエルス力

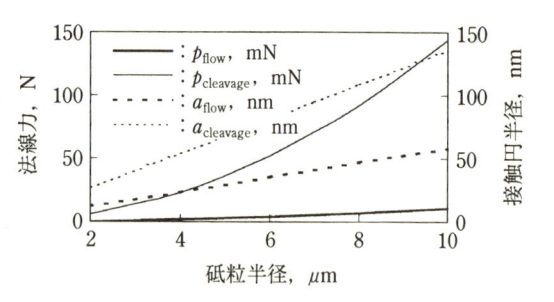

図12.27 荷重τ_{th}と接触半径との関係

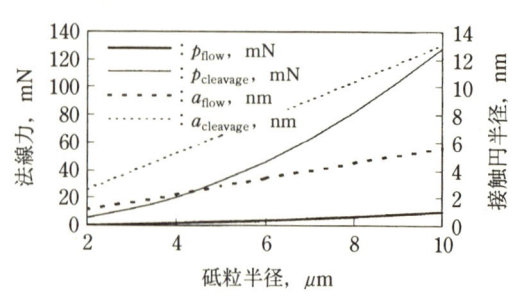

図12.28 荷重τ_cと接触半径との関係

をもとに検討したものである．図は，シリコンウェハへの圧子押込み実験の押付け力に近い結果となっている．図12.27と図12.28の違いは τ_{th} と τ_c の違いである．図12.27と図12.28は，理論では正確に圧子押込み実験結果を表現することができない，もしくはシリコンウェハ表面に転位欠陥が多数存在することを示すと考えられる．

ここで，研削加工において砥粒切込み量が小さいときには砥粒の上すべり[27]が発生することが知られている．換言すれば，砥粒押付け力が小さい場合には，点欠陥，転位欠陥などを成長させられないことになる．このことから，図12.27もしくは図12.28は，砥粒径による上すべりと切取り量発生の境界となる砥粒押付け力を示す．ここで，シリコンウェハ加工面は，研削条痕が集積されて創成され，研削条痕近傍には点欠陥が成長して切りくず発生までに至らない転位欠陥が残留していると考えることができる．このことから，研削シミュレーションには図12.28の関係が成立していると考えられる．

加工変質層については，材料を等方性の完全弾塑性体として取り扱っている図12.29に示すヒルの球殻押し広げ理論を無限体中の空洞の押し広げに展開し，検討されている[29]．そこで，以下のように検討した．ヒルの球殻押し広げ理論によれば，内圧 p_{res} と塑性変形が及ぶ範囲の半径 r_c は，以下の式として示されている[30]．

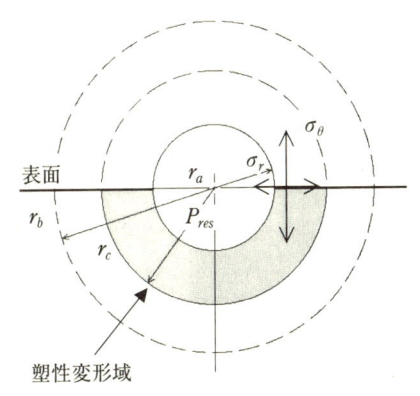

図12.29 塑性変形が及ぶ範囲[29]

$$p_{res} = 2\sigma_Y \left\{ \ln\left(\frac{r_c}{r_a}\right) + \frac{1}{3}\left(1 - \frac{r_c^3}{r_b^3}\right) \right\} \tag{12.21}$$

ここで，式(12.21)を外半径 r_b を無限大として r_c についてまとめると，次式となる．

$$r_c = r_a\, e^{\{(p_{res}/2\sigma_Y) - 1/3\}} \tag{12.22}$$

式(12.22)の内圧 p_{res} は，砥粒半径 r_g における砥粒押付け力 f_n とヘルツの

接触理論による接触円半径 a より，平均圧力として $f_n/(\pi a^2)$ とする．そして，式(12.22)の降伏応力 σ_Y をパラメータとして塑性変形が及ぶ範囲の半径 r_c を検討した．その結果を図12.30に示す．図の右に示すものは砥粒押付け力 f_n である．

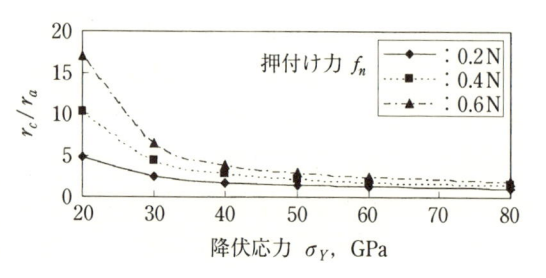

図12.30 降伏応力 σ_Y と塑性領域 r_c/r_a の大きさとの関係（$r_g=\phi 2\,\mu m$）

図12.30は，降伏応力 σ_Y が大きいほど r_c/r_a の値が1に近いことを示す．いい換えれば，硬脆材料の場合には降伏してから破断に至るまでの塑性変形領域が極めて小さいことから，シリコンウェハの延性モード研削加工における加工変質層はごくわずかであることを示している．

12.3 ハイブリッド送り機構による研削・ポリシング統合加工構想

超精密加工の背景と原理[17),24),25)]および本章の12.1節，12.2節で述べた材料除去メカニズムから原子精度を持つ加工表面が得られることがわかる．ところが，無ひずみ加工を実現するためには，一般に材料の除去単位を極小にする必要がある．しかし，一般的には加工能率の著しい低下を招く．

図12.31（第13章に 図13.2として再掲）に，ポリシング加工，ラッピング加工および研削加工の3工程を1工程のone-stop（ポリシング＋ラッピング＋研削）加工で実現するための第1近似的加工メカニズムの概念図を示す．上部には応力-ひずみ線図，また下部には切込み量と除去速度の関係を第1次近似して示す．一般に材料に力を加えると，その材料が弾性変形，塑性変形を経てき裂に進展し，最後は分離（加工が行われる）される．したがって，材料の除去加工において，その加工形態の違いから弾性加工（弾性領域における除去加工），延性（塑性）加工および脆性加工の三つの形態に分類される[31)]．例えば，セラ

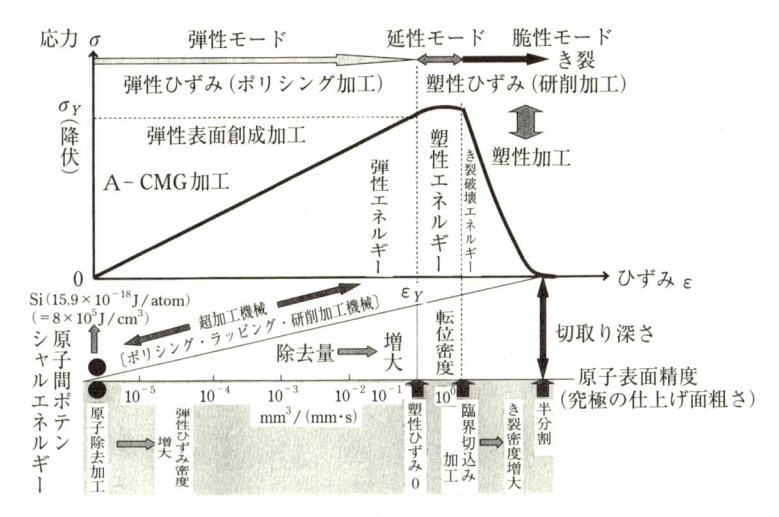

図12.31 材料除去メカニズム

ミックスのような硬脆材料は，ひずみ0.02〜0.03％において塑性流動が生じる[32]．この狭い領域では，たとえ脆性材料でも加工後にはクラックが残らない延性モードによる加工が可能である．そのため，研削加工では個々の砥粒切込み深さが臨界切込み深さ以下に制御できる超精密位置決め装置が必要である．

加工領域が微小塑性領域より拡大すると，き裂破壊が主となる加工形態に変わる．一方，切込みを小さくすると，延性加工形態から弾性加工形態に遷移し，塑性ひずみや加工変質層のない完全表面を創成することができるといわれている．究極の加工単位は，図12.31における最左端の点で表される原子1個である．単結晶Siの場合，理論的には15.9×10^{-18} J/atom以上の原子間ポテンシャルを与えれば原子1個の除去が可能である．

Siのような硬脆材料の研削加工は，特別な研削条件を設定しない限り，き裂破壊を伴う脆性モード研削加工である．しかしながら，砥粒切れ刃の加工領域を微小塑性（micro plasticity）が発生する以下のより小さい値の切込み（または送り）制御が可能な位置決め装置ができれば，加工モードが脆性から延性（塑性流動型）に遷移して，き裂破壊を伴わないで材料除去ができる．このように加工表面品位は，一般に与えられる加工領域は小なるほどよいこととなる．

Siウェハの塑性領域が0.02〜0.03％と非常に小さいため，延性モードの加工

を実現するためには切込み深さを確実に臨界切込み深さ d_c 以下に制御できる超精密位置決め装置が必須である．しかしながら，延性モードの領域においては，加工によって転位が増殖して塑性ひずみが残留する．その結果，加工変質層がわずかながら形成されることになり，後の LSI 回路を形成するときに大きな問題となる．

図 12.31 に示すように，応力-ひずみ線図の降伏ひずみ ε_Y より左辺の領域では，加工後に残留ひずみ層がない，いわゆる無ひずみ加工ができる．究極のポリシングや EEM[33] などがこの加工形態を属しているが，材料の除去速度は，いずれも 10^{-4} mm^3/(mm・s) 以下と極めて低い．また，ポリシング加工は，研削に比べると寸法形状（$\phi 300$ Si ウェハの場合）の面ダレや中凹形状が発生し，仕上げ面粗さ $R_a < 1$ nm は得られても，$0.2\ \mu$m 以下の要求平面度には定圧加工メカニズムからの対応は困難である．

そこで加工能率と加工品位を両立するため，本章では延性モード加工と弾性モード加工を統合して固定砥粒だけで one-stop 加工を試みた．まず構想としては，平面度を 200 nm/$\phi 300$ mm 以下に確保したうえで，現在 Si ウェハ $\phi 200$ mm（8 in）で行っているラッピング加工とポリシング加工の仕上げ面粗さ $R_a \leqq 1$ nm 領域まで寸法形状精度が得られる研削加工で実現できることである．この領域まで研削加工機械で仕上げ面精度と粗さを追い込んだうえで，超加工機械の加工機能がポリシング加工を構成する加工システム・環境になるようにすればよい．この加工環境は，加工圧力と砥粒切り取厚さを制御し，塑性ひずみによる除去加工機構を弾性除去加工機構に変換できる機能システムを構成することになる．

その手法として，延性モードを実現する微小切込み（位置決め）制御と，弾性モードを実現する化学反応付与の定圧制御のハイブリッド機構を 1 台の工作機械に搭載することを提案し，それにより，定切込みの延性モードと定圧のポリシングライク研削を実現可能であることを次章に記述する[34),35)]．

参考文献

1) H. Eda et al. : Principle of production process, Edited by JSME, Published by Nikankogyoshinbun (1998-1) p. 36.

2) H. Yoshikawa : "Brittle-ductile behavior of crystal surface in finishing", J. JSPE, **35**, 2 (1969) p. 662.
3) N. Taniguchi : Basics and applications of Nanotechnology, Published by Kogyochosakai (1988) p. 45, p. 257.
4) Jr.C.J. McMahon : Microplasticity, Interscience Pub. (1968) p. 46.
5) T.G. Bifano : Ductile-regime grinding of brittle materials, Ph.D dissertation, NCSU (1988) p. 153.
6) T. Inamura et al. : "Renormalized molecular dynamics simulation of crack initiation process in machining defectless monocrystal silicon", Bull. JSPE, **63**, 1 (1998) p. 86.
7) Y. Tanaka and T. Ueguchi : "Grinding process in vacuum atmosphere", Jour. JSPE (in Japanese), **35**, 3 (1969) p. 189.
8) L. Chouanine, H. Eda and J. Shimizu : "Analytical study on ductile-regime scratching of glass using sharply pointed tip diamond indenter", Int. JSPE, **31**, 2 (1997) p. 109.
9) C.K. Syn and J.S. Taylor : "Ductile-brittle transition of cutting mode in diamond of single crystal silicon and glass", Poster session 1989 ASPE/IPES conference, Monterey (1989).
10) W.S. Blackley and R.O. Scattergood : "Ductile-regime machining mode for diamond turning of brittle materials", Precision Engineering, **13**, 2 (1991) p. 95.
11) T.G. Bifano and S.C. Fawcett : "Specific grinding energy as an in process control variable for ductile-regime grinding", Precision Engineering, **13**, 4 (1991) p. 256.
12) K. Sagawa and H. Eda : "Investigation of the ductile-mode grinding of ceramics", Bull. JSME (in Japanese) (1991).
13) H. Eda et al. : "Development of multi-purpose ductile-regime machining system for ceramics and glasses", Jour. JSPE, (in Japanese), **62**, 2 (1996) p. 236.
14) L. Chouanine, H. Eda and J. Shimizu : "Development of key-technology on the state-of-art machine tool and generalization of grinding forces under ductile mode grinding experiments", Int. J. JSPE, **32**, 2 (1998) p. 98.
15) Y. Tomita and H. Eda : "Development of new bonding materials for fixed abrasive of grinding stone in stead of free abrasives processing", Bull. JSPE (in Japanese), **61**, 10 (1995) p. 1428.
16) B.R. Lawn and M.V. Swain : "Microfracture beneath point indentations in brittle solids", J. Material Science, **10** (1975) p. 113.

17) H. Eda (Editor) : "Design and manufacture of ultra precision machine tool", Kogyochosakai Press. Co. (In Japanese) (1993) p. 75.
18) L. Chouanine and H. Eda : "Sub-nanometer precision grinding of optical and electron glasses under ductile-regime conditions", Proc. 4th Int. Conf. UME, Braunschweig (1997-5) p. 351.
19) H. Eda et al. : "Study on giant magnetostriction actuator, − Development of device with high power and ultra precision positioning − ", Bull. JSPE (in Japanese), **57**, 3 (1991) p. 532.
20) Y. Takeuchi, K. Sawada and T. Sata : "Ultra-precision 3-D micromachining of glass", Annuals of CIRP, **45**, 1 (1996) p. 401 ; A.E. クラーク, 江田 : 超磁歪材料 −マイクロシステム・アクチュエータへの応用, 日刊工業新聞社 (1995) p. 193.
21) Y. Takeuchi and K. Sawada : "Three dimensional Micromachining by means of ultraprecision milling", Proc. 4th Int. Conf. UME, Braunschweig (1997-5) p. 596.
22) K. Sawada and Y. Takeuchi : Ultraprecision machining center and micro-machining, Published by Nikkan-kogyo-shinbun, (in Japanese) (1998).
23) 小原嗣朗：金属組織学概論, 朝倉書店 (1966).
24) 谷口紀男：ナノテクノロジの基礎と応用, 工業調査会 (1988).
25) 日本機械学会 編：生産加工の原理, 日刊工業新聞社 (1998) p. 23.
26) 日本機械学会 編：生産加工の原理, 日刊工業新聞社 (1998) p. 23.
27) 日本機械学会 編：機械工学便覧 B1, 機械要素設計・トライボロジ (1985) p. 30.
28) 精密工学会硬脆材料の精密加工に関する調査・研究分科会：ファインセラミックス, マシニスト出版 (1984) p. 82.
29) 佐川克雄・江田　弘・周　立波・清水　淳：「シミュレーションによる砥粒とワークの干渉について」, 茨城講演会論文集 (1999) p. 115 ; 佐川：博士（工学）論文 (2002) p. 35.
30) 日本機械学会 編：機械工学便覧, A4 材料力学 (1984) p. 76.
31) 周　立波・江田　弘 ほか：「電子・磁気・光学基板の脆性-延性モード統合仕上げ加工」, 砥粒加工学会誌, **45**, 6 (2001) pp. 244-249.
32) 江田　弘 ほか：生産加工の原理, 日本機械学会編, 日刊工業新聞社 (1998) p. 38.
33) 森　勇蔵：「EEMとその表面」, 精密機械, **46**, 6 (1980) p. 659.
34) 周　立波・清水　淳・江田　弘・木村伸一郎：「Siウエハ Chemo-Mechanical-Grinding に関する研究（第2報）」, 精密工学会誌, **71**, 4 (2005) p. 466.
35) H. Eda : Handbook of Advanced Ceramics Machining, Chapter 1, CRC Press (2006) p. 1.

第13章 単結晶Siの加工層なし超加工機製作と加工

13.1 はじめに

　17世紀に始まる西欧の自然科学は線形方程式が幅をきかせてきた．その方程式が持つ単純さと美しさ，そして何より数学的取扱いが比較的簡単であった．しかし，それがために多くの興味深い現象が何か例外的，あるいは法則性の発見に馴染まないものとして，つまり科学的な研究の対象に馴染まないものとして見過ごされたり，無視されたりしてきたことにもなった[1]．

　Ilya Prigogine (1919〜2005年) は，一種の無構造状態からの自発的な，つまり人間のような知的な存在の介在なしに，ある種の構造が自然に発生するメカニズムを明らかにしようとした．この新しい動的平衡状態にある新しい動的構造をプリゴジンたちは散逸構造と呼んだ．つまり，エネルギーや物質の散逸を通して保たれる構造である．われわれが学んだ数学，物理学はほとんど散逸構造のある領域に関する方程式であった．これを学んで原子力，自動車，飛行機，ロケット，テレビ，コンピュータ…を形式化した．しかし，これからは揺らぎから生じる新しいシステム，形式知の単純から生じる複雑さ[2]やカオス，複雑さが単純の源，単体から多体問題などにますます関心が向けられていく．そして，ダイナミカルシステム，生態学モデル，数理的解析法とコンピュータを有機的に結び付けるシナジェティクスなどの複雑系の科学が誕生した．

　つまり，自然から唯一解を得る計量主義，経験主義および要素還元主義をツールとして自然（宇宙）を分析する「科学」という西欧が発明した学問を矛盾なく秩序立てるには人間の性能的限界がある．自然から取り出せる形式知は，人間の能力を超えることはできない．この形式知からこぼれている現象があり，また宇宙自身も時々刻々変化している．それ故に，人類生存にとって，安心と自然になじむ形式知と暗黙知による技術創造が望ましい．本章は，実験の失敗から，実現した技術を述べる．

さて，世界の超精密加工は米国の宇宙・防衛・航空・エネルギー部門のプロジェクトが最大の牽引力となっていることは周知の事実であるが，日本も西欧に劣らず，この学術を先端的民需製品の研究開発の分野に適用して大きな貢献をしている．

日本が名実ともに超精密加工を始めたのは，精密工学会の超精密加工研究会で，1964年に米国留学から帰国した津和秀夫教授であろう．一方，これらの学術の大綱を明らかにし，世界的に集大成し，1974年8月『ナノテクノロジー』を提唱し，完成したのは谷口紀男教授[3]で，それにより1999年 CIRP から功績賞を受賞している．また，この学術を束ねる精密工学は日本発の輸出として米国精密工学会 ASPE を，そして1999年5月には西欧に EUSPEN (European Society for Precision Engineering and Nanotechnology) として設立に協力し，2000年1月から日米欧の3極合同で Precision Engineering and Nanotechnology の国際学術誌が Elsevier Sci. Pub. Co. から出版されている．

超精密加工の流れがこのようになるだろうと予測したのは谷口で，例えば2000年頃には1 nm にいくとしている．もちろん寸法形状加工という立場から，物質の連続性の限界としての結晶格子間隔0.3 nm（表面粗さは加工精度より1桁上を要求している）以上は望めないことも指摘している．このように，1995～2000年に人間の意思として原子精度の究極の表面粗さを人工的に得ることが可能となった．

また，第一原理分子動力学（または，量子化学計算）法が，電子密度分布関数を汎関数近似し，全電子の運動エネルギー，イオンと電子のクーロン相互作用エネルギー，イオン同士の相互作用エネルギーの和として，交換相互作用（パウリの排他律）を考慮して波動方程式を自己無撞着に解く方法も理論的に裏づけされた[4]．稲村は，MD に原子クラスタを取り入れ，μm から原子オーダにわたる繰り囲み分子動力学 MD を構成した[5]．これらにより，量子力学的な思考実験が可能となった．

あえて，分子線エピタキシャル成長 MBE, CVD, PVD, めっきなど[6]の付着加工を除去加工[7]（受動的加工：passive processes）に対して能動的加工（active processes）と呼ぶと，20世紀は"物質の最小要素である原子を精密さの極限精度"として目標到達点を設定し，能動・受動のいずれの加工でも目的を達成

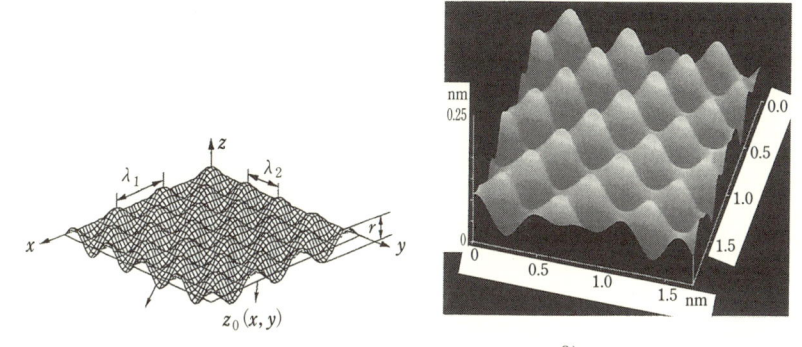

図13.1 理想表面の原子とその像[8]

した世紀といえよう.

すべての材料は離散的な原子から構成されるため,究極の仕上げ面粗さ(超精密加工の到達点)は原子の配列と測定原理に依存する. 図13.1に示す原子構造における STM で測定される表面 $z(x, y)$ は,式(13.1)のように表される.

$$z(x, y) = \frac{r}{2} \sin\left(\frac{2\pi}{\lambda_1}x\right) \sin\left(\frac{2\pi}{\lambda_2}y\right) \tag{13.1}$$

ここで,λ_1,λ_2 は x, y 軸方向の空間波長である.

このように,原子が理想的に配置しているときの粗さが最も小さくなり,これが究極の仕上げ面粗さであり,その R_{rms} 粗さは式(13.2)で表される.

$$R_{rms} = \sqrt{\frac{1}{S}\int_S z^2(x, y)\,dx\,dy} \tag{13.2}$$

さらに,3次元的な仕上げ面粗さ R_{rms} は式(13.3)で与えられる.

$$R_{rms} = \sqrt{\frac{1}{n\lambda_1 n\lambda_2}\int_S \left[\frac{r}{2}\sin\left(\frac{2\pi}{\lambda_1}x\right)\sin\left(\frac{2\pi}{\lambda_2}y\right)\right]^2 dx\,dy} = \frac{r}{4} \tag{13.3}$$

ここで,S は抜き取り部分の面積($n\lambda_1 n\lambda_2$)である.

式(13.3)に原子半径 r を代入することにより,STM を使用して得られる仕上げ面粗さ R_{rms} は表13.1のように計算から求められる. 図13.1に示した雲母のへき開面を AFM で測定した結果は $R_{rms} = 0.25$ Å であった. 理論粗さは

第13章 単結晶Siの加工層なし超加工機製作と加工

表13.1 純金属結晶の3次元理論仕上げ面粗さ（単位：Å）

Li(3) 0.39	Be(4) 0.28													
Na(11) 0.48	Mg(12) 0.40											Al(13) 0.36		
K(19) 0.59	Ca(20) 0.49	Sc(21) 0.41	Ti(22) 0.37	V(23) 0.34	Cr(24) 0.32	Mn(25) 0.34	Fe(26) 0.32	Co(27) 0.31	Ni(28) 0.31	Cu(29) 0.32	Zn(30) 0.34	Ca(31) 0.38	Ge(32) 0.35	
Rb(37) 0.63	St(38) 0.54	Y(39) 0.46	Zr(40) 0.40	Nb(41) 0.37	Mo(42) 0.35	Tc(43) 0.34	Ru(44) 0.34	Rh(45) 0.34	Pd(46) 0.34	Ag(47) 0.36	Cd(48) 0.38	In(49) 0.42	Sn(50) 0.40	Sb(51) 0.40
Cs(55) 0.68	Ba(56) 0.56	La(57) 0.47	Hf(72) 0.40	Ta(73) 0.37	W(74) 0.35	Re(75) 0.34	Os(76) 0.34	Ir(77) 0.34	Pt(78) 0.35	Au(79) 0.36	Hg(80) 0.39	Tl(81) 0.43	Pb(82) 0.44	Bi(83) 0.46

＊括弧内の数字は原子番号を示す

0.35Åであり，式（13.3）から推定される値とよい一致をみる．

13.2 加工層なしの基本原理

　世の中には不思議なことがある．若い駆け出しの頃，夢に思っていることが実現できる．そのようなことに本当に出会える幸運があるのだとつくづく思ったのが，本章の内容である．県の方から指名依頼を受け，国のプロジェクトに採択され，60％くらいしか自信がなかったことが，大勢の協力・支援を受け100％実現した．それも，院生が実験に失敗したと思ったことが夢の実現につながったのであるから，有難いことである[9)～11)]．

　一般に，機械加工において貫入するエネルギーによって弾性加工[12),13)]，塑性加工および脆性加工の三つの加工形態に分類することができる．その加工局所の力学的モデルは，図13.2に示すような第1次近似したσ-ε線図において，弾性変形領域，塑性変形領域およびき裂破壊領域にそれぞれ対応している．切削や研削のような機械加工は，弾性ひずみ，塑性ひずみ，およびき裂開口生成などによりエネルギー消費を図りつつ表面を生成する．例えば，硬脆材料を延性モードで加工すると，クラックフリーの表面生成ができるが，塑性ひずみや転位が残る．さらに除去単位の小さいポリシング加工では，塑性流動がほとんど発現せず，加工による損傷のない表面が得られる．そのときの加工形態が，

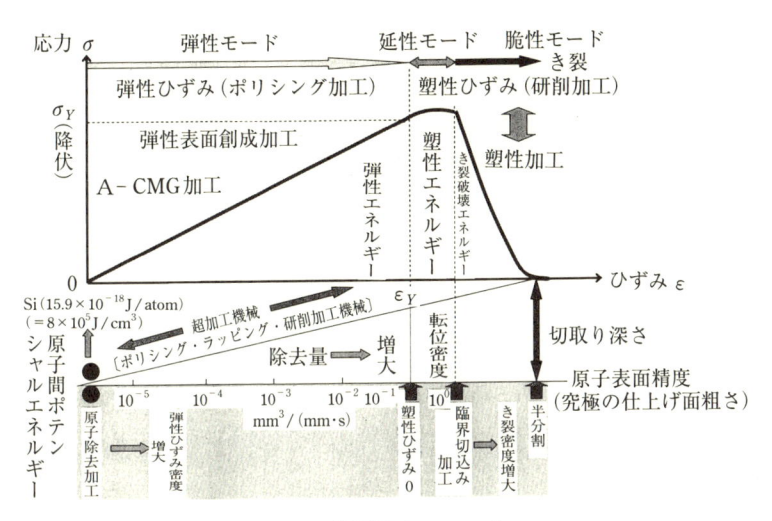

図13.2　材料除去メカニズム

延性モードから弾性モードに遷移した弾性的加工表面である．

弾性モードにおける代表的な加工方式として EEM[12] やフロートポリシング[13] などが挙げられる．ただし，弾性的な加工は，加工単位を原子層とし，原子結合力を断ち，他の原子格子にひずみを残すことがないような条件，あるいは原子格子ポテンシャルを化学的作用により弱体化させ，いわば，その原子層をさらうような，また掃き出すようなような加工機構といえよう．実際の Si ウェハの生産ラインにおいては，最終ポリシングで転位がない，つまり加工層のない，無欠陥表面創成を目指しているものの，それは現状では困難であり，最終的にはエッチングにより数原子層を除去しているのが実状である．

他の硬脆材料と同様，Si はひずみ ε が約 0.02〜0.03％の範囲では微小塑性を示す[14]．すなわち，個々の砥粒切れ刃切込みを微小塑性が発生する臨界切込み深さ d_c 以内に制御すれば（定切込み方式），延性モード研削ができる[15]．さらに，切削機能がなく，塑性ひずみが発生しないポリシング機構（選択的圧力加工法＝進化の原理）と同等のソフトな加工ができれば，無転位，すなわち塑性ひずみがない加工層が得られるはずである．

本章では，固定砥粒を用いて塑性ひずみがない，無垢に近い原子格子のままの加工表面を持つ加工を世界ではじめて可能にしたので，その到達の過程を順

に記述する．しかし，あらかじめ付言しておくが，一般に強制切込み方式は，加工機械精度以上の精度は原理的に無理であるので，目標精度に可能な限り機械精度を近づけていく必要がある．そのために固定砥石を用いている．そして，さらにその上の精度は，機械精度を原理的にしのぐことが可能な選択的圧力加工法（selective pressure machining）[14]，つまり進化の加工原理を導入する．すなわち，定圧加工である．この加工法は，工具と工作物をある広さの面で接触させ，圧力を加え，局所的に突出している箇所を高い山から逐次選択的に，自動的または半自動的に，圧力に見合う量だけ，固定砥粒方式で徐々に除去し，最終的には，最適条件により原子面を得られる方法である．

13.3 超精密工作機械

本節で述べる超精密工作機械は，前述の基本概念に基づき，定切込み制御と定圧制御のハイブリッド送り機構として開発し，延性モード研削とポリシングライクの加工との統合加工方式を提案している．まず延性モード研削によって，前加工工程で生じた加工変質層を取り除く．次に送り機構を定切込みから定圧に切り替え，最終仕上げを行い，ほぼ無欠陥の表面を得る．このようなハイブリッド方式により，1台の機械，2枚の固定砥石のみを用い，ポリシング加工精度と同程度以上の表面創成を実現している．

以下に，そのための中核技術について述べる．

13.3.1 中核技術〔I〕―ハイブリッド加工機構

開発した超加工機械の本体構造を図13.3に示す．構造は，重力と摩擦の影

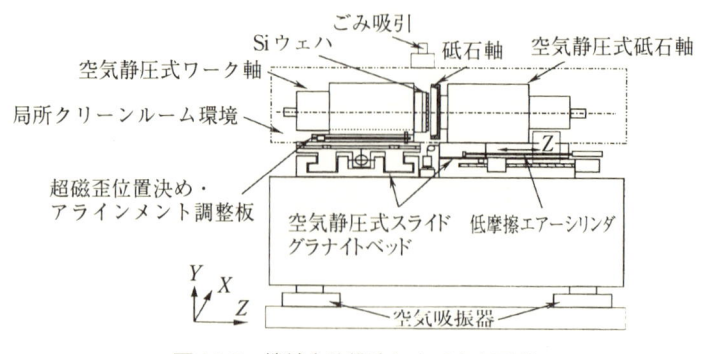

図13.3 機械全体構造および中心要素

響を排除するために，空気静圧式の砥石軸とワーク軸を水平対向に配置した．また，その他の摺動部に空気静圧式軸受を採用することにより固体間の接触を完全に排除した．超加工機械は2自由度を有しており，ワーク軸はX方向，砥石軸はZ方向の直動ができる．これらの超高精度ユニットを支える本体ベッドには，ほぼ剛体とみなせるグラナイトの定盤を採用し，温度変化や複雑な振動モードの要因を避ける構造とするとともに，下部には防振用エアーマウントを配置し，地盤からの振動吸収にも配慮した．

　X, Z方向のテーブルは，ともに6面拘束の静圧空気の直動案内にガイドされ，超精密ラップしたねじで駆動した場合，200 mm ストロークで0.15 μm 以内の真直度を得た．また高分解能（1 nm）のリニアスケールからの信号をフィードバックして NC による 10 nm/step の位置決めが可能になっている．各軸は，ビルトインタイプの AC サーボモータにより，1.8〜1 800 rpm の範囲内で最大振れ 0.02 μm で回転駆動できる．

　研削にはカップ型砥石を用い，ϕ300 mm Si ウェハとその半径分重なるように配置して研削を行う．本方式においては，インフィード研削方式を採用している．この方式は，研削中にトラバース方式のように接触領域に伴う研削圧力の変化がないため，安定した研削性能が得られる．

　さらに，図13.4に示すように，スクリューナットのフランジ部に板ばねとナットプレートを取り付け，クランプロッドを介してテーブル下部に固定されているナットブラケットにナットプレートをクランプ/アンクランプ可能な構造となっている．アンクランプの状態にして，空気静圧で浮上した Z 軸テーブルを低摩擦エアーシリンダを用いて背後から押すことにより，最小2 kPa 程度の定圧研削が実現できる．ま

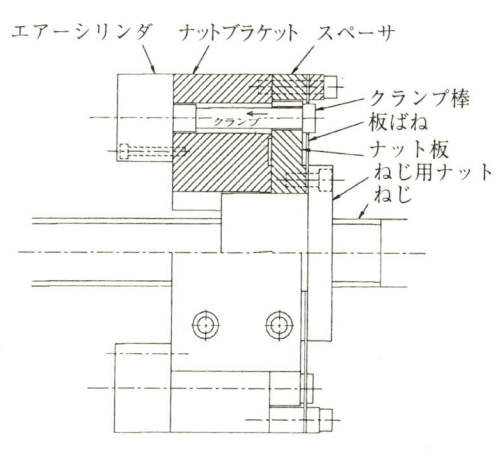

図13.4　圧力制御機構

た，加工能率を向上するために，0.5 MPa までの高圧対応のエアーシリンダを
さらに一つ付設して実用性を満足している．この機構を使ってポリシングライ
クの最終仕上げ加工が可能になる．

13.3.2 中核技術〔Ⅱ〕—超精密位置決め・アライメント機構

延性モード加工では，個々の砥粒切れ刃の切込み深さを臨界切込み深さ d_c
以下に制御するため，微小な切込みが与えられる超精密位置決め装置が不可欠
である．またインフィード研削において，ウェハの平坦度は砥石軸とワーク軸
間の平行度によって決まる[9]．良好な平坦度を得るためには，ワーク軸と砥石軸
の間の傾斜調整，つまりアライメントを動的に調整できる仕組みが必要であ
る．この制御については，φ300 mm ウェハ全面が同一除去量になるソフトが
開発されている．

本研究では，超磁歪アクチュエータによる位置決め・アライメントの両機能
を持つ調整機構を開発し，ワークテーブル（X 軸）とワーク軸の間に配置した．

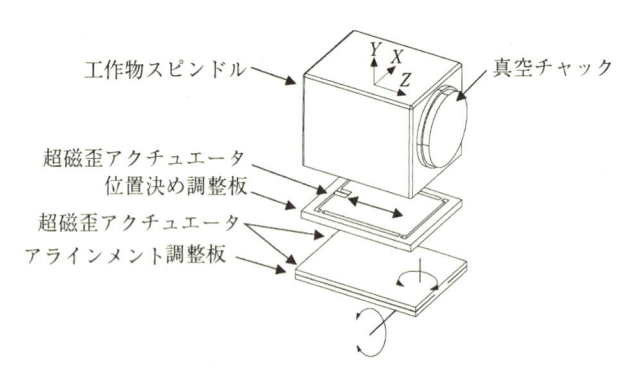

図13.5 位置決めおよび姿勢制御機構

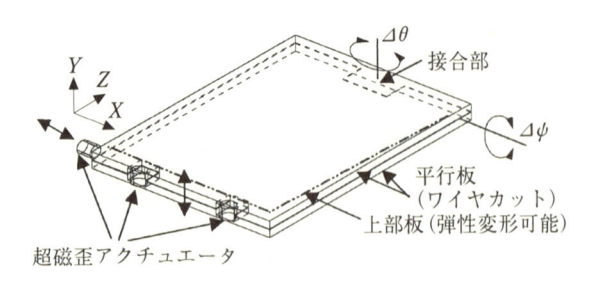

図13.6 アライメント調整板

13.3 超精密工作機械

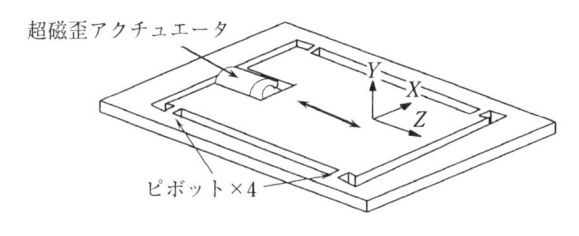

図 13.7 位置決め調整板

図 13.5 に示すように，位置決めおよびアライメント微調整機構は 600 mm × 600 mm の 2 組みのプレートからなる．下側のプレートは図 13.6 に示すようにアライメントの調整に用いられるのに対し，上側のプレートは図 13.7 に示す位置決めに使用される．まず，アライメントの調整機構は，2 枚 1 組のプレートと三つの超磁歪アクチュエータから構成されている．2 枚 1 組のプレートは，1 枚の部材からワイヤカット切断されたものであるが，前側の一部は接合した状態で残されている．図 13.6 に示したように，接合部の反対側に配置された超磁歪アクチュエータで微小駆動[16]すると，接合部を中心としてアッパープレートが弾性変形して $\Delta\theta$（左右，Y 軸廻り），$\Delta\phi$（上下，X 軸廻り）の微小回転角度を得ることができる．

超磁歪素子については，"プライザッハ"[17]モデル使ってそのヒステリシス補正が可能なソフトウェアを開発し，このソフトの制御に従って動作するアクチュエータを使用した．補正前後の入力信号と出力変位を図 13.8 に示す．この方式により，$\Delta\theta$，$\Delta\phi$ をともに ±1.5° の角度の範囲で最小 0.1 秒の分解能でア

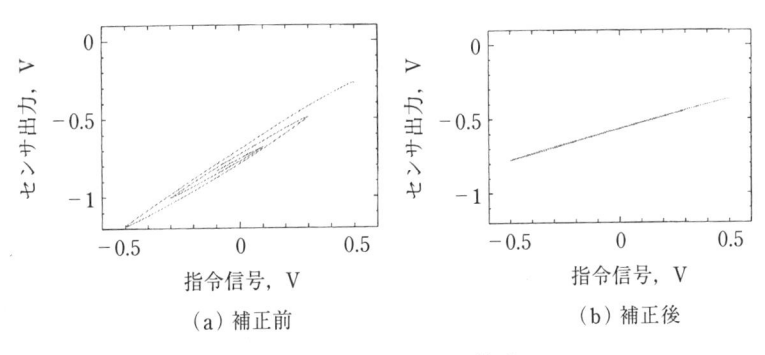

(a) 補正前　　(b) 補正後

図 13.8 ヒステリシス補正

ライメント調整可能である．

また微小位置決め機構は，弾性変形できる平行平板と直線駆動用超磁歪アクチュエータから構成されている．本機構は，Z軸方向の微小送りを与えるために用いられる．一般に，10 nm以上の位置決めや切込みはNCによって与えられるが，それ以下の切込みが必要な場合には，本プレートの弾性変形により位置決めされる．

ピエゾアクチュエータと比較して，超磁歪アクチュエータは変形範囲，分解能，応答速度，そして特に出力という点で高い性能を有している[16]．図13.9は，ワーク軸と超精密位置決め・アライメント機構を組み立てた状態（荷重350 kgf）で，超磁歪アクチュ

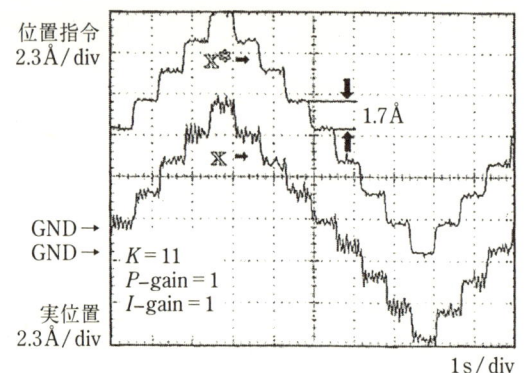

図13.9 ゲイン調製後の搭載荷重350 kgfにおける実験結果

エータにより1.7 Åのステップ応答の記録波形を示す．そのときの誤差は，PI製の静電容量センサの分解能相当の1 Å以下である．前述のNC制御した直動と併せてZ方向の超精密位置決めを行っている．

13.3.3 中核技術〔Ⅲ〕—加工液循環・ろ過装置

半導体生産現場では，クリーンルームの維持のため莫大なエネルギーが費やされている．本研究では，省エネ実現のために脱クリーンルームおよび研削液の循環を図った．加工環境は，外部環境から遮断し，常時恒温・清浄な加工条件を形成し，イオン交換した純水の加工液循環・ろ過装置を開発した．加工液循環・ろ過装置の仕様を表13.2に，またその構成を図13.10に示す．

表13.2 冷却液循環・ろ過システム仕様

温度範囲	15〜25℃
制御可能温度	≦±0.1℃
流量	最大20 l/min
圧力	最大2.94 MPa
除去可能粒子サイズ	≧0.05 μm

加工液循環・ろ過装置は，下記の四つのモジュールで構成されている．

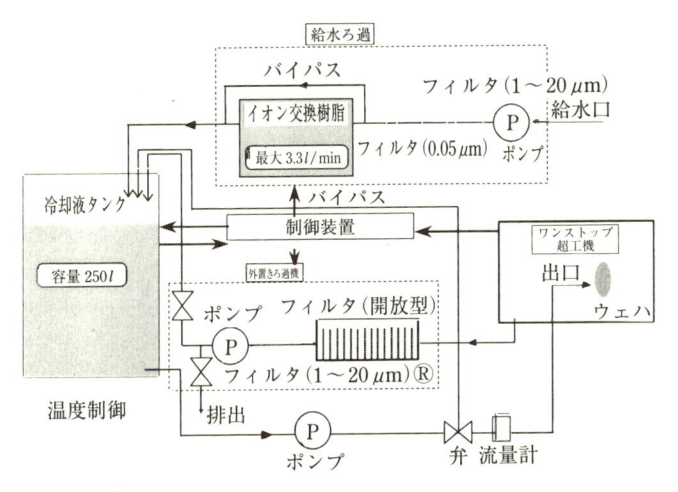

図13.10 冷却液循環・ろ過システムの構成

(1) 供給部：一般の水道水から固形物を徹底除去した加工液をつくる．0.05 μm までの異物が除去できるろ過フィルタを使用し，特に水道水に含有した鉄錆を排除した．
(2) 恒温貯水部：加工液を一定量貯水し，それを所定水温に高精度に制御する．
(3) ろ過部：加工後の研削液を処理する．
(4) 制御装置：装置全体を制御する．

一般に，5～10 l/min の流水を高純度で，かつ高速に温度制御することは極めて困難である．そこで，本開発装置は，固形物を除去した加工液を一定量貯水し，それを高純度（3N）にして所定水温に制御する．研削時には，貯水タンクから加工環境局所に定温水（20℃±0.1°を設定）を供給する方式を採用した．この場合，加工液はイオン交換樹脂を通しているため電気伝導率が極めて低く（2 μS/cm 以下），Siウェハ研削時に静電気による加工表面の吸着が懸念される．

そこで本装置では，固形粒子を除いた後，イオン交換樹脂を通らないバイパスを設け，高い電気伝導率の加工液が選択的に混入できるオプションを設けた．恒温制御装置による貯水タンク内の水温制御は，設定温度に対して±0.1

℃を目標とした．また，加工液温度は研削装置の温度と一致させることが望ましいことから，制御水温範囲は 15～25℃ で，年間を通じての加工装置本体の温度変化範囲（予想値）と一致させた．さらに，送液ポンプは小容量の樹脂製マグネットポンプを用い，モータ発熱による加工液への熱伝導を極力抑えた構造と断熱材を用いた．

　ろ過部における微細な Si 粉は水と反応して水素を発生するため，密閉容器でろ過すると，引火により水素爆発の危険性が生じる．そこで本装置は，ガスが溜まることがないオープンタイプとし，カミングバックフィルタ® （図13.10）を用いて大多数の Si 粉を高速捕集する構造とした．

　次に制御装置は，他の3モジュール，供給部，恒温部とろ過部に対してシーケンス制御を行う．超加工機本体からの要求信号，温度センサ，水面レベルセンサ，圧力センサからの信号に従って加熱，冷却，ポンプやバルブの開閉を自動的に実行する．また，温度制御の停止，冷媒の回収，さらに回収後の加工液温度の安定化を図るため，水温安定化の待ち時間の動作を入れた．この装置

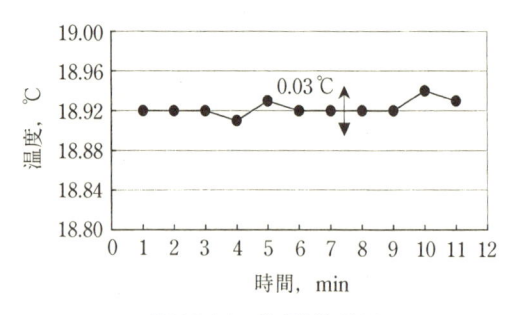

図 13.11　温度制御結果

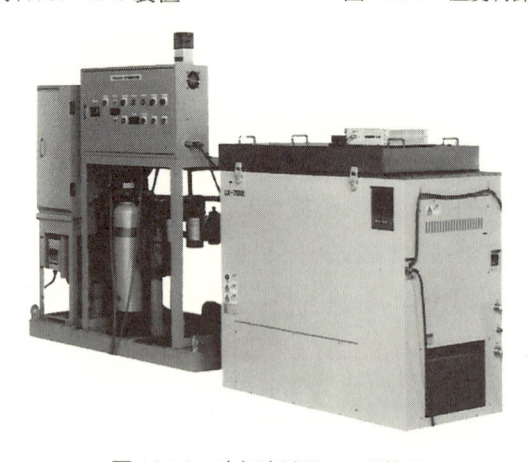

図 13.12　冷却液循環・ろ過装置

を用いて放水したときの吐出口の加工液温度変化を記録した例が図13.11に示す結果である．最大温度差で0.03℃と良好な結果を得，当初の目標を達成した．このように，局所加工環境を構成し，クリーンルームなしの加工作業が可能となった．完成した加工液循環・ろ過装置を図13.12に示す．

13.3.4 超加工機械による加工表面の評価結果

中核技術〔I〕，〔II〕を組み込んだ超加工機本体を図13.13に示す．本超加工機を用いてスライシングしたφ300 mmのSiウェハを固定砥粒方式によりone-stopでポリシングと同等な性状に仕上げることができた．既存のφ200 mm Siウェハ加工工程に比べ，作業スペースや時間，経費の大幅な削減ができるとともに，約70％のエネルギー削減が見込める．

図13.13 超加工機本体

13.4 A-CMGによる加工層なし加工

材料が機械的に除去される場合に，切削力に応じて工作物が弾性変形，塑性変形，クラック発生・進展の形態を経て切りくずが工作物表面から分離される．これらの材料除去メカニズムは，それぞれ弾性モード，塑(延)性モードおよび脆性モードに対応している．現在のSiウェハの研削加工では，主として材料の除去単位を小さくすることで，加工モードを脆性から塑性へ遷移させて加工面性状の向上を図っている．例えば，塑性モード加工では，個々の砥粒の運動量をSiの臨界切込み深さ以下に制御し，クラックフリーの表面を実現している．ところが，転位の発生，成長，増殖などの原子移動集積によって塑性すべりが生ずるので，原理上は加工変質層が形成される．

塑性領域までの加工変質層を完全になくすためには，原子のすべりがない，いわゆる弾性域あるいはその近傍における加工環境制御が必要である．その代

表的な方法が遊離砥粒によるポリシングである．しかし，Siウェハの大口径化およびデザインルールの微細化には従来の遊離砥粒加工法ではもはや対応することができず，ウェハの最終仕上げ工程まで固定砥粒化が望まれている．

そこで，加工変質層のない固定砥粒加工法の確立を目指し，化学作用を積極的に研削工程に取り入れたA（Atomic：原子面創製）- Chemo - Mechanical - Grinding（A-CMG）プロセスを開発した．Siウェハと反応性のある砥粒および添加剤を含有したA-CMG砥石を試作して加工変質層の低減に成功した．さらにA-CMG砥石の加工特性を改善し，ϕ300 mmの大口径Siウェハの研削に適用して加工表面およびその亜表面（サブサーフェイス）について評価を行い，固定砥粒加工法[18]ではじめて加工変質層のない表面を創成することができた．次項以降では，その方法についてもう少し詳しく述べる．

13.4.1 A-CMG砥石の開発

単結晶シリコンを除去するには，少なくともシリコンの共有結合エネルギー（800 kJ/cm^3）に表面障壁エネルギーを加えた分に相当する加工エネルギーが必要である．限界（最小）加工エネルギーは，各原子の自由エネルギーを統計熱力学でとらえて反応速度過程論で取り扱う必要があるため，正確に推定することが極めて困難である[19]．表面障壁エネルギーは，温度，化学平衡度や反応速度などに依存する．したがって，適切な化学反応を導入すれば，より小さなエネルギーで材料を排除（polish）することが可能である．

単結晶シリコンの研削過程において期待される化学反応は，工作物と①砥

表13.3　A-CMG砥石仕様

No.	組成，vol%					
	SiO$_2$, CeO$_2$	結合剤	Na$_2$CO$_3$	CaCO$_3$	クエン酸	その他
1	50	40	10	—	—	—
2	70	20	10	—	—	—
3	50	20	30	—	—	—
4	50	20	10	20	—	—
5	50	20	10	—	—	20
6	50	40	—	—	10	—
7	50	30	—	—	20	—
8	50	20	—	—	30	—

粒，②ボンドに含有される添加剤，③研削液を含む加工雰囲気の3種類である．まず砥粒には，平均粒径 2.3 μm の CeO_2 と 3.5 μm の SiO_2 を選んだ．これらの砥粒には，Si 結合に対してせん断作用および工作物表面から反応生成物の離脱作用[20]があることが既に CMP (Chemical Mechanical Planarization) において確認されている．また，CMP では水の存在およびその pH 値が除去率に大きな影響を与えている[12]ことが知られている．砥石にも，同様の効果を期待してボンド剤に Na_2CO_3 と $CaCO_3$ あるいはクエン酸を添加した．表 13.3 に示す成分比でフェノールレンジを使い，焼き固めて 8 種類の砥石を試作した．添加剤の種類およびその割合を調整することにより，脱イオン水を用いた研削液中に pH 値が図 13.14 に示すように酸性 (pH ≳ 3) からアルカリ性 (pH < 11) の広範囲で変えることができた．

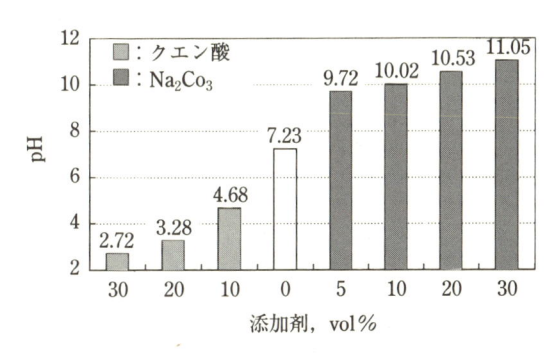

図 13.14 A-CMG 砥石特性

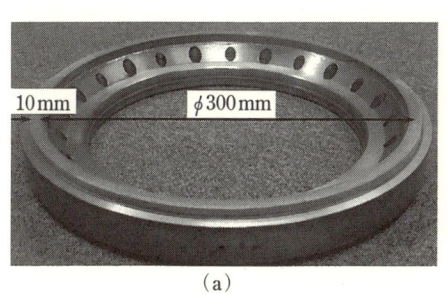

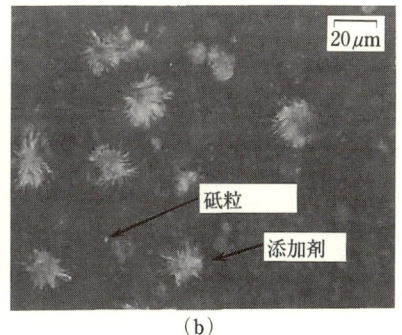

図 13.15 A-CMG 砥石

図13.15に，開発したA-CMG砥石の外観および内部組織の顕微鏡写真を示す．砥石直径を工作物のSiウェハと同じ300 mmとし，また工作物との接触面積を大きくして化学反応を促進する目的で砥石幅

表13.4 砥石のその他仕様

砥粒	CeO_2, $\phi 2.3 \mu m$
結合剤	フェノール樹脂
添加剤	Na_2CO_3
CeO_2 の集中度	70 vol%
フェノール樹脂の集中度	20 vol%
Na_2CO_3 の集中度	10 vol%
砥石サイズ	300 D-10 W-5 X-40 T

を10 mm（通常カップ型砥石は2〜3 mm）にした．その他の仕様を**表13.4**に示す．この砥石を用いて，前出の超加工機械を用いることで得られた結果を次に示す．

13.4.2 A-CMGの加工層

図13.16は，異なる加工プロセスで得られた$\phi 300$ mmのSiウェハ表面である．それぞれ，図(a)には市販のポリシングウェハ，図(b)にはダイヤモンド砥石で研削したウェハ，図(c)にはドライA-CMGで得られたウェハを示す．すべてのウェハ面内にクラックフリーの鏡面加工が実現されている．しかしながら，ダイヤモンド砥石による機械加工したウェハには，ウェハ半径方向に渦巻状の光反射パターンが見られる．それに比べて，A-CMGウェハにはポリシングウェハと同じく一様にクリアな表面が得られ，目視の範囲で乱れが全くない．また，Zygo製の「NewView200」干渉計を用いて，これらの表面の3次元トポグラフィを測定した．その結果を図13.17に示す．いずれの場合においても3次元の算術平均粗さ$R_a<1$ nmの同等な仕上げ面が得られている

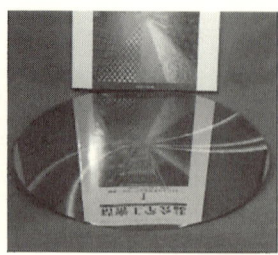

(a) ポリシング　　(b) ダイヤモンド砥石研削　　(c) 乾式A-CMG

図13.16　異なるプロセスで作成された$\phi 300$ mmウェハ

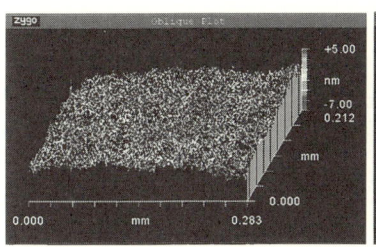

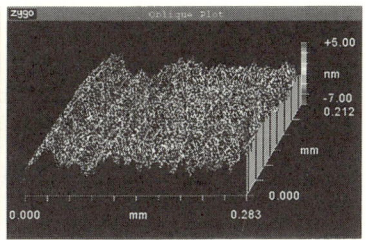

13.4 A-CMGによる加工層なし加工

(a) ポリシング ($R_a = 0.74\,\text{nm}$)

(b) ダイヤモンド砥石研削 ($R_a = 0.81\,\text{nm}$)

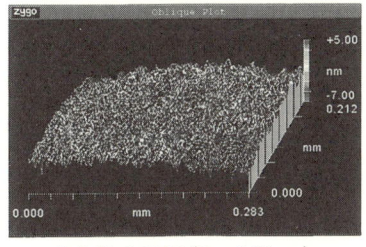

(c) 乾式CMG ($R_a = 0.79\,\text{nm}$)

図13.17 表面トポグラフィおよび粗さ

が,それぞれ異なった表面性状を示す.図 (a) ポリシングウェハには均一かつ等方性,図 (b) ダイヤモンド砥石で研削したウェハ表面にはくっきりした研削条痕,図 (c) A-CMGウェハ表面にはある程度の異方性(単一方向性)などの特徴が認められる.これらの表面観察の結果により,A-CMGプロセスがポリシングとは異なる固定砥粒加工であるが,従来の機械加工のような強制除去とは異なる加工形態をとっていることがわかる.

工作物試験片を室温で $HF : HNO_3 : CH_3COOH = 9 : 19 : 2$ のエッチャント

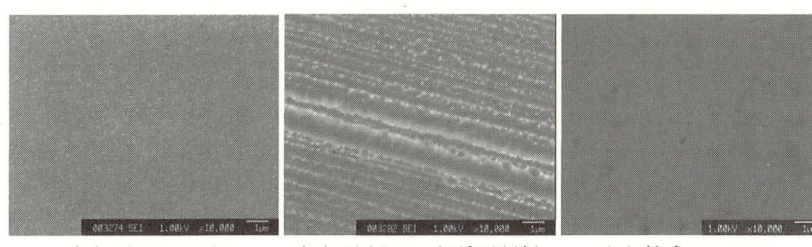

(a) ポリシング　　(b) ダイヤモンド砥石研削　　(c) 乾式A-CMG

図13.18 エッチングによる表面転位の可視化

により30秒エッチングして加工変質層を可視化した．得られたウェハ表面の電子顕微鏡写真を図13.18に示す．ダイヤモンド砥石で研削したウェハ表面には，研削条痕に沿って無数のエッチピットが現れている．エッチピットはウェハ表面から内部へ進展した転位に対応し，その大きさが転位の深さに比例している．それに対し，A-CMGを施した表面には機械加工した表面と異なりエッチピットが全く観察されない．その品質がポリシングしたウェハと同等であることがわかる．なお，図13.16～図13.18にはドライA-CMGの結果を示したが，湿式研削においても同様な結果が得られていることを付記する．

さらに，プロセス（あるいはダイヤモンド粒径）を変えて加工したウェハのエッチング深さを測定して加工変質層の厚さを評価した．その結果を図13.19に示す．ダイヤモンド砥石による研削では，エッチング深さが粒径に依存し，細かい粒径ほど加工変質層深さが浅くなる．A-CMGは固定砥粒加工であるにもかかわらず，そのエッチング深さがほぼポリシングと同等である．

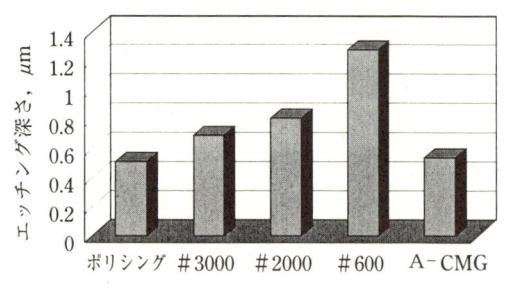

図13.19　エッチング深さ

さらに，透過型電子顕微鏡（TEM）を使って加工したウェハの断面観察を行った．それぞれの写真を図13.20に示す．ダイヤモンド砥石で研削加工した表面 (b) には，表層から順にアモルファス層，転位のタングルや干渉縞とそのフリンジによるモザイク，[111] 方向に発生した転位が見られる．これは，いわゆる純機械加工で得られる標準的な表面である．それに対して，A-CMGの加工表面 (c), (d) にはポリシング面と同様アモルファスを含む加工による欠陥が全く存在しない．ただし，湿式A-CMGの場合には，ほとんどのウェハ表面にドライA-CMGと同様に変質層のない加工を実現しているが，稀に内部転位欠陥が見られることがある．その原因については不明であるが，加工表面から数μm深部にあることから先在的あるいは外来的な要因による潜在欠陥と推測している．

13.4 A-CMGによる加工層なし加工

(a) ポリシング

(b) ダイヤモンド砥石研削

(c) 乾式 A-CMG

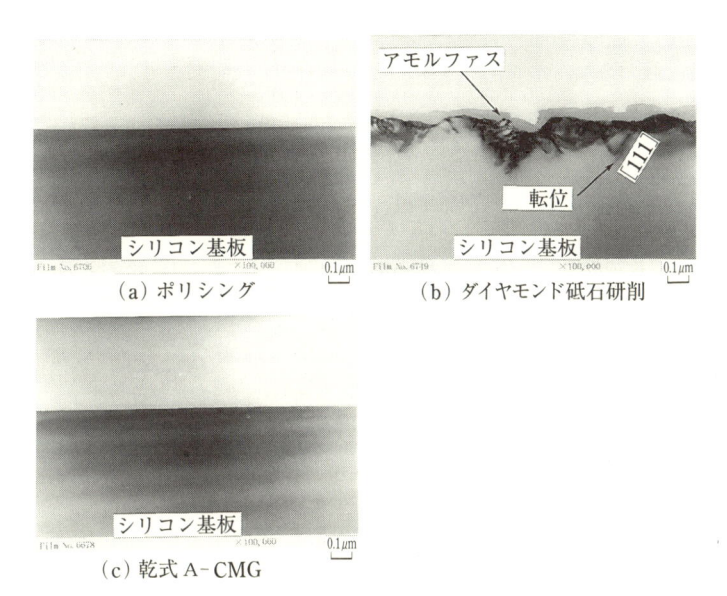

図 13.20 ウェハ断面の TEM 観察

このように A-CMG 加工は，これまで固定砥粒加工に必ず伴う加工変質層を生成することなく，従来ポリシングによってのみ可能であった無欠陥の Si 表面を創成することができる．このことから，形状精度を維持しながら固定砥粒加工のみで大口径シリコンウェハの一貫加工が実現可能になる．

13.4.3 単結晶 Si ウェハの加工層なしの検証

研削中における砥粒と工作物の機械的挙動は，2体接触滑動としてモデル化[21]されている．運動する砥粒のすくい角前方には，圧縮応力域，逃げ角の後方には引張応力域が工作物上に傾斜分布されている．そのとき，工作物に対する砥粒の貫入深さ d が次式で与えられる．

$$d = \frac{3}{4} \phi \left(\frac{P}{2CE} \right)^{2/3} \tag{13.4}$$

ここで，P は圧力，ϕ は砥粒径，C は砥粒の集中度，E は工作物のヤング率である．

貫入深さによって，工作物に対して順に上すべり，吸着，掘り起こし，除去の4種類の現象が支配的になる．特に，セラミックスやガラスなどの硬脆材料

の延性モード研削では,除去率および仕上げ面粗さの実験値[18),22)]がこのモデルとよく一致している.式 (13.4) は砥粒の物性と無関係であるため,今回の CeO_2 砥粒に適応してみた.

ここで,Si のヤング率 $E = 170$ GPa,砥粒の平均直径 $\phi = 2.3 \mu m$ (CeO_2),$5.0 \mu m$ (SD),集中度 $C = 70\%$ (CeO_2),37.5% (SD) および本実験の加工圧力範囲 5 kPa～5 MPa を式 (13.4) に代入すると,機械的な砥粒貫入深さがダイヤモンド砥石の場合は 0.05～5 nm 程度で,また A-CMG 砥石の場合は 0.01 nm～1 nm 程度で,いずれも Si にクラックを生成する臨界切込み深さには達しないことがわかる.ダイヤモンド砥石を使用して砥粒の貫入深さが大きい条件で研削を行うと,Si が延性(機械)的に除去され図 13.16 (b) の表面が得られるが,貫入深さを小さくすると,ダイヤモンド砥粒の上すべりで発生した摩擦熱によって Si ウェハ表面に焼けが生じ,Si ウェハが全く除去されなかった.それに対して A-CMG 砥石を使用した場合,砥粒の貫入深さにかかわらず,毎分数 nm～数百 nm(ウェハの平均厚さ変化から算定)の Si 除去を実現している.このことは,A-CMG 過程において機械除去以外にもほかのメカニズムが作用していることを示唆している.

遊離砥粒を使って Si ウェハをポリシングする場合,渡邊[23)] は化学反応について次のように考察している.まず,高い pH 域で Si が水酸基によって酸化され,SiO_2 が表面に生成される.次に,SiO_2 のシロキサン結合 (Si-O-Si) は水分子により水和される.

$$Si + 2 OH^- \rightarrow SiO_2 + H_2 \tag{13.5}$$

$$(SiO_2)_x + 2 H_2O \leftrightarrow (SiO_2)_{x-1} + Si(OH)_4 \tag{13.6}$$

砥粒の先端部の周りには,高温,高圧のため SiO_2 が水へ溶解が進行する.

$$\equiv Si-O-Si \equiv + H_2O \leftrightarrow 2 \equiv Si-OH \tag{13.7}$$

式 (13.7) の生成物 $\equiv$ Si-OH の水酸基から水素イオンが抜かれて,最終的に $\equiv$ Si-O と H_2O になる.この一連の化学反応は,式 (13.7) に示す水へのシリカ (SiO_2) の溶解速度によって決まるため,その反応速度は $\sim 10^{-19} cm^2/s$ から $\sim 10^{-18} cm^2/s$ と極めて低いこと[24),25)] がこれまでのガラス研磨などでわかっている.したがって CMP と異なり,水の存在(湿式)あるいはアルカリ性の加工雰囲気が本 A-CMG プロセスに大きな影響を与えることには至らなかっ

た.

このことは，乾式 A-CMG の結果（図13.16～図13.20）からも推察できる．図13.21に，(a) A-CMG 砥石をドレッシングするときに採取した組織および(b) ドライ研削時の生成物（切りくず）の写真を示す．外観から，砥石の組織が粉末状，研削生成物が数 μm の針状を呈していることがわかる．またこの SEM 写真からでは判別できないが，砥石の粉末は茶色，研削切りくずが白色であった．また，図13.22は，上述の砥石粉末および研削切りくずの X 線回折結果である．砥石粉末のプロファイルは，CeO_2 の回折パターンと一致している．それに対して，研削後の切りくずにはマッチングできる回折パターンが見

(a) A-CMG 砥石組織　　　(b) 研削切りくず

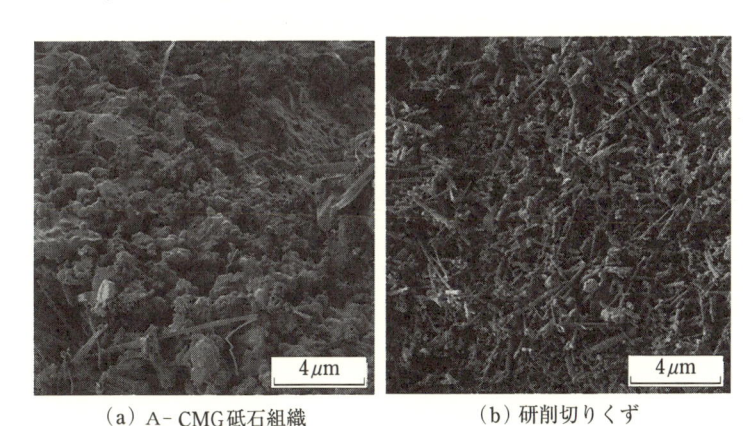

図13.21　A-CMG 砥石組織と研削切りくず

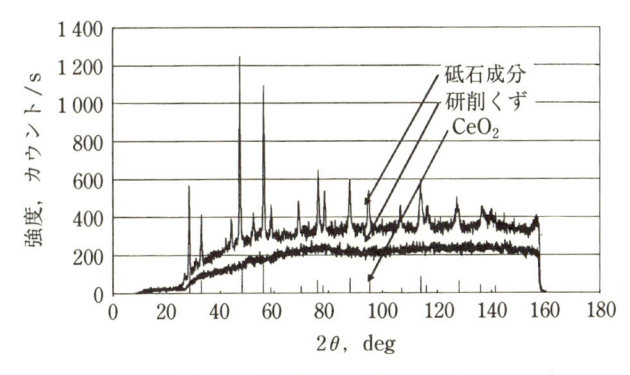

図13.22　X線回折プロフィル

当たらない．このように，ドライ研削においても化学反応が寄与していることが明らかである．

例えば，Siウェハ表面に形成されたSiO_2が，CeO_2砥粒と固相反応してケイ酸塩類を生成していると考えられる．

$$2CeO_2 + 2Si\text{-}O\text{-}Si \leftrightarrow 2Si\text{-}O=Ce=O-Si+O_2 \quad (13.8)$$

このケイ酸塩類は非常に柔らかくなるため，加工表皮の原子層のポテンシャルエネルギーは弱体化するとみなされるので，ドライの条件下でも酸化物である砥粒によって簡単に除去（切削機能なしの排除機構）することができる．

一方，アルカリ性雰囲気であれば，ケイ酸塩基が水素基に置換され水酸化合物が生成される．これによって化学反応速度の増進が期待できる．しかしながら，式(13.8)に示す化学平衡を右方向に進行させるには200℃以上の高温が必要である．加工圧力や砥石回転数による温度制御が可能であること，また加工後の後処理が簡単であることなどを考えれば，湿式に比べて乾式研削が有効である．現段階では，A-CMGの加工メカニズムや化学反応が材料除去に寄与する度合が必ずしもすべて解明されていないが，本実験で行ったような条件を設定すれば，再現性よく，確実に$\phi 300 mm$のSiウェハの無転位加工が可能となった．

これまでに述べた①超精密加工機械，②A-CMGプロセスの要素技術により，固定砥粒のみの砥石で無欠陥表面の創成ができることがわかる．ここで述べた方法は，実際にはSiに対してのみ行われているが，高脆材料という点ではガラスにも適用可能である．

最近，chemo-mechnical反応がCeO_2とSiO_2に存在する新しい有効な検証が宮本グループ[26),27)]によって導かれているので，A-CMG

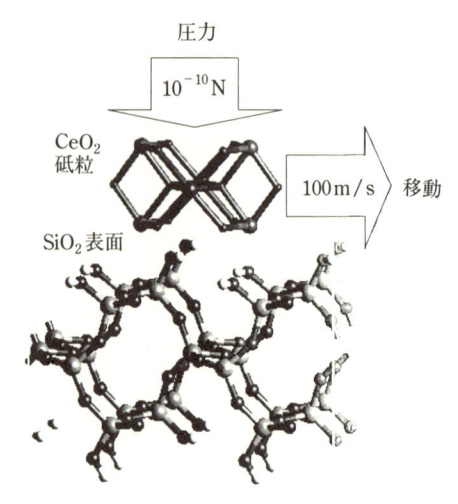

図13.23 化学反応と機械的摩擦のマルチフィジックスシミュレーションのモデル（SiO_2表面のCeO_2砥粒による化学機械研磨プロセス）[27)]

の化学反応の有力な証明として引用して考えを述べる．その理論は，宮本らが考察したSCF-Tight-Binding近似によるものであり，従来の第一原理分子動力学を発展させ，有限温度下での化学反応ダイナミックスを大規模，かつ高速計算を可能にした量子分子動力学法である．そこで宮本らのモデル（図13.23)[27]が適用できる．砥粒CeO_2に対してSiO_2基板表面に垂直に一定の圧力10^{-10}Nを加え，さらにSiウェハに対して平行に砥粒CeO_2を一定速度100 m/sで移動させることで，化学機械研磨加工のマルチフィジックス現象のシミュレーションを実現している．

図13.24に，CeO_2-SiO_2界面に存在する2原子間のボンドポピュレーションの経時変化を示す．ここで，ボンドポピュレーションとは原子間の共有結合性を表す尺度であり，量子分子動力学計算によって得られた2原子間の電子分子から求められる値である．図13.24より，この化学機械研磨プロセスにおいて，SiウェハのSi-O結合の切断，次に砥粒Ce-O結合の切断，続いて砥粒CeO_2のOとウェハのSiが新しい結合

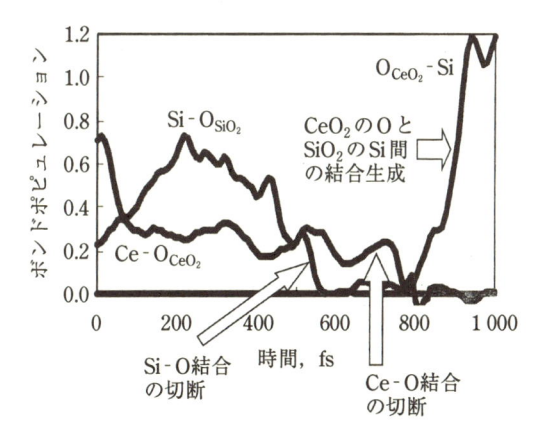

図13.24 SiO_2表面のCeO_2砥粒による化学機械研磨プロセスにおける界面に存在する2原子間のボンドポピュレーション変化[27]

を形成する化学反応プロセスが現れることがわかる．特に，「機械的摩擦」が，「化学反応」に与える影響として，Siウェハ内の化学反応であるSi-O結合の切断および砥粒CeO_2のO原子と基板のSi原子間の結合生成は非常に速やかに進行していることがわかる．すなわち，機械的摩擦の存在により，化学反応が促進・加速される現象を理論的に解明している．

さらに，図13.25に上記の化学反応に関係した原子の電荷を示す．つまり，上記化学反応の過程でCe原子がCe^{4+}（4価）からCe^{3+}（3価）に還元される電子ダイナミックスがあることが明らかにわかる．このように，CeO_2砥粒は

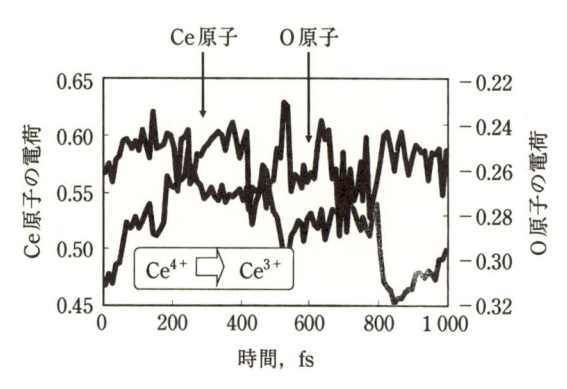

図13.25 SiO$_2$ 表面の CeO$_2$ 砥粒による化学機械研磨プロセスにおける界面に存在する原子の電荷変化[27]

SiO$_2$ 酸化層研磨に際して，化学反応と機械的摩擦の連成現象が電子・原子レベルで発現した結果，弾性ひずみがほぼ 0，かつ転位がない Si 単結晶研削表面が得られたと考えられる．

13.5 CMP と A-CMG 加工層の評価

13.5.1 供試 Si ウェハの仕様および加工条件

測定・評価対象は，CMP および A-CMG で加工した 2 種類の単結晶 Si ウェハである．CMP ウェハは市販品を用いた．表13.5 に示すように，その詳細加工条件は不明であるが，ラッピングした後，1 次および 2 次ポリシングを経て

表13.5 ウェハ仕様と機械加工条件

ウェハ	単結晶シリコン (100)，D = 300 mm，t = 850 μm	
プロセス	CMP (商業化済み)	A-CMG
第1工程	ラッピング (加工条件不明)	研削 (SD 800) V_s = 2 000 min^{-1}, v_w = 500 min^{-1}, f = 400 μm/min
第2工程	ポリシング (加工条件不明)	研削 (A-CMG 3000) V_s = 500 min^{-1}, v_w = 50 min^{-1}, P = 0.01 MPa
第3工程	ポリシング (加工条件不明)	
第4工程	CMP (加工条件不明)	

CMP で最終仕上げを行っている[28),29)].

一方，A‐CMG では＃800 のダイヤモンド砥石を使って前加工した後，＃3000 相当の CeO_2 砥粒を使って乾式で定圧研削を行った[30)]．加工表面は，いずれも（100）面である．加工後のウェハ外観は，図13.16 に既に示したとおりとなる．ダイヤモンド砥石による研削で見られる渦巻状の光反射パターンがなく，目視の範囲で両者に違いはない．

13.5.2 表面加工品位の評価

はじめに，白色干渉計（Zygo 社製「NewView‐200」）を用いてウェハ表面の3次元トポグラフィを測定した．測定範囲は 0.283 mm × 0.212 mm である．その結果は，図13.17 に示したとおり，いずれのウェハにおいても3次元の算術平均粗さ R_a < 1 nm，最大高さ R_{p-v} < 6 nm，ほぼ同等な仕上げ面が得られている．

図13.26 に，原子間力顕微鏡（オリンパス社製「NV 2000」）を使って 20 μm × 20 μm における微視的な3次元トポグラフィを測定した結果を示す．図（a）の CMP ウェハ表面にはランダムな等方性，図（b）の A‐CMG ウェハ表面には異方性（単一方向性）の表面の模様が認められる．この模様は，A‐CMG がポリシングと異なり，固定砥粒加工であることを裏づけている．したがって，運動転写型の高精度形状創成加工ができていると判断している．しかしながら，ダイヤモンド砥石による研削で見られる塑性盛り上がりによる渦巻状の光反射パターンがないことから，A‐CMG は従来の機械加工のような強制除去とも異なる加工機構をとっていることも推察できる．しかも，仕上げ面粗さが

(a) CMP　R_a = 0.32 nm　R_{rms} = 0.46 nm

(b) A‐CMG　R_a = 0.15 nm　R_{rms} = 0.18 nm

図13.26　ウェハ表面の原子力間顕微鏡写真

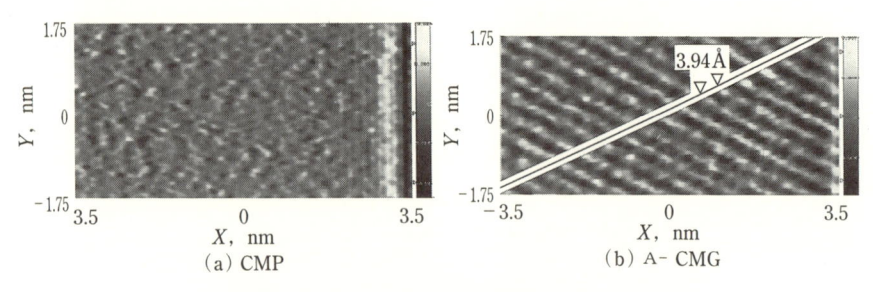

第13章 単結晶Siの加工層なし超加工機製作と加工

図13.27 加工表面の原子と格子配列（011）
(a) CMP
(b) A-CMG

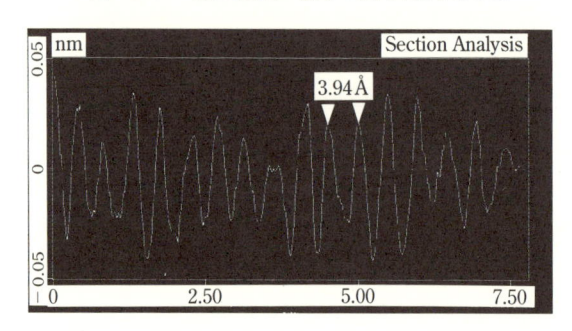

図13.28 原子格子の空間波長〔図13.27(b)の格子溝間隔3.94Åと略一致〕

CMPウェハに比べてA-CMGウェハの方が約1/2と小さくなっている。

そこで，さらに高分解能分子プローブ間顕微鏡（Asylum Research Inc.社製「MFP-3D」）を使って3.5 nm×7.0 nmの領域を測定した結果を図13.27に示す．図(a)のCMPウェハ表面がランダムであるのに対して，図(b)のA-CMGウェハ表面には周期性のある原子格子パターンが確認できる．その断面プロファイルを測定すると，図13.28のようになる．ここから算出した空間波長が3.94Å弱で，Si単結晶の{011}格子面間隔3.84Åとほぼ一致する．また，そのPV値が1Å以内である．つまり，最表面にある個々のSi原子が単結晶の構造を保っていることになる．このように，A-CMGは固定砥粒による加工であるにもかかわらず，Siの原子配列を乱すことなく，SiO_2のないSi表面創成を行っていることがわかる．

Siのような硬脆材料を機械的に除去する場合に，作用力に応じて工作物が弾性変形，塑性変形，クラック発生・進展の形態を経て，切りくずが工作物表面から分離される．それらの材料除去メカニズムは，それぞれ弾性モード，延性

(＝塑性)モードおよび脆性モードに対応している．これまでのSiウェハの超精密研削加工では，主として材料の除去単位を小さくすることで加工モードを脆性から延性へ遷移させて加工面品位の向上を図っている[31]．しかし延性モード加工では，クラックフリーの表面が実現できるが，転位の発生，成長，増殖などの原子移動集積によって塑性すべりが生ずるので，原理上は必ず加工変質層が形成される[32),33]．A-CMG加工では，後述する砥粒とSiの固相反応によりSi同士の共有結合を弱体化させ，軽微な排除力だけで除去加工が進行する．これにより，従来の延性モード域から脱して弾性域近傍における除去加工が可能になる．この事実は，図13.29に示す透過型電子顕微鏡(TEM)の表面(100)写真および電子線回折パターンからも確認できる．図(a)のCMPウェハはモザイク状表面を呈している．また，電子線回折パターンにはアモルファスを表すハローが認められる．それに対して，図(b)のA-CMGウェハにははっきりした原子配列および単結晶を示す電子線回折パターンが確認でき，原子格子面が整列配置していることがわかる．

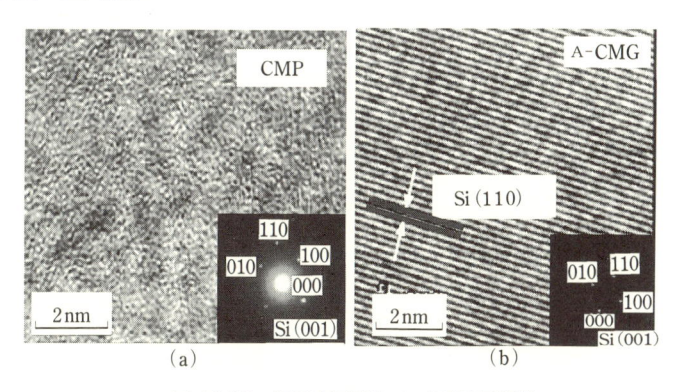

図13.29 TEM写真および電子回折像

13.5.3 亜表面の加工品質の評価

ウェハ亜表面の加工品質を調べるために，ウェハ断面のTEM観察およびEDX(Energy Dispersive X-ray Analysis)分析を行った．その一例を図13.30に示す．EDXは，各ウェハサンプルに対して加工表面の近傍Ⓐ部と，そこから十分離れたⒷ部の2箇所について行ったが，ここではⒶ部の結果のみを示す．まず，TEM観察によって，いずれのウェハにおいてもクラック，転位のよ

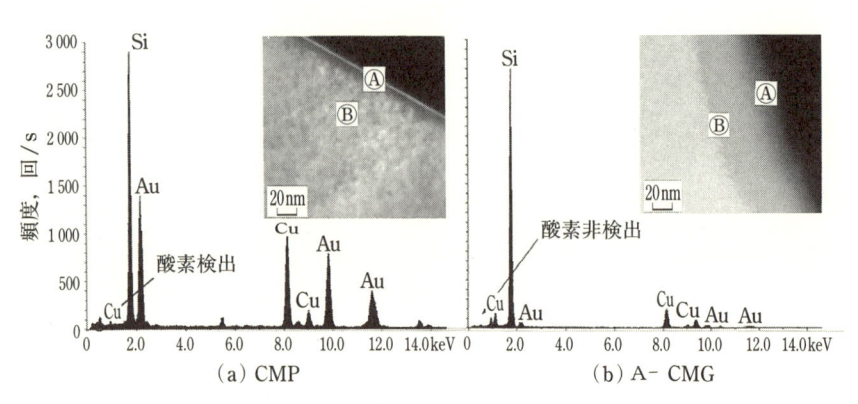

図13.30 (a) CMP / (b) A-CMG — EDXによる断面解析〔酸化膜なし（A-CMG）確認〕

うな加工変質層がないことが確認される．しかしCMPウェハでは，わずかながら酸素のピークがEDXチャートより確認できる．TEM写真および図13.30の結果と併せて考えると，3nm程度の非晶質酸化膜SiO_2がウェハの最表皮層に形成されていることがわかる．

一方，A-CMGウェハには，酸化層および欠陥がほとんどない基地Siのままの表面が形成されている．また，ウェハⒷ部のEDXチャートがA-CMGのⒶ部とほぼ同じであることから，A-CMGでは加工表面からウェハ内部まで結晶構造が変わっていないこともわかる．なお，チャート中にあるAu, Cu元素は，サンプル準備過程や試料ホルダから入り込んだもので加工とは無関係である．

13.5.4 弾性モード加工によるSiウェハの加工層なし加工機構

A-CMG加工における化学反応の寄与の度合を解明するために，研削加工前に行ったドレッシング時に発生した砥石粉末および研削後の生成物（研削くず）を採取して，それぞれの元素分析および組成分析

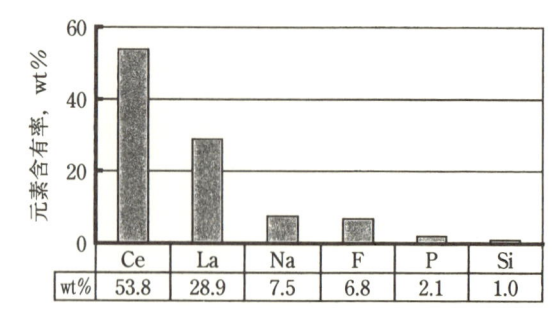

	Ce	La	Na	F	P	Si
wt%	53.8	28.9	7.5	6.8	2.1	1.0

図13.31　A-CMG砥石の元素分析

を行った．A-CMG砥石粉末の分析結果を図13.31，図13.32に示す．主な含有元素は，砥粒の主成分であるCe（> 50 wt%）である．そのほか，砥粒の不純物と思われるLa，添加物のNaが検出された．また，図13.32にはCeO$_2$とLaOFにマッチしたピークが現れた．したがって，今回使用した砥石は，主に砥粒のCeO$_2$とLaOFによって構成されていることがわかる．

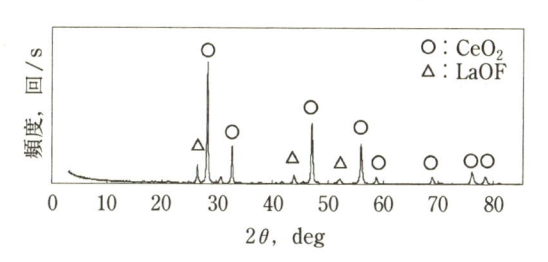

図13.32　A-CMG砥石の組成分析

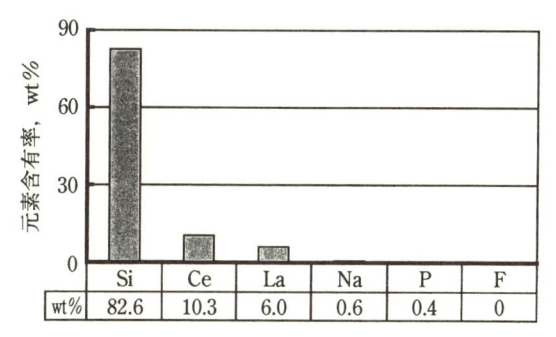

	Si	Ce	La	Na	P	F
wt%	82.6	10.3	6.0	0.6	0.4	0

図13.33　研削くずの元素分析

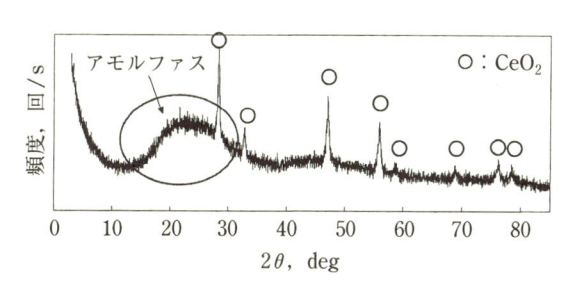

図13.34　研削くずの組成分析

さらに，図13.33に切りくずの含有元素，および図13.34にその化学組成を示す．研削くずには80 wt%以上のSi元素を含んでいるにもかかわらず，Si単結晶および結晶化したSi化合物が全く見当たらなかった．その代わりに，アモルファスを示すブロードなピークを観測できる．このような結果から，単結晶Siウェハが非晶質化合物に転換して除去されていることがわかる．この結果は，宮本ら[26),27)]の量子分子動力学シミュレーション結果と一致している．

以上のような評価結果を踏まえて，A-CMGにおける化学反応は次のようなプロセスを経て発生し，CeO_2によってSi原子間ポテンシャルを弱体化し，その環境で機械的に浚うように弱体原子層を取り除いていると考えられる．つまり，Ceは代表的な希土類で，$[Xe]4f^15d^16s^2$のような原子配位を有する．したがって，そのイオン価がCe(III)/Ce^{3+}かCe(IV)/Ce^{4+}によって2種類の酸化物CeO_2，Ce_2O_3が存在する．一般に，酸素リッチな環境下では，下記の化学平衡が左辺に示す酸化物CeO_2の状態で安定する．

$$2(CeO_2) + 2e^- \leftrightarrow 2(CeO_2)^- \leftrightarrow Ce_2O_3 + \frac{1}{2}O_2^- \tag{13.9}$$

ところで，CeO_2がある条件（本実験では，圧力1 MPa，速度15 m/s）でSiウェハ表面をこすると界面で熱化学反応が起きる．まず，Siが下記のように酸化する．

$$Si + O_2 \to (SiO)^{2+} + 2e^- \to SiO_2 \tag{13.10}$$

反応前後のSiの結合電子数（bond population）の減少は共有結合の弱体化の指標であるから，この反応では酸素を消費してe^-を放出するので，式(13.9)を右辺に進行させる．さらに，式(13.9)と(13.10)の中間生成物$(CeO_2)^-$と$(SiO)^{2+}$が反応して複合物（Ce-O-Si）が形成される[34]．

$$(SiO)^{2+} + 2(CeO_2)^- \to Ce_2O_3 \cdot SiO_2 \tag{13.11}$$

図13.34より，この複合物は結合強さの非常に弱い非晶質であることがわかる．単結晶Si(100)の硬さ（microdynamic hardness, 11～13 GPa）[35),36)]に比べて，CeO_2の硬さはその半分程度（micro dynamic hardness, 5～7 GPa）[37)]である．したがって，CeO_2砥粒を用いて切削的にSiウェハを除去することが困難である．そのため，A-CMGでは加工によるダメージ層が形成されない．一方，非晶質の複合物は軟質であるため，後続のCeO_2砥粒により掃き出すことができる．その結果，結晶構造に影響を与えることなく，Si原子をウェハ表面から逐次引き離すことができる．

このCeO_2-SiO_2界面におけるCeイオン価の変化は，最近のQCMD（Quantum Chemical Molecular Dynamics）シミュレーション[38)]によって支持されて裏づけられている．これまでのCMPと異なり，この種の化学反応には水や水酸化物イオンを必要としない固相反応である．したがって，A-CMGは乾式で

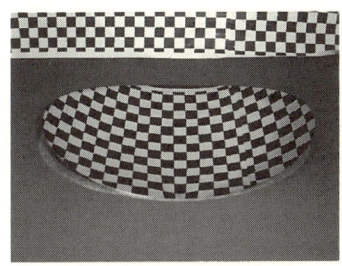

13.5 CMPとA-CMG加工層の評価

(a) ダイヤモンド砥石加工
(ウェハ厚さ 50μm, 反り量 約20mm)

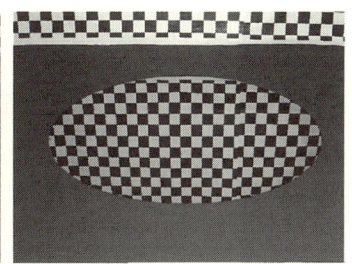

(b) A-CMG (残留応力ほぼ0)
(ウェハ厚さ 50μm, 反りなし)

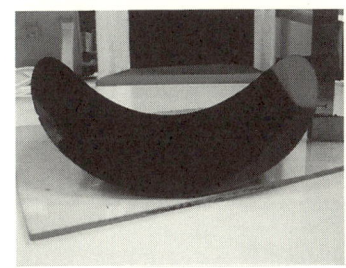

(c) ダイヤモンド砥石加工 (ウェハ厚さ 30μm, 反り量 50mm)

図13.35　φ300mmウェハの反りの比較

加工することができる．当然のことながら，Si原子格子のひずみの残存がない加工層であるため，図13.35のようにφ300mm A-CMG-Siウェハ（厚み50μm）は，左側のダイヤモンド砥石加工のようにたわまず，反り返りが全くない．この理由は，A-CMG-Siウェハの残留応力がほぼ0であるためである．この特徴は，環境負荷が低減でき，多分野にわたって導入できる技術として期待されよう[39]．さらに，ダイヤモンド砥石で30μm厚さに薄板化すると，図(c)のように50mmも反り返るが，A-CMGによればこの条件でもほぼ0に近い．

13.5.5 Si加工層なしの加工原理

ここで，他の原子格子面間隔についても調べる．IC製品は，Si(100)ウェハを用いることが多いので，x, y, z軸の組合せにおいてTEM観察する場合，へき開面の<110>方向から電子線を入射することが一般的方法である．すなわち，入射方向<110>となり，そのとき格子$a=5.431$Åとなり，立方晶構造（ダイヤモンド構造）を持つ．

仮に Si＜110＞方向に電子入射すると，図13.36ような電子回折像が得られる．各電子線スポットの距離は，面格子指数（hkl）の面間隔の逆数に比例して面間隔 d は算出できる．つまり，TEM 観察時の加速電圧（電子線波長 λ），フィルムと試料間の距離（カメラ長 L），電子線回折時の倍率などから JCPDS カードを用いて求められる．例えば，Si（111）面：$d=3.136$ Å，また Si（002）面：$d=2.716$ Å，さらに Si（220）面：$d=1.920$ Å となり，現れているすべての回折スポットのベクトルは電子線入射方位＜110＞方向と直交する．

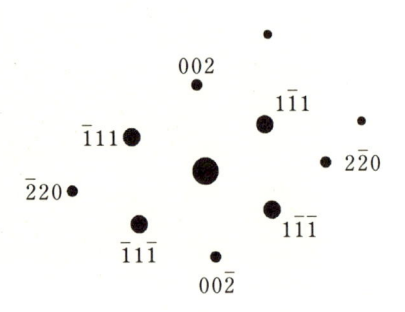

図13.36　Si＜110＞壁開面からの電子線入射透過波による Si 原子格子面の制限視野電子線の各スポット

この計算値と高分解能分子プローブ間顕微鏡による，実測値（図13.27，図13.28の例）は，前述の（111），（002），（220）の d 値とほぼ一致していることから，Si 原子格子の空間的弾性ひずみもほぼ常温格子間隔にあり，加工ひずみはほぼ 0 に近いことがわかる．ここで，ついでに（$\bar{1}\bar{1}1$）：（$\bar{2}\bar{2}0$），（$2\bar{2}0$）：（$\bar{1}\bar{1}1$），（$1\bar{1}1$）：（002），（002）：（$\bar{1}11$），（$1\bar{1}1$）：（$\bar{1}11$）の間の面角度を計算から求めると，同順に，35.26°，35.26°，54.74°，109.47° となる．

図13.37に，超加工機械を用い，Si 単結晶の弾性モード領域において CeO_2 による Si 原子共有結合を熱化学的に結合ポテンシャルを低下させて生成した

(a) Si 共有結合単結晶の原子構造

(b) 分子間プローブ顕微鏡による Si〈100〉方向から（011）面観察

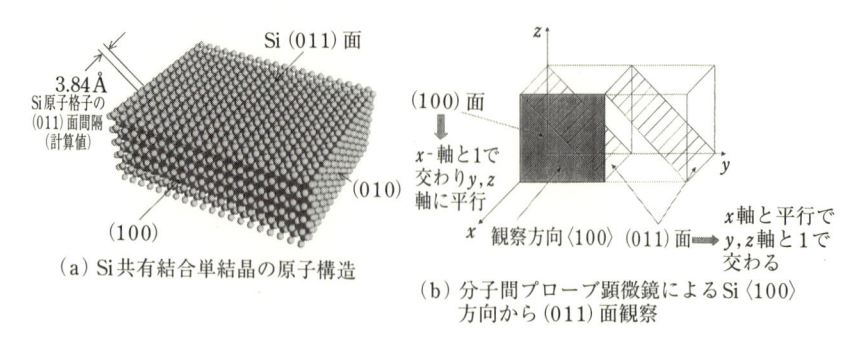

図13.37　分子間プローブ顕微鏡による Si 原子格子面間隔（011）実測方法

脆弱層を，後続の CeO_2 砥粒工具によりさらい，掃き出すように取り除いたときの図13.27の解説図を示す．Si（001）面の電子線制限暗視野電子線パターンを観察すると，Si-O のアモルファス相によるハローはなく，電子線回折面各スポットが鮮明に認められることから，自然酸化膜が認められない状態（20万倍，300 kV 加速電圧）の Si 立方晶構造を加工表面から持っていることがわかる．

以上，加工層の研究を始めてから，加工層がない母相と同じ原子構造を加工表面から持つ表面を得るまでに約40年の歳月を要している．もちろん，この成果は科学と技術の進歩そのものの写像であり，研究レベルがそこまで達して得られたもので，多くの人々の総合力の集大成による結果であり，個人的な業績ではない．以下に，既述の説明をまとめる．

1940年代までは，幾何学の時代，つまり幾何形状を得ることを目的とした．仮に切込み d を，工作物速度 v_w，研削速度 V_s，切れ刃数 n，砥石・工作物接触長さ l，平均切りくず面積 a_m とおいて表すと，切込み $d = lV_s n a_m / v_w$ を与えることによって幾何学的精度が得られる．

- **幾何学的加工層**：破壊相，き裂，塑性ひずみ，弾性ひずみ，組織変化が存在する．

1960年頃から，

- **弾・塑性力学，熱力学，化学反応による加工層**：き裂，塑性ひずみ，弾性ひずみ，組織変化；弾・塑性加工層

この領域において，脆性材料をき裂破壊のない塑性モードの弾・塑性加工層を得るには，材料の破壊靱性 K_{IC}，硬さ H，縦弾性係数 E として，

$$切込み\ d_c < C(E/H)(K_{IC}/H)^2, \quad C \fallingdotseq 0.15\ (Si)$$

を与えると，弾性ひずみと塑性ひずみを持つ組織変質の加工層が生成する．

1980年頃から，

- **分子動力学，弾・塑性力学，熱・化学反応による加工層**：弾性モード加工による弾性加工層の究明が行われている．

この領域の加工で最も品質の高い加工方法は CMP（Chemo-Mechanical Polishing：化学・機械ポリシング加工）であるが，加工層最上皮層に数 nm～数10 nm の自然酸化膜，その下層に転位層を時々発生する．そして，最表面から

ある深さまで弾性ひずみを分布する加工層となる.

しかしながら，1998年に開始した超加工機に A-CMG を装着した加工方法によれば，前述の図13.37の分子間プローブ顕微鏡による Si 原子格子面間隔(011)実測評価のように弾性ひずみ（現在の X 線応力測定法では測定できないほど小さい原子格子ひずみのオーダである）のみで，自然酸化膜と転位が現在の観察方法では認められないレベルの加工が可能となった.

例えば，Si の2体間の原子ポテンシャル $\phi(r)$ は，初期位置 r_0，r_0 からの任意距離 r，r_0 におけるポテンシャルを D，材料定数を α と置くと，

$$\phi(r) = D\{\exp[-2\alpha(r-r_0)] - 2\exp[-\alpha(r-r_0)]\} \quad (\text{eV}) \quad (13.12)$$

ただし，Si-Si 原子のとき $D=1.1575$ eV, $r_0=2.531$ Å, $\alpha=2.2597$ Å^{-1}, また Si-C 原子のとき $D=0.4350$ eV, $r_0=1.947$ Å, $\alpha=4.6417$ Å^{-1} となる. さらに，原子間力 $f(r)$ は

$$f(r) = \frac{d\phi(r)}{dr} = 2\alpha D\{\exp[-2\alpha(r_{ij}-r_0)] - \exp[-\alpha(r_{ij}-r_0)]\}$$

(13.13)

の有名な式で表せる.

ここで，概念的な観点から極めて軽微な原子格子ひずみ層のみの加工を実行する方法を述べる. Si が加工熱により酸化膜が発生しない加工環境を与え，この条件で，Si 原子間ポテンシャルの共有結合力を弱体化させるために SiO_2（A-CMG の前加工層では母相上に SiO_2 膜を持っている）と砥粒 CeO_2 の分子間で熱化学反応を発生させる. この化学的分子間反応により，SiO_2-CeO_2 間の分子結合力（bond population）が瞬時に低下し，その下層の母相 Si 原子に何ら影響を与えることなく，SiO_2 層は後続の砥粒 CeO_2 により浚われ，掃き出されるように除去される. これによって，原子格子欠陥がない母相 Si 単結晶とほぼ同一の加工表面が得られる. つまり，SiO_2 層を弱体化させることによって Si の表面障壁ポテンシャルを低下させ Si 原子格子の新生成表面が得られる.

このように，長年の技術蓄積によって，

- 強制切込みの加工原理
    - [Ⅰ] 幾何学表面を得るための切込み d
    - [Ⅱ] 弾・塑性加工表面を得るための切込み d_c

- 進化加工の加工原理（選択的圧力加工法）
  - ［Ⅲ］そして，化学反応を与えることによって $\phi(r)$ のポテンシャルを低下させ，その弱体層の深さ d_{weakness} を掃き出すことによって原子表面を持つ**新生無垢**加工面が得られる．

以上をまとめると，次のようになる．

(1) 強制切込み方式（機械精度の転写，機械精度まで精度が得られる方式）によって，幾何学的精度を切込み d に最適値を与え，まず荒加工精度を得る．

(2) 工作物の弾塑性領域における強制切込み方式によって，例えば脆性材料の場合，切込み d_c より少ない切込みにより塑性的加工精度を得る．

(3) 最後の仕上げ加工は，固定砥粒方式の進化の加工原理（表面突起を漸次除去しつつ突起がなくなり原子表面となる方式）によって，熱化学反応を与えつつ表面障壁エネルギーを弱体化し，原子結合力の低下を利用し，その脆弱層を掃き浚うように除去する．

13.6 大口径Siウェハの加工層なしの一貫融合加工システム

一般に，Siウェハ製造工程は，図13.38に示すようにインゴットを研削加工とバンドソーにより加工し，その後IDブレードやワイヤソーによりスライスされ，以下，順にラッピング，研削加工，ポリシング，CMPを経て終了する．さらにICチップのデバイス製造は，図13.39示すとおりとなるが，ここでも②CMP・BG（裏面研削）があり，本機械を投入し，工程削減と品質向上が可能な製造工程ができる．

ここまでは，1台の超加工機械で，A-CMG固定砥石を乾式，かつクリーンルームなしの条件を与えて，き裂や転位および表面酸化膜発生がない（約80万倍TEM撮影）加工が可能なることを述べてきた．仮に，この生産加工技術を図13.40 (a) に示す従来の加工システムに投入すると，ラッピング，3工程のポリシング，エッチング，アニーリング（熱処理），CMPの7工程を超加工機械による乾式加工に置き換えることが研究室において実現されている．

加工工程における省エネルギーを比較すると，おおよそ図13.41のように

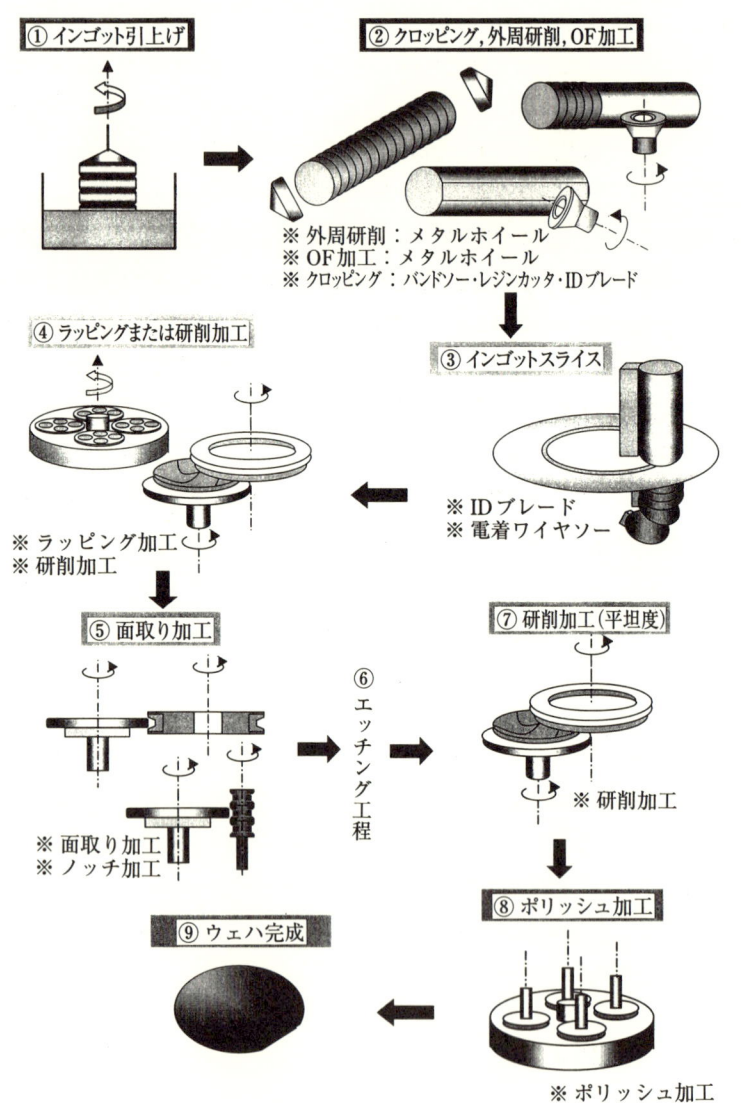

(310) 第13章 単結晶Siの加工層なし超加工機製作と加工

① インゴット引上げ

② クロッピング,外周研削,OF加工
※ 外周研削:メタルホイール
※ OF加工:メタルホイール
※ クロッピング:バンドソー・レジンカッタ・IDブレード

③ インゴットスライス
※ IDブレード
※ 電着ワイヤソー

④ ラッピングまたは研削加工
※ ラッピング加工
※ 研削加工

⑤ 面取り加工
※ 面取り加工
※ ノッチ加工

⑥ エッチング工程

⑦ 研削加工(平坦度)
※ 研削加工

⑧ ポリッシュ加工
※ ポリッシュ加工

⑨ ウェハ完成

図13.38 ウェハ製造工程[40]

なる.本方式の加工環境は,大気中,自然光のままで,クリーン服などの着衣もなく作業できる.また,加工は1台の機械で,ダイヤモンド砥石とA-CMG固定砥石を強制切込み方式と定圧研削方式のハイブリッド機能により可能とな

13.6 大口径Siウェハの加工層なしの一貫融合加工システム

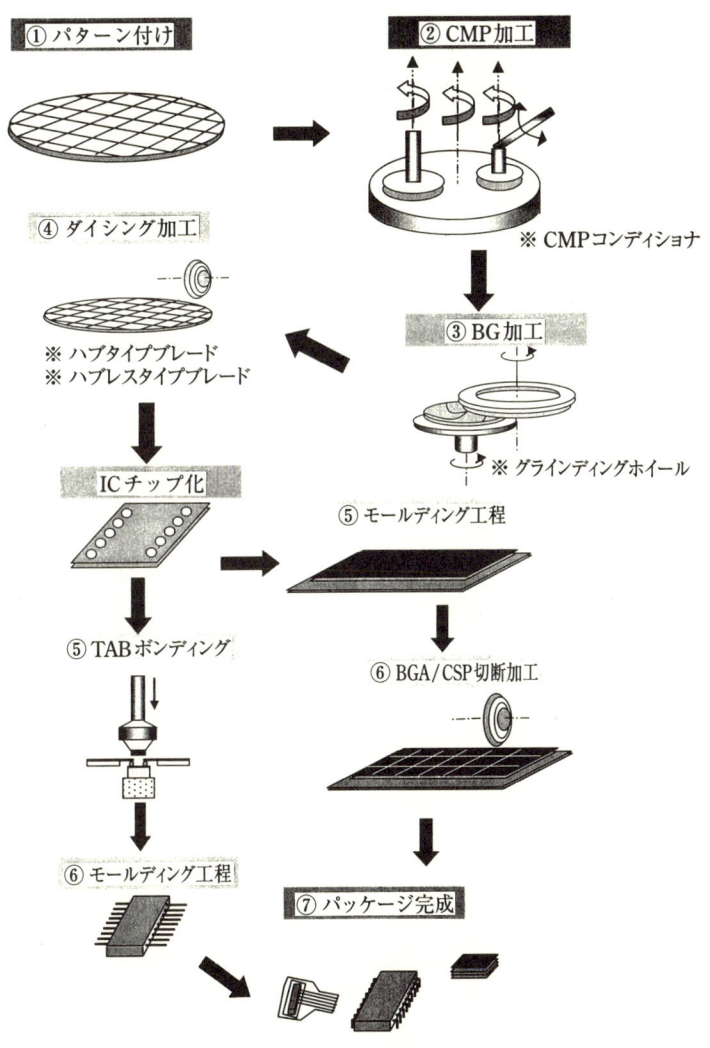

図 13.39 デバイス製造工程[40]

る．加工は，たとえばダイヤモンド砥石により厚さ約 700 μm, φ300 mm を R_a<0.1 μm, 平坦度 0.1 ～0.2 μm/φ300 mm，厚さ 100 μm, 8 min 以内に，そして次に，A-CMG 砥石により R_a<0.1～0.2 nm, 原子格子間隔 3.94 Å（計算値 3.84 Å）に，かつ Si 原子転位と残留応力がほぼ 0 の加工を 7 min 以内の合

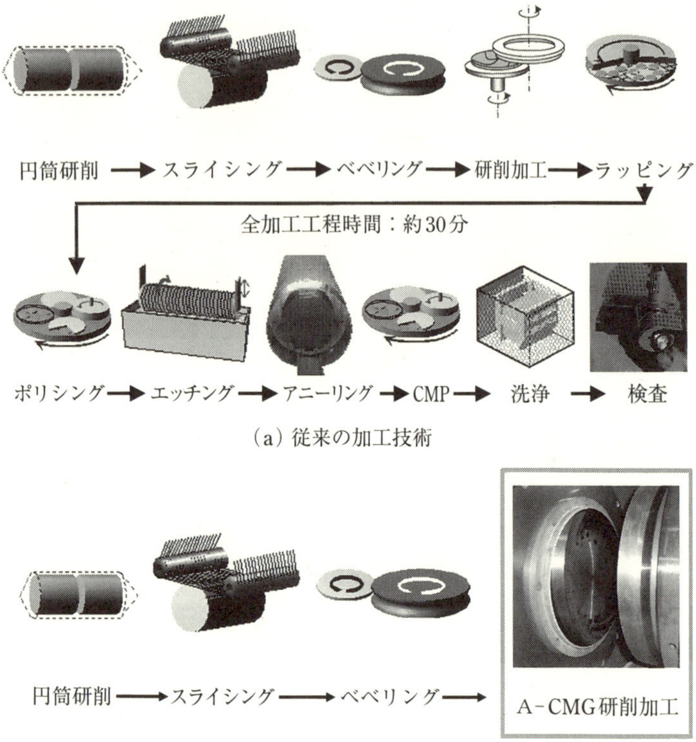

(312)　第13章　単結晶Siの加工層なし超加工機製作と加工

円筒研削 → スライシング → ベベリング → 研削加工 → ラッピング

全加工工程時間：約30分

ポリシング → エッチング → アニーリング → CMP → 洗浄 → 検査

(a) 従来の加工技術

円筒研削 → スライシング → ベベリング →　A-CMG研削加工

(b) 開発技術

図13.40　超加工機械によるSiウェハのA-CMG固定砥石加工

計15 min以内に仕上げることが可能である.

　このような生産加工システム技術は，過去の歴史的な伝統技術と勤勉，誠実な研究者のたゆまぬ先進的開拓精神による技術の蓄積によってもたらされた暗黙知と形式知の総合によって生まれた成果である．この加工システムを歴史的に通観すると，図13.42に示すように描くことができる．

　紀元前のエジプト文明がもたらした幾何学による幾何精度を得る時代，つまり数10 mから0.1 mmの人間が目視できる巨視的（macro）寸法・形状精度の生産加工技術の時代にさかのぼることができる．次に，人間が目視できなくなる0.1 mm以下（ほぼ人の髪の毛の直径）の寸法・形状，つまり表面の粗さの世界（micro：微視的）へと進んだ．この技術の先駆けは，ジェームズ・ワットの蒸気

13.6 大口径Siウェハの加工層なしの一貫融合加工システム　（313）

(a) 従来の加工法　　　(b) 超加工機械による加工法

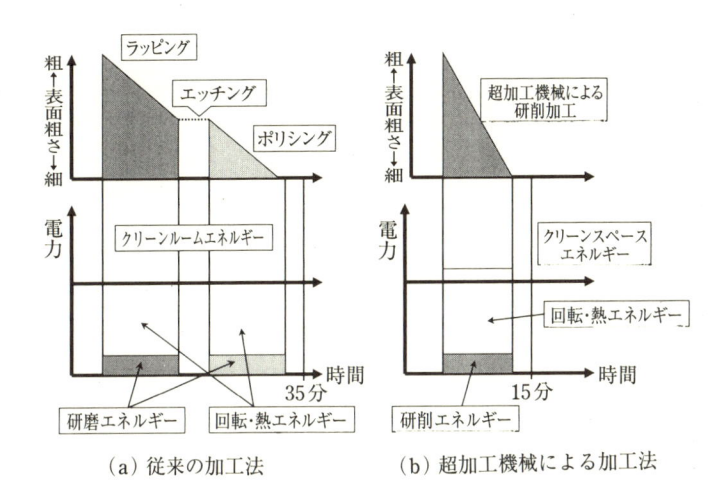

図13.41　従来加工法と超加工機械の加工エネルギーとの比較

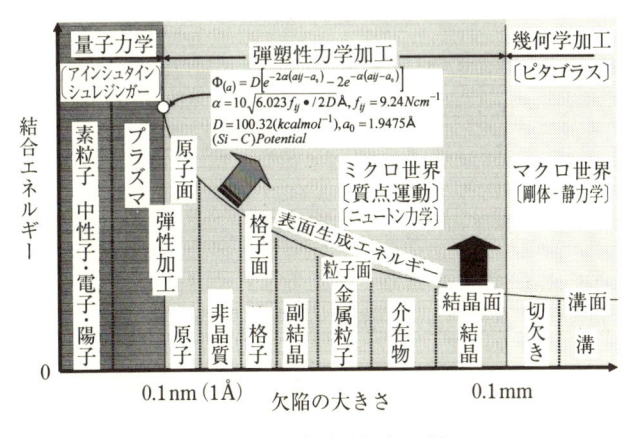

$$\Phi_{(a)} = D\left[e^{-2\alpha(a_{ij}-a_{\circ})} - 2e^{-\alpha(a_{ij}-a_{\circ})}\right]$$
$$\alpha = 10\sqrt{6.023 f_y / 2D}\,\text{Å},\ f_y = 9.24\,\text{Ncm}^{-1}$$
$$D = 100.32(kcalmol^{-1}),\ a_0 = 1.9475\,\text{Å}$$
$$(Si-C)\,Potential$$

図13.42　欠陥利用加工学

機関の発明によるウィルキンソン中ぐり盤の開発と，その後しばらくして，チモシェンコとR. Hillによる弾性，塑性力学の発明による生産技術の大躍進がある．つまり，表面の粗さの理論（幾何学，塑性力学）と転位理論によって，**物質の加工精度の向上に拍車がかかった．**そして，ついに1990年頃から，原子の中味，つまり量子（quantum；アインシュタイン，シュレディンガーら）の**光**世界に立ち入って生産加工技術を考察する時代に入った．その例として，第一原理分子動力学や量子分子動力学を挙げることができる．

第13章 単結晶Siの加工層なし超加工機製作と加工

説明が少し横道にそれたが，13.5.5項に述べたとおり，この超加工機械による加工システムは，① 幾何学（寸法，形状）精度，② 仕上げ面粗さ精度，③ 原子精度の『物』の分析知識（analysis）を一貫融合した生産技術であることがわかる．このように，機械の開発は歴史技術の総合（Total Integrated Manufacturing System：TIMS）によるシステムであるといえよう．

以上をまとめると，①＋②＋③の技術を総合し，融合した機械で，① に対して適切な切込み d，送り f および工具形状を与えると幾何精度がほぼ定まる．また，加工速度 v_w，V_G が加工領域の弾塑性力学と熱力学，および化学反応エネルギーを変化して所定の寸法，形状，粗さの精度が得られる．さらに上位の加工精度を求めるためには，強制加工原理による機械運動精度の限界条件から，定圧加工による進化の加工原理を導入することによって機械運動精度を上回る加工精度が得られることになる．

CeO_2 を砥石の主要素とする A-CMG 砥石は古くからポリシング加工に用いられ，化学的反応が加工領域において発現することが認められていた．たまたま大口径 Si ウェハの平坦度を満足したうえで加工層なしを実現するとなると，固定砥石で平坦度を機械的に追い込んだうえで延性モード d_c の加工微小塑性領域を0にする技術ということになる．そこで思いついたのが，1998年 NEDO 地域コンソーシアムプロジェクトの CeO_2 固定砥石という着想である．

当初，湿式でダイヤモンド砥石と同じ条件で実施していたが，あるとき院生が機械から離れ，戻ってくると，研削液の注入が停止し，乾式で研削を続行していた．あわてた院生は機械を止め，筆者にとんでもないことをしたといって謝りにきた．しかし，それを見に行ってビックリ，ギョウテンしたのがこの発明への到達結果である．加工表面は，見事な鏡面のうえに，幾何形状の砥粒運動軌跡のら旋模様が全くないのである．そうして，その表面や内部を分析・評価した結果は，前述のとおり砥粒条痕や溝，塑性ひずみ，転位，酸化膜がないうえに，表面から内部にわたって Si 原子格子構造が母相 Si 単結晶と全く同一配列をしていたのである．これは，創造主からの『賜物』に違いない．

この結果から，前述のマクロ的条件，ミクロ的条件，そして量子力学的条件をソフトウェアとしてシステム化すると，1台の機械で次のような省エネルギーと環境負荷低減の一貫融合超加工システム TIMS が可能となる．例えば，

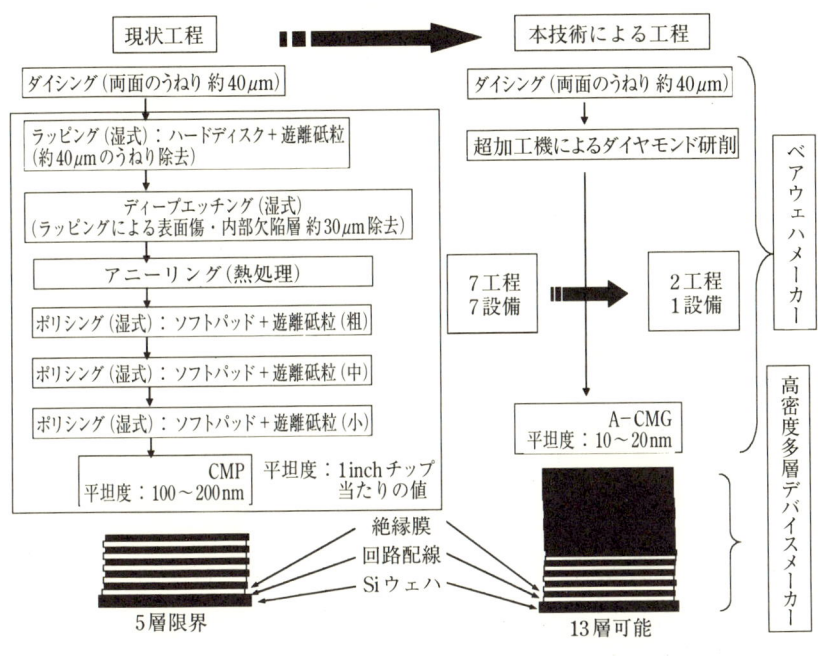

13.6 大口径Siウェハの加工層なしの一貫融合加工システム

図13.43 超加工機械投入によるSiウェハとデバイスの省工程

現状工程:
- ダイシング（両面のうねり 約40μm）
- ラッピング（湿式）：ハードディスク+遊離砥粒（約40μmのうねり除去）
- ディープエッチング（湿式）（ラッピングによる表面傷・内部欠陥層 約30μm除去）
- アニーリング（熱処理）
- ポリシング（湿式）：ソフトパッド+遊離砥粒（粗）
- ポリシング（湿式）：ソフトパッド+遊離砥粒（中）
- ポリシング（湿式）：ソフトパッド+遊離砥粒（小）
- CMP 平坦度：100～200nm

平坦度：1inchチップ当たりの値

7工程 7設備

本技術による工程:
- ダイシング（両面のうねり 約40μm）
- 超加工機によるダイヤモンド研削
- A-CMG 平坦度：10～20nm

2工程 1設備

5層限界（絶縁膜／回路配線／Siウェハ） → 13層可能

ベアウェハメーカー／高密度多層デバイスメーカー

この加工機械を現在の大口径Siベアウェハ加工工程，あるいは次世代の高密度多層デバイスSiウェハに投入すると，図13.43に示すように，現在7工程，7設備のシステムを1台の機械の同一機上でダイヤモンド砥石とA-CMG砥石（2軸搭載）を用い大幅に工程を削減でき，最終の洗浄工程に送ることが可能である*．

特に，高密度多層デバイス工程は面ダレや平坦面創成機構において，5層あたりが限界とみられているが，本機投入によれば1nmあたりまでの位置決めや姿勢制御により機械的に平面度を得ることができ，13層あたりまで積層可能な有効な加工技術となろう．

＊ ハイブリッド研削ポリシング加工機械（Hybrid Grind-Polishing Machine：HGPM）：機械力学的に発生する研削熱により，砥粒に化学的反応機能が被加工材との間で発現する．この加工環境構成において，被加工材の原子間ポテンシャルを弱体化しつつ加工する機械である．

参考文献

1) 丹羽敏雄：数学は世界を解明できるか，中公新書 (1995-5) p.164.
2) 生天目章：マルチエージェントと複雑系，森北出版 (1998) p.117, p.247.
3) 谷口紀男：ナノテクノロジの基礎と応用，工業調査会 (1988) p.18.
4) M.S. Daw and M.I. Baskes : Phys. Rev. Lett., **50** (1983) p.1285 ; Phy. Rev. B, **29** (1983) p.6443 ; **33** (1986) p.7983 ; **40** (1989) p.6085 ; **46** (1992) p.2727.
5) T. Inamura et al. (2) : "On Variable Scale Molecular Dynamics Simulation Based on Renormalization Technique, Jour. JSME A, **63**, 608 (1997) p.202.
6) K. Yamashita et al.（9） : "Fabrication and Characterization of multiplayer supermirrors for hard X-ray optics", J. Synchrotron Rad., **5** (1998) p.711.
7) G.S. Lodha et al.（6） : "Effect of Suface roughness and substrate damage on grazing-incidence X-ray scattering and specular reflectance", Applied Optics, **37**, 2 (1998) p.5239.
8) Jin Yu and Y. Namba : "Atomic surface roughness", Applied Physics Letters, **73**, 24 (1998) p.3607.
9) H.K. Tönshoff, W.V. Schmieden, I. Inasaki, W. König and G. Spur : "Abrasive Machining of Silicon", Annals of CIRP, **39**, 2 (1990) pp.621-635.
10) K. Takada : "Significance of Government-Private Joint Research Consortium", Advances in Abrasive Technology Ⅲ (2000) pp.17-20.
11) M. Kerstan and G. Oietsch : "Silicon Wafer Substrate Planarization Using Simultaneous Double-disk Grinding", Advances in Abrasive Technology Ⅲ (2000) pp.211-222.
12) 森　勇蔵：「EEMとその表面」，精密機械，**46**, 6 (1980) p.659.
13) 難波義治：フロート・ポリシング，超精密生産技術大系第1巻基本技術，フジ・テクノシステム (1995) pp.337-341.
14) 日本機械学会編：生産加工の原理，日刊工業新聞社 (1998) pp.23-46.
15) 谷口紀男：ナノテクノロジの基礎と応用，工業調査会 (1988) pp.32-53.
16) H. Eda and E. Ohmura : "Ultra Precise Machine Tool Equipped with a Giant Magnetostriction Actuator", Annals of the CIRP, **41**, 1 (1992) pp.421-424.
17) A.A. Adly and I.D. Mayergoyz : "Preisach modelling of magnetostrictive hysteresis", Journal of Applied Physics, **69**, 8 (1991) pp.5777-5779.
　　または江田　弘ほか5名：「大重量主軸台原子レベル起磁歪位置決め/アラインメントシステムの開発」，精密工学会誌，**69**, 1 (2003) pp.100-104.
18) L.M. Cook : Chemical Process in Glass Polishing, J. of Non-crystalline Solids,

120 (1990) pp. 152-171
19) N. Taniguchi : Nanotechnology:Integrated Processing System for Ultra- Precision and Ultra Fine Products, Oxford Science Publications (1996) p. 63.
20) S.H. Li and B.O. Miller : Chemical Mechanical Polishing in Silicon Processing, Academic Press (2000) pp. 139-153.
21) L. Zhang and H. Tanaka : "Atomic scale deformation in silicon monocrystals induced by two- body and three- body contact sliding", Triblogy Int'l, **31**, 8 (1998) pp. 425-433.
22) N. Brown and B. Fuchs : Ductile grinding of glass, Digest Series 13, Optical Society of America (1988).
23) 渡邊純二:「化学・機械複合作用による精密研磨技術」, 砥粒加工学会誌, **47**, 7 (2000) pp. 324-326.
24) M. Nogami and M. Tomozawa : Phys. Chem. Glass, **25** (1984) pp. 82-85.
25) W. Lanford,C. Burman and R. Doremus : Advances in Materials Characterization II, R. Snyder, R. Condrate and P. Johnson (1985) p. 203.
26) A. Rajeendran et al. : "Tight- binding quantum chemical molecular dynamics simulation of mechano- chemical reactions during chemical- mechanical polishing process of SiO_2 surface by CeO_2 particle", Applied Surface Science, 244 (2005) p. 34.
27) 久保百司・坪井秀行・古山通久・宮本　明:「量子分子動力学法に基づく化学機械研磨シミュレータの開発」, 砥粒加工学会誌, 497 (2005) p. 366.
28) 立野公男:「半導体微細加工装置技術の最新動向」, 科学技術政策研究所科学技術動向月報, No. 4 (2004).
29) 周　立波・河合真二・本田将之・清水　淳・江田　弘・焼田和明:「Si ウエハの Chemo - Mechanical- Grinding (CMG) に関する研究－第1報：CMG 砥石の開発－」, 精密工学会誌, **68**, 12 (2002) pp. 1559-1563.
30) 周　立波・清水　淳・江田　弘・木村俊一郎:「Si ウエハの Chemo- Mechanical- Grinding (CMG) に関する研究－第2報：固定砥粒による φ300 mm Si ウエハの完全表面創成－」, 精密工学会誌, **71**, 4 (2005) pp. 466-470.
31) H.K. Tönshoff, W.V. Schmieden, I. Inasaki, W. König and G. Spur : "Abrasive Machining of Silicon", CIRP Annals, **39**, 2 (1990) pp. 621-632.
32) L. Zhang and I. Zarudi : "Towards a Deeper Understanding of Plastic Deformation in Single crystal Silicon", Int'l J. of Mechanical Sciences, **43** (2001) pp. 1985-1996.

33) H. Tanaka, S. Shimada and N. Ikawa : "Brittle-Ductile Transition in Single crystal Silicon Analyzed by Molecular Dynamics Simulation", J. of Mechanical Engineering Science, 218 (2004) pp. 583-590.
34) T. Hoshino, Y. Kurata, Y. Terasaki and K. Susa : "Mechanism of polishing of SiO_2 films by CeO_2 particles", J. Non-Crystalline Solids, 283 (2001) pp. 129-136.
35) K.E. Peterson : "Silicon as a Mechanical Material", Proc. IEEE, **70**, 5 (1982) pp. 420-475.
36) B. Bhushan and X. Li : "Micromechanical and tribological characterization of doped single-crystal silicon and polysilicon films for microelectro-mechanical system devices", J. Material Research, **12**, 1 (1997) pp. 54-63.
37) A.B. Shorey, K.M. Kwong, K.M. Johnson and S.D. Jacobs : "Nanoindentation Hardness of Particles Used in Magnetorheological Finishing (MRF)", Applied Optics, **39** (2000) pp. 5194-5204.
38) A. Rajendran and Y. Takahashi et al. : "Tight-binding Quantum chemical molecular dynamics simulation of mechanochemicalreactions during CMP process of SiO_2 surface by CeO_2 particles 2, Applied Surface Science, 244 (2005) pp. 34-38.
39) L. Zhou, H. Eda, J. Shimizu, S. Kamiya, H. Iwase and S. Kimura : Perfect-free Fabrication for Single Crystal Silicon Substrate by Chemo-Mechanical Grinding, Annals of the CIRP, **55**, 1 (2006) p. 313.
    or S. Kamiya, H. Iwase, T. Nagaike, L. Zhou, H. Eda and S. Kimura : Microstructural Analysis for Si Water after CMG Process, Key Engineering Materials, **39** (2007) pp. 367-372.
40) 本間宏之:「ものづくりを支えるダイヤモンド工具」, 機械の研究, **57**, 4 (2005) p. 459.

索　引

ア　行

アコースティック・エミッション … 45
圧電アクチュエータ … 260
圧力センサ … 286
亜表面 … 288
網目状 … 159
アライメント微調整機構 … 282
アンクランプ … 281
暗黙知 … 275, 312
イオン … 41
イオン価 … 304
イオン交換 … 284
板状マルテンサイト … 147
板ばね … 281
位置敏感型比例係数管 … 21
一貫融合超加工システム … 314
インフィード研削方式 … 281
渦電流 … 44
エアーシリンダ … 281
エッチング … 25
塩化物 … 8
塩化膜 … 7
エンコーダ … 263
延性研削エネルギー … 256
延性研削加工機械 … 259
延性材料 … 244
延性-脆性遷移 … 255
延性モード … 255
延性モード加工 … 247
延性モード切削 … 208
円筒研削 … 63
凹凸説 … 219
応力集中源 … 156
応力-ひずみ線図 … 186
押込み圧痕半径 … 36
押込み硬さ試験 … 30
オーステナイト … 47, 118, 122

カ　行

汚染層 … 2
汚染表面 … 10
重み付き残差方程式 … 88
温度剛性 … 259
温度剛性方程式 … 89
温度センサ … 286
温度分布 … 58

カートリッジ … 202
解析部分 … 233
回折面間隔 … 13
回折角 … 20
回折格子 … 34
回折面 … 18
解離エネルギー … 230
蛙跳び法 … 227
化学エネルギー … 3
化学吸着層 … 2, 10
化学吸着熱 … 11
化学的吸着分子層 … 2
化学反応 … 294, 297
化学反応エネルギー … 38
化学反応層 … 8
過共析鋼 … 123
拡散係数 … 125
加工硬化 … 197
加工硬化係数 … 74
加工硬化層 … 205, 212
加工硬・軟化層 … 7
加工層 … 6, 194
加工層組織 … 41
加工変質層 … 1, 113
過剰濃度 … 9
硬さ … 30
活性化エネルギー … 11, 116
活性吸着剤 … 11
滑走速度 … 200

(319)

滑走路 ……………………… 200
カップ型砥石 …………………… 281
過飽和 …………………………… 144
カム研削 ………………………… 209
完全弾塑性体 …………………… 269
完全表面 …………………… 2, 271
機械環境温度 …………………… 259
機械剛性 ………………………… 259
機械的エネルギー ………………… 3
機械的応力 ……………………… 160
機械的効果 ……… 86, 92, 94, 104
機械的摩擦 ……………………… 297
機械力学エネルギー ……………… 38
幾何学的加工層 ………………… 307
規則格子 …………………… 50, 114
気体分子吸着 …………………… 249
基地 ……………………………… 189
基地組織 …………………………… 2
亀甲状 …………………………… 159
ギャップセンサ ………………… 261
キャラクタリゼーション ……… 41
球殻押し広げ理論 ……………… 269
究極の仕上げ面粗さ …………… 277
球状 Fe_3C …………………… 177
境界層 …………………………… 194
強制切込みの加工原理 ………… 308
強制熱伝達 ………………… 54, 114
強制熱伝達係数 ………………… 164
共析点 …………………………… 156
鏡像 ……………………………… 232
鏡像部分 ………………………… 233
凝着説 …………………………… 219
極限精度 ………………………… 276
局所分析法 ……………………… 41
巨視的応力 ……………………… 185
巨視的縦弾性係数 ……………… 182
切欠き効果 ……………………… 156
き裂感受性 ………………… 151, 156
き裂進展速度 …………………… 244
き裂成長速度 …………………… 246
き裂先行形 ……………………… 207

き裂伝播経路 …………………… 157
き裂破壊 ………………………… 190
き裂破壊応力 ……………………… 2
き裂破壊層 ………………………… 2
き裂密度 ………………………… 151
近接原子 ………………………… 223
金属炭化物 ……………………… 189
空冷 ………………………………… 91
クラックフリー …………… 256, 287
クランプ ………………………… 281
クリープ ………………………… 31
クリーンルーム ………………… 284
繰込み変換分子動力学法 ……… 248
クロスヘッド …………………… 33
ケイ酸塩類 ……………………… 296
形式知 ……………………… 275, 312
形状関数マトリックス ………… 87
欠陥 ……………………………… 38
結合エネルギー ………………… 222
結合電子数 ……………………… 304
結晶粒径 ………………………… 177
研削エネルギー ………………… 256
研削温度 ………………………… 215
研削温度分布 …………………… 90
研削回数 ………………………… 182
研削加工層 ………………… 47, 90
研削き裂 …………………… 144, 153
研削き裂間隔 …………………… 161
研削き裂形状 …………………… 159
研削形状 ………………………… 63
研削残留応力 …………………… 82
研削残留応力分布 ……………… 27
研削速度 ………………………… 239
研削抵抗 ………………………… 80
研削熱 …………………………… 86
研削焼け ………………………… 180
原子温度分布 …………………… 216
原子間距離 ………………… 222, 233
原子間力 …………………… 226, 230
原子間力顕微鏡 …………… 43, 299
原子クラスタ …………………… 276

索　引　　　　　(321)

原子精度 ……………………… 276	残留応力 ……………………… 12
原子の温度 …………………… 236	残留オーステナイト γ_R 相 ……… 139
原子密度 ……………………… 263	ジェット注液 ………………… 196
工業密度 ……………………… 197	自然酸化膜 ……………… 2, 307
光子 …………………………… 42	シミュレーション …………… 68
格子間隔 ……………………… 14	弱体原子層 …………………… 304
格子結合ポテンシャル障壁 …… 263	樹脂製マグネットポンプ …… 286
格子原子ポテンシャル障壁 …… 268	受動的加工 …………………… 276
格子定数 ……………………… 223	ショアの跳返り硬さ計 ……… 31
格子面間隔 …………………… 20	衝突き裂 …………… 146, 149, 153
高真空 ………………………… 10	晶へき面C ……………………… 145
剛性方程式 …………………… 76	除荷サイクル ………………… 30
剛性マトリックス ………… 78, 97	進化加工の加工原理 ………… 308
剛体イオン …………………… 221	進化の加工原理 ……………… 280
勾配ベクトル ………………… 87	真実接触面 …………………… 219
勾配マトリックス …………… 87	侵入固溶 ……………………… 144
降伏応力 …………… 80, 99, 256	水素爆発 ……………………… 286
降伏強さ ……………………… 37	酔歩 …………………………… 232
高分解能分子プローブ間顕微鏡 …300	酔歩部分 ……………………… 233
高密度多層デバイス工程 …… 315	水面レベルセンサ …………… 286
黒色火薬 ……………………… 199	水冷 …………………………… 91
極微細結晶 …………………… 2	数値計算 ……………………… 50
固形燃料 ……………………… 201	ステック-スリップ …………… 252
固定砥粒方式 ………………… 287	静止摩擦力 …………………… 219
コラムマトリックス ………… 97	脆性研削エネルギー ………… 256
コントロールボリューム …… 51	脆性材料 ……………………… 244
コンプライアンス …………… 36	脆性モード …………………… 196
サ 行	脆性モード加工 ……………… 247
	脆性モード研削 ……………… 209
最高表面温度 ………………… 258	静的塑性伝播速度 …………… 212
最深通過点 …………………… 60	静電気 ………………………… 285
最大せん断応力 ………… 147, 266	静電容量センサ ……………… 284
最大炭素固溶量 ……………… 125	析出 Fe_3C …………………… 139
最大引張応力 ………………… 266	切削残留応力 ………………… 97
再焼入れマルテンサイト …… 139	接触円半径 …………………… 266
サブミクロン ………………… 31	接触弧 ………………………… 80
差分法 ………………………… 50	接触剛性 ……………………… 259
差分方程式 …………………… 114	接触深さ ……………………… 34
散逸構造 ……………………… 275	セメンタイト ………………… 47
酸化層 ………………………… 9	セメンタイト分解 …………… 126
酸化膜 …………………… 8, 185	セラミックス ………………… 27

索　引

繊維組織層 ･････････････････ 2
全加工熱エネルギー ･･･････････ 189
選択的圧力加工法 ･･･････････ 280
せん断形 ･･･････････････････ 181
潜熱 ･･･････････････ 223, 231
線膨張率 ･･･････････････････ 147
層状 Fe_3C ･････････････････ 176
相当応力 ･･･････････････････ 74
相当塑性ひずみ ･･･････････････ 74
相変態 ････････････････････ 27
相変態過程 ･････････････････ 113
側枝き裂半径 ･･･････････････ 256
速度比 ････････････････････ 70
組織 ･････････････････････ 38
塑性域 ････････････････････ 73
塑性緩和 ･･････････････････ 152
塑性状態 ･･･････････････････ 98
塑性波 ･･･････････････････ 195
塑性波伝播速度 ･･･････ 195, 209
塑性ひずみ速度 ････････････ 195
塑性深さ ･･････････････････ 35
塑性変形 ･･････････････････ 190
塑性変形の領域 ･･････････････ 36
塑性変形層 ･････････････････ 2
塑性流動 ･････････････････ 205
反り返り ･････････････････ 305
ソルバイト ･･･････････････ 137

タ 行

第一原理分子動力学 ･･････ 276, 313
体心正方格子 ･･･････････････ 145
対数格子 ･･･････････････ 50, 114
体積膨張率 ･････････････････ 147
第2種残留応力 ･････････････ 186
第2相粒子 ････････････････ 169
多結晶 ････････････････････ 12
ダブルベース型 ･････････････ 198
炭化物 ･･････････････････ 189
単結晶 ････････････････････ 16
弾性域 ･････････････････ 36, 73
弾性エネルギー密度 ･････････ 260

弾性加工層 ･･･････････････ 307
弾性状態 ･･･････････････････ 98
弾性接触理論 ･････････････ 266
弾性粗密波 ･･･････････････ 248
弾性的加工表面 ･････････････ 279
弾性伝播速度 ･････････････ 246
弾性波 ･･･････････････････ 195
弾性ひずみ ･･･････････ 8, 20, 30
弾性変形 ･････････････････ 190
弾性変形層 ･････････････････ 2
弾性変形量 ･････････････････ 36
弾性放射加工 ･････････････ 195
弾性モード ･･･････････････ 279
弾・塑性加工層 ･･･････････ 307
炭素拡散 ･････････････････ 116
炭素濃度分布 ･････････････ 125
断熱膨張式 ･･･････････････ 201
ダンピング ････････････････ 33
単分子層 ･････････････････ 10
窒化物 ････････････････････ 8
窒化膜 ････････････････････ 7
チッピング ･･･････････････ 252
中央き裂半径 ･････････････ 256
中間生成物 ･･･････････････ 304
超音速滑走体 ･････････････ 194
超音波 ･･･････････････ 12, 45
超加工機 ･････････････････ 307
超加工機械 ･･･････････････ 260
超高速加工 ･･･････････････ 194
超高速研削 ･･･････････････ 209
超磁歪アクチュエータ ･････ 260, 283
超精密加工 ･･･････････････ 235
超微小研削 ･･･････････････ 235
定圧比熱 ･････････････････ 201
低角X線回折装置 ･････････ 169
定積比熱 ･････････････････ 201
転移密度 ･････････････････ 147
点火剤 ･･･････････････････ 199
電磁気 ････････････････････ 43
電子 ･････････････････････ 41
電子線回折パターン ･･･････ 301

電子ダイナミックス	297	熱塑性領域	27
デンドライト相	118, 122	熱弾塑性応力分布	86
砥石研削点温度	167	熱的効果	86, 94, 110
砥石接触弧	163	熱的残留応力分布	93
砥石粉末	302	熱伝達係数	164
透過型電子顕微鏡	301	熱伝達率	86
動剛性	259	熱伝導解析	57
動的平衡状態	275	熱伝導方程式	47, 113
動的連続切れ刃間隔	161	熱伝導率	86
動摩擦	219	熱の配分割合	57
トライボロジー	6	熱パルス	160, 161
砥粒運動エネルギー	217	熱力学エネルギー	38
砥粒回転半径	240	燃焼速度	198
砥粒切れ刃	60	能動的加工	276
砥粒研削点温度	163, 167		
砥粒先端半径	242	ハ 行	
砥粒の貫入深さ	293	バーガースベクトル	147
トルースタイト組織	137	パーライト	119, 122
トロコイド曲線	61	パイエルス力	263, 268
		破壊靱性値	244
ナ 行		白層	132, 154
内部エネルギー	222	爆発圧力	201
流れ形	181	爆発沸騰	217
ナノ押込み	35	薄膜	35
ナノ押込み硬さ	31	刃先角	217
ナノトライボロジー	220	刃状転位	215, 236
逃げ面摩耗	110	針状マルテンサイト	147
西山のモデル	148	汎関数	87
ニュートンの運動方程式	226	半径方向剛性コンプライアンス	259
ニュートンの第2法則	200	反応生成物	289
ヌープ硬さ	30	反応速度	294
熱異方性	163	反応速度過程論	288
熱エネルギー	3	ピエゾ素子	33
熱応力	102, 107, 164	ビオ数	164
熱化学反応	308	比研削エネルギー	256
熱き裂間隔	161	被研削性因子	182
熱源形状	128	微視的応力	186
熱源強度	91	非晶質	185
熱源強度分布	67	非晶質化合物	303
熱刺激	161	非晶質酸化膜	302
熱塑性エネルギー	27	微小位置決め機構	284

微小塑性	213, 271
微小塑性領域	196
飛翔体誘導管路	199
ヒステリシス補正	283
ひずみゲージ	32
ひずみテンソル	18
ビッカース硬さ	30
引っかき過程	252
引っかき力	191
表面エネルギー	2, 222, 263
表面障壁エネルギー	288
表面創成	68
表面創成理論	59
表面の欠陥	38
表面膜	7
ビルトインタイプ	281
ファインパーライト	118
ファン・デル・ワールス力	10
ファン・デル・ワールス相互作用	221
フーリエ数	164
フェノールレンジ	289
フェライト	119, 122
複合物	304
輻射熱伝達係数	164
藤田の模型	145
物理吸着層	2, 9
物理吸着熱	11
プライザッハモデル	283
ブリネル硬さ	30
フロートポリシング	194, 279
プロセスゾーン	246
プロセスゾーンウェイク	246
分子線エピタキシャル成長	276
分子動力学	220
分子動力学法	235
分子論	219
平衡距離	222
平行ビーム型X線応力測定装置	170
平行平板力覚センサ	250
ベイルビイ層	2, 8
ベーナイト変態	139
ベルコビッチ硬さ	30
変換マトリックス	19
変形勾配	17
変形層	7
偏光干渉計	34
ポアソン比	12
ボールねじ	262
ポテンシャルエネルギー	72, 222
ポリシングライクの加工	280
ボルツマン定数	232
ボルン・マイヤー型関数	221
ボンドポピュレーション	297

マ 行

マイクロクラック	146
マイクロ研削	257
膜の硬さ	37
マクロ的応力	175
摩擦	219
摩擦抵抗	220
マッハ数	198
摩耗	219
摩耗粉	233
マルテンサイト	118, 122
マルテンサイト変態	47, 118, 126
ミクロ的残留応力	175
ミッドリブ	145
無拡散変態	144
むしれ形	181
無転位加工	296
無ひずみ加工	270
面心体心複合立方格子	263
面心立方結晶	225
モース型関数	221
モース尺度	30
モレキュラビーム・エピタキシャル法	195

ヤ 行

焼戻し温度	152
焼戻し時間	176

索引　　　　　　　　　(325)

焼戻しマルテンサイト（α′）相 ····· 137
山田の方法 ························· 77
有限要素法 ························· 72
油脂膜 ···························· 10
油膜 ····························· 200
溶質吸着 ··························· 9
溶質濃度 ··························· 9
溶質分子 ··························· 9
揺動 ····························· 21
溶媒分子 ··························· 9
溶融形 ··························· 181
溶融流動片 ······················· 136

ラ 行

ラテラルき裂 ····················· 252
ラマンマイクロプローブ ············ 44
理想せん断強度 ··················· 266
理想引張強度 ····················· 266
リニアスケール ··················· 281
硫化物 ····························· 8
流体摩擦 ························· 262
量子分子動力学 ··················· 313
量子分子動力学法 ················· 297
臨界切込み ················· 248, 255
臨界切込み深さ ··················· 196
隣接格子間隔 ······················ 14
ルミライン ······················· 200
レナード・ジョーンズ型関数 ······ 221
レンズ状マルテンサイト ·········· 149
レンズ状マルテンサイト晶 ········ 145
ろ過装置 ························· 284
ロックウェル硬さ ·················· 30

ワ 行

ワイブル係数 ····················· 244

欧文・数字

A_1 変態点 ························ 136
A_3 変態点 ························ 136
A_{cm} 線 ··························· 125
AC サーボモータ ·················· 281

A-CMG ·························· 288
A-CMG 砥石 ····················· 288
A-CMG 砥石粉末 ················· 302
Amorphous 説 ······················ 1
Beilby 層 ·························· 1
Bragg 角 ························· 171
Bragg の式 ·················· 15, 171
CeO_2 ····························· 304
CIRP ······························ 1
CMP ···························· 289
c 軸方向 ························· 144
EDX 分析 ························ 301
Fe_2O_3 (hematite) ················ 140
Fe_3C 相 ···················· 84, 169
Fe_3O_4 (magnetite) ··············· 140
Fe-C 系状態図 ··················· 169
Fe-C 結合 ······················· 174
Fe-Fe 結合 ······················ 174
Fe-FeC 系状態図 ················· 169
FeO (wüstite) ···················· 140
Fick の法則 ················ 116, 125
G. Beilby ·························· 1
Hall-Petch の経験式 ············· 178
HGPH ··························· 315
Leap frog 法 ····················· 227
Salomon ························· 194
Si 化合物 ························ 303
S. Timoshenko ···················· 14
TIMS ···························· 314
von Kármán ····················· 197
von Mises ························· 73
X 線応力測定法 ·················· 172
X 線回折強度 ···················· 171
X 線強度 ························ 173
X 線的応力 ······················ 175
X 線の残留応力 ·················· 173
X 線 Bond 法 ····················· 28
$α$ Fe 相 ························· 169
$α′$ 晶依存型 ····················· 159
$α′$ 相 ··························· 139
$α′-γ$ 相依存型 ··················· 159

α'-γ 相境界 …………… 145	2次イオン質量分析法 ………… 44
$\alpha' \to \gamma$ 変態 ……………… 133	2軸揺動 ………………………… 22
γ 相化温度 ………………… 161	2相合金 ………………… 84, 169
σ-ε 線図 ……………… 278	2体中心力ポテンシャル … 226, 230
χ 軸揺動 …………………… 22	3次元トポグラフィ …………… 299
ψ 軸揺動 …………………… 22	

本著全体に参考となった文献

1) G. Beilby : Aggregation and Flow of Solid, McMillann (1921).
2) G. Sacks : Handbuch der Metall-physik Ⅳ, 19 (1927) p. 352.
3) R. Glocker : Materialprüfung mit Röntgen-strahlen, Springer (1936) p. 30.
4) J. Krammer : Zeitschrift für Physik, 125 (1949) p. 739.
5) L.E. Samuels et al. : Jour. of Iron & Steel Institute.
6) 石井：中央航空研究所彙報, **3**, 7 (1944) p. 187.
7) R.G. Treuting et al. : Residual Stress Mesurements, ASM (1952) p. 1.
8) 西本：表面層, 精密機械, **30**, 1 (1964) p. 121；文献多数.
9) 石井：切削表面の性質, 機械の研究, **7**, 1 (1955) p. 20；日本機械学会論文集, **17**, 63 (1961) p. 131；文献多数.
10) 平ほか：X線応力測定, 養賢堂 (1966)； 日本材料学会編：X線材料強度学 (1973)；文献多数.
11) 大越・福井：精密工学 (火兵学会誌, **26**, 4) (1932) p. 93.
12) 平・有馬：X線応力測定に関する研究, 日本機械学会論文集 (1), **29**, 200 (1963) p. 645.
13) R. Glocker and E. Osswald : Z. techn. Phys., **16** (1935) p. 237.
14) A.L. Christenson and E.S. Rowland : Trans. ASM, **45** (1953) p. 638.
15) 仁田：X線結晶学, 丸善 (1959).
16) M.J. Field, J.F. Káhles and W.P. Koster : Met. Eng. Qly., **6**, 36 (1966).
17) L.P. Tarasov : Trans. ASM, **36**, 389 (1946)；Trans. ASME, **73** (1951) p. 1144.
18) 川田：塑性と加工, **13**, 139 (1972) p. 638.
19) W.E. Littman : Proc. ASTME-CIRP (Int. Conf. Manuf. Tech. (1967)).
20) B.D. Cullity : Elements of X-Ray Diffraction, Addison-Wesley Pub. Co. (1959)； アグネ社 (1968).
21) 福良・藤原：材料, **14** (1965) p. 910, p. 956.
22) D.P. Koistenen and R.E. Marburger : Trans. ASM, **51** (1959) p. 537.
23) H.R. Letner : J. Appl. Phys., **25** (1954) p. 1440.
24) L.Z. Reimer : Metallkde., **46** (1955-1) p. 39.
25) 岩崎・村上：日本機械学会論文集 (1), **37**, 295 (1971) p. 462.
26) 英・福良・藤原：日本機械学会論文集, **35**, 270 (1969-2) p. 237；文献多数.
27) 若林・中山・永田：精密機械, **43**, 6 (1977) p. 661.
28) H. Dölle und V. Hauk : Z. Metallkde., **68** (1977) p. 725；**66** (1975) p. 167.

29) 鈴木・秋田・三沢：材料, **49**, 5 (2000) p. 534.
30) H.K. Tönshoff et al. : Annals of CIRP, **39**, 2 (1990) p. 621.
31) R.D. Halverstadt : American Machinist, Oct., **19**（1959）p. 103 ; **22**（1959）p. 138.
32) R.L. Lenning : Abrasive Engineering, December (1968) p. 25.
33) 奥島・西田・松井：日本機械学会論文集, **15**, 50 (1949) Ⅳ 1.
34) H. Bühler et al. : Arch.Eisenhüttenwesen, **36**, 29 (1965) ; Stahl und Eisen, **78** (1958) p. 1822.
35) J.C. Jaeger : Proc. of the Royal Society of New South Wales, **76** (1942) p. 203.
36) E.K. Henricksen : Trans. ASME, **73** (1951-1).
37) H.R. Letner : Trans. ASME, Oct. (1955) p. 1089.
38) J. Peters, R. Snoeys und M. Maris : Technische Mitteilungen, 69, Jahrgang, Heft 7/8, Juli/August (1976) p. 338.
39) 能登・米谷・高辻：日本金属学会誌, **52**, 2 (1989) p. 217.
40) E. Schreiber : Härterei-Tech. Mitt., **28** (1973) p. 186.
41) M.R. James, J.B. Cohen : Treatise of Mat. Sci. & Tech. 19A, Academic Press, Inc. (1980).
42) D.P. Koistinen : Trans. ASM, **50** (1958) p. 227.
43) R.Hill : The Mathematical Theory of Plasticity, Oxford Press (1950).
44) R. Glocker, B. Hess und O. Schaaber : Zeitschr. f. techn. Physik, **7** (1938) p. 194.
45) W.M. Baldwin : Residual Stresses in Metals, Edgar Marburg Lecture, Am. Soc. Test. Mat. (1949).
46) D.G. Richads : Proc. Soc. Exp. Stress Anal., **3**, 40 (1945).
47) G. Treuting and W.t. Read, Jr. : J. Appl. Phys., **22**, 130 (1951).
48) S. Timoshenko : Theory of Plates and Shells, McGraw-Hill (1940).
49) V. Bulckaen and L. Paganini : Rev. Sci. Instrum., **44**（1973）p. 877 ; **42**（1971）p. 1687 ; **46** (1975) p. 1402.
50) 米谷：残留応力の発生と対策, 養賢堂 (1987).
51) M. Field and J.F. Karhles : Review of Surface Integrity of Machined Components, CIRP Long Abstract (1971) p. 99.
52) L.K. Zotova et al. : Machine Tool, Vol. XI, No. 2 (1970) p. 39.
53) 垣野：「切削加工面の生成機構に関する研究」, 京都大学学位論文 (1971).
54) 高橋：「固体加工表面」, 砥粒加工研究会報, **9**, 10 (1965) p. 331 ; 潤滑, **13**, 11 (1968) p. 620.

55) 川田・栗田・児玉：材料, **17**, 183 (1968) p. 1129.
56) M.C. Shaw : Principle of Abrasive Processing, Oxford Sci. Pub. (1996).
57) G.T. Beilby : Proc. R. Soc., **72** (1903) p. 2117.
58) J.O. Alman : SAE, J., Trans., **51** (1943) p. 256
59) L.V. Colwell : Trans. ASME, **77**, 149 (1955).
60) E. Brinksmeier, J. T. Cammett, W. König, P. Leskovar, J. Poters and H. K. Tönshoff : Ann. CIRP, **31**, 2 (1981) p. 491.
61) 加工変質層分科会（精密工学会報告（主査松永），精密機械, **38**, 9 (1972) p. 759 （大変参考になる文献）.
62) 松永正久：「加工変質層と表面物性」，日本機械学会誌, **75**, 636 (1972-1) p. 15.
63) 松永・井田：表面の構造，朝倉書店 (1971).
64) 松永：金属表面技術, **11**, 10 (1960) p. 385.
65) 井田：「加工による半導体結晶の損傷」，材料科学, **7**, 10 (1970).
66) 谷口：ナノテクノロジの基礎と応用，工業調査会 (1988-8).
67) 江田（監修）：超精密加工技術，トリケップス出版 (1986).
68) K. Nakajima（中島）, Y. Mizutani（水谷）: Wear, **13** (1969) p. 40 ; 結晶学会誌, **11** (1969) p. 259 ; 日本金属学会誌, **34** (1970) p. 1221.
69) 沖津・藤原：「食凹法による加工変質層の検出」，精密機械, **33**, 6 (1967) p. 369.
70) 吉川：「加工における結晶表面の延性ぜい性挙動」，精密機械, **35**, 10 (1969) p. 662.
71) R.P. Agarwala and H. Wilman : J. Iron & Steel Inst., 179 (1955) p. 124.
72) 英：材料, **37**, 419 (1988) p. 971.
73) V. Hauk : Residual Stresses, DMG Infomationsgesellschaft, Oberursel (1986).
74) H.P. Kirchner et al. : J. Appl. Phys., **42**, 3685 (1971).
75) P. Bastien and M. Weisz : Int.Institution for Production Enging. Reseach, Microtechnic, X, 3 (I.C.C. 620, 179, 6 : 621, 9).
76) 長嶋ほか3名：材料, **32**, 358 (1983) p. 813.
77) H.K. Tönshoff and E. Brinksmeier : Annals of the CIRP, **29**, 2 (1980) p. 519.
78) O.C. Zienkienwicz and Y.K. Cheung : The Finite Element Method in Structural and Continuum Mechanics, McGraw Hill (1967).
79) 田中ほか3名：材料, **38**, 430 (1989) p. 840 ; 文献多数.
80) J. Kaczmarck : Principle of Machining by Cutting, Abrasion and Erosion, Peter Peregrinus Limited, Stevenage, Eng., Oxford (1950).
81) D.Y. Jangz and A. Seireg : Proc. of the Japan Tribology Conf. Nagoya (1990) p.

439.
82) J. Goddard : Trans. ASM, **50** (1958) p. 1063.
83) R. Jenkins and J.L. de Vries : X-ray Spectrometry, Metallurgical Reviews, Review, 154 (1971); 文献多数.
84) E. Hanke : Soc. of Automotive Engineers, X-ray Stress Analysis as Related to Tempering and Tempering Kinetics, Sept. (23-24) (1969).
85) B.J. Griffiths : Jour. of Tribology, (Trans. ASME), **107** (1985) p. 165.
86) E. Vansevenant : Metaalbewerking, Jrg., **54**, 4 (1986) p. 123 ; CIRP, **36**, 1 (1987) p. 413.
87) 河村・奥山 ほか : 砥粒加工学会誌, **36**, 2 (1992) p. 84.
88) O. Podzimek : Annals of the CIRP, **35**, 1 (1986) p. 397.
89) P.M. Winter and W.J. McDonald : Trans. ASME, Jour. of Basic Enging. (1969, March) p. 15.
90) L.K. Zotova et al. : Machine & Tooling, Vol. XI, No. 2 (P39).
91) Q. Jackuliak and V. Bojnican : Trans. BISI, 8750, Feb. (1971).
92) W. König et al. : Annals of the CIRP, **25**, 2 (1976) p. 575 ; Industrie Anzeiger, **93**, 19 (2.3) (1971) p. 415.
93) B.K. Jones and J.W. Martin : Metal Technology, Nov. (1977) p. 520.
94) 田頭 : 機械と工具, **12** (1978) p. 51.
95) 有馬 : 島津科学器械ニュース, **26**, 4 (1985-9) p. 16.
96) 高沢 : 精密機械, **30**, 11 (1964) p. 854 ; **30**, 12 (1964) p. 914.
97) W.E. Littmann and J. Wulff : Trans. ASM, **47** (1955) p. 692.
98) H.S. Carslaw and J.C. Jaeger : Conduction of Heat in Solids, Oxford (1947).
99) 川田・栗田・児玉 : 材料, **17**, 183 (1968) p. 1129.
100) 村上・井淵 : 材料, **16**, 17 (1967) p. 966.
101) A. Peiter : Industrie Anzeiger, **93**, 19 (2.3) (1971) p. 406.
102) M.G. Moore and W.P. Evans : Trans. SAE, **66** (1960) p. 340.
103) S. Jeelaniz, J.A. Bailey : Trans. ASME (Jour. EM & T), **108** (1986-4) p. 93.
104) 村田・水谷・田中 : 材料, **41**, 464 (1992) p. 624.
105) 生田・堀野・井上 : 材料, **47**, 9 (1998) p. 892.
106) R.S. Hahn : Techn. Paper ASTME-MR 69-562 (1969).
107) D.M. Turley and E.D. Doyle : Mater. Sci. Eng., **21** (1975) p. 261 ; 9 ME, **24** (1973) p. 249 ; J. Inst. Met., **96** (1968) p. 82 ; **97** (1969) p. 237.
108) B.F. Turkovich : Annals of the CIRP, **30**, 2 (1981) p. 533.

本著全体に参考となった文献

109) I.C. Noyan : Metallurgical Trans. (A), 14 A, Feb. (1983) p. 249.
110) 岡村・中島・宇野・梶田：精密機械, **43**, 7 (1977) p. 814.
111) S. Chandrasekar and B. Bhushan : Trans. ASME (Jour. of Tribology), 110, Jan. (1988) p. 87.
112) H. Raether : Feinwerktechnik, Jg, 57, H. 5 (1953) p. 136.
113) 西本：機械と工具 (1963-1) p. 89.
114) D.M. Evans, D.N. Layton and H. Wilman : Proc. Roy. Soc., **205** (1951) p. 17.
115) B.M. Botros : Int. J. Mech. Sci., Pergamon Press, **2** (1965) p. 195；または A.S. of Tool & Manuf. Eng., MR 68-114 (Tech. Paper) (1968).
116) J. Frisch and E.G. Thomsen : Trans. ASME, **73** (1951) p. 337.
117) 荒木田・柴崎：鉄と鋼, **47**, 7 (1961) p. 918.
118) R. Snoeys, A. Decneut and J. Peters : マシニスト (訳) (1969-7) p. 1.
119) 室・対馬：潤滑, **17**, 7 (1972) p. 401.
120) G. Werner und M. Dederichs : Industrie Anzeiger, 94, Nr. 98 (21.11) (1972) p. 2348.
121) 小坂：摩耗変質層の研究, 万里閣 (1945-3).
122) 広瀬・佐々木：材料, **48**, 7 (1999) p. 692.
123) A.B. Shay and A. Ber : Annals of the CIRP, **33**, 1 (1984) p. 393.
124) W. Hönscheid : Industrie Anzeiger, **97**, 31, 5 (1975) p. 895.
125) H. Bühler und H.K. Tönshoff : Werkstatt und Betrieb 100 Jahrg. Heft 3 (1967) p. 211.
126) E. Brinksmeier et al. : Annals of the CIRP, **31**, 1 (1982) p. 491.
127) J.A. Bailey and S. Jeelani : Wear, **35** (1975) p. 199.
128) A.S. Lavine, S. Malkin and T.C. Jen : Annals of the CIRP, **38**, 1 (1989) p. 557.
129) 米谷・能登谷：不二越技報, **39**, 1 (1983) p. 1；日本金属学会誌, **47**, 1 (1983) p. 72；機械の研究, **38**, 5 (1986) p. 633.
130) 津和・山田・河村：精密機械, **41** (1975) p. 358.
131) 長嶋ほか3名：材料, **31**, 342 (1982) p. 234.
132) S. Turbaty, A. Moisan : Annals of the CIRP, **31**, 1 (1982) p. 441.
133) P. Leskovar et al. : Annals of the CIRP, **36**, 1 (1987) p. 409.
134) S. Chandrasekar, M.C. Shaw and B. Bhushan : Trans. ASME, **109** May (1987) p. 76.
135) B.W. Kruszynski : Annals of the CIRP, **40**, 1 (1991) p. 335.
136) 小磯ほか2名：材料, **44**, 505 (1995) p. 1279.

137) 白樫・吉野・帯川・堀江：日本機械学会論文集（C編），**60**, 577（1994）p. 2946.
138) 江田：精密加工実用便覧，日刊工業新聞社（2000）p. 319.
139) L.C. Zhang and H. Tanaka : JSME Int. Jour., **42**, 4（1999）p. 546 ; Wear, **211**（1997）p. 44.
140) 稲村 ほか7名：精密工学会誌，**63**, 1（1997）p. 86.
141) L.M. Cook : Jour. of Non-Crystalline Solids, **120**（1990）p. 152.
142) C.J. Evans, E. Paul, D. Dornfeld, D.A. Lucca, G. Byrne, M. Tricard, F. Klocke, D. Dambon and B.A. Mullany : Annals of the CIRP, **52**, 2（2003）p. 611.
143) 英・藤原：材料，**31**, 342（1982）p. 227.
144) U. Wolfsteig und E. Mascherauch, Harterei : Tech. Mitt., **31**（1976）p. 83.
145) 米谷：機械の研究，**38**, 5（1986）p. 633 ; 日本金属学会誌，**47**, 1（1983）p. 72.
146) D.M. Turley : Mat. Sci. & Eng., **19**（1979）p. 79.
147) 江田：「研削仕上面の残留応力評価」，砥粒加工学会チュートリアルテキスト，AB-TEC '92（1992.9.9）.
148) H. Opits, W. Ernst and K. F. Meyer : Grinding at High Cutting Speed, Int. Jour. MTDR（1972）p. 581.
149) B.J. Griffiths and D.C. Furze : Trans. ASME, **109**（1987）p. 338.
150) 津和：高精度（精密工学会），**2**, 2（1970）p. 32.
151) N. Taniguchi : Nanotechnology, Proc. ICPE, Part 2（1974）p. 18.
152) 江田：超精密工作機械の製作，工業調査会（1993）; A.E. クラーク，江田：超磁歪材料，日刊工業新聞社（1995）.
153) 日本機械学会 編：生産加工の原理，日刊工業新聞社（1998）; ものづくり機械の原理，日刊工業新聞社（2002）.
154) B. Bhushan : Handbook of Micro/Nano Tribology, CRC, Boca Raton, FL.（1995）; Fundamental of Tribology and Bridging the Gap Between the Micro- and Micro/Nanoscales, Kluwer Academic Publishers, Dordrecht, The Netherland（2001）.
155) 水谷・若林：日本機会学会論文集，**72**, 715（2006）p. 929.

あとがき

　加工層は，機械的，熱的，表面，化学的，電気的，磁気的などの物理・化学的エネルギーによって生成する．加工層の研究は，人類歴史の材料，道具とともに変遷し，石，陶器，銅，鉄鋼，粉末焼結，セラミックス，高分子，半導体，生体（バイオ）…と，材料開発と表裏一体的に進み，歩んでいる．歴史的には，いずれの時代においても，表面のき裂，空孔・傷や経年変化は嫌われ，それらは綿密な仕上げによって取り除かれている．

　16世紀に始まる科学時代に入り，主に弾性学，塑性学，量子力学などを駆使した要素還元主義，計量主義，経験主義の科学的分析研究によって，20世紀初頭に描いた研究目標は，大部分，明らかになりつつある．中でも，加工層は，生

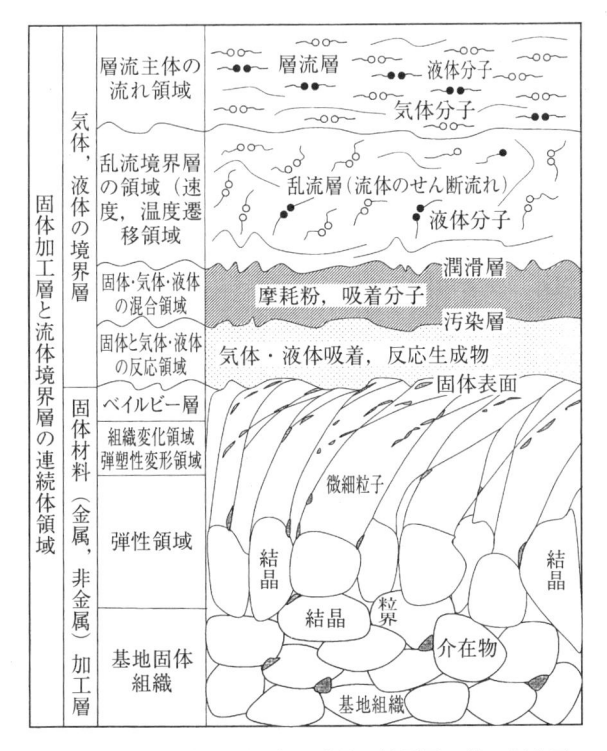

図　固体材料の加工層と気・液体の境界層の統一概念図

成機構，加工層の設計，加工層の利用などが中心的課題として扱われ，物理学，化学，材料学，機械学，構造学などを統合し，数学的およびトライボロジー的に解析された．

序文に描いた気体・液体の境界層と固体材料の加工層は，両分野から解析・分析が進み，実験と理論から明らかにされ，図に示すように材料加工層と流体境界層は結合され，ほぼ統合されたと解釈できよう．序文の加工変質層研究の流れに記載させていただいた研究者は，ほんの一部分の，しかも著者の専門性から，片寄った引用者名を記述していると思う．このほかに立派な業績を立てている専門家が大勢いると思うが，著者の不勉強をお許しいただきたい．

* * * *

夢

少年の頃，大変面白く読んだ少年画報連載（記憶違いかも知れないが）の赤胴鈴之助（北辰一刀流），それと立合った竜巻雷之進の「真空切り（鎌鼬のこと）」の極意（つまり，無痛切開）にあこがれ，こんなことできるのかと皆とまねをして遊んだものだ．飛躍するが，大学に職を得てからもほほえましい思い出として，例えば加工損傷がない（ダメージフリー）加工はできないかと，「少年の夢」を持ち続けていた．そしてついに，半世紀後にたどりついたのである．不思議なことである．

さて，本著をとじるに当たって，これから先加工層の研究はどのように推移するのだろうか，独断と偏見で一考を述べさせていただきたい．

バイオテクノロジーの進歩によって，生体・生命情報の知識が飛躍的に進むだろう．2006年度の科学技術総合指数（特許，論文の引用回数の指数化）によると，米国の R & D の 70 ％は life science，venture の 30 ％が health care である．innovation として〔市場力＋開発力＋資金力〕が核力となって，異業種交流の交差点としての night science に支えられて知識の爆発的展開が起こるだろうと推察される．

しかし，ここで大事なことは，科学技術だけでは innovation は起こらないということである．それは，科学技術＋財力＋社会システムの融合があってはじ

めて促進される．このような核力の影響を受けつつ，加工層＋境界層の統合・連携情報の階層的システム化が芽生えていくと考えている．材料加工層の時系列的な機能・構造の変化が，例えば生体の神経細胞からの信号授受のように，境界層との一体化により温度変化，湿度変化，気体・液体の濃度変化など，人間の皮膚の身体言語を感知し，脳に知らせ，危険，病気，事故に対して予防措置をとるように，加工層の信号情報科学工学が接触，非接触を問わず生まれるのではないかと想像している．加工層の機械的・熱的・電気的・磁気的信号を双方向キャッチすることによって，より安心してロケット旅行，飛行機の運行，電車，自動車，家電製品など，多くの工業製品の危険防止が可能となり，より安心して信頼できる社会が生まれていくのではないかと夢みている．若者の精励を期待する次第であります．

『学者とは　仏になりて　宇宙から　神の書物に　学ぶ者なり』

完

―― 著者略歴 ――

江田 弘 (えだ ひろし)

昭和17年　生れ（茨城県）
昭和48年　大阪大学 工学博士（主指導教官・津和秀夫教授，超精密加工創始者）
昭和50年　宇都宮大学 助教授 工学部，大学院（機械工学科 専攻）
平成元年　茨城大学 教授 工学部，大学院（精密工学科 専攻）
平成8年　京都大学（併任）工学部
平成9年　茨城大学 評議員（文部大臣・小杉隆 任命）（併任）
　　　　　琉球大学 大学院，工学部（併任）
平成10年　文部省 学術審議会，日本学術振興会 専門委員（併任）
平成13年　茨城大学 大学院ベンチャー・ビジネス・ラボラトリ長
平成16年　文部科学省 学術審議会 専門委員（併任）
平成17年　茨城大学 教授 知能システム工学科　現在に至る

　（社）日本機械学会フェロー，生産加工・工作機械部門長，（社）精密工学会フェロー，理事，評議員，校閲委員長，（社）砥粒加工学会 理事，評議員，国際製造技術者協会 SME（日本代表，本部 USA・Dearborn），茨城県工業技術研究会 技術顧問などを歴任

　著書 約35編，論文 約150編，国際会議論文 約120編，講演発表 約600編，精密工学会賞等20件受賞

JCLS〈㈱日本著作出版権管理システム委託出版物〉

2007　　2007年4月19日　第1版発行

材料加工層
完全表面への道

著者との申し合せにより検印省略

Ⓒ著作権所有

定価 5250円
（本体 5000円）
（税 5%）

著作者　江田　弘（えだ　ひろし）

発行者　株式会社 養賢堂
　　　　代表者 及川 清

印刷者　中央印刷株式会社
　　　　責任者 吉江信介

発行所　〒113-0033 東京都文京区本郷5丁目30番15号
　　　　株式会社 養賢堂
　　　　TEL 東京(03)3814-0911　振替00120
　　　　FAX 東京(03)3812-2615　7-25700
　　　　URL http://www.yokendo.com/

ISBN978-4-8425-0418-6　C3053

PRINTED IN JAPAN　　　製本所　株式会社三水舎

本書の無断複写は，著作権法上での例外を除き，禁じられています。
本書は，㈱日本著作出版権管理システム（JCLS）への委託出版物です。
本書を複写される場合は，そのつど㈱日本著作出版権管理システム
（電話03-3817-5670，FAX 03-3815-8199）の許諾を得てください。